U0332121

现代交通运输装备用铝手册系列

铝合金厚板
生产技术与应用手册

主　编　王祝堂　戴圣龙

副主编　郑家驹　段德炳　熊　慧

中南大学出版社
www.csupress.com.cn

图书在版编目(CIP)数据

铝合金厚板生产技术与应用手册/王祝堂,戴圣龙主编.
—长沙:中南大学出版社,2015.1
ISBN 978 – 7 – 5487 – 1191 – 9

Ⅰ.铝…　Ⅱ.①王…②戴…　Ⅲ.铝合金 – 金属厚板 – 制板
工艺 – 手册　Ⅳ.TG146.2 – 62

中国版本图书馆 CIP 数据核字(2014)第 220143 号

铝合金厚板生产技术与应用手册

王祝堂　戴圣龙　主编

□责任编辑	刘颖维
□责任印制	易建国
□出版发行	中南大学出版社
	社址:长沙市麓山南路　　邮编:410083
	发行科电话:0731-88876770　　传真:0731-88710482
□印　装	长沙超峰印刷有限公司

□开　本	720×1000 1/16　□印张 26　□字数 523 千字
□版　次	2015 年 1 月第 1 版　□2015 年 1 月第 1 次印刷
□书　号	ISBN 978 – 7 – 5487 – 1191 – 9
□定　价	118.00 元

前　言

　　铝厚板是指厚度大于 6 mm 的板材（GB/T 8005.1—2008），欧洲、日本及俄罗斯的标准也是这样界定的，只有美国将厚板定义为"厚度大于 0.25 英寸（6.35 mm）的板材"。

　　铝合金厚板按生产工艺分为轧制和铸造两种，热轧厚板的厚度大都在 200 mm 以下，因为即使用当今开口度最大（800 mm）的热轧机（2012 年全世界仅 3 台）也只能生产厚度更大些的板，但不能大于 250 mm，否则变形率不够，不能消除铸造组织。铸造板的厚度可达 1 200 mm，一般用于加工汽车原型模具及其他产业用的工模具与结构件，约占铸造厚板总消费量的 10%，铸造铝合金厚板几乎不用于制造航空航天器零部件。

　　我国铝合金厚板工业的特点如下：到 2016 年，中国航空级铝合金厚板生产能力可超过 600 kt/a，生产能力强大，这是当前中国铝厚板产业的第一个特点。第二个特点是装机水平之高乃世界之最，到 2016 年中国可有当今装机水平之巅的热轧机 18 台（不含软合金热轧线的粗轧机），除了热轧机之外，还必须有配套齐全的下游精整装备，如精密锯床、固溶处理线、时效炉、预拉伸机、辊矫机、超声探伤线等。第三个特点是，中国拥有全世界独一无二的大型现代化高技术厚板专业热轧机。第四个特点是，中国的铝合金厚板生产企业都拥有完善的国际领先水平的下游精整设备。至 2016 年可有从艾伯纳公司与奥托容克公司引进的辊底式固溶淬火处理生产线 19 条，可处理长 6~40 m、宽 1 500~4 000 mm、厚≤230 mm 的厚板；可有从德国梅尔公司及国产的拉伸力≤120 MN 的预拉伸机近 15 台，当前世界上最大的拉伸机为 136 MN 的。第五个特点是，创新及研发力量与美国、德国、法国等的相比还滞后得多，在通用机械厚板研发方面与日本及德国的相比还有较大距离。中国航空航天铝合金厚板生产能力至 2015 年年末是可以超过美国的，但产量要与美国的相当至少要到 2025 年以后，而实际消费量可能要到

2040 年或更晚一些时间才能与美国那时的相当，中国要实现铝合金厚板强国梦委实还有一段很长的路要走。缩短这段时间的唯一措施是加大科技投入，大搞创新，建立强有力的研发队伍。民营企业也可以建立这样的研究机构，肯联铝业公司法国沃雷普技术中心就是这样一个享誉全球铝业界的研究单位。

　　本书在编写过程中得到许多人士的帮助、关心与支持，引用了一些书籍、论文、报告中的资料，有的列出了参考文献，有的可能疏漏，敬请见谅，在此一并致谢。

　　由于作者们学识有限，书中不可避免地会存在一些差错与不妥之处，敬请读者随时发现错误随时通函或通电赐教，以资改订，无任欢迎！

作　者

2014 年 6 月

目　录

第 1 章　铝合金扁锭铸造与热轧前的准备

铝及铝合金厚板是指厚度大于 6 mm 的板材(GB/T 8005.1—2008),欧洲、日本及俄罗斯的标准也是这样界定的,只有美国将厚板定义为"厚度大于 0.25 英寸(6.35 mm)的板材"。只要有热轧机,不管是二辊的还是四辊的都可以轧制铝及铝合金厚板,但要生产有商业价值的、可供所有产业应用的各种铝合金厚板,则必须有配备齐全的锯切、矫直、热处理、拉伸、超声探伤、包装等装备。所以厚板的生产能力并不完全取决于热轧机生产能力,还与相应配套的其余装备息息相关。

现今,80% 以上的铝合金厚板用于制造交通运输装备,美国是全球铝及铝合金厚板产量最多的国家,根据美国铝业协会(The Aluminum Association Incorporated)的统计数据,1998—2012 年国内厚板的总消费量为 3 830 kt,其中交通运输装备业用铝厚板的总用量为 3 279.3 kt,占 85.62%,见图 1–1。虽然各年的比例不同,但每年交通运输装备制造业的比例都超过了

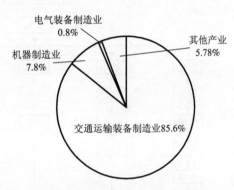

图 1–1　美国 1998—2012 年国内各消费领域厚板年平均比例

81%。美国也是全球铝厚板出口最多的国家之一,每年的出口量约占其产量的 18%。美国出口的厚板主要为航空航天用的高性能材料及造船用宽板。目前,只有美国铝业公司(Alcoa)达尔波特轧制厂(Davenport works)的 5 588 mm 回辊可逆垫粗轧机可以生产船用宽板(宽度≥4 150 mm)。

据美国铝业协会的统计资料(1998—2013 年),在美国生产的铝平轧产品中,薄板、带(厚度≤6.35 mm)占 97.7% 左右,厚板约占 2.3%;而在其国内消费的铝平轧产品中,薄板、带占 96.4% 左右,厚板约占 3.6%,这是由于美国有发达的航空航天工业。由此可以肯定地说,对一个国家来说,消费的薄板、带与厚板占的比例当然会有不同,但厚板占的比例几乎很难超过 4%。

1.1　厚板生产工艺流程

图 1-2 为热处理可强化及不可强化铝合金厚板生产典型工艺流程简示意图。

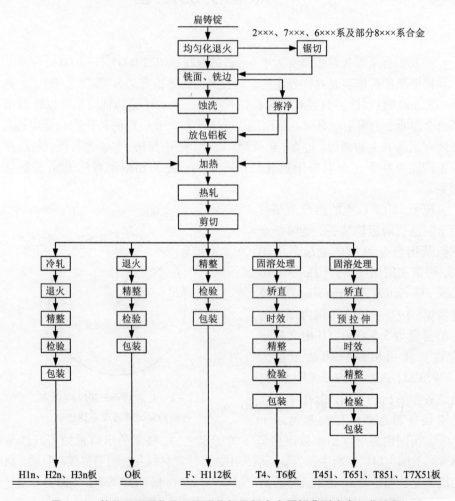

图 1-2　热处理可强化及不可强化铝及铝合金厚板典型生产工艺流程

1.1.1　扁锭铸造

1.1.1.1　软合金铸造时的成分控制

软合金包括 1×××系合金、3×××系合金、Mg 含量小于 4% 的 5×××系合金、Mg 和 Si 含量小于 1% 的 6×××系合金、7A01、8011、8A06 等合金。

1×××系合金中的 1A85、1A90、1A93 等与 3003、5052 合金厚板(7 ~ 15 mm)多用于制造化工设备,如各种槽、罐等。截止到 2013 年底,中国引进了大批世界顶级的瓦格斯塔夫(Wagstaff)铸造机 100 多台,其中 81 台为圆锭铸造机、22 台为扁锭铸造机。最大的扁锭铸造机 2007 年投产,可铸各种软合金锭,其基本技术参数如表 1 - 1 所示。

表 1 - 1　最大扁锭铸造机基本技术参数

每铸次可铸锭最大质量/t	90
铸造速度/(mm·min^{-1})	15 ~ 250
满载最大提升速度/(mm·min^{-1})	500
空载最大返回速度/(mm·min^{-1})	1 550
每铸次扁锭最多数/块	5
扁锭厚度/mm	350 ~ 640
扁锭宽度/mm	950 ~ 2 150
扁锭长度/mm	5 500 ~ 9 150
锭的最大质量/(t·块$^{-1}$)	34
铸造行程/mm	5 500 ~ 9 150
铸造机总行程/mm	9 650

(1)铸造 1×××系合金扁锭的 Fe/Si 控制

连续铸造工业纯铝锭时,没有形成冷裂纹的倾向,但当 Fe/Si 控制不当或者杂质 Cu 含量超标时会产生各种形式的、程度不同的热裂纹(图 1 - 3、图 1 - 4)。

在生产条件下可按表 1 - 2 所示的关系控制工业纯铝的 Fe/Si。扁锭规格 300 mm × 1 040 mm 及 300 mm × 1 240 mm。

表 1 - 2　铸造 1×××系合金时的最佳 Fe/Si

Si/%	Fe/Si	Si/%	Fe/Si
≤0.2	0.06	>0.35 ~ 0.40	0.00
>0.20 ~ 0.25	0.05	>0.40 ~ 0.45	- 0.02
>0.25 ~ 0.30	0.03	>0.45	不控制
>0.30 ~ 0.35	0.01	—	—

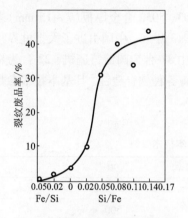

图 1 – 3　铁、硅含量对工业纯铝
扁铸锭裂纹倾向性的影响

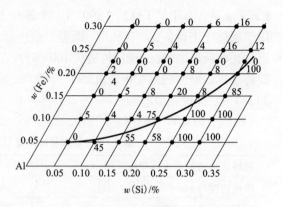

图 1 – 4　Al – Fe – Si 系成分—裂纹倾向图
（图中数字为根据铸造环试验得出的裂纹百分数）

由图 1 – 4 可知，当工业纯铝的品位较高，即合金中的 Si 含量小于 0.35% 时，应控制 Fe 含量大于 Si 含量，以降低铸锭的热裂纹废品率。因为当纯铝中 Fe 大于 Si 时，其结晶过程（图 1 – 5）是在 611℃ 以包晶转变（$L + \alpha \rightarrow \alpha + \beta$）结束；而在 Si 大于 Fe 时，合金的结晶过程是在 574.5℃ 以共晶转变（$L \rightarrow \alpha + \beta + Si$）结束。两者相比，前者的有效结晶温度区间缩小了 36.5℃，合金的热脆性降低，因而铸锭产生热裂纹的倾向性也降低。

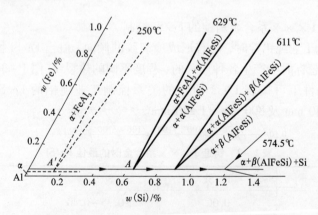

图 1 – 5　Al – Fe – Si 系铝角部分固相面投影图

随着工业纯铝品位降低，要求 Fe 大于 Si 的量变小，当生产 1035 以下工业纯铝锭时，基本上可以不必控制 Fe/Si。因为随纯铝品位降低，合金中的 Fe、Si 总量增加，不平衡共晶增加，合金在脆性区的塑性提高，焊合裂纹的能力增强。同时，不平衡共晶的增加，还使合金在结晶过程中枝晶枝杈开始接触的温度（线收缩开始温度)降低。所有这些,都能提高合金抗热裂纹的能力,因而可以放松对 Fe/Si 的要求。

此外,在生产时应注意以下两点:①在生产 1070、1070A、1060 等高品位的工业纯铝锭时,若出现 Si 含量大于 Fe 含量的情况,而加 Fe 又可能造成纯铝的品位降级时,一般也可不调整 Fe/Si,而加入 0.01% ~0.02% Ti 以提高合金抵抗热裂纹的能力。②Ti 急剧降低纯铝的导电性,因此,用做导电制品的 1070A 锭中不允许有 Ti。为了防止热裂,应格外注意控制 Fe/Si。

杂质 Cu 是有可能引起高品位工业纯铝锭热裂纹的因素。尽管合金中 Cu 含量很低,但在连续铸造时,由于冷却速度很高,当 Cu 含量大于 0.05% 时,在冷凝过程中会形成不平衡熔点共晶物,使热裂纹倾向性大大增加。在 GB/T 3190 所包含的纯铝合金中只有 1035 和 1100 两个合金的 Cu 含量大于 0.05%,但由于允许的 Fe、Si 含量较高,在现行的工艺条件下没有发现 Cu 对铸造性能的危害。

(2)铸造 3×××系合金扁锭时化学成分的控制

连续铸造 3×××系合金铸锭时,化学成分控制重点是防止热裂纹和金属化合物一次晶的形成。图 1 − 6 是根据铸造环试验结果得到的 Fe、Si 含量对含 1.25% Mn 的 3×××系合金裂纹倾向性的影响。从该图可见,在 Fe 小于 0.2% 时,只有 Si 含量小于 0.05% 的情况下才能消除裂纹;而在 Fe 大于 0.2% 时,只要 Fe 大于 Si 时 3×××系合金的裂纹倾向性就可降低到很小的程度。

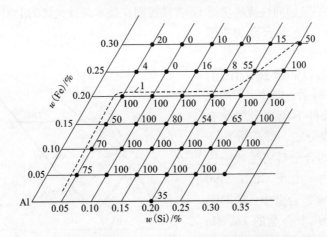

图 1 −6　Fe、Si 含量对 Al −1.25% Mn 合金裂纹倾向性的影响

(图中数字为根据铸造环试验得出的裂纹百分数)

在实际铸造条件下,应按以下标准控制合金成分:

应当控制 Fe 含量大于 Si 含量,最好是 Fe 0.4% ~0.6%,Si 0.2% ~0.4%。因为当合金中 Si 含量较高,且 Fe 小于 Si 时,合金将在 574℃ 以共晶反应

$(L→α+T+Si)$ 结束；而当 Fe 大于 Si 时，由于 Fe 与 Si 和 Mn 优先形成 FeSiMn 三元化合物和 AlFeSiMn 四元金属间化合物，大大降低了合金中游离 Si 的数量，并使合金的结晶过程在 648℃ 以包晶反应结束，极大地缩小了合金的有效结晶区间，使铸锭的热裂倾向性大大降低。此外，适当提高合金中 Fe 的含量还能降低 Mn 在铝中的过饱和度，减少 Mn 的晶内偏析程度，对退火板材的晶粒细化有良好作用。所以，在生产中一般都将 3×××系合金中的 Fe 控制在 0.4% ~0.6% 并使 Fe 含量大于 Si 的，但提高合金 Fe、Si 含量，会降低合金的冲击韧性。因此，对于必须保持高冲击韧性指标的制品，如对 3104 易拉罐材，应该把 Fe、Si 含量控制在下限，一般为 0.35% ~0.45% Fe，0.15% ~0.25% Si。

某生产企业在生产 3A21 半硬状态板材时，由于热处理设备温差大，性能得不到保证，采取调整 Fe、Si 含量的办法来弥补，在内部化学成分控制标准中，将 Fe、Si 含量分别控制在小于 0.25% 和小于 0.20%，使得扁铸锭的铸造裂纹倾向性大大提高。在生产这种扁锭时，应尽量提高 Fe 含量（最好控制在 0.22% ~0.25%），同时加入 0.03% ~0.08% Ti。因为这个合金中 Si 含量虽然很低（不大于 0.20%），但它仍能与 Al、Mn 一起形成熔点仅为 574℃ 的三元共晶，使合金的结晶范围和脆性区急剧扩大。如果此时合金中的 Fe 小于 0.20%，则 Fe 在合金中就很难形成独立的相，而只能溶解于 $MnAl_6$ 和 $Mn_3Si_2Al_{15}$，形成 $(FeMn)Al_6$ 和 $(MnFe)_3Si_2Al_{15}$，起不到减少合金中游离 Si 和低熔点三元共晶量的作用。所以，为了降低合金的热裂倾向性应尽量把 Fe 含量控制在技术条件允许的上限，并添加 Ti。

Mn 是 3×××系合金的主要组元，通过溶解在铝中生成化合物起固溶强化和弥散强化作用。但如图 1-7 所示，图中 AB 曲线为实际铸造条件下出现金属化合物一次晶的成分线，即成分位于 AB 线右上方的合金都将生成一次晶金属化合物。由于 GB/T 3190 所列的 3×××系合金中，除 3105 合金外，其他几个合金的 Fe、Mn 含量都比较高，因此，在实际连续铸造条件下，必须控制 (Fe+Mn) 不大于 1.8%。否则，铸锭中很容

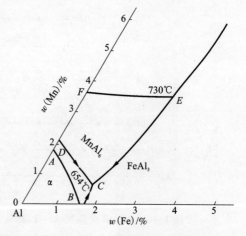

图 1-7　Al-Mn-Fe 三元系合金液相面投影图

易形成 $(FeMn)Al_6$ 一次晶的粗大偏析聚集物，降低铸锭内部质量和材料在后续使用过程中的变薄拉伸性能，同时，这些化合物通常还会在铸锭敞露液面靠近结晶器壁附近生成硬壳，使熔体充型能力降低，并导致冷隔等表面缺陷的产生。由于

上述原因，除 3105 合金外，其他几个合金生产时都将 Mn 含量控制在下限，一般为 1.0% ~ 1.05%。

3004、3005 和 3105 合金中的 Mg 在铸造时能产生强烈的成分过冷倾向，使铸锭晶粒细化；同时，Mg 还能与 Si 形成 Mg_2Si，对合金起强化作用，一般宜将 Mg 含量控制在标准中、上限。但考虑到 Mg 过高时会改变材料表面氧化膜的化学组成和结构，因此 3004 合金的 Mg 宜控制在中限，一般为 1.0% ~ 1.10%。

（3）铸造 4 × × × 系合金扁锭时化学成分的控制

一些 4 × × × 系合金用于生产钎焊用板、带、箔，而生产厚板则多用 4004 合金，含 9.0% ~ 10.5% Si，1.0% ~ 2.0% Mg。由 Al－Si 相图可知，随 Si 含量增加，合金的结晶温度区间变小，共晶体增加，流动性提高，线收缩率降低，热脆性小；而且，Si 的结晶潜热大（约为同质量 Al 的 4.65 倍），因此具有相当好的充型补缩能力，使该系合金具有良好的铸造性能。在成分控制上，主要应注意下列事项：

①在生产共晶型合金时，应将硅含量按中限偏下控制，可降低初晶硅生成的倾向性，同时能提高铸锭的压力加工性能。

②作为杂质存在的 Fe 一般应控制不大于 0.5%，一方面为了避免生成粗大 β 相，以改善铸锭的塑性，另一方面，含 Fe 过高对变质处理不利。

③4 × × × 系合金在熔炼铸造时，一般温度较高，因此，对于含 Mg 合金，其 Mg 的含量应按中限偏上控制，以弥补熔铸过程中 Mg 的烧损。

④在满足技术条件对力学性能要求的前提下，对含 Ni 和 Cu 的合金这两个元素的含量宜按中下限控制，以提高工艺塑性。

1.1.1.2　铸造硬合金扁锭时化学成分的控制

（1）5 × × × 系合金的铸造

在连续铸锭的正常冷却条件下，含 Mg 含量小于 4% 的 5 × × × 系合金（5A66、5005、5052、5A02、5A03 等），其裂纹倾向性小，而高成分的 5 × × × 系合金（5A05、5A06、5A12、5A13 等）的热裂纹倾向性较大，且在铸造过程中还往往表现出高的拉裂倾向。此外，这些合金中允许的 Ti 含量较高（一般为 0.05% ~ 0.15%，高的达 0.20%），在控制失当的情况下，也存在形成金属化合物一次晶的倾向。

Fe、Si、Mn 含量对含 5% Mg 的铝合金的裂纹倾向性影响见图 1－8。该图表明：第一，裂纹倾向性随 Fe、Si 含量的增加而减小，Fe/Si 无明显影响；第二，在 Fe、Si 含量较高的情况下，加入 0.4% 的 Mn（在国家标准规定的合金成分范围内，绝大多数含 Mg 高的铝合金均含有该数量的 Mn），可使裂纹倾向性减小。对于 5A12 合金 300 mm × 1 200 mm 扁铸锭，当 Na 含量在 $3.5 \times 10^{-4}\%$ 以上时，不含 Sb 将很容易产生铸造裂纹。为将 Mg 含量高的铝合金在铸造过程中的裂纹倾向和形成一次晶化合物的倾向降至最低，在实际生产中，应按下述原则控制化学成分：

①在生产 Mg 含量大于4%的铝合金扁锭时,应将杂质 Na 含量控制在 10 ppm (ppm 为 10^{-6})以下,以防止钠脆性。所谓钠脆性,是指合金中混入一定量的 Na 后,在铸造过程中裂纹倾向大大提高的现象。钠脆性是由合金中以单质态存在的游离 Na 引起的。因为 Na 是表面活性元素,熔点低,在液态及固态铝中都不溶解。当合金凝固时,游离钠排斥在生长着的枝晶表面,凝固后分布于枝晶网边界,削弱了晶间联系,使合金的高温和低温塑性急剧降低。

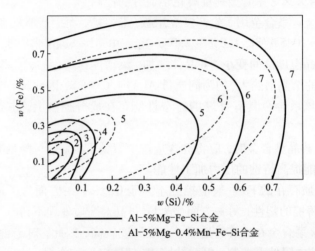

图 1-8   Fe、Si、Mn 含量对 Al-5%Mg 合金裂纹倾向性的影响

(数目为裂纹倾向性级别,1 级最大,7 级最小)

我国生产的原铝锭中,通常都含有 0.001% ~0.002% Na,还含有比 Na 多得多的 Si,但在不含 Mg 的铝合金中一般不产生钠脆性。因为这些合金中,Na 不以游离态存在,而总是以化合态存在于高熔点的三元化合物(NaAlSi)中,不使合金变脆。在含 Mg 量较少的合金中也没有或很少有钠脆性。因为虽然 Mg 对 Si 的亲和力比 Na 的大,Mg 与 Si 能优先形成 Mg_2Si,但合金中的 Mg 含量有限,而 Si 含量相对过剩,合金中的 Mg 既固溶一部分于铝中(Mg 在铝中的最小溶解度在室温时约为 2.3%),又要以 1.73∶1(Fe/Si)的比例与 Si 化合,因而,Mg 消耗殆尽,过剩的 Si 仍可与 Na 作用生成(NaAlSi)化合物,所以不使合金呈现钠脆性。但是,在含 Mg 高的铝合金中,杂质 Si 被 Mg 全部夺走,使 Na 只能呈游离态存在,因而显示很大的钠脆性。

②在铸造 5A12 合金 300 mm×1 200 mm 扁锭时,应将 Na 含量控制在 5.5 ppm 以下,Sb 为 0.013% ~0.018%。这是因为在 5A12 合金中,Mg 含量高达 8.3% ~9.6%,在不加入工艺添加剂的情况下,只要合金中 Na 含量大于 3.5 ppm,300 mm×1 200 mm 扁铸锭在铸造过程中就很难抑制裂纹的产生。这样

低的 Na 含量在目前生产条件下还很难保证。因此，国家标准规定在 5A12 合金中应加入 0.004% ~0.05% Sb，以使 Sb 与 Na 生成高熔点化合物，提高合金抗裂纹能力。但是锑的作用是有限的，当 Sb 含量为 0.013% 时，只要 Na 含量大于 5 ppm，则裂纹仍将难免，故应对合金中的 Na、Sb 含量严格控制。为了使 Na 含量降至最低，在熔炼时，还应禁止使用含 Na 的熔剂，并采用除钠剂除 Na。通常，氮－氯混合气体精炼和二号熔剂精炼均可使钠含量降至 3 ppm。

③Mg 含量高的铝合金具有高的氧化性，在铸锭表面形成疏松多孔的氧化膜，往往成为裂纹的起因。为了获得优良的铸锭表面质量，提高铸锭抗裂纹的能力，除国家标准规定加 Be 外，对其他高 Mg 含量的铝合金，最好也加入 0.001% ~0.005% Be，特别是在生产大型扁锭时。这里应该指明，应采用加 Al－Be 中间合金或铍氟酸钾的形式加铍，而不能采用含 Na 的铍盐。

④为了防止含 Ti 一次晶化合物的生成，一般 Ti 的加入量最好不超过 0.05%。

（2）铸造多元合金锭的成分控制

大部分多组元变形铝合金在连续铸造时，改变硅含量会出现合金对热裂纹较为敏感的区域（图 1－9）。这个敏感区的位置和大小，同 Fe 含量及其他成分含量有关。Fe、Si 含量改变时，合金热脆性之所以发生急剧改变，主要是由共晶量的变化和由此而产生的具有最大热脆性（3% ~5% 共晶量）的成分向某方面的移动引起的。为了改善合金抵抗热裂纹的能力，应该事先查明这个敏感区的位置。如果合金位于"Si 含量－热脆性"曲线的上升部分，为了消除热裂纹，则应该降低Si 含量，或者改变合金成分，使复杂共晶量减少。如果合金位于曲线的下降部分，

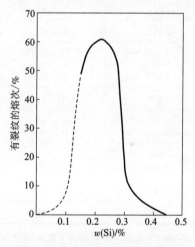

图 1－9　直径 370 mm 2A11 合金铸锭裂纹废品率与 Si 含量的关系
（结晶器高度 120 mm，铸造速度 4.3 m/h）

则应该提高 Si 含量，或者改变合金成分，使共晶量增加。但是，由于 Si 比其他组元在更大程度上能够改变铝合金的裂纹敏感性，所以通常采取调整 Fe、Si 含量的办法，这样既达到改善合金铸造工艺性能又不显著改变产品的最终性能。

已有研究表明，工业钝铝、3×××合金、不以 Si 为合金元素的 5×××合金、Mg 含量大于 1% 的 Al－Cu－Mg 系合金、7×××合金、如 2A02、2A04、2A06、2B12、2A12、7A04、7A09、2A70 等合金为平均成分时，它们位于热脆性曲线的上升部分；而含 Mg 量小于 1% 的 Al－Cu－Mg 系合金和 Mg 含量小于 0.5% 的 Al－Cu－Mn 系合金，如 2A01、2A11、2A13、6A02、2A50 等，则位于热脆性曲

线的下降部分。因此，为了提高上述合金抵抗形成热裂纹的能力，属于前者的合金中 Si 含量应当尽量控制在下限，并使 Fe 含量大于硅含量；而属于后者的合金中的 Si 含量应当尽量控制在上限，并使 Si 含量大于 Fe 含量。生产连续铸锭时，这些合金中的 Fe、Si 含量关系建议按表 1 – 2 的要求控制。

表 1 – 2　半连续铸造时铝合金中 Fe、Si 含量的控制范围

合金	Fe、Si 含量控制范围		
	Fe/%	Si/%	Fe、Si 含量关系
2A02	≤0.30	≤0.30	Fe≥Si 0.03 ~ 0.06
2A04	≤0.25	≤0.25	Fe≥Si 0.03 ~ 0.06
2A06	≤0.40	≤0.40	Fe≥Si 0.03 ~ 0.06
2B12	≤0.45	≤0.35	Fe≥Si 0.05
2A12	≤0.45	≤0.35	Fe≥Si 0.05 ~ 0.10
7A04	0.35 ~ 0.45	≤0.25	Fe≥Si
7A09	0.35 ~ 0.45	≤0.25	Fe≥Si
2A70	1.0 ~ 1.3	≤0.30	Fe≥Si
2A01	≤0.45	≤0.45	Si≥Fe 0.03 ~ 0.06
2A11	0.3 ~ 0.5	0.4 ~ 0.6	Si≥Fe
2A13	≤0.40	≤0.40	Si≥Fe 0.03 ~ 0.06
6A02	0.2 ~ 0.4	0.9 ~ 1.2	Si≥Fe
2A50	≤0.50	0.8 ~ 1.1	Si≥Fe

注：Fe≥Si 0.03 ~ 0.06 的含义是 Fe 含量与 Si 含量之差等于或大于 0.03 ~ 0.06。

(3)6×××系合金扁锭铸造时的成分控制

工业上应用的大多数 6×××系合金的成分都处于"Si 含量 – 热脆性曲线"的下降部分，因此生产中只要将 Si 含量控制在中上限，一般都具有较好的铸造性能。从图 1 – 10 可看出，Al – Mg_2Si 直线将 Al – Mg – Si 三元相图分成两个派生的合金系，一个是 Al – Mg_2Si – Si 系，在 558℃发生共晶反应：$L \rightarrow \alpha + Mg_2Si + Si$，三元共晶成分是 4.97% Mg + 12.7% Si + 余量 Al；另一个是 Al – Al_3Mg_2 – Mg_2Si 系，在 448℃发生共晶反应：$L \rightarrow \alpha + Al_3Mg_2 + Mg_2Si$，三元共晶成分是 34% Mg + 0.75% Si + 余量 Al。因此，为了降低铸造裂纹倾向性，应该将成分点控制在硅过剩区，以缩小有效结晶温度区间。

Mg 和 Si 是合金的主要成分，其成分的确定，首先应保证成品材料的力学性

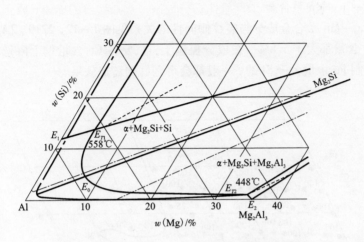

图 1-10 Al-Mg-Si 系铝角部分液相面投影图

能。在 6000 系合金中，6A02、6B02、6A51、6061 和 6070 含 0.15% ~ 0.60% Cu，Cu 的加入使合金的铸造工艺性能下降，为了提高铸锭抗裂纹能力，在铸造这些合金扁锭时，Cu 含量应控制在下限，最好不超过 0.3%。合金中的杂质 Fe 含量较高时，虽然能改善合金的铸造性能，但会影响阳极氧化后的表面品质，降低合金强化效果。

(4)2×××系合金扁锭铸造时的成分控制

2×××系合金含 Al-Cu、Al-Cu-Mn、Al-Cu-Mg、Al-Cu-Mg-Mn、Al-Cu-Mg-Fe-Ni 等 5 组合金。

1)Al-Cu 系合金

Al-Cu 系合金的 2011、2004、2A20 合金的成分正处于极限溶解度附近，结晶温度范围宽(约 100℃)，凝固收缩率大，而共晶体中 θ(CuAl$_2$)相在熔点附近塑性也较低，因此，形成热裂纹的倾向性较大。为防止热裂纹，在成分上应该控制：①将铜控制在中上限，但这会造成合金力学性能和耐蚀性的下降；②控制 Fe 含量大于 Si 0.05% ~ 0.10%，并尽可能将 Si 含量降到最低，避免合金中出现低熔点的 α + CuAl$_2$ + Si 三元共晶体。

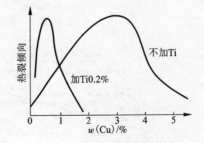

图 1-11 钛对 Al-Cu 合金热裂倾向性的影响

根据标准要求，加入 0.05% ~ 0.15% 不等的 Ti，以进一步改善合金抗热裂纹的能力(图 1-11)。

2）Al – Cu – Mn 系合金

Al – Cu – Mn 系合金成分与裂纹倾向性的关系见图 1 – 12，2219、2A16、2B16 的最低 Cu 含量都大于 5.8%，在成分控制上，只要将 Cu 含量偏上限选取，同时加 Ti 和控制 Fe 含量大于 Si 的，一般都会得到好的铸造效果。

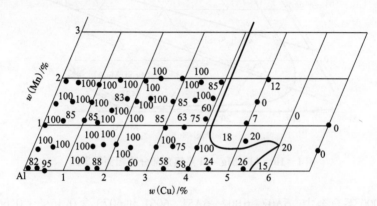

图 1 – 12　Al – Cu – Mn 系成分 – 裂纹倾向性图

（图中数字为铸造环试验裂纹百分数）

3）Al – Cu – Mg 系合金

Al – Cu – Mg 系合金成分与裂纹倾向性的关系见图 1 – 13。在成分上，2117、2A01、2A13 合金都处于裂纹频发区，具有较大的形成热裂纹的倾向性，由于它们都位于"Si 含量 – 热脆性"曲线的下降部分，因此在成分上应控制 Si 含量大于 Fe

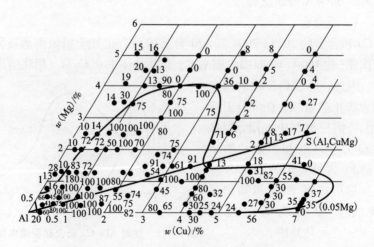

图 1 – 13　Al – Cu – Mg 系成分 – 裂纹倾向性图

（图中数字为铸造环试验裂纹百分数）

的，但作为杂质存在的 Si，含量太多将对合金的加工工艺和使用性能不利，故正确的控制办法应该是在 Si 含量不大于 0.50% 的前提下，使 Si 含量比 Fe 含量大 0.03% ~ 0.06%。

4）Al – Cu – Mg – Mn 系合金

Al – Cu – Mg – Mn 系的 2014、2014A、2214、2A14、2017、2017A、2A50、2B50 等含有 0.5% ~ 0.95%（平均值），结晶组织中共晶量较多，铸造性能较好。2A11、2B11、2A10、2A17 合金的平均成分位于"Si 含量 – 热脆性"曲线的下降部分，应控制 Si 含量大于 Fe 的，而 2A12、2024、2A06、2A04、2A02 等合金位于"Si 含量 – 热脆性"曲线的上升部分，应控制 Fe 含量大于 Si 含量。

2A11 合金具有较大的热裂纹倾向，影响最大的是杂质 Si 和 Fe 的含量。为了提高 2A11 合金锭连续铸造时的工艺稳定性，消灭或减少裂纹废品，生产中有两种成分控制方法。一是在合金中 Fe 含量不高的情况下，控制 Si 含量大于 Fe 的；二是在 Fe 含量较高情况下，控制 Fe 含量大于 Si 含量。两种方法中，只有 Si 含量不低于 0.4% 时才采用第二种方法。因为 Fe 生成 Cu_2FeAl_7 相会导致合金力学性能下降，如果在炉料中加进的废料不多或炉料中含 Fe 量不高时，应优先采用第一种方法控制。含 Mn 较高的 2A11 合金倾向于产生冷裂纹。生产中还发现，2A11 合金中的 Mg 含量低于 0.50% 时，铸锭形成表面热裂纹的倾向性增大。

2A12 合金对热裂纹的敏感性比 2A11 合金的低，形成冷裂纹的倾向更大。影响该合金裂纹倾向性最大的因素是杂质 Fe、Si 的含量；同时，Mn、Mg 含量也有一定影响。为了消除铸锭裂纹，在成分上应当控制 Si 含量小于 0.35%，并保证 Fe 含量比 Si 含量高 0.05 ~ 0.10 个百分点。

平均成分的 2A12 合金处于热脆性曲线的上升部分，合金形成热裂纹的倾向随 Si 含量增加而增大。同时，合金中杂质 Fe 和 Si 的数量愈多，合金的铸造工艺性能愈低，形成冷裂纹的倾向也愈大。所以，为了消除 2A12 合金锭形成热裂纹和冷裂纹的倾向性，应该尽量降低 Si 含量，并保证 Fe 含量大于 Si 的。

2A12 合金中 Mn 和 Mg 的含量应适当控制低一些。因为随 Mn 含量的提高，合金中 Cu、Mg、Si 在铝中的溶解度降低，易熔共晶数量增加，而 Mn 的化合物又促使形成新的易熔共晶，所以使合金铸造工艺性能降低，导致裂纹废品增加。而在合金中 Mg 的含量增加时，则不仅使合金的铸造工艺性能下降，而且提高了合金对缺口的敏感性，从而使铸锭产生裂纹的倾向性增大。一般生产中，都将 Mg 含量按中限偏下控制，并使 Cu 和 Mg 的总量小于 6.3%，以防止由于硬脆相体积分数增加而导致裂纹倾向上升。

5）Al – Cu – Mg – Fe – Ni 系合金

Fe、Ni 含量宜控制在标准范围的中下限，否则，会恶化工艺性能，一是在铸

造过程中容易产生 $FeNiAl_9$ 金属
化合物一次晶,并可能长大到不
允许的程度,使铸锭报废;二是
在 Fe、Ni 含量较高时,合金铸造
性能降低,使铸锭产生裂纹的倾
向性增大;Ni、Cu 含量较高的
2A90、2A21 和 2218 合金由于导
热性好,热收缩系数小,铸造时
不倾向于产生热裂纹或冷裂纹;
提高合金中的 Cu 和 Si 含量,并
在合金中加 Ti,可使合金产生裂
纹的倾向性下降(图 1 - 14);合
金中的 Mn 与 Fe 生成 $FeMnAl_6$ 化
合物一次晶的倾向性较大。

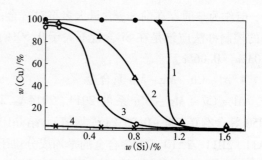

图 1 - 14　化学成分对 Al – Cu – Mg – Fe – Ni 系
合金裂纹倾向性的影响

1—Al – 2% Cu – 1.6% Mg – 1.3% Ni – 1.3% Fe – Si;
2—Al – 2.5% Cu – 1.6% Mg – 1.3% Ni – 1.3% Fe – Si;
3—Al – 3% Cu – 1.6% Mg – 1.3% Ni – 1.3% Fe – Si;
4—在合金1、2、3 中加入 0.1% Ti

根据上述规律,生产中几种合金化学成分控制要求如下:

①2A90 型合金具有较好的铸造性能,在生产条件下,只要按所定的工艺操作,铸锭的裂纹废品率实际上可以降为零。

②2A80 型合金中含有较多的 Si(0.5% ~1.2%)和 Cu(1.9% ~2.5%),不平衡易熔共晶量较多,又通常加入 0.03% ~0.08% Ti,所以,合金形成裂纹的倾向性极小。但该合金形成 $FeNiAl_9$ 金属化合物一次晶的倾向性比 2A70 型合金的大,因此,Fe 和 Ni 含量应按下限控制,且杂质 Mg 含量控制在 0.1% 以下。

③虽然 2A70 型合金 Si 含量较低,但合金结晶温度区间较窄,加之合金本身含有 0.02% ~0.1% Ti,因而,形成裂纹的倾向性也很小。当然,由于 2A70 合金位于热脆性曲线的上升部分,从提高铸造工艺稳定性出发,应将 Si 含量尽可能控制在较低的水平。

④在连续铸造 2A70 和 2A80 合金锭时,通常总是将合金中的 Fe、Ni 含量均控制在下限(1.0% ~1.2%),并力求使合金的 Fe 和 Ni 含量大体相等;因为在连续铸造条件下,当这两个合金的 Fe、Ni 含量各大于 1.25% 时,铸锭中就有可能产生粗大的 $FeNiAl_9$ 金属化合物的一次晶体,恶化铸锭性能。另外,这两个合金的性能在很大程度上取决于 Fe/Ni。当合金中铁含量大于 Ni 的或 Ni 含量大于 Fe 的时,将会导致合金中出现 Cu_2FeAl_7 或 Cu_2NiAl_6 相,从而使固溶体贫化,强化相减少,合金的强度和塑性都降低。只有控制 Fe、Ni 的含量相等时,使它们全部形成 $FeNiAl_9$ 二次相的细小晶体,才有可能使合金具有最佳的性能。

(5)铸造 7×××系合金扁锭时的成分控制

7×××系合金可分为 Al－Zn－Mg 及 Al－Zn－Mg－Cu 合金两组。

Al－Zn－Mg 系合金裂纹倾向与成分的关系(图 1－15)：7A05 等合金的平均 Zn 含量为 4.5%～5.7%，平均 Mg 含量与平均 Zn 含量的和为 5.7%～6.5%，具有较大的热裂纹倾向。但是，这几个合金都含有少量的 Ti 和 Zr，晶粒较细，加之这几个合金的结晶温度范围都比较窄(40～50℃)，故实际铸造性能尚可，疏松和热裂倾向均不大。在成分控制上，要将 Mg 含量按中偏上限选取，而 Zn 含量按中偏下限选取，尽可能提高 Mg/Zn，并控制 Fe 含量大于硅的。在 Cr 的加入方式上，亦应采取措施，避免粗大含 Cr 金属化合物的产生，或因加入方法不当造成实际收缩率降低甚至含量不达标。

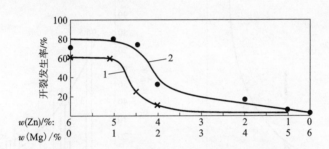

图 1－15　Al－Zn－Mg 系合金裂纹倾向与成分的关系
1—气焊试验；2—铸造环试验

Al－Zn－Mg－Cu 系合金是目前变形铝合金中强度最高的，由于该系合金具有比较严重的应力腐蚀倾向，因此广泛采用加入 Cu、Mn、Cr 的办法来改善合金的耐蚀性，并加入 Ti、Zr 改善铸锭和再结晶组织。这样一来，合金成分变得比较复杂，弄清成分对铸造性能的影响规律，有助于提高产品品质和生产效率。

由于 Al－Zn－Mg－Cu 系合金结晶温度范围宽、固液区塑性低，因此具有极大的形成热裂纹和疏松的倾向性。合金中的许多元素，首先是杂质 Si 和 Fe (图 1－16)，其次是 Mn 和 Mg (图 1－17

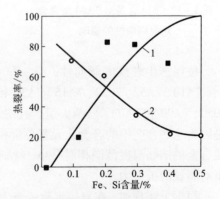

**图 1－16　Fe、Si 含量对 7A04 型合金
热裂纹倾向性的影响**
1—Si 含量；2—Fe 含量

和图 1－18)对合金的裂纹倾向性有重要影响。通常，在 Si 含量较低时，提高 Fe

含量，合金的热脆性下降。这是因为 Fe 含量的提高，导致了脆性区的范围缩小，从而提高了合金抗热裂纹能力（图 1 - 19）。Mg 含量对 300 mm × 1 200 mm 扁铸锭裂纹倾向性的影响十分明显。随 Mg 含量提高，铸锭的裂纹倾向显著下降。这一方面是提高了 Mg/Zn，另一方面也可能是 Mg 与 Si 结合形成 Mg_2Si 化合物抑制了 Si 的有害作用。随 Mn 含量降低，合金在固液态的塑性提高（图 1 - 20），因而热裂倾向性降低。Zn 和 Cu 的含量在国家标准允许范围内变动时对合金的热裂性影响不明显，一些企业认为 Zn 和 Cu 的含量控制在中下限对消除裂纹有好处。实践还表明，为了防止合金中出现金属化合物一次晶，必须把 Fe% + Mn% + 3Cr% 的含量控制在 1.2% 以下。

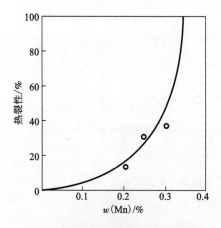

图 1 - 17　Mn 含量对 7A04 型合金
热裂倾向性的影响

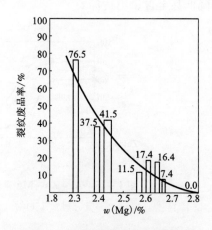

图 1 - 18　Mg 含量对 7A04 型合金
300 mm × 1 200 mm 扁铸锭热裂倾向性的影响

　　按照产生裂纹的倾向性，Al - Zn - Mg - Cu 系合金实际上也可以分成 7A31（含 7A10、7A52、7022、7A15、7A33 和 7A19）和 7A04 型合金（包括 7075、7475、7050、7A09 和 7A03 等）两大组。其中，7A31 型合金的裂纹倾向性相对较轻，这是因为这些合金中的合金化元素总量相对较少，Mg/Zn 较大，Cu 含量较低，从而使合金的结晶温度范围相对窄小，特别是低熔共晶点（固相点）的温度提高，增强了对裂纹的抵抗力。

　　根据上述规律，在直接水冷铸造 7A04 型合金铸锭时，为了消除铸锭裂纹，在化学成分的控制上可以采取两种办法：一种是调整对裂纹倾向性最敏感的元素 Si 和 Fe 的含量，即尽量降低 Si 含量，提高 Fe/Si。在铸造 220 mm × 800 mm 和 300 mm × 1 100 mm 扁铸锭时，分别控制 Si 含量小于 0.15% 和 0.1%，并使 Fe 含量比 Si 高 0.03 个百分点。另一种是综合调整的办法，即在降低 Si 含量的同时，综合调整其他主成分，即将 Mg 含量偏上选取，Mn 含量偏下选取，同时在标准允许范围内加入一定量 Ti，以提高合金抗裂纹能力。后者的好处是：有可能提高铸锭抗裂纹的 Si 含量，从而有可能使用品位较低的原铝锭和提高配料中废料的比例，降低生产成本。

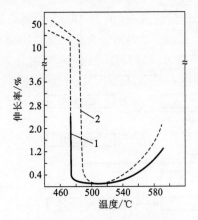
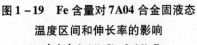
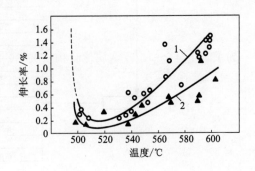

图 1-19　Fe 含量对 7A04 合金固液态温度区间和伸长率的影响

1—合金含 0.1% Si + 0.1% Fe；
2—合金含 0.1% Si + 0.55% Fe

图 1-20　Mn 含量对 7A04 合金固液态温度区间和伸长率的影响

1—含 Mn 0.21%；2—含 Mn 0.44%

1.1.1.3　铸造工艺

铝合金扁锭半连续铸造工艺流程见图 1-21。

用于铸造的熔体必须符合品质要求，包括：熔体化学成分应符合工厂内部标准；熔体温度控制在工艺规程规定范围内；一般制品氢含量应小于 0.15 mL/100 g 铝，重要制品应小于 0.1 mL/100 g 铝；含渣量少（在有条件的工厂，对于重要制品，应采用氧化膜工艺试样法定量或定性地检验熔体的氧化物含量）；细化处理效果好（有条件的工厂，可采用热试验仪在铸造前对熔体处理效果进行现场检验）。

（1）软合金扁锭的铸造工艺

软合金扁锭是铝合金板、带材厂铸造车间生产量最大的品种，其成品率一般为 96% ~ 98%，废品率一般为 0.3% ~ 0.9%。软合金的晶粒和热裂倾向对温度比较敏感，形成疏松的倾向性较小，因而铸造温度不高，一般为 690 ~ 710℃，仅比液相线温度高 30 ~ 50℃，但对于形成一次晶金属化合物倾向较大的 3××× 系合金，铸造温度应再提高 10 ~ 20℃。

软合金扁锭常用规格的铸造制度见表 1-3。

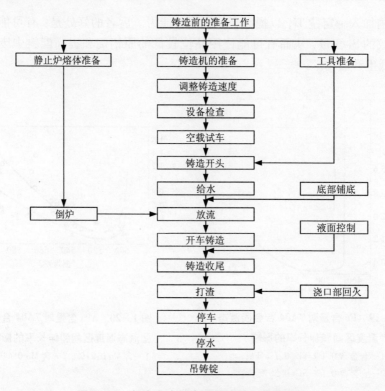

图 1-21　铝合金扁锭半连续铸锭工艺流程图

表 1-3　软合金扁铸锭铸造工艺参数

铸锭规格/mm	合金	铸造温度/℃	铸造速度/(m·h⁻¹)	冷却水压/(N·mm⁻²)
275×1040 275×1240	工业纯铝	690~710	3.3~3.6	0.08~0.15
	3A21M	710~720	3.0~3.3	0.08~0.15
	3A21-HX4	690~710	2.4~2.7	0.08~0.15
	6A02	690~710	3.3~3.6	0.08~0.15
	5A66	690~710	3.3~3.6	0.08~0.15
300×1240 300×1540	工业纯铝	690~705	3.3~3.6	0.15~0.25
	3A21M	720~730	3.3~3.6	0.15~0.25
	3A21-HX4	695~710	3.0~3.3	0.15~0.25
	6A02	695~710	3.3~3.6	0.15~0.25
	5A02	690~705	3.3~3.6	0.15~0.25
	4040	670~680	3.0~3.3	0.08~0.15

注：1. 普通铸造时，结晶器有效高度 80~120 mm；2. 铸锭底部不铺底；3. 浇口部不回火。

（2）含 Mg 量高的铝合金扁锭铸造工艺

Mg 含量大于 4% 的铝合金扁铸锭是铸造车间的一个主要品种，其成品率一般为 94% ～96% ，废品率一般为 2% ～4% 。Mg 含量高的主要铝合金扁锭的铸造参数见表 1 –4 。

表 1 –4　含 Mg 量高的铝合金扁锭铸造工艺制度

铸锭规格 /mm	合金	铸造温度 /℃	铸造速度 /(m·h⁻¹)	大面水压 /(N·mm⁻²)	小面水压 /(N·mm⁻²)
200×1400	5A03、5A05、5A06、5B05、5B06、5019	690～710	4.2～4.5	0.08～0.15	0.04～0.06
300×1200	5A06、5A12	700～710		0.1～0.15	
300×1500	5A03、5A05、5A06、5B05	690～705		0.12～0.2	

注：1.结晶器有效率高度 130～150 mm；2.铸锭底部一律铺底；3.除 5A12 合金浇口部回火外，其他的可不回火。

（3）2×××系合金扁锭铸造工艺

在正常生产条件下，2A11 和 2A12 合金扁锭的成品率为 97% 左右，而废品率分别为 1% ～2.5% 和 0.5% ～1% 。

2A11 合金具有较高的形成表面热裂纹倾向性，而低温塑性较好，形成冷裂纹的倾向性较小。其铸造工艺特点与含 Mg 量高的铝合金扁铸锭的大体相同，但由于 Mg 含量较低，不显示钠脆性。

2A12 合金形成热裂纹的倾向性较小，而形成冷裂纹的倾向性较大，因此，该合金扁铸锭在铸造工艺上具有下述特点：

铸锭宽厚比受到限制，目前最大为 7。生产的规格主要有 200 mm×1 400 mm、255 mm×1 500 mm、300 mm×1 500 mm 等。

铸造速度较高，宽厚比为 7 的 200 mm×1 400 mm 扁锭铸造速度达 110～115 mm/min，而 255 mm×1 500 mm 和 300 mm×1 500 mm 规格的也达 100～105 mm/min。

铸锭浇口部必须采用自身回火处理。

铸锭大面水压为 0.08～0.15 N/mm²，而 Mg 含量高的铝合金和 2A11 合金扁铸锭的小面水压高，通常为 0.06～0.08 N/mm²。

其他工艺参数与 2A11 合金同规格扁铸锭的相同，但在操作上，应注意防止冷裂纹。

2A11 及 2A12 合金扁锭铸造工艺见表 1 –5，2A14 及 2A70 合金扁锭的铸造工艺制度见表 1 –6。

表1-5　一些2×××合金铸锭的铸造工艺制度

合金	铸锭规格/mm	铸造速度/(m·h⁻¹)	铸造温度/℃	大面水压/(N·mm⁻²)	小面水压/(N·mm⁻²)
2A06	200×1 400	6.6~6.9		0.08~0.15	0.05~0.07
2A12	300×1 500	6.0~6.3		0.12~0.20	0.06~0.08
2A11	200×1 400	4.2~4.5	690~710	0.08~0.15	0.05~0.07
2A16	300×1 500	4.5~4.8		0.12~0.20	0.06~0.08
2A17	200×1 400	5.4~5.7		0.08~0.15	0.05~0.07

注：1.结晶器有效高度130~140 mm；2.一律采用纯铝铺底；3.2A06、2A12 浇口部自身回火；2A11、2A16、2A17 合金的不回火，待浇口部凉透后再停水。

表1-6　某些2×××合金扁铸锭铸造工艺制度

合金	铸锭规格/mm	铸造速度/(m·h⁻¹)	铸造温度/℃	大面水压/(N·mm⁻²)	小面水压/(N·mm⁻²)
2A50、2B50、2A70、2A80、2A14	200×1 400	4.2~4.5			
	255×1 500	3.6~3.9	690~710	0.08~0.15	0.05~0.07
	300×1 200	3.3~3.6			
	300×1 500	4.5~4.8		0.12~0.20	0.06~0.08

注：1.结晶器有效高度130~140 mm；2.一律采用纯铝铺底；3.浇口部不回火。

(4)7×××系合金扁锭铸造工艺

高强的7×××系合金，扁铸锭产量较大而成品率较低，其中7A04 合金是其中的一个重要品种，成品率90%~92%，废品率3.5%~7%。7A04 合金具有较宽的结晶温度区间，高温低温塑性都比较差，因而形成热裂和冷裂的倾向性都很大，也易产生表面疏松等缺陷。铸锭规格应具有较小的宽厚比。铸造工艺制度示于表1-7。

表1-7　一些7×××合金扁铸锭铸造工艺制度

合金	铸锭规格/mm	铸造速度/(m·h⁻¹)	铸造温度/℃	大面水压/(N·mm⁻²)	小面水压/(N·mm⁻²)
7A04、7A09、7A10	300×1 200	3.03~3.3	680~695	0.08~0.12	0.03~0.05

注：1.结晶器有效高度130~150 mm；2.纯铝铺底；3.浇口部自身回火。

生产7075-T7651 合金20 mm×1 200 mm×3 000 mm 预拉伸厚板用300 mm×1 280 mm×1 200 mm 扁铸的工艺参数：熔炼温度700~750℃，铸造温度705~715℃，铸造速度55~60 mm/min，水压0.08~0.15 N/mm²。

1.1.2　扁锭的均匀化退火

1.1.2.1　铸态合金的组织和性能特征

在工业生产条件下，由于铸造时冷却速度较快，合金凝固时的冷却速率为 0.1 ~ 100℃/s，凝固后的铸态组织通常偏离平衡状态。

二元合金非平衡凝固示意图见图 1 – 22。设有 x_1 成分的合金，在平衡结晶时，α 固溶体成分沿 bs 线变化，并在 s 点结晶完毕，整个组织为成分均匀的固溶体。若在非平衡条件下凝固，则首先结晶的固相与随后析出的固相成分就来不及扩散均匀。在整个结晶过程中，α 固溶体平均成分将沿 bc 线变化，达共晶温度的 c 点后，余下的液相则以 $(\alpha + \beta)$ 共晶的方式最后结晶。因此，在工业生产非平衡结晶条件下，x_1 成分的合金组织由枝晶状的 α 固溶体及非平衡共晶组成。合金元素 B 的浓度在枝晶网胞心部(最早结晶的枝晶干)最低，并逐渐向枝晶网胞界面的方向增加，在非平衡共晶中达到最大值，如图 1 – 22(b)所示。通常，非平衡共晶中的 α 相依附在 α 初晶上，β 则以网状分布在枝晶网胞周围，在显微组织中观察不到典型的共晶形态。

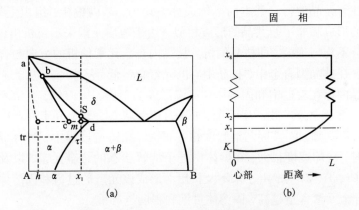

图 1 – 22　二元合金非平衡凝固示意图

(a)二元共晶系相图及非平衡凝固相线；(b)凝固后成分为 x_1 的合金溶质浓度分布

变形铝合金一般都具有两个以上的溶质组元，结晶时的情况较为复杂，但非平衡结晶的规律与二元合金系的一致。由图 1 – 23 可见，7050 合金半连续铸锭的显微组织，基体 α 固溶体呈树枝状，在枝晶网胞间及晶界上除不溶的少量金属间化合物外，还出现很多非平衡共晶体。铝合金枝晶组织不那么典型，如果用阳极氧化覆膜并在偏光下观察，就可以看出每个晶粒的范围及晶粒内的枝晶网胞结构[图 1 – 23(b)]。

在直接水冷半连续铸造条件下生产的铝合金锭，由于强烈的冷却作用引起浓度过冷和温度过冷，使凝固后的铸态组织偏离平衡状态的，主要表现在：

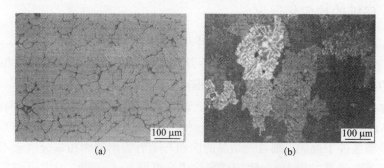

图 1 – 23　7050 半连续铸锭的光学显微组织
(a)未浸蚀的枝晶网状组织；(b)电解抛光并阳极覆膜偏振光组织

①晶界和枝晶界存在非平衡结晶。可溶相在基体中的最大固溶度发生偏移。凝固结晶时合金受溶质再分配的影响，在晶界和枝晶上有一定数量的非平衡共晶组织。冷却速度越大，非平衡结晶程度越严重，在晶界和枝晶界上这种非平衡结晶组织的数量越多。

②存在着枝晶偏析。基本固溶体成分不均匀，晶内偏析，组织上呈树枝状。枝晶偏析的形成和非平衡共晶的形成相似。由于溶质元素来不及析出，在晶粒内部造成成分不均匀现象，即枝晶偏析。枝晶内合金元素偏析的方向与合金的相图类型有关。在共晶型合金中，枝晶中心的元素含量低，从中心至边缘逐渐增多。

③枝晶内存在着过饱和固溶体。高温形成的不均匀固溶体，其浓度高的部分在冷却时来不及充分扩散，因而可能处于过饱和状态。合金元素在铝中的溶解度随温度的升高而增加，液固态溶解度相差很大，在铸造过程中，当合金由液态向固态转变时，冷却速度很大，在熔体中处于溶解状态的合金元素，以及难溶合金元素 Mn、Cr、Ti、Zr 等，由于来不及析出而形成该元素的过饱和固溶体。冷却速度越大，合金元素含量越高，固溶体过饱和程度越严重。

铸锭的非平衡状态将影响及使用，主要表现如下：

①晶界和枝晶界存在非平衡脆性结晶相，合金塑性降低，特别在枝晶网胞边缘生成连续的粗大脆性化合物网状壳层时，合金的塑性将急剧下降，加工性能变坏。

②枝晶偏析使枝晶网胞心部与边部化学成分不同，可形成浓差微电池，因此降低材料的电化学腐蚀抗力。固溶体中出现的非平衡过剩相一般也降低耐蚀性。

③铸锭进行轧制及挤压时，具有不同化学成分的各显微区域被拉长并形成带状组织。这种组织可促使成品产生各向异性和增加晶间断裂（层状断口）倾向。粗大的枝晶组织和化合物会在后续的加工过程中形成带状组织，也严重影响合金性能。

④固相线温度下移，产生大量非平衡低熔点共晶组织，使工艺过程的一些参数难以掌握。例如，在压力加工前的加热及热处理时，局部区域会过早地熔化。也就是说，加热稍有不慎，就会过烧。

⑤铸态合金的组织是亚稳定的，并且铸锭内部存在很大的内应力。

产生非平衡结晶状态是结晶时扩散过程受阻的缘故，这种状态在热力学上是亚稳定的，有自动向平衡状态转化的趋势。若将其加热至一定温度，提高原子扩散能力，就可较快完成由非平衡向平衡状态的转化过程，这种专门的热处理称为均匀化退火或扩散退火。

均匀化退火的主要目的是为了减少和消除晶内偏析，以及沿晶界分布的非平衡共晶相和其他非平衡相，促进 Mn、Cr、Ti、Zr 等元素过饱和固溶体分解，并使过剩相球化，从而显著提高合金的塑性以及组织和化学稳定性。在生产中，均匀化退火工序的首要目的在于提高合金铸锭的变形工艺性能，以利于随后的热、冷压力加工过程。

1.1.2.2 均匀化退火过程及组织性能的变化

(1)均匀化退火过程

均匀化退火过程又称组织均匀化或均火。其实质是铸锭在高温加热条件下，通过相的溶解和原子的扩散实现均匀化。所谓扩散就是原子在金属及合金中依靠热振动而进行的迁移运动。扩散分为均质扩散和异质扩散，均质扩散是在纯金属中发生的同种原子间的扩散运动，又称自扩散。异质扩散则是溶质原子在合金溶剂中的扩散运动。空位迁移是原子在金属及合金中的主要扩散方式，因为原子通过空位迁移而进行扩散所需的能量最小。

均匀化退火时，原子的扩散主要是在晶内进行，使晶粒内部化学成分不均匀的部分通过扩散而逐步达到均匀。由于均匀化退火是在不平衡的固相线或共晶点以下温度进行的，分布在铸锭中晶粒交界上的不溶相和非金属夹杂物不能通过溶解和扩散过程来消除，它妨碍了晶粒间的扩散和晶粒的聚集，所以，均匀化不能使合金基体的晶粒和形状发生明显的改变。均匀化退火只能减小或消除晶内偏析，而对区域偏析影响很小。

(2)组织变化

在铸锭均匀化退火过程中，除了原子在晶内扩散外，还伴随着组织的变化。主要的组织变化是枝晶偏析的消除和非平衡相的溶解。对于非平衡状态下仍为单相的合金，均匀化退火所发生的主要过程为固溶体晶粒内成分均匀化。当合金中有非平衡亚稳定相时，则上述两个主要过程均会发生。

通常，在非平衡过剩相溶解后，固溶体内成分仍不均匀，还需保温一定时间才能使固溶体内成分充分均匀化。铝合金的固溶体成分充分均匀化时间仅稍长于非平衡相完全溶解的时间。而非平衡相完全溶解的时间可以通过 DSC 分析或显微镜观察确定。

应该指出，均匀化退火只能消除或减小晶内偏析，而对区域偏析的影响极微弱，因为消除偏析必须通过原子扩散。根据铝合金计算，扩散距离为枝晶网胞尺寸时，在均匀化温度下原子扩散需数小时；而对于区域偏析所达的距离（假设为几厘米），则需扩散数年之久。显然，这是生产条件所不容许的。此外，消除区域偏析需要晶间相互扩散，这种晶间扩散也因受到晶界夹杂及空隙等的阻碍而难以实现。

除上述主要的组织变化外，均匀退火时还可能发生下列组织变化。

1）过饱和固溶体的分解

在结晶时的快速冷却条件下，某些元素形成的相来不及从固溶体中析出而呈过饱和状态，并且在均匀化退火温度下，其固溶度仍然较小时，则这些相在均匀化退火的加热和保温阶段就会从固溶体中析出。例如，大多数铝合金中含有 Mn，某些合金含有 Zr 和 Cr。在快速结晶（半连续铸造）条件下，会形成溶有这些元素的过饱和固溶体。这些元素在共晶或包晶温度（Al – Mn 系，658.5℃；Al – Zr 系，660.5℃；Al – Cr 系，661.49℃）以及在均匀化退火温度（500℃）时的固溶度相应为 1.4% Mn 及 0.34% Mn，0.28% Zr 及 0.05% Zr，0.72% Cr 及 0.19% Cr。由于均匀化退火温度下这些元素在 Al 固溶体中的平衡浓度低，所以在这一温度加热时，它们相应的化合物就会从固溶体中析出，析出 $MnAl_6$、$CrAl_7$ 和 $ZrAl_3$ 等弥散相。这些弥散相的析出不但在加热和保温阶段发生，而且在退火冷却过程中也可以出现。因为多数情况下固溶体的平衡浓度随温度降低而减小，所以生产条件下随炉冷却或在空气中冷却时将伴随二次相的析出。冷却速度不同，析出相的尺寸及分布状况也有所区别。如果冷却速度过快，则仍会有一定过饱和度的固溶体，即产生部分淬火效应。弥散相的析出过程往往对合金随后加工及热处理行为产生影响。

2）聚集与球化

若合金在平衡状态下不呈单相，则均匀化退火时过剩相不能完全溶解。这些未溶的相在退火过程中就可能发生聚集和球化，聚集长大的特点是小尺寸的过剩相颗粒溶解，而大尺寸的颗粒长大，以降低总的界面能，达到热力学更稳定的状态。球化是聚集的一种特殊形式，即非等轴的过剩相质点（如片状、针状及其他无规则形状）转变为接近于等轴形状。

3）晶粒长大

铝合金属于基体无多型性转变的合金，即基体不发生相变，均匀化退火时一般不会发生晶粒长大现象，但发现过纯铝均匀化后晶界平直化现象。在热处理可强化铝合金中，由于第二相含量不大（仅 10% ~ 15%），当第二相溶入基体金属后，体积变化产生的内应力不足以使基体产生强烈的变形硬化（这是金属再结晶的必要条件），因此合金在铸造状态加热至单相区均匀化处理时，除个别情况外，一般不产生显著的晶粒长大。

4）相转变

均匀化退火时，亦可能发生相转变，有实验证明，3003 合金在均匀化退火时 $Al_6(Mn，Fe)$ 质点将逐渐转变成 $\alpha - Al(Mn，Fe)Si$，且随均匀化温度升高和时间延长，$\alpha - Al(Mn，Fe)Si$ 相逐渐增加。此外，在 7000 系合金中可以观察到明显的相转变，即 $\eta \rightarrow S$ 的转变。

5）淬火效应

铸态合金经均匀化退火后，过快的冷却可能产生淬火效应。

（3）性能变化

由于均匀化退火过程中铸态合金发生一系列的组织变化，故这类退火必将直接影响铸锭的性能。表 1-8 表明，均匀化退火后，7A04 合金的变形抗力降低，而塑性大大提高。这样就可以降低铸锭因热变形而开裂的危险，从而改进热轧板、带的边部品质，提高挤压制品的挤压速度。同时，由于降低了变形抗力，还可以减少变形功的消耗，提高设备生产效率。均匀化退火还可消除铸锭残余应力，改善铸锭的机械加工性能。因此，残余应力较大且需进行均匀化退火的硬合金铸锭的锯切、铣削等机械加工应在均匀化退火后进行。

表 1-8　7A04 合金铸锭均匀化前后的力学性能

铸锭直径 /mm	取样方向	取样部位	力学性能					
			未均匀化		445℃均匀化		480℃均匀化	
			R_m /(N·mm^{-2})	$A/\%$	R_m /(N·mm^{-2})	$A/\%$	R_m /(N·mm^{-2})	$A/\%$
200	纵向	表层	245	0.6	195	4.1	200	6.7
		中心	280	1.8	202	4.9	224	7.1
	横向	中心	271	0.6	221	4.4	223	7.9
315	纵向	表层	224	0.7	206	4.2	205	6.0
		中心	202	1.0	196	3.8	200	5.6
	横向	中心	223	0.4	209	4.2	227	6.4

（4）均匀化退火对半成品及制品性能的影响

变形合金铸锭的状态不仅直接关系到铸锭的变形性能，而且对后续加工工序以及制品的最终性能都有影响。也就是说，铸锭组织的影响会遗传下来，有时这种遗传性是非常稳定的。这是因为铸锭热变形时虽使组织破碎及"搅乱"，但不能完全消除成分的显微不均匀性。因此，未经均匀退火的铸锭，非平衡结晶状态会一直延续到制成品的性能上。

均匀化退火消除了铸锭组织的非平衡状态，当然也就是消除了这种状态的遗传影响。具体表现在：

①提高合金的冷变形塑性，因而可以提高总的冷加工率，减少中间退火次数或退火时间。还可改善冷轧板、带材边缘状态及它们的深冲性能。

②使某些合金制品塑性增高，但强度降低。例如均匀化退火可使热处理强化铝合金的挤压效应消失，从而使挤压制品淬火时效后的强度降低约 100 N/mm^2，塑性相应提高。也可以使同样合金板材淬火时效后强度降低 10 ~ 15 N/mm^2，伸长率提高百分之几。这种影响与均匀化退火消除了显微不均匀性及 Mn、Cr 等元素由固溶体中析出有关。

③使制品的各向异性减小。这是因为均匀化退火减少了过剩相，因而减弱了过剩相在变形时拉长呈纤维状分布所造成的影响，有利于提高垂直纤维方向的塑性、冲击韧性和疲劳强度。这一点对于有三向性能要求的材料非常重要。

④由于消除了化学成分的显微不均匀性，也可适当地提高合金制成品的耐蚀性能。

⑤使固溶体内成分均匀，能防止某些合金再结晶退火时晶粒粗大的倾向。例如 3A21 合金半连续铸锭，塑性很好，但半成品（板材）在再结晶退火后易出现粗大晶粒。若铸锭进行均匀化退火，则可防止出现粗晶，改善半成品的性能。

⑥适当的均匀化退火或多级均匀化退火，可以控制再结晶抑制元素析出弥散相的大小和分布，进而控制最终制品的再结晶程度，获得优良的综合性能。

⑦近 10 多年来，国内外的研究证明，高纯铝 1A99 铸锭经均匀化退火后，由于使 Fe 在 Al 固溶体中分布更为均匀，因而可改变成品铝箔的织构成分。适当均匀化退火工艺可显著提高铝箔的立方织构成分，是提高电解电容用高纯铝箔品质的重要手段之一。

总之，铸锭均匀化退火作为热变形前的预备工序，其首要目的在于提高热变形塑性，但它对整个加工过程及产品性质均有很大影响，良好的均匀化处理组织是保证合金具有良好的综合性能的前提和基础，因此往往是不可缺少的。但也应注意其不利的一面，其最主要缺点是费时耗能，经济效益较差。其次是高温长时间处理可能出现变形、氧化及吸气等缺陷。此外，因某些合金均匀化退火后，成品强度有所降低，对要求高强度的材料则是不利的。

均匀化退火需要与否主要决定于合金本性及铸造工艺，有时也需要考虑产品使用性能。对铸造组织不均匀、晶内偏析严重、非平衡相及夹杂在晶界富集以及残余应力较大的铸锭就有必要进行均匀化退火。

1.1.2.3　均匀化退火制度

均匀化退火工艺制度的主要参数是退火温度和保温时间，其次为加热速度和冷却速度。

（1）加热温度

均匀化退火基于原子的扩散运动。根据扩散第一定律，单位时间通过单位面积的扩散物质量（J）正比于垂直该截面 x 方向上该物质的浓度梯度，即：

$$J = -Dc/x \qquad (1-1)$$

扩散系数 D 与温度关系可用阿累尼乌斯方程表示：

$$D = D_0 \exp(-Q/RT) \qquad (1-2)$$

式中：J 为扩散通量；D 为扩散系数，$kg/(m^2 \cdot s)$；c 为扩散组元的体积浓度，kg/m^3；c/x 为扩散组元浓度沿 x 轴方向的变化律，一般称浓度梯度；D_0 为扩散常数，m^2/s；R 为气体常数；Q 为扩散激活能；T 为绝对温度，K。

式（1-1）和式（1-2）表明，温度稍有升高，扩散过程将大大加速。因此，为了加速均匀化过程，应尽可能提高均匀化退火温度。加热温度越高，原子扩散越快，故保温时间可以缩短，生产率得到提高。但是加热温度过高容易出现过烧（合金沿晶界熔化），以致力学性能降低，造成废品。通常采用的均匀化退火温度为 $(0.9 \sim 0.95)T_{熔}$，$T_{熔}$ 为铸锭实际开始的熔化温度，它低于平衡相图上的固相线温度（图 1-24 中 I

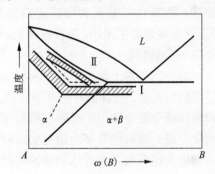

图 1-24　均匀化退火温度范围

I—普通均匀化；II—高温均匀化

区）。在生产中均匀化退火温度一般应低于非平衡固相线或合金中低熔点共晶温度 $5 \sim 40 ℃$。

有时，在低于非平衡固相线温度进行均匀化退火难以达到组织均匀化目的，即使能达到，也往往需要极长的保温时间。因此，探讨了在非平衡固相线温度以上进行均匀化退火的可能性（图 1-24 中 II 区）。这种在非平衡固相线温度以上但在平衡固相线温度以下的退火工艺称为高温均匀化退火。

2A12 及 7A04 等合金在实验室条件下进行过高温均匀化试验，证明了此种工艺的可行性。

高温均匀化的有益影响对大截面工件的作用尤为明显。因为大型工件的铸态坯料承受的变形度小，铸锭的显微不均匀性不能彻底消除，容易出现明显的纤维组织和各向异性。高温均匀化退火后，2A12 合金大截面型材垂直于纤维方向的伸长率提高达 1.5 倍。

　　铝合金之所以能进行高温均匀化退火与其表面有坚固和致密的氧化膜有关。合金铸锭在非平衡固相线温度以上加热时，晶间及枝晶网胞间的低熔点组成物会发生熔化，若表面无致密氧化膜保护，则周围气氛中的氧及其他气体就会沿熔化的晶间渗入，产生晶界氧化而导致铸锭报废（过烧）。但铝合金铸锭由于表面有致密氧化膜的保护，所以除极薄表层外，内部不会产生晶间氧化。此时，未被氧化的非平衡易熔物在长期高温作用下会逐渐地溶入铝基 α 固溶体中，因而使组织均匀化过程完全。铝合金锭中往往含有一定量的氢，在高温均匀化时，氢会向熔化的液相中偏聚形成气孔。

　　大多数合金不能采用上述高温均匀化退火。为使组织均匀化过程进行得更迅速更彻底且避免过烧，可先在低于非平衡固相线温度加热，随后再升至较高温度完成均匀化退火过程。这种分级加热工艺在超高强铝合金中得到了应用。

　　合理的退火温度区间往往需要通过实验确定，特别是对于多组元合金。可以先根据相图和 DSC 分析大致选定温度范围，在此范围内先取不同温度（相同时间）退火后观察显微组织（是否过烧）及性能的变化，最后确定合理的温度区间。

　　（2）保温时间

　　保温时间基本上取决于非平衡相溶解及晶内偏析消除所需的时间。由于这两个过程同时发生，故保温时间并非此两过程所需时间的代数和。实验证明，铝合金固溶体成分充分均匀化时间仅稍长于非平衡相完全溶解的时间。多数情况下，均匀化完成时间可按非平衡相完全溶解的时间估计。

　　非平衡过剩相在固溶体中溶解的时间（τ_s）与这些相的平均厚度（m）之间有下式经验关系：

$$\tau_s = am^b \tag{1-3}$$

式中：a 与 b 为系数，由均匀化温度及合金本性决定。铝合金 b 值为 1.5~2.5。

　　若将固溶体枝晶网胞中的浓度分布近似地看成正弦波形，则可由扩散理论推导出使固溶体中成分偏析振幅降低到 1% 所需时间（τ_p）：

$$\tau_p = 0.467 \frac{\lambda^2}{D} \tag{1-4}$$

式中：λ 为成分波半波长，即枝晶网胞线尺寸的一半；D 为扩散系数。

　　由以上两式可知，对成分一定的合金，均匀化退火所需时间首先与退火温度有关。温度升高，扩散系数增大，故 τ_s 及 τ_p 均缩短。此外，铸锭原始组织特征也有很大影响。枝晶网胞愈细（λ 小），非平衡相愈弥散（m 小），则均匀化过程愈迅速。因此，除要尽可能提高均匀化温度外，还可以用控制组织的方法来加速均匀化过程。一种途径是增加结晶时的冷却速度，冷速愈大，枝晶网胞尺寸愈小，沿它们边界结晶的非平衡过剩相区愈薄，均匀化退火时愈易溶解。因此，小断面的半连续铸锭较大断面铸锭均匀化速度快。另一种途径是退火前预先进行少量热变形使组织碎化。实践证明,对均匀化过程难于进行的合金铸锭,预先进行变形程度 10% ~20% 的热轧或热锻可明显缩短均匀化退火时间。

随着均匀化过程的进行,晶内浓度梯度不断减小,扩散的物质量也会不断减少,从而使均匀化过程自动减缓。图 1 – 25 证明 2A12 铸锭均匀化退火时,前30 min 非平衡相减少的总量较后 7 h 的多得多。生产中,保温时间一般是从铸锭表面各部温度都达到加热温度的下限时间算起。因此,它还与加热设备特性、铸锭尺寸、装料量及装料方式有关。最合宜的保温时间应依据具体条件由实验决定,一般在数小时至数十小时。

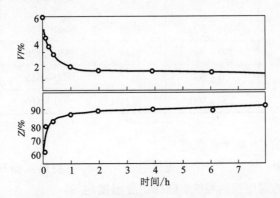

**图 1 – 25　ϕ150 mm 2A12 合金铸锭在 500℃均匀化退火时,溶解过剩
相体积百分数(V)及 400℃时面收缩率(Z)与均匀化时间关系**

(3)加热速度及冷却速度

加热速度的大小以铸锭不产生裂纹和不发生大的变形为原则。均匀化铸锭的冷却速度,一般不加严格控制,在实际生产中可以随炉冷却或出炉堆放在一起在空气中冷却。但冷却太慢时,从固溶体中析出相的质点会长得粗大。

(4)均匀化制度

生产中扁锭的均匀化制度见表 1 –9。

表 1 –9　铝合金扁锭均匀化退火制度

合金	铸锭厚度/mm	制品种类	金属温度/℃	保温时间/h
2A16、2219	200 ~300	板材	510 ~520	27 ~29
2A11、2A12、2A50、2A14、2014、2017、2024	200 ~300	板材	485 ~495	27 ~29

续表 1 – 9

合金	铸锭厚度/mm	制品种类	金属温度/℃	保温时间/h
2A06	200 ~ 300	板材	480 ~ 490	27 ~ 29
5A03、5754	200 ~ 300	板材	450 ~ 460	17 ~ 27
5A05、5183、5083、5056、5086	200 ~ 300	板材	460 ~ 470	27 ~ 29
5A06、5A41	200 ~ 300	板材	470 ~ 480	48 ~ 50
7A04、7A09、7020、7022、7075、7079	200 ~ 300	板材	450 ~ 460	45 ~ 47
5A12	200 ~ 300	板材	440 ~ 450	45 ~ 47
3004	200 ~ 300	板材	560 ~ 570	15 ~ 19
3003、1200	200 ~ 300	板材	600 ~ 615	16 ~ 21
4004	200 ~ 300	板材	500 ~ 510	16 ~ 21

(5)铸锭均匀化退火注意事项

在工业生产中,铸锭均匀化退火最好采用带有强制热风循环系统的电阻炉,并且要设有灵敏的温度控制系统,确保炉膛温度均匀。

为了有效地利用电炉,要求把均匀化退火的铸锭,根据合金种类、外形尺寸和均匀化退火温度进行分类装炉。炉温高于150℃时可直接装炉,否则应按电炉预热制度预热。在装炉时,铸锭在炉内的位置要留有间隙,保证热风畅通。

1.1.2.4　均匀化退火炉

扁锭均匀化退火炉可是箱式的,也可是坑式的,可是专门的,也可是均匀化 – 轧前加热合二为一的,可是批式的,也可是连续式的,后者适合大批量生产,用得很少。加热热源多为电与天然气,燃油炉很少再用,因对环保不利。坑式炉广为采用(图1 – 26),在处理小批量多品种2 × × ×系、7 × × ×系合金扁锭方面有很多优点:通常每个坑式炉炕可以装载10 ~ 20块锭,用单独的天车装料;一般多个坑式炉炉膛共用一套可视化系统;每个炉膛划分成若干个加热区并实现独立控制;有些炉还配有可控制冷却速率的冷却系统。

现代化的扁锭均匀化退火箱式炉一般都采用直接燃气加热系统,装锭机坚固可靠,配有高效高速换热烧嘴,可精确控制温度,炉温可达680℃,锭的温度可在400 ~ 620℃任意调整。炉内分为几个单区,每个单区的温度均可精确调控,因而加热速度与冷却速度都可任意调节。现在在大批量热轧某些软合金板、带时在一台炉内进行均匀化处理与热轧前的加热。这种连续式加热炉的容量大,热效率高,现代化的燃气均匀化退火炉的热效率都在65%以上。

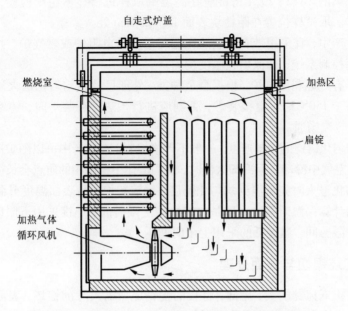

图 1 – 26　扁锭坑式均匀化退火炉垂直断面简明线条图

1.1.2.5　均匀化退火工艺操作

工艺控制要点：

①装炉前认真检查设备运转、炉门封闭、吊具等情况，确认正常后方可装炉。

②在均热退火记录本上写明日期、装炉时间、合金牌号、熔次、炉号、数量、均热制度、送电、停电与改定温及出炉时间，并签字。

③同一处理制度的铸锭可装入同一炉；同熔次的两个铸锭必须装在同一炉中。出炉后立即装炉或交替出炉。装出炉时停电、停风，并使用安全架。

④将未均热的铸锭放入防爆架内。

⑤均热炉的仪表、热电偶、整个温控系统匹配误差在 ±4℃ 之内；空炉测温温差不大于 10℃。

⑥根据上班或本班热处理工要求的温度、时间，及时、准确地送电、停电或改定温。

⑦根据记录的均热制度，在需改定温前 1~2 h，观察各区仪表指示温度。如果两个区或两个区以上提前达到定温温度，应提前改定温，但所提前的时间必须加在保温时间里，即延长保温时间后总的时间不变。

⑧发现铸锭表面不正常，铸锭均热超过规定温度和时间或发现铸锭表面有黑色析出物及发生其他特殊情况时，应进行显微组织检验，在确认组织无过烧后，方可投产。

⑨对均火的 2A12、2024 铸锭应在高温端取样进行显微组织检验，每炉不少于一个试样。取试样位置在距铸块表面 15 ~ 20 mm 处。

⑩在生产中，宜采用带有强制热风循环系统的电阻炉或燃气炉，并且要设有灵敏的温度控制系统，确保炉膛温度均匀。

⑪为了有效地利用电炉，根据合金种类、外形尺寸和均匀化退火温度分类装炉。炉温高于 150℃时可直接装炉，否则应进行预热。在装炉时，铸锭之间留有间隙，保证热风畅通。

⑫对均匀化铸锭的冷却速度，一般不严格控制，在生产中可以随炉冷却或出炉堆在一起在空气中冷却。但冷却太慢时，从固溶体中析出相的质点会长得粗大。

⑬均匀化退火时先定温到均匀化温度，铸锭装炉后待表面温度升到均匀化温度后才开始计算保温时间。一般是大锭采用上限时间，小锭采用下限时间；温度高的采用下限时间，温度低的采用上限时间。

1.1.3　锭坯锯切与表面处理

锯切是指锯掉锭的头、尾部，将长的锭锯成所需尺寸的锭坯；表面处理包括铣面、铣边或铇边，化学处理及表面包覆。铣面与铣边又通称机械处理。

1.1.3.1　锯切

铝锭锯切可用带锯也可以用圆盘锯，现在多用带锯。圆盘锯的主要缺点：锯切口大，噪声高，不能锯切软合金，消耗功率大。带锯的主要优点：锯口小，约相当于圆锯的 1/10，切屑少，金属损耗少；电机功率小，能耗低；圆盘锯的锯齿为硬质合金，换锯片与磨齿时间长，费时，基建投资大，带锯磨损后作废钢处理，一甩了之，换一副带锯仅需 10 min。

1.1.3.2　铣面与铣边（铇边）

半连续铸造法生产的铝合金铸锭表面总有偏析瘤、夹渣、结疤和裂纹等缺陷，应采用铣削或刨削法除去一层表皮。

Mg 含量大于 3% 的 Al – Mg 合金铸锭，含 Zn 高的铝合金铸锭，以及经顺压的 2×××系合金铸锭小面表层在铸造冷却时，容易产生边部偏析瘤，富集 Fe、Mg、Si 等合金元素，形成非常坚硬的质点，热轧时边部极易破碎开裂，影响正常轧制。因此，该类铸锭热轧前均需刨边或铣边。一般表层急冷区厚度约 5 mm，所以刨边深度一般为 5 ~ 10 mm，刨边后应无明显毛刺，刀痕均匀，刀痕深度不大于 3.0 mm。

铸锭小面弯曲度过大，不利于热轧辊边轧制，严重时易造成轧制带材产生无法纠正的镰刀弯。因此，当铸锭小面弯曲度超过控制范围（3 mm/m）时，也可采用铣边纠正，有时铣削量可达 40 mm。

铸锭大型铣面机属重型装备，截至 2012 年全世界保有的这类铣床约 185 台，其中：欧洲，62 台，占 33.5%；美洲，57 台，占 30.8%；亚洲，55 台，占 29.7%；

非洲, 6 台, 3.2%; 大洋洲, 5 台, 占 2.7% 。

中国有 44 台(不含小型的), 与美国的大体相等, 到 2015 年可拥有大型现代化铝锭铣床约 68 台。硬合金的铣削深度为 10 ~ 15 mm 或更深, 特别是含锂合金的, 切削速度(cutting speed)3 000 ~ 4 500 m/min, 进给速度(feed speed)4 000 ~ 7 000 m/min, 切屑厚度 0.5 ~ 1.0 mm。铣面后的锭坯表面粗糙度应达到 ≤5 μm。

铸锭的铣面在专用的机床上进行, 有单面铣、双面铣、双面铣带侧面铣等。单面铣铣削过程需进行一次翻面, 生产效率低, 铣削面易受机械损伤; 双面铣或双面铣带侧面铣生产效率高, 表面品质好。根据铣面时采用的润滑冷却方式不同, 可分为湿铣和干铣。湿铣采用乳液冷却和润滑, 乳液浓度一般为 2% ~ 20%, 铣削完毕需用航空汽油清擦或用蚀洗的方法除掉表面残留的污物; 干铣即铣面时不加冷却润滑剂, 采用油雾润滑, 其优点是表面清洁无污物, 铣削完毕即可装炉加热。

一般除表面品质要求不高的普通用途的纯铝板材, 其铸锭可用蚀洗代替铣面外, 其他所有的铝及铝合金铸锭均需铣面。铸锭表面铣削量应根据合金特性、熔铸技术水平、产品用途等原则确定。其中, 铸造技术是决定铣面量最主要的因素, 例如电磁铸造技术和低液位石墨铸造(LHC, low head carbon)技术, 铸锭表面急冷区厚度小于 1 mm, 显然, 其铸锭铣面量大大减少。铸锭表面铣削量的确定要同时兼顾生产效率和经济效益。铣面时铣削深度要适当, 每面铣削的最小深度视铸锭表面情况而定。一般铣面量为 5 ~ 30 mm, 最大铣面量不超过 40 mm, 根据合金成分的不同, 硬铝合金或表面缺陷较深的取上限, 纯铝或表面缺陷较浅的取下限。铸锭的最小铣面深度也不一样, 表 1 - 10 列出了各种合金的单面最小铣削深度。

表 1 - 10　铝及铝合金铸锭的单面最小铣削量

合金	每面铣削的最小量/mm
纯铝、6A02、3A21、5A02 等	≥3.0
2A11、2A12、2A16、5A05、5A06 等	≥6.0
7A09、7A01	≥7.0

目前, 欧、美、日等产量超过 200 kt/a 的企业已广泛采用侧铣。因为侧铣能有效防止轧制过程中锭坯边部氧化物或偏析物随锭的减薄或滚边而压入板坯边部, 或者边部塑性差产生裂纹。对高表面、高性能要求的特薄板或铝箔用锭侧铣是十分必要的。它不仅能改善产品实物品质, 还能减少切边量, 甚至部分热轧材可不切边, 明显提高成材率和增加经济效益。

图 1 - 27 是 480 mm 厚普通结晶器和可调结晶器生产的铸锭断面图。为了适应不同铸锭的侧面形状和控制侧面铣削厚度, 减少铣边量, 可根据铸锭形状调整侧铣刀盘倾角(通常 8° ~ 12°, 而实际调节范围 0° ~ 20°)或选择与之相适应的侧

铣装置。这三种形式均需要通过铸锭翻转或旋转装置实现两侧对称铣边。

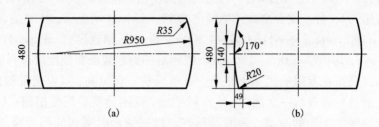

图 1 – 27　铸锭断面图

(a)480 mm 普通结晶器铸锭；(b)480 mm 可调结晶器铸锭

德国西马克集团的诺维纳格尔公司(Knoevenagel)是著名铣床制造企业，1971年开始生产铣边机。全球的大型双面铝铣床有55%是它生产的，铣面－铣边机几乎全是它设计与制造的；中国齐齐哈尔二机床(集团)有限责任公司生产的铝锭铣面机已跻身国际水平。

XKL24 系列铸锭复合加工单元是一条全自动生产线，它由主机和辅机组成：

主机：上料车、上料辊道装置、翻转装置、龙门、床身、工作台、工件对中机构、卡紧机构、测量装置、主铣头、角度侧铣头、称重、喷码系统、下料辊道、下料车、电气控制系统、液压系统、润滑系统、气动系统等组成。

辅机：吸屑管道、破碎机、吸屑数控龙门铝锭组合铣床风机、旋风分离器、铝屑收集装置、粉尘吸集装置等组成。

XKL24 系列铸锭复合加工单元，从上料、测量、加工到下料、碎屑收集处理全部自动化完成，是典型的机电液一体化的技术密集型的系列科技产品，其各项技术指标均已达到或超过国外同类机床的，完全可以替代进口铣面生产线(表 1 –11)。

表 1 –11　XKL24 系列铝锭铣面生产线(复合加工单元)主要技术参数

项目	参数
锭坯最大尺寸(长、宽、高)/mm	9 000 × 2 200 × 850
工作台行程(X 轴)/mm	12 000 ~ 20 000
工作台进给速度/($mm \cdot min^{-1}$)	200 ~ 6 000
工作台承重/t	30
工作快进速度/($mm \cdot min^{-1}$)	20 000
工作台进给电机(西门子，SIEMES)/($N \cdot m \cdot r^{-1}$)	125/2 000
滑枕行程/mm	350 ~ 550

续表1-11

项目	参数
滑枕垂向进给速度/(mm·min^{-1})	0.5~5 000
滑枕垂向进给电机(SIEMES)/[(Nm·r·min^{-1})$^{-1}$]	2×35/4 500
主电机功率(10 kV或380 V)/kW	450~710
主电机转速/(r·min^{-1})	495~594
主铣刀直径/mm	1 970~2 400
主铣刀线速度/(m·min^{-1})	4 000~4 400
侧铣电机功率/kW	160
侧铣电机转速/(r·min^{-1})	1 450
侧铣刀线速度/(m·min^{-1})	3 400
侧铣滑板驱动电机(SIEMES)/[Nm/(r·min^{-1})$^{-1}$]	2×22.5/2 000
侧铣摆角驱动电机(SIEMES)/[Nm/(r·min^{-1})$^{-1}$]	2×10.3/3 000
辊道送料速度,m/min	18/30
辊道送料驱动电机(变频)/[kW·(r·min^{-1})$^{-1}$]	15×1 470
工作台锭坯夹紧电机(变频)/[W·(r·min^{-1})$^{-1}$]	18.5×1 470
吸屑风机电机功率/kW	315
吸屑机电机功率/kW	315
破屑机能力/(t·h^{-1})	30
铣床外形尺寸(长、宽、高)/mm	60 000×8 000×8 000
铣床总质量(约)/t	380~600

在刨边(铣边)与铣面过程中要严格控制工艺流程,主要的注意事项为:

①刨边、铣面前认真检查设备,确认正常后方可生产。

②待刨边铸锭温度不得超过100℃。

③每一次刨边的最大吃刀量不得超过5 mm,每边刨边量不得超过10 mm,表面的黑皮或缺陷必须刨净,小面要保证圆滑过渡。

④铸锭铣面温度不得超过400℃。

⑤夹牢铣面铸块、铣面中铣屑均匀。

⑥铣面后刀痕深度不得超过0.1 mm,铸块厚度差不超过3 mm,机械碰伤不超过3 mm,铸块按熔次堆放。

⑦铣削后铸锭在搬运存放过程中应避免磕碰伤,保持存放环境的清洁,避免受灰尘、油污污染,存放时间一般不要超过24 h。

⑧工作中铸块必须夹牢，铣削均匀。

⑨铣面时不间断地向铣刀与铸块喷射冷却润滑液。

⑩正确选择床面移动速度，及时更换铣刀，铣削后铸块表面不允许有黏铝、起皮、气孔、夹渣、表面裂纹和疏松等。

⑪铣面后擦净乳液、铝屑，防止产生压坑和腐蚀，铣面后刀痕深度不超过0.1 mm，铸块厚差不超过3.0 mm。

⑫按熔次堆放。吊铸块要平稳、轻吊轻放。铣面后机械碰伤深度不应超过3.0 mm。

1.1.3.3 铸锭表面化学处理

铸锭表面化学处理是指用化学方法除去表面油污和脏物，使铸锭表面生成新的光亮钝化膜的过程，又称蚀洗。

2A06、2A11、2A12、2014等硬铝铸块铣面后在加热前应蚀洗，铸造表面品质好且对板材表面无特殊要求的工业纯铝铸锭可以不经铣面而直接蚀洗。蚀洗后的铸块存放时间不应过长，一般不超过24 h，如果存放时间过长而落有灰尘时，在加热前必须再次蚀洗，或用航空汽油擦净。

含Zn或含Mg高的铝合金如7A04、7A09、5A05、5A06等合金铸块不能蚀洗。它们有的蚀洗后表面变黑（含Zn高的合金），有的表面易产生白点（含Mg高的合金），所有这些都将恶化产品品质。上述合金加热前必须用航空汽油清擦铸块表面。

包铝板应蚀洗，并擦净表面，便于热轧时包铝板与铸锭牢固焊合，防止退火后产生气泡等缺陷。

铸锭表面化学处理工艺流程为：蚀洗工艺流程：碱洗（NaOH 15% ~ 25%，温度60 ~ 80℃，浸泡时间2 ~ 10 min）→室温流动水洗→酸洗（HNO_3 15% ~ 30%，室温，浸泡时间2 ~ 4 min）→室温流动水洗→热水洗（不低于70℃）→吹干或擦干。

工艺控制要点：

①蚀洗时应开启酸、碱槽通风装置。

②铸块装炉前用浸湿航空汽油的毛巾擦净表面，待铸块上的汽油全部挥发后方可装炉。

③允许用刮刀或钢丝刷修除蚀洗或铣面时产生的表面缺陷，其深度铸块的不应超过3 mm；包铝板的不应超过实际厚度的5%，用刮刀处理后的缺陷应圆滑。

④长期存放的铸块，若灰尘太厚或油污较重，经蚀洗不能除掉的，需重新铣面，不允许只擦面就装炉。

⑤表面处理后，存放时间超过24 h的铸块、包铝板和夹边板需按原方法重新处理。

⑥蚀洗后的铸块、包铝板和夹边板不允许有影响焊合品质的缺陷，如水痕、

水锈、碱痕和脏手印等。

⑦经表面处理的铸块应轻吊、轻放，防止碰撞伤。碰撞伤深度及修理后深度不许超过 3 mm。

⑧未铣纯铝锭块表面偏析瘤超过 5 mm 或有分层、金属瘤等缺陷时，需铣面后再投产。

1.1.3.4　铸锭表面包覆

铸锭表面包覆是在锭块表面或两侧面上，用机械的方法放置和锭块大小相近的纯铝或合金板材，然后随铸锭加热、热轧或冷轧直至成品。外层金属称包覆层，内层金属称为基体。用此法生产的板材实质上是一种双金属产品。

（1）锭坯表面包铝

包铝是把包铝板放在铣过面的锭坯两面上，通过热轧使包铝板与铸块牢固焊接在一起。表面包铝可分为工艺包铝和防腐包铝。为了改善铝合金的加工工艺性能，如为消除表面裂纹而进行的包铝称为工艺包铝；为了提高铝板、带抗蚀性能而进行的包铝，称为防腐蚀包铝。防腐蚀包铝又分为正常包铝和加厚包铝。加厚包铝是在特殊条件下使用的板材，需要高的抗腐蚀能力，于是加厚包覆层。

选择硬合金包铝层材料的原则是：在腐蚀介质的作用下，包铝层对于基体（铸块）呈阳极，以电化学方式起保护作用。在包铝层局部遇到破坏时（如划伤、擦伤等）对基体金属也能起到稳定的保护作用。硬合金主要指 2××× 系、6××× 系、7××× 系以及 Mg 含量高的铝合金如 5A06 等。7××× 系合金采用含 Zn 的 7A01 包铝板，其他合金采用 1A50 包铝板。

硬合金板材包铝层厚度见表 1－11。

表 1－11　硬铝合金板材包铝层厚度

板材厚度/mm	每面包铝层厚度占板材厚度的平均百分比/%		
	正常包铝	加厚包铝	工艺包铝
≤1.6	≥4	≥8	1.0～1.5
>1.6	≥2		

考虑到包铝板与基体金属延伸变形的差异、包铝板厚差等因素，包铝板厚度应稍大于计算值。

常用硬合金包铝板厚度见表 1－12。

表 1 - 12　常用硬铝合金锭坯包铝板厚度

铸锭厚度/mm	铸锭铣面后厚度/mm	成品板材厚度/mm	单面包铝板厚度/mm
200	185	0.5 ~ 2.4	10.7 ~ 11.2
		2.5 ~ 10.0	5.0 ~ 5.2
		工艺包铝	2.2 ~ 2.5
		加厚包铝	32.0 ~ 34.0
300	270	0.5 ~ 2.4	16.0 ~ 16.5
		2.5 ~ 10.0	7.6 ~ 8.0
		工艺包铝	3.0 ~ 3.2
		加厚包铝	38.0 ~ 40.0
340	300	0.5 ~ 2.4	20.0 ~ 20.5
		2.5 ~ 10.0	7.6 ~ 8.0
		工艺包铝	3.0 ~ 4.0
		加厚包铝	42.0 ~ 44.0
400	385	0.5 ~ 2.4	24
		2.5 ~ 10.0	12
		工艺包铝	5
		加厚包铝	48

注：生产变断面板片时，包铝板厚度按成品薄端的厚度计算。

（2）锭坯侧面包铝

为了提高硬铝合金热塑性，1957 年中国首创了侧面包铝工艺。侧面包铝工艺是：采用 7A01、1A50 厚度 7 ~ 9 mm（其宽度略小于铸块厚度）的侧面包边用夹边（铝条），经蚀洗后，在铸块加热前与包铝板同时放在铸块两侧。加热后，经轧机前几道给予一定加工率和立辊滚边轧制，使铸块上下两面及两个侧面用包铝层焊在一起。减少热轧裂边，大大提高了硬铝合金的工艺塑性，这是由于在热轧时产品的边部裂纹已被塑性高的纯铝所充满并与基体牢固焊合在一起，形成一个可靠的闭锁。继续轧制时，已形成的裂纹不易扩展，从而提高热轧和冷轧的工艺塑性，减少冷轧时中间退火次数，减少冷轧断带次数，相应地提高板材的成品率和生产效率。

铸锭表面包覆工艺注意事项：

①铸块包铝前进行表面处理。

②铸块包铝板合金、规格应与工艺要求及订货标准相适应。

③包铝板应在铸块上放正，并与咬入端对齐。

④如已放上弯边包铝板，装炉时应放上夹边。

⑤包铝板不弯边时，夹边分开放在铸块上面。

1.1.4　锭坯加热

锭坯加热是锭坯准备工作的最后一道工序，加热也可作为热轧的一道工序。在现代化的大型铝轧制厂(生产能力≥200 kt/a)一般都将均匀化处理与加热合为一道工序，先进行均匀化处理，然后启动冷却装置，随炉冷却到热轧所需的温度后保温，保温结束后，出炉热轧。加热炉一般分为 6 ~ 7 个区，每区可放 5 ~ 6 块铝锭，把铸锭的加热和均匀化过程合在一起进行，节能减排效果明显，特大的连续均匀化加热炉可装 60 块锭坯(表 1 – 13)。

表 1 – 13　大型连续式均匀化退火 – 加热炉技术参数

项目	参数
型式	天然气燃烧直接加热
炉膛有效尺寸/mm	长 44 550
	宽 7 500
	高 2 300
可处理合金	铝及铝合金锭坯
最大装炉量/t	1 722(60 块 28.7 t 的锭坯)
燃料	天然气或煤油
最大加热容量/(kJ·h^{-1})	13 541 × 10^4
加热温度/℃	(430 ~ 620) ± 5
最高工作温度/℃	650
锭坯尺寸/mm	厚 400 ~ 630
	宽 850 ~ 2 300
	长 3 000 ~ 7 500

1.1.4.1　加热制度的确定

锭块加热制度包括加热温度、加热及保温时间。

(1)加热温度

加热温度必须满足热轧温度要求，保证合金塑性高、变形抗力低。热轧温度的选择是根据合金的平衡相图、塑性图、变形抗力图、第二类再结晶图确定的，按下式计算：

$$T = 0.65 \sim 0.95 T_{固}$$

式中：T 为热轧温度，℃；$T_{固}$ 为合金的固相线温度，℃。

在生产中，为补偿出炉到热轧前的温降与保证热轧温度，锭坯在炉内温度应适当高于热轧温度。

(2)加热及保温时间

加热及保温时间的确定应充分考虑合金的导热特性、锭块规格、加热设备的传热方式以及装料方式等因素，在确保达到加热温度且温度均匀的前提下，应尽量缩短加热时间，以减少锭块表面氧化，降低能耗，防止过热、过烧，提高生产效率。锭块厚度越大所需的加热时间越长。

1.1.4.2　现代推进式加热炉

铝及铝合金铸锭加热通常是在辐射式电阻加热炉、带有强制空气循环的电阻加热炉或天然气加热炉内进行。天然气加热炉加热速度快，温度均匀，有利于现代化连续性大生产(图1-28)。我国当前还有用辐射式链式电炉加热锭块的，这种炉的热效率低，应淘汰。现代化的锭块均匀化退火与加热立推式炉实现了全自动操作，与热轧机列电控功能接口。这种立推式炉可以单台布置也可以多台平行布置，前后有自动化装卸锭机。可以单排或双排装锭，决定于锭块规格。采用的技术还有：快速升温和冷却的强对流；高速高效换热烧嘴；温度控制基于锭块温度和数字模块数据；低摩擦、长寿命的锭垫，锭块运行平稳可靠；装锭台自动对中；多台炉平行布置时有横向移动小车，等等。

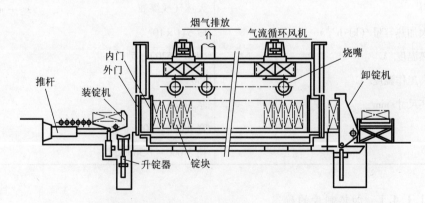

图1-28　现代化铝锭坯推进式均匀化退火 - 加热炉垂直断面示意图

对于以天然气作为加热介质的铝锭推进式加热炉来说，风机循环系统、燃烧系统和温控系统是温度恒定均匀的重要保障。

（1）风机循环系统

风机循环系统一般采用轴流式风机，有电机直接传动的也有皮带传动的。每个区安置一台，或安装在炉体顶部，或安装在炉体的侧墙上，但多布置在炉体顶部，加热速度会快一些。

（2）燃烧系统

燃烧系统的烧嘴的布置也有两种方式，一种是在炉体顶部，另一种是在炉体的两个侧墙上。数量分布方式也有两种，一种是烧嘴各区数量均等；另一种是各区数量不均等。炉入口区的烧嘴数量多于其他各区的，各区烧嘴数为 $2 \sim 8$ 个。

通过专用调节阀调节烧嘴中天然气和空气的比例控制火焰大小。控制方式有两种：一种是把烧嘴火焰大小分为两级来控制，当天然气的流量为 800 m^3/h、空气的流量为 75 m^3/h 时，烧嘴火焰达 100%；当天然气的流量为 250 m^3/h、空气的流量为 22 m^3/h 时，烧嘴火焰达 30%。另一种分 4 级控制烧嘴火焰大小，即大火、中火、小火（长明火）、熄火。大火对应的火焰为 100%，中火对应的为 30% ~ 60%，小火（长明火）对应的为 5%，熄火时的火焰为零。

助燃风机主要为炉内提供助燃空气，一般每个加热区一台，也有整台炉只配 1 台助燃风机的。冷却风机有两种方式，一种随炉冷却式，助燃风机向炉内提供冷却空气，此时助燃风机相当于冷却风机；另一种是整台炉专门配置 2 台。

当烧嘴点火失败或烧嘴全部停止后，由吹扫装置将残留在炉内的天然气体等吹扫干净，以确保安全运行。

（3）温控系统

测温热电偶分区配置，每区配置 4 支，有两种配置方式，第一种是两支用于测量炉气温度的热电偶配置在炉体的两个侧墙上，一支用于测量锭坯的热电偶配置在炉体的底部，还有一支用于超温报警的热电偶配置在炉体的顶部。第二种是两支用于测量炉气温度的热电偶和一支用于测量锭坯温度的热电偶都配置在炉体的底部，一支用于高温报警的热电偶配置在炉体的顶部。通常在炉的出口区多增加一支测量锭坯温度的热电偶。

采用气动伸缩式热电偶测温时，热电偶的探头自动伸出与锭坯表面接触，测温完毕后，热电偶的探头离开铝锭表面自动缩回。测温间隔时间一般设定在 $4 \sim 6$ min。热电偶的测量精度为 $\pm 2\,^{\circ}\mathrm{C}$。

1.1.4.3　锭坯加热制度

表 1 – 12 和表 1 – 13 列出了不同规格的铝及铝合金锭坯在推进式加热炉和辐射式双膛链式加热炉内的加热制度。

表 1–12　铝及铝合金锭坯在推进式加热炉内的加热制度

合金	状态	铸锭厚度/mm	加热制度			出炉温度	
			定温/℃	加热时间/h	最长停留时间/h	范围/℃	最佳/℃
纯铝	H112	300	540/520	8~12	48	420~500	460
	H18、H×4、F、O		540/520			420~480	450
	深冲		540/520			480~520	500
3003、3A21	所有	300	540/520	10~12	48	480~520	500
5A02、5052	H112	300	540/520	10~12	48	450~480	470
	H18、H×4	300	540/520			480~520	500

表 1–13　铝及铝合金锭坯在辐射式双膛链式加热炉内的加热制度

合金	状态	铸锭厚度/mm	加热制度			出炉温度	
			定温/℃	加热时间/h	最长停留时间/h	范围/℃	最佳/℃
纯铝	H112	300	620	5~8	48	420~500	450
	H18、H×4、F、O			4~6		330~360	350
	深冲			5.5~8		480~520	500
	H112	340	600~620	4~8	48	420~480	450
	H18、H×4、F、O			4~8		330~360	350
	深冲			4~8		480~520	500
2A06、2A11、2A12、2A16、2219、2A14、2017、2014	所有	255	620	4.5~6	8	390~430	420
		340	600~620	4.4~8	12	420~440	430
		400		5~9	15	420~440	430
3A21、3003、3004	H112、O	300	620	6~10	48	480~520	500
	H18、H24			5~7		330~360	350
	H112、O	340	600~620	5~8	24	480~520	500
	H18、H24			5~10		450~500	480
4A17、4A13、LQ2、LQ1	所有	300	550	4~7	10	410~450	430
		340	540	5~10	24	400~450	430

续表 1 – 13

合金	状态	铸锭厚度/mm	加热制度		最长停留时间/h	出炉温度	
			定温/℃	加热时间/h		范围/℃	最佳/℃
5A02、5052	H112	255	620	4～7	24	420～450	430
		340		4～8		450～470	460
		400		6～10		450～470	460
	H18、H×4	255	620	5～8		470～500	490
		340		4～8		480～500	490
		400		5～9		480～500	490
5A03、5754	所有	255	620	5～8	24	470～500	490
		340	600～620	4～8		450～470	460
		400		5～9		450～470	460
5083、5A05	所有	255	620	5～8	24	450～480	460
		340	600～620	4～8		450～470	460
		400		5～9		450～470	460
5A06、5A41	所有	255	620	5～8	24	430～470	450
		340	600～620	4～8	15	450～460	460
		400		5～9		450～460	460
5A12	所有	300	620	6～8	10	410～430	420
		340	600～620	4～8	15	430～450	420
		400		5～9		430～450	440
5A66	所有	300	620	5.5～8	48	480～520	500
6A02	H112、F、T4、T6	300	620	5.5～8	48	420～500	460
	O	300	585	7		450～500	480
			500	6			
			450	3			
	H112、F、T4、T6	340	600～620	4～8	24	410～500	450
	O	340	585	7		410～500	450
			520	6			
			400	3			

续表 1 – 13

合金	状态	铸锭厚度/mm	加热制度			出炉温度	
			定温/℃	加热时间/h	最长停留时间/h	范围/℃	最佳/℃
6061、6063	所有	300	620	5～8	48	400～440	420
6082	所有	300	620	4.5～6	48	450～480	460
7A01	所有	300	620	5～8	48	420～500	430
7A04、7A09、7A52、7075	所有	300	620	4.5～6	8	370～410	390
		400	600	6～9	15	380～410	390

1.1.4.4　锭坯加热注意事项

工艺控制注意事项(主要对链式加热炉):

①装炉前详细检查炉体传动部分和加热元件等,确认正常后方可装炉。

②送电、停电以及改温等作业,由热处理工通知仪表工执行,并在记录本上注明日期、班次、炉号、定温温度、送电时间、改定温温度、时间,并签字。除紧急情况外,热处理工不得擅自送电、停电或改定温。

③生产前按生产任务单备好锭坯、包铝板等,装炉时由检查员按生产卡片认真核对装炉的合金、状态、规格、数量、包铝板等,并记入生产卡片。

④所有品种铝板必须按同一熔次编批装炉。

⑤锭坯、包铝板表面应清洁,无油污、灰尘、水痕、碱痕、腐蚀、起皮、夹渣、分层、气孔、气泡、金属瘤、高度大于 5.0 mm 的偏析瘤、拉裂、铝胡子等缺陷。其机械碰伤深度和刮修深度不超过 3 mm。

⑥经锯切的锭坯有裂纹的不准装炉。

⑦短尺小方锭装炉时,当实际规格与生产卡片上的规格不等时,须修改生产卡片上的规格。

⑧一次与二次加热锭坯、铣面与不铣面锭坯、蚀洗与擦面铸块,都应分别装护。如混装时,须通知热处理工采取措施:装炉时要合理安排先后顺序,采用中间空区、分区定温、分区停电、送电等,使锭坯的加热温度达到要求。

⑨装炉时,锭坯或包铝板放在加热炉链条上之前,应垫上符合要求的铝垫,防止锭坯与链条接触,铝垫与锭坯接触面必须清洁,并根据铝垫使用情况,及时更换。

⑩包铝板应在铸块上放正,并与咬入端对齐。

⑪锭坯在炉内最长停留时间超过规定时,确认氧化程度不影响热轧及产品品质后方可进行热轧。

⑫加热过程中，每炉至少打开炉门两次，检查加热元件是否断相，发现断相要采取措施，保证铸块出炉温度符合要求。

⑬出炉时应检查炉的定温、保温时间、出炉温度，检查锭坯有无过烧迹象及表面氧化程度。

⑭热处理工人在保温时间 1 h 范围内，可以自行调整加热时间和在不超过定温的前提下，分区送电、停电和改定温。

⑮出炉后，热处理工应检查锭坯下表面的铝垫是否全部掉落，并用风吹净锭坯表面上的灰尘。

⑯出炉锭坯表面发黑或有析出物时，不得热轧，应做显微组织检查，确定是否过烧。

⑰空炉测温时，保温阶段同一区最大温差不超过 20℃；带负荷测温时，保温阶段同一区内锭坯最大温差不超过 15℃。测温与温控系统的匹配误差不超过 ±5℃。

1.1.5　品质检验

1.1.5.1　铣面工序
铣面工序如下：

①铸锭铣面温度不高于 40℃；

②硬合金的铣面用乳液浓度为 3%～5%，软合金及纯铝的为 5%～10%；

③铸锭两面的最大铣面量之和一般不超过 40 mm，铸锭单面的最小铣面量应符合铣面工艺操作规程的规定。

④检验铸锭铣面后的表面刀痕情况，刀痕深度及平面阶差不超过 0.1 mm。

⑤铸锭铣过第一层后，若有长度超过 1 000 mm 的纵向裂纹，该铸锭报废；有长度小于 1 000 mm 裂纹时应铣至内控标准规定最薄厚度为止。

⑥铣面后的铸锭要及时用毛巾擦净表面乳液，保证表面光洁；铣面后铸锭的厚度差及机械损伤均不得超过 3 mm。

⑦对 2A11、2A12、7A04、7A09、2A14 合金铸锭铣面后发现有"小尾巴"缺陷时只能用于生产民用板。

⑧高纯铝、5A66 合金铸锭允许有宽度不大于 0.5 mm 的表面裂纹。

1.1.5.2　蚀洗工序
蚀洗是为了清除铸锭表面的油污和脏物，使表面清洁，保证板、带品质。

高 Mg、高 Zn 铝合金铸锭和经铣面的纯铝铸锭不蚀洗，其他铸锭、包铝板及夹边均须蚀洗。不铣面纯铝锭表面偏析瘤超过 5 mm 或有分层、金属瘤等时，须经铣面后投产。

①蚀洗后的铸锭、包铝板及夹边表面需冲洗干净，不允许有影响焊合品质的

缺陷。

②吊运过程中产生的碰伤深度不超过 0.1 mm。

③经蚀洗后的铸锭、包铝板、夹边的存放时间不宜超过 24 h，否则需重新蚀洗。

1.1.5.3　加热工序

加热工序如下：

①铸锭的合金牌号、熔次号、块号、规格应与生产卡片相符。

②铸锭的表面质量按加热炉铸块加热工艺操作规程中的规定检验。

③不同加热制度的铸锭，切忌混装加热。如需要混装时，应合理安排先后顺序，采取相应措施，使铸锭的加热温度达到要求。

④严格执行铸锭不准混装和互代的有关规定，所有合金均须按熔次组批装炉，有特殊要求的，按特殊要求处理。

⑤铸锭在加热炉内的最长停留时间不能超过规定的。

⑥加热过程中，每炉至少打开炉门两次检查加热元件是否断相，保证铸锭加热温度符合要求。

⑦出炉前应按相应的加热制度检查炉的定温和保温时间。

⑧出炉的铸锭应逐块测温、记录，对于推进式加热炉还要注意炉的上下层温差变化。

⑨出炉时还要检查铸锭表面氧化情况及铸锭上下表面是否有异物，防止热轧时杂物被压入锭块。

第 2 章 铝板、带轧制原理基础

现代化的厚板专用机(单机架热轧机、热连轧线的粗轧机、粗 - 精轧线的粗轧机等)都可以轧成厚度大于 6 mm 且板形与尺寸偏差合格的航空级铝及铝合金厚板。

2.1 金属的塑性

铝及铝合金厚板都是利用其塑性轧制的,是压力加工的一种。轧制过程是靠旋转着的轧辊与轧件之间形成的摩擦力将轧件拖进辊缝,并使其受到压力产生塑性变形的过程。所谓塑性,是指固体金属在外力作用下能稳定地产生永久变形而不破坏其完整性的性能。因此,塑性反映了材料产生塑性变形的能力。塑性的好坏或大小,可用金属在破坏前产生的最大变形程度表示,并称其为塑性极限或塑性指标。

2.1.1 塑性指标

金属在不同变形条件下允许的极限变形量称为塑性指标,是在特定条件下测得的,如拉伸时的断面收缩率及伸长率,冲击试验的冲击韧性;镦粗或压缩实验时第一条裂纹出现前的高向压缩率(最大压缩率);扭转实验破坏前的扭转角或扭转数;弯曲实验破坏前的弯曲次数等。

2.1.1.1 拉伸试验法

用拉伸试验法可测出破断时最大伸长率(A)和断面收缩率(Z),其数值由下式确定:

$$A = \frac{L_h - L_0}{L_0} \times 100\%$$

$$Z = \frac{F_h - F_0}{F_0} \times 100\%$$

$$(2-1)$$

式中:L_0 为拉伸试样原始标距长度,mm;L_h 为拉伸试样破断后标距间长度,mm;F_0 为拉伸试样原始断面积,mm^2;F_h 为拉伸试样破断处断面积,mm^2。

2.1.1.2　压缩试验法

在简单加载条件下，用压缩试验法测定的塑性指标以下式确定：

$$\varepsilon = \frac{H_h - H_0}{H_0} \times 100\%　\hspace{2cm}(2-2)$$

式中：ε 为压下率，%；H_0 为试样原始高度，mm；H_h 为试样压缩后，在侧表面出现第一条裂纹时的高度，mm。

2.1.1.3　扭转试验法

扭转试验在专门的扭转试验机上进行。试验时圆柱体试样的一端固定，另一端扭转。随试样扭转数的不断增加，最后断裂。材料的塑性指标用破断前的总扭转数 n 表示，对于一定试样，所得总转数越高，塑性越好，可将扭转数换为剪切变形 γ。γ 用下式表示：

$$\gamma = R \frac{\pi n}{30 L_0}　\hspace{2cm}(2-3)$$

式中：R 为试样工作段半径，mm；L_0 为试样工作段长度，mm；n 为试样破坏前总转数。

2.1.1.4　轧制模拟试验法

在平辊间轧制楔形试件，或用偏心轧辊轧制矩形试样，找出试样上产生第一条可见裂纹时的临界压下量作为轧制过程的塑性指标。

上述各种试验只有在一定条件下使用才能反映正确结果，按所测数据只能确定具体加工工艺制度的大致范围，有时甚至与生产实际相差甚远。因此需综合考虑几种试验结果。

2.1.2　塑性状态图

表示金属塑性指标与变形温度及加载方式的关系曲线图形，称为塑性状态图或简称塑性图。它给出了温度 - 速度及应力状态类型对金属及合金塑性状态影响。在塑性图中所包含的塑性指标越多，变形速度变化范围越宽广，应力状态的类型越多，则对于确定热变形温度越有益。

塑性图可用来选择金属及合金的合理塑性加工方法及制订适当的冷热变形规程，是金属塑性加工生产中不可缺少的重要数据之一。由于各种测定方法只能反映其特定的变形力学条件下的塑性情况，为确定实际加工过程的变形温度，塑性图上需给出多种塑性指标，最常用的有 A、Z、α_k、ε、n 等。此外，还给出 R_m 曲线以作参考。下面以铝合金的塑性图为例（图 2 - 1），阐述选定该合金加工工艺规程原则和方法。

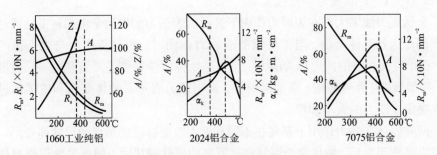

图 2-1　铝合金的塑性图

塑性图表明了该金属最有利的加工温度范围,是拟定热变形规程的必备资料之一。如从铝合金 7075 的塑性图看出,在 370 ~ 420℃ 进行热轧不但塑性较好,而且变形抗力也较小。

2.1.3　单晶体金属的塑性变形

所有金属都是晶体,而晶体的原子排列是有序的,在各个几何方向上有不同的性能即各向异性。原子或分子在晶体中有规律的排列,构成了各种各样的立体几何形状。我们把这种原子组成的立体几何形状的最小单位假想为空间格子,即晶格。晶格重复排列而成晶体。金属中常见的是体心立方、面心立方和密排六方晶格,铝及铝合金晶体为面心立方晶格。

在晶体中可以取许多通过晶格结点原子的平面,这些平面称为晶面。变形就发生在这些假想的某些晶面上,因此这些晶面又称为滑移面(图 2-2)。

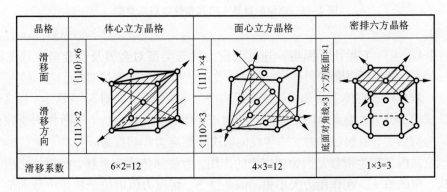

图 2-2　金属的主要滑移面、滑移方向和滑移系数

2.1.3.1　弹性变形和塑性变形

金属压力加工大都在表面力作用下进行。表面力的作用是由某种工具通过接触表面传达到工件上的，当工件承受表面力作用时，内部将产生与之平衡的内力，而单位面积上的内力称为应力。应力是物体力学性能主要特征之一，强度极限、屈服极限、弹性极限、蠕变极限等，都用该力表示。物体变形和破坏的过程首先决定于应力的大小和特点。

所有固体在外力作用下都要在不同程度上改变自己的形状和尺寸即变形。如果在去掉作用力后，物体完全恢复自己原来的形状和尺寸，则此种变形称弹性变形；如果在去掉作用力后，物体不能恢复原先的形状和尺寸，此种变形称为塑性变形。如果应力不超过弹性极限，则各个原子面间的变形还没有破坏变形前原有的静电联系，只是发生了晶格歪扭。外部作用停止后，晶格就恢复到原先未变形时的状态，物体中的弹性变形即消失。如继续增加载荷，当晶格歪扭所达到的程度大到失去原先的静电联系，就进入新的联系。在这种情况下，即使除去载荷也不能恢复到原来状态(塑性变形)，见图 2 - 3。

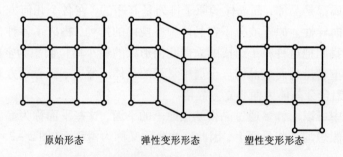

原始形态　　　　　弹性变形形态　　　　塑性变形形态

图 2 - 3　晶格的弹性变形和塑性变形示意图

2.1.3.2　作用于物体上的应力

（1）正应力和切应力

一般作用在物体上的和任一截面成某一个角度的力，如图 2 - 4 所示，将这个力分成两个分力，垂直作用于该面上的为正压力，引起正应力；平行作用于该面上的为剪切力，引起切应力。力学性能取决于正应力和切应力。

金属内部发生滑移是因为切应力的作用，为使晶体产生滑移，必须使切应力达到一定的值 τ_k，在作用力大小相同的条件下，切应力值取决于物体中截面的方向。最大切应力值是在 $\alpha = 45°$ 时产生（图 2 - 5）。

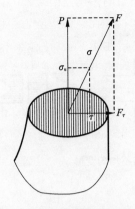 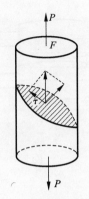

图 2-4　总作用力和总应力分解
为法线的和切线的分力

图 2-5　在所取的滑移面上的
应力作用示意图

σ_n—正应力；σ—总应力；τ—切应力；

P—正压力；F—总作用力；F_τ—切力

(2)主应力和主变形

在实际的金属塑性加工中，作用在金属上的力是各个方向上的，形成了复杂的应力状态，此种应力状态影响到金属的塑性变形抗力。在塑性数学理论中可以证明，在任何一个受复杂应力的物体中，都可以找到三个合适的坐标轴，而使得与这些坐标轴相垂直的平面上只作用着正应力，切应力则等于零。这些正应力就称为主应力，而发生在主应力方向上的变形称为主变形。

在拉伸时主应力方向和主变形方向一致。在其他塑性加工的情况下，主变形方向就不和主应力方向一致，如轧制、挤压、锻造等时的，这种现象对能量的消耗和金属的塑性是有影响的。

(3)附加应力和剩余应力

被加工工件在塑性变形过程中，内部应力的分布通常是不均匀的。这是由以下原因引起的：不是整个物体同时变形，而是局部变形；在金属和工具接触面间有摩擦力；工具形状的特点；被加工工件的尺寸和形状；被加工工件性质不均，如加热不均、化学成分不均等。

因此，除基本应力外，还出现副应力。副应力和基本应力的代数和就是工作应力，它决定工件的塑性变形。副应力是在塑性变形时起作用的；塑性变形停止后，在工件中还保留的应力，称为剩余应力(图 2-6)。

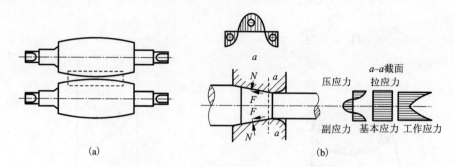

图 2-6　引起副应力和剩余应力的不均匀变形

(a)轧制；(b)拉伸

在任何过程中，都可以发现塑性变形的不均匀和出现副应力。如在凸形轧辊间轧制矩形轧件时，中间压下量比两边大，它力求以较大速度运动，但由于坯料的整体性，所有各处都要得到某种平均速度。由于轧件各部分的速度被迫拉平，中间部分就使两边速度增高，于是在两边就产生了附加拉应力；而两边也使中间部分的速度减少，于是中间部分就产生了附加压应力。残余应力与附加应力符号相同，残余应力能量显著地降低轧制品的强度。

拉伸时拉伸力 P 使拉出部分和变形区中产生拉应力。作用在棒表面的摩擦力 F 的方向与棒运动方向相反，阻碍棒外层移动。内层带着外层运动，于是在外层产生附加拉应力；而外层也使内层产生附加压应力，于是工作应力就是基本应力和附加应力的代数和。

(4)单晶和多晶体的变形

任何金属或合金都是由晶粒所组成，晶粒间为晶间物质的薄层所隔开，这种晶间物质能使各晶粒连接起来，它由基体金属和杂质组成，比晶粒更容易熔化。

晶体的塑性变形随着变形条件不同，分晶间变形与晶内变形。在变形速度小和高温情况下，发生晶间变形；在变形速度大和低温情况下，则发生晶内变形。晶内变形可用单晶体来研究。变形沿着一定的晶面(滑移面)进行，称滑移变形。另一种是晶体一部分沿着某个一定晶面相对另一部分滑移，同时又不破坏晶体各部分相互间的方位，这种现象叫直线位移(图 2-7)。

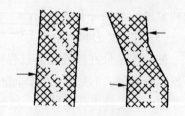

图 2-7　单晶体的变形

实际加工的金属都是多晶体，亦即由许多晶粒所组成的晶体。其性质与单晶体显著不同：

①晶粒的方位及其相互间的滑移面的方位不规则。

②晶粒间的连接不仅由晶间物质来完成，也由晶粒外形的凹凸不平、互相嵌入担当。

③各个晶粒形状和尺寸显著不同。

因此，各晶体的塑性变形不是立刻在物体整个体积内发生，而是从那些滑移面的方位上易于产生最大切应力的晶粒内首先开始的。

2.1.4　多晶体金属的塑性形变

2.1.4.1　变形不均匀

多晶体内的晶界及相邻晶粒的不同取向会对变形产生重要影响。如果将一个只有几个晶粒的试样进行拉伸变形，变形后就会产生"竹节效应"（图 2 - 8）。此种现象说明，在晶界附近变形量较小，而晶粒内部变形量则大。

多晶体塑性变形的不均匀性，不仅表现在同一晶粒的不同部位，而且也表现在不同晶粒之间。当外力加在具有不同取向晶粒的多晶体上时，每个晶粒滑移系上的分切应力因取向因子不同而存在着很大的差异。因此，不同晶粒进入塑性变形阶段的时间也不同。如图 2 - 9 所示，分切应力首先在软取向的晶粒 B 中达到临界值，优先发生滑移变形；而与其相邻的硬向晶粒 A，由于没有足够的切应力使之滑移，不能同时进入塑性变形。这样硬取向的晶粒将阻碍软取向晶粒的变形，于是在多晶体内便出现了应力与变形的不均匀性。另外在多晶体内部力学性能不同的晶粒，由于屈服强度不同，也会产生类似的应力与变形的不均匀分布。

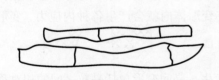

图 2 - 8　多晶体塑性变形的竹节现象

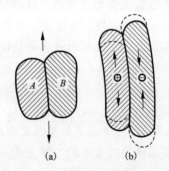

图 2 - 9　多晶体塑性变形的不均匀性

图 2 - 10 是粗晶铝在总变形量相同时不同晶粒所承受的实际变形量。由图可见，不论是同一晶粒内的不同位置，还是不同晶粒间，实际变形量都不尽相同。因此，多晶体在变形过程中存在着普遍的变形不均匀性。

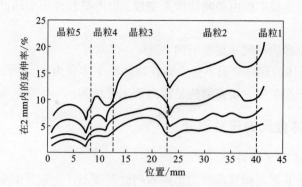

图 2 – 10　多晶铝的几个晶粒各处的应变量

（注：垂直虚线是晶界，线上的数字为总变形量）

2.1.4.2　晶界的作用及晶粒大小的影响

多晶体的塑性变形还受到晶界的影响。在晶界中，原子排列是不规则的，在凝固时还积聚了许多不固溶的杂质，在塑性变形时还堆积了大量位错（一般位错运动到晶界处即行停止），此外还有其他缺陷，这些都造成了晶界内的晶格畸变。所以，晶界使多晶体的强度、硬度比单晶体的高。多晶体内晶粒越细，晶界区所占比率就越大，金属和合金的强度、硬度也就越高。此外，晶粒越细，即在同一体积内晶粒数越多，塑性变形时变形分散在许多晶粒内进行，变形也会均匀些，与具有粗大晶粒的金属相比，局部地区发生应力集中的程度较轻，因此出现裂纹和发生断裂也会相对较迟。这就是说，在断裂前可以承受较大的变形量，所以细晶粒金属不仅强度、硬度高，而且在塑性变形过程中塑性也较好。

多晶体由于晶粒具有各种位向和受晶界的约束，各晶粒的变形先后不同、变形大小不同，晶体内甚至同一晶粒内的不同部位变形也不一致，因而引起多晶体变形的不均匀性。由于变形的不均匀性，在变形体内就会产生各种内应力，变形结束后不会消失，成为残余应力。

2.1.4.3　多晶体的塑性变形机理

多晶体晶内变形的主要方式是滑移和孪生。晶间变形包括晶粒之间的相对移动和转动、溶解 – 沉淀机构以及非晶机构。冷变形时以晶内变形为主，晶间变形对晶内变形起协调作用。热变形时晶内变形和晶间变形同时起作用。

（1）晶粒的转动与移动

多晶体变形时，由于各晶粒原来位向不同，变形发生、发展情况各异，但金属整体的变形应该是连续的、相容的（不然将立刻断裂），所以在相邻晶粒间产生了相互牵制又彼此促进的协同动作，因而出现力偶（图 2 – 11），造成了晶粒间的转动。晶粒相对转动的结果可促使原来位向不适于变形的晶粒开始变形，或者促

使原来已变形的晶粒能继续变形。另外，在
外力作用下，当晶界所承受的切应力已达到
或者超过了阻止晶粒彼此间产生相对移动
的阻力时，将发生晶间移动。

　　晶粒的转动与移动，常常造成晶间联系
的破坏，出现显微裂纹。如果这种破坏完全
不能依靠其他塑性变形机构修复，继续变形
将导致裂纹扩大与发展并引起金属破坏。

　　由于晶界难变形的作用，低温下晶间强
度比晶内的大，因此低温下发生晶界移动与
转动的可能性较小。晶间变形的这种机构
只能是一种辅助性的过渡形式。它本身对
塑性变形贡献不大，同时，低温下出现这种
变形又常常是断裂预兆。

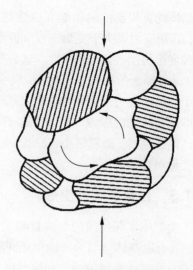

图 2 - 11　晶粒的转动

　　在高温下，由于晶间一般有较多的易熔物质，并且因晶格的歪扭原子活泼性
比晶内的大，所以晶间的熔点比晶粒本身的低，而产生晶粒的移动与转动的可能
性大。同时伴随产生了软化与扩散过程，能很快地修复与调整因变形所破坏的联
系，因此金属借助晶粒的移动与转动能获得很大的变形，且没有断裂危险。可以
认为，在高温下这种变形机构比晶内变形所起的作用大，对整个变形的贡献也
较多。

　　(2)溶解 - 沉淀

　　溶解 - 沉淀机理的实质是一相晶体的原子迅速转移到另一相晶体中去。为了
完成原子由一相转移至另一相，除了应保证两相有较大的相互溶解度以外，还必
须具备下列条件：

　　①因为原子的迁移，最大可能是从相的表面层进行，故应随着温度的变化或
原有相晶体表面大小及曲率的变化，伴随有最大的溶解度改变。

　　②在变形时必须有利于进行高速溶解和沉积产生的扩散过程。也就是说应具
备足够高的温度条件。

　　溶解 - 沉淀机理的重要特点是塑性变形在两相间的界面上进行，又由于金属
的沉淀很容易在显微空洞和显微裂纹中进行，则原子的相间转移可使这些显微空
洞和裂纹消除，起着修复损伤作用，从而可使金属塑性显著增大。

　　(3)非晶机理

　　非晶机理是指在一定的变形温度和速度条件下，多晶体中的原子非同步连续
地在应力场和热激活的作用下发生定向迁移的过程。它包括间隙原子和大的置换
式溶质原子从晶体的受压缩的部位向宽松部位迁移；空位和小的置换式溶质原子

从晶体的宽松部位向压缩部位迁移。大量原子的定向迁移将引起宏观的塑性变形，其切应力取决于变形速度和静水压力。在受力状态下，由温度的作用产生的这种变形机制，又称热塑性。这种机制在多晶体的晶界进行得尤为激烈。这是因为，晶界原子的排列很不规则，畸变相当严重，尤其当温度提高至 $0.5T_{熔}$ 以上时，原子的活动能力显著增大，所以原子沿晶界具有异常高的扩散速度。这种变形机制即使在较低的应力下，也会随时间的延续不断地发生，只不过进行的速度缓慢些。温度越高，晶粒越小，扩散性形变的速度就越快，此种变形机制强烈地依赖于变形温度。

2.1.5　合金的塑性变形

生产中实际使用的金属材料大部分是合金。合金按其组织特征可分为两大类：具有以基体金属为基的单相固溶体组织，称单相合金；加入合金元素数量超过了它在基体金属中的饱和溶解度，其显微组织中除了以基体金属为基的固溶体以外，还将出现新的第二相构成的所谓多相合金。

2.1.5.1　单相固溶体合金的变形

单相固溶体的显微组织与纯金属的相似，因而其变形情况也与之类同，但是在固溶体中由于溶质原子的存在，使其塑性变形抗力增加。固溶体的强度、硬度一般都比其溶剂金属的高，而塑性、韧性则有所降低，但具有更大的加工硬化率。

在单相固溶体中，溶质原子与基体金属组织中的位错产生交互作用，造成晶格畸变而增加滑移阻力。另外异类原子大都趋向于分布在位错附近，又可减少位错附近晶格的畸变程度，使位错易动性降低，因而使滑移阻力增大。

2.1.5.2　多相合金的变形

多相合金中的第二相可以是纯金属、固溶体或化合物，其塑性变形不仅和基体相的性质，而且和第二相（或更多相）的性质及存在状态有关，如与第二相本身的强度、塑性、应变硬化性质、尺寸大小、形状、数量、分布状态、两相间的晶体学匹配、界面能、界面结合情况等有关。这些因素都对多相合金的塑性变形有影响。

（1）聚合型两相合金的塑性变形

合金中第二相粒子的尺寸与基体晶粒的尺寸如属同一数量级，就称为聚合型两相合金。在聚合型两相合金中，如果两个相都具有较高的塑性，则合金的变形情况决定于两相的体积分数。

假设合金的各相在变形时应变相等，则对于一定应变时合金的平均流变应力为：

$$\sigma = f_1\sigma_1 + f_2\sigma_2 \qquad\qquad (2-1)$$

式中：f_1、f_2 为两个相的体积分数，$f_1 + f_2 = 1$；σ_1、σ_2 为两个相在给定应变时的流

变应力。

如假定各相在变形时受到的应力相等，则对于一定应力时的合金的平均应变为：

$$\varepsilon = f_1\varepsilon_1 + f_2\varepsilon_2 \qquad (2-2)$$

式中：ε_1、ε_2 为在给定应力下两个相的应变。

由上两式可知，并非所有的第二相都能产生强化作用。只有当第二相为更强的相时合金才能强化。当合金发生塑性变形时，滑移首先发生于较弱的一相中；如果较强的相数量很少时，则变形基本上是在较弱相中进行；如果较强相体积分数占到 30%，较弱相一般不能彼此相连，这时两相就要以接近于相等的应变发生变形；如较强相的体积分数高于 70%，则该相变为合金的基体相，合金的塑性变形将主要由它控制。

如两相合金中一相是塑性相，而另一相为硬而脆的相时，则合金的力学性能主要决定于硬脆相的存在情况。当发生塑性变形时，在硬而脆的第二相处将产生严重的应力集中并且过早地断裂。随着第二相数量的增加，合金的强度和塑性皆下降。在这种情况下，滑移变形只限于基体晶粒内部，硬而脆的第二相几乎不能产生塑性变形。

（2）弥散分布型两相合金的塑性变形

两相合金中，如果第二相粒子十分细小，并且弥散地分布在基体晶粒内，则称为弥散分布型两相合金。在这种情况下，第二相质点可能使合金的强度显著提高而对塑性和韧性的不利影响减至最小。第二相以细小质点的形态存在而合金显著强化的现象称弥散强化。

弥散强化的主要原因如下：当第二相在晶体内呈弥散分布时，一方面相界、即晶界面积显著增多并使其周围晶格发生畸变，从而使滑移抗力增加。但更重要的是第二相质点本身成为位错运动障碍物。

第二相质点以两种明显的方式阻碍位错运动。当位错运动遇到第二相质点时，质点或被位错切开（软质点）或阻拦位错而迫使位错只有在加大外力的情况下才能通过。

当质点小而软或为软相时位错能割开它并使其变形（图 2 – 12），这时加工硬化小，但随质点尺寸的增大而增加。

当质点坚硬而难于被位错切开时，位错不能直接越过这种第二相质点，但在外力作用下，位错线可以环绕第二相质点发生弯曲，最后在质点周围留下一

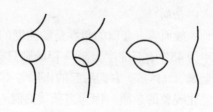

图 2 – 12　位错切开软相

个位错环而让位错通过。位错线弯曲将增加位错影响区的晶格畸变能，增加位错

移动阻力,使滑移抗力提高。位错线弯曲的半径越小,所需外力越大。因此,在第二相数量一定的条件下,第二相质点的弥散度越大(分散成很细小的质点),则滑移抗力越大,合金的强化程度越高(因为位错线的弯曲半径取决于质点间距离,质点细化使质点数目增多而质点空间间距减小)。但应注意,第二相质点细化,对合金强化贡献有一定限度,当质点太细小时,质点间的空间间距太小,这时位错线不能弯曲,但可"刚性地"扫过这些极细小的质点,因而强化效果反而降低。这就存在着一个能造成最大强化的第二相质点间距 λ,这个临界参数可由下列计算式确定:

$$\lambda = \frac{4(1-f)r}{3f} \tag{2-3}$$

式中:f 是半径为 r 的球形质点所占体积分量。

对一般金属 λ 值为 25～50 个原子间距。当质点间距小于这个数值时,强化效果反而减弱。

第二相呈弥散质点分布时对合金塑性、韧性影响较小,因为这样分布的质点几乎不影响基体相的连续性。塑性变形时第二相质点可随基本相的变形而"流动",不会造成明显应力集中。因此,合金可承受大的变形量而不致破裂。

2.1.6　影响金属塑性的因素

金属的塑性不是固定不变的,它受到许多内在因素和外部条件影响。同一种材料在不同的变形条件下会表现出不同的塑性。因此,塑性是金属及合金的一种状态属性。它不仅与其化学成分、组织结构有关,而且与变形速度、变形温度、变形程度、应力状态诸因素有关。

2.1.6.1　影响金属塑性的内部因素

(1)化学成分

化学成分对金属塑性的影响很复杂。工业用的金属除基本元素之外大都含有一定量杂质,有时为了改善金属的使用性能还人为地加入一些其他元素。这些杂质和加入的合金元素,对金属的塑性均有影响。

1)杂质

一般而言,金属的塑性是随纯度的提高而增加。例如纯度为 99.96% 铝的伸长率为 45%,而纯度为 98% 铝的则只有 30% 左右。金属和合金中的杂质有金属、非金属、气体等,它们所起的作用各不相同。应该特别注意那些使金属和合金产生脆化现象的杂质。因为当杂质的混入或它们的含量达到一定值后,可使冷热变形都非常困难,甚至无法进行,例如钨中含有极少量(百万分之一)的镍就大大降低钨的塑性。因此,在退火时应避免钨丝与镍合金接触,又如纯铜中的铋和铅都为有害杂质,含十万分之几的铋,使热变形困难;当铋含量增加到万分之几时,冷热变形难于进行；铅含量超过 0.05% 时引起热脆现象。

　　杂质的有害影响，不仅与杂质的性质及数量有关，而且与其存在状态、在金属基体中的分布情况和形状有关，例如铅在纯铜及低锌黄铜中的有害作用，主要是由于铅在晶界形成低熔点物质，破坏热变形时晶间的结合力，产生热脆性。但在 $\alpha+\beta$ 两相黄铜中则不同，分散于晶界上的铅由于 $\beta \rightarrow \alpha$ 的相转变而进入晶内，对热变形无影响，此时的铅不仅无害，而且是作为改善制品性能的少量添加元素。

　　通常金属中含有 Pb、Sn、Sb、Bi、P、S 等杂质，当它们不溶于金属中，而以单质或化合物的形式存在于晶界处将使晶界的联系削弱，从而使金属冷热变形的能力显著降低。当其在一定条件下能溶于晶内时，则对合金的塑性影响较小。

　　在讨论杂质元素对金属与合金塑性的有害影响时，必须注意各杂质元素之间的相互影响。因为某杂质的有害作用可能因为另一杂质元素的存在而得到改善。例如 Bi 在 Cu 中的溶解度约为 0.002%，若 Cu 中含 Bi 量超过了此数，则多余的铋能使 Cu 变脆。这是由于 Bi 和 Cu 之间的界面张力的作用，促使 Bi 沿着铜晶粒的边界面扩展开，铜晶粒被覆一层铋的网状薄膜，显著降低晶粒间的联系而变脆，故一般 Cu 中允许的含铋量不大于 0.005%。但若在含 Bi 的 Cu 中加入少量的 P，又可使 Cu 的塑性得到恢复。因为 P 能使 Bi 和 Cu 之间的界面张力降低，改善 Bi 的分布状态，使之不能形成连续状薄膜。

　　2）合金元素对塑性的影响

　　在本质上与前述杂质的作用相同，不过合金元素的加入，多数是为了提高合金的某种性能（强度、热稳定性、在某种介质中的耐蚀性等）而人为加入的。合金元素对金属材料塑性的影响，取决于加入元素的特性、加入数量、元素之间的相互作用。

　　当加入的合金元素与基体的作用（或者几种元素的相互作用）使在加工温度范围内形成单相固溶体（特别是面心立方结构的固溶体）时，则有较好的塑性。如果加入元素的数量及组成不适当，形成过剩相，特别是形成金属间化合物或金属氧化物等脆性相，或者使在压力加工温度范围内两相共存，则塑性降低。

　　对于二元以上的多元合金，由于各元素的不同作用及元素之间的相互作用，对金属材料塑性的影响就不能一概而论。

　　（2）组织结构

　　金属与合金的组织结构是指组元的晶格、晶粒的取向及晶界的特征。面心晶格的塑性最好（Al、Ni、Pb、Au、Ag、γ - Fe 等），体心晶格的次之（α - Fe、Cr、W、Mo 等），六方晶格的塑性差（Mg、Zr、Hf、α - Ti 等）。

　　多数金属单晶体在室温下有较高的塑性，而多晶体的塑性则较低。这是由一般情况下多晶体晶粒的大小不均匀、晶粒方位不同、晶粒边界的强度不足等原因造成的。如果晶粒细小，则标志着晶界面积大，晶界强度提高，变形多集中在晶内,故表现出高的塑性。超细晶粒,因其近于球形,在低变形速度下还伴随着晶界的滑移,故呈现出更高的塑性,而粗大的晶粒由于大小不均匀,且晶界强度低,容易在晶界处造成应力集中,出现裂纹,故塑性较低。

一般认为,单相系(纯金属和固溶体)比两相系和多相系的塑性高,固溶体比化合物的塑性要高。单相系塑性高主要是由于这种晶体具有大致相同的力学性能,其晶间物质是最细的夹层,其中没有易熔的夹杂物、共晶体、低强度和脆性的组成物。而两相系和多相系的合金,其各相的特性、晶粒的大小、形状和显微组织的分布状况等无法一致,因而给塑性带来不良影响。

综上所述,合金中的组元及所含杂质越多,其显微组织与宏观组织越不均匀,则塑性越低,单相系具有最大的塑性。金属与合金中,脆性的和易熔的组成物的形状及它们分布的状态也对塑性有很大影响。

2.1.6.2　影响金属塑性的外部因素

变形过程的工艺条件(变形温度、速度,变形程度和应力状态)以及其他外部条件(尺寸、介质与气氛)对金属的塑性也有很大影响。

(1)变形温度

金属的塑性可能因为温度的升高而得到改善,因为随着温度的升高,原子热运动的能量增加,那些具有明显扩散特性的塑性变形机构(晶间滑移机构、非晶机构、溶解-沉淀机构)都发挥了作用;同时随着温度的升高,在变形过程中发生了消除硬化的再结晶软化过程,从而使那些由于塑性变形所造成的破坏和显微缺陷得到修复的可能性增加;随着温度的升高,还可能出现新的滑移系。滑移系的增加,意味着塑性变形能力的提高,如铝的多晶体,其最大的塑性出现在450～550℃,此时不仅可沿着(111)面滑移,而且还可以沿着(001)面及其他方向滑移。

实际上,塑性并不是随着温度的升高而直线上升的,因为相态和晶粒边界随温度的波动而产生的变化也对塑性有显著的影响。在一般情况下,温度由绝对零度上升到熔点时,可能出现三个脆性区:低温脆性区、中温脆性区和高温脆性区(图2-13)。

低温脆性区主要指六方晶格的金属在低温时易产生脆性断裂的现象。Mg是六方

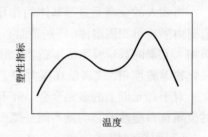

图2-13　温度对塑性影响的典型曲线

晶格,在低温时只有一个滑移面。而在300℃以上时,由于镁合金晶体中产生了附加滑移面,因而塑性提高了。故一般镁合金在350～450℃的温度范围内可进行各种压力加工。

低温脆性区的出现是由于沿晶粒边界的某些组织组成物随温度的降低而脆化了。某些金属间的化合物就具有这种行为。如 Mg-Zn 系中 $MgZn$、$MgZn_2$ 是低温

脆性化合物，它们随着温度降低而沿晶界析出使低温塑性降低。

中温脆性区的出现是由于在一定温度－速度条件下，塑性变形可使脆性相从过饱和固溶体中沉淀引起脆化；晶间物质中个别的低熔点组成物因软化而强度显著降低，削弱了晶粒间的联系，导致热脆；在一定温度与应力状态下，产生固溶体分解，此时可能出现新的脆性相。

高温脆性区则可能是由于高温下在周围气氛和介质的影响下所引起的过热或过烧，如镍在含硫的气氛中加热、钛的吸氢。晶粒长大过快或因晶间物质熔化等，也显著降低塑性。

上述三个典型的脆性区，是指一般情况，对于具体的金属与合金，可能只有一个或两个脆性区。总之，出现几个脆性区及塑性较好的区域，要视温度的变化、金属及合金内部结构和组织的改变而定。

（2）变形速度

变形速度对塑性的影响比较复杂：当变形速度不大时，随变形速度的提高塑性降低；而当变形速度较大时，塑性随变形程度的提高反而变好。这种影响还没有找到确切的定量关系。一般可用图 2－14 所示的曲线概括。

塑性随变形速度的升高而降低（Ⅰ区），

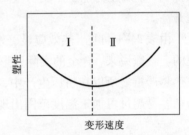

图 2－14　变形速度对塑性的影响

可能是由于加工硬化及位错受阻力而形成显微裂口所致；塑性随速度的升高而增长（Ⅱ区）可能是由于热效应使变形金属的温度升高，硬化得到消除和变形的扩散过程参与作用，也可能是位错借攀移而重新启动的缘故。

变形速度的增加，在下述情况下降低金属的塑性：在变形过程中，加工硬化的速度大于软化的速度（考虑到热效应的作用）；由于热效应作用使变形物体温度升高到热脆区。

变形速度的增加，在下述情况下提高金属的塑性：在变形过程中硬化的消除过程比其增长过程快；由于变形速度增加，热效应的作用使金属的温度升高，由脆性区转变为塑性区。

变形速度对塑性的影响，实质上是变形热效应在起作用。所谓热效应，即金属在塑性变形时的发热现象。因为，供给金属产生塑性变形的能量，将消耗在弹性变形和塑性变形。耗于弹性变形的能量造成物体的应力状态，而耗于塑性变形的那部分能量的绝大部分转化为热。当部分热量来不及向外放散而积蓄于变形金属内部时，促使金属的温度升高。

塑性变形过程中的发热现象是个绝热过程，即在任何温度下都能发生。不过在低温表现得明显些，发出的热量相对地多些。

冷变形过程中因软化不明显,金属的变形抗力随变形程度的增加而增大。若只稍许提高一些变形速度,对变形金属本身的影响不大。但当变形速度提高到足够大的程度如高速锤击,由于变形温度显著升高,可能使变形金属发生一些恢复现象,而较为明显地降低金属的变形抗力,并提高其塑性变形能力。因此,在冷变形条件下,提高工具的运动速度即增大变形速度对于塑性变形过程本身有益。塑性变形过程中,因金属发热而促使温度升高的效应,称为温度效应。

变形过程中的温度效应,不仅决定于因塑性变形功而排出的热量,而且也取决于接触表面摩擦功作用所排出的热量。在某些情况下(在变形时不仅变形速度高而且接触摩擦系数也很大),变形过程的温度效应可能达到很高的数值。由此可见,控制适当的温度,不但要考虑导致热效应的变形速度这一因素,还应充分估计到,金属压力加工工具与金属的接触表面间的摩擦在变形过程中所引起的温度升高。

由表2-1可见,热效应显著地改变了金属的实际变形温度,其作用是不可忽视的。一般说来,合金的实际变形抗力越大,挤压系数越高,挤压速度越快,则发热越严重。所以在挤压生产中,一定要把变形温度和变形速度联系起来考虑,否则容易超过可加工温度范围出现裂纹。

表2-1　铝合金冷挤压时因热效应所增加的温度

合金	挤压系数	挤压速度/(mm·s^{-1})	金属温度/℃
1035	11	150	158～195
6A02	11～16	150	294～315
2A11	11～16	150	340～350
2A11	31	65	308

对于热加工,利用高速变形来提高塑性并没有什么意义,因为热变形时变形抗力小于冷加工时的变形抗力,产生的热效应小。但采用高速变形方式可以提高生产率,并可保证在恒温条件下变形。

一般压力加工的变形速度为0.8～300/(mm·s^{-1}),而爆炸成型的变形速度却比目前的压力加工速度高约1 000倍。在这样的变形速度下,难加工的金属钛和耐热合金可以很好地成形。这说明爆炸成形可使金属与合金的塑性大大提高,从而也节省了能量。

(3)变形程度

变形程度对塑性的影响,是同加工硬化及加工过程中伴随着塑性变形的发展而产生的裂纹倾向联系在一起的。在热变形过程中,变形程度与变形温度-速度条件是相互联系着的，当加工硬化与裂纹胚芽的修复速度大于发生速度时，可以说变形程度对塑性影响不大。

对于冷变形由于没有上述的修复过程，塑性一般都随变形程度增加而降低。至于从塑性加工的角度来看，冷变形时两次退火之间的变形程度究竟多大最为合适，尚无明确结论，还需进一步研究。但可以认为这种变形程度与金属的性质密切相关。对硬化强度大的金属与合金应给予较小的变形程度即进行下一次中间退火，以恢复其塑性，对于硬化强度小的金属与合金则在两次中间退火之间可给予较大的变形程度。

对于难变形的合金，可以采用多次小变形量的加工方法。实验证明，这种分散变形的方法可以提高塑性 2.5 ~ 3 倍。这是由于分散小变形可以有效地发挥和保持材料塑性。对于难变形合金，一次大变形所产生的变形热甚至可以使其局部温度升高到过烧温度，从而引起局部裂纹。

在热加工变形中采用分散变形可以使金属塑性提高的原因作如下的说明：由于在分散变形中每次所给予的变形量都比较小，远低于塑性指标，所以，在变形金属内所产生的应力也较小，不足以引起金属的断裂。同时，在各次变形的间隙时间内由于软化的发生，也使塑性在一定程度上得以恢复。此外，也如同其他热加工变形一样，对其组织也有一定的改善。所有这些都为进一步加工创造了有利条件，结果使断裂前的总变形程度大大提高。

（4）应力状态

金属在塑性变形中所承受的应力状态对其塑性的发挥有显著的影响。按应力状态图的不同，可将其对金属塑性的影响顺序做这样的排列：三向压应力状态最好，两向压一向拉次之，两向拉更次，三向拉应力状态为最差。在塑性加工的实际中，即使其应力状态图相同，但对金属塑性的发挥也可能不同。

（5）变形状态

关于变形状态对塑性的影响，一般可用主变形应力状态图说明，因为压缩变形有利于塑性的发挥，而延伸变形有损于塑性，所以主变形图中压缩分量越多，对充分发挥金属的塑性越有利。按此原则可将主变形图排列为：两向压缩一向延伸的主变形最好，一向压缩一向延伸的次之，两向延伸一向压缩的最差。关于主变形图对金属塑性的影响做如下解释：在实际的变形物体内不可避免地或多或少存在着各种缺陷，如气孔、夹杂、缩孔、空洞等。如图 2 - 15 所示，这些缺陷在两向延伸一向压缩的主变形作用下，就可能向两个方向扩大而暴露弱点。但在两向压缩一向延伸的主变形条件下，此缺陷可成为线缺陷，使其危害减小。

由于主变形图会影响变形体内杂质的分布情况，所以在实际塑性加工中往往会因加工方法的不同（主变形图不同）而使变形金属产生各向异性。例如，在拉拔和挤压变形过程中，因主变形图为两压一拉，所以随着变形程度的增加，其内部

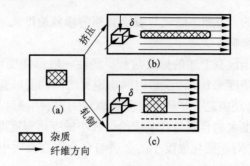

图 2 - 15　主变形图对金属中缺陷形状的影响

(a)未变形的情况;(b)经两向压缩一向延伸变形后的情况;

(c)经一向压缩两向延伸后的情况

的塑性夹杂物会被拉成条状或线状,脆性夹杂物会被破碎成串链状,这时会引起横向塑性指标和冲击韧性下降。在镦粗和带宽展轧制时,主变形图为两向延伸一向压缩,这会造成杂质沿厚度方向成层排列,而使厚度方向的性能变坏。

综上所述,三向压缩的主应力图和一向延伸两向压缩的主变形图组合的变形力学图最有利于金属塑性变形的加工方法,如挤压、旋锻、孔型轧制等。

(6)尺寸因素

尺寸因素对加工件塑性影响的基本规律是随着加工件体积的增大而塑性有所降低。实验表明,小体积试件的塑性总是较高的,例如,在室温下,当其他条件相同时,用平锤头压缩锌试件,试件尺寸为 $\phi20\ mm \times 20\ mm$ 时,最大压下量(出现第一条宏观裂纹时的变形量)为 35% ~ 40% ;而试件尺寸为 $\phi10\ mm \times 10\ mm$ 时,最大压下量可达 75% ~ 80% 。对于黄铜柱体塑压的尺寸为 $\phi20\ mm \times 20\ mm$ 时,最大压下量是 50% ;而 $\phi10\ mm \times 10\ mm$ 时,最大压下量 70% ~ 75% 。

产生上述结果的原因是:实际金属的单位体积中平均有大量的组织缺陷,体积越大,不均匀变形越强烈,在组织缺陷处容易引起应力集中,造成裂纹源,因而引起塑性降低。就铸件来说,小铸件容易得到相对致密细小和均匀的组织,大铸件则反之。

图 2 - 16 是变形物体体积对金属塑性的影响。一般,随着物体体积的增大,塑性下降,但当体积增大到一定程度后塑性不再减小。

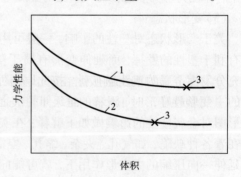

图 2 - 16　变形物体体积对力学性能的影响

1—塑性;2—变形抗力;3—临界体积点

在研究尺寸因素对塑性的影响时，应从两方面考虑：

1）组织缺陷的影响

在实际的变形金属内，一般都存在大量组织缺陷，它们在变形体内是不均匀分布的。在单位体积内平均缺陷数量相同的条件下，变形金属的体积越大，它们的分布越不均匀，使其应力的分布也越不均匀，因而引起金属塑性降低。因此，大锭的塑性总比小锭的塑性低。

2）表面因素的影响

表面因素可用物体的表面积与体积之比表示，有时也采用接触表面积与体积之比表示。变形金属体积越小，上述比值越大，对塑性越有利。

表面因素对塑性和变形抗力的影响也取决于金属表面层和内层的力学状态和物理－化学状态。例如，一般来说，大锭的表面品质较差，会使其塑性降低。此外，周围介质对塑性也会产生影响。

（7）周围介质

周围介质对变形体塑性的影响表现为：

①周围介质和气氛如能使变形物体表面层溶解并与金属基体形成脆性相，则使变形体呈现脆性状态。

铝－锂合金是一种重要的航空航天材料，但锂是一种很活泼的化学元素，可与氮生成 Li_3N，与水生成 $LiOH$ 和 H_2，与氧生成 Li_2O，因此现在多用真空工频感应炉熔炼，在氩气保护下精炼、静置与铸造。为防止铸造时爆炸，可选择爆炸能较小的乙二醇作冷却剂。铸锭的均匀化宜采用氩气保护。

②周围介质的作用能引起变形金属表面层的腐蚀以及化学成分的改变，使塑性降低。黄铜的脱锌腐蚀与应力腐蚀都和周围介质有关。黄铜在加热、退火，以及在温水、热水、海水中使用时，锌优先受腐蚀溶解，使工件表面残留一层海绵状多孔的纯铜而损坏。这种脱锌现象，在 α 相和 β 相中都能发生，当两相共存时，β 相将优先脱锌，变成多孔性纯铜，这种局部腐蚀，也是黄铜腐蚀穿孔的根源。加入少量合金元素（砷、锡、铝、铁、锰、镍）能降低脱锌的速度。

③有些介质如润滑剂吸附在变形金属的表面上，可使金属塑性变形能力增加。金属塑性变形时，滑移的结果可使表面呈现许多显微台阶，润滑剂活性物质的极性，沿着台阶的边界或者沿着由于表面扩大而形成的显微缝隙向深部渗透，滑移束细化，正好像把表面层锄松了一样。因此此类介质可以使滑移过程更顺利，同时不仅可以提高金属的塑性，而且可以使变形抗力显著降低。

2.1.6.3 提高金属塑性的主要途径

为提高金属的塑性，必须设法增加对塑性有利的因素，同时要减小或避免不利的因素。归纳起来，提高塑性的主要途径有：控制化学成分、改善组织结构，提高材料的成分和组织的均匀性；采用合适的变形温度－速度制度；选用三向压应力较强的变形过程,减小变形的不均匀性,尽量造成均匀的变形状态;避免加热和加工时周围介质的不良影响等。在分析解决具体问题时应当综合考虑所有因素,根据具体情况采取相应有效措施。

2.2　轧制理论基础

　　铝板、带轧制是一个很复杂的过程,为便于轧制理论研究及解决一般问题,常把复杂的轧制过程简化成简单轧制过程。简单轧制过程应满足下述条件:轧件除受轧辊作用力外,不受其他任何外力作用;两个轧辊均为主传动辊,且直径相等,转速相同,轧辊完全对称;轧件在入辊处和出辊处速度均衡且力学性能均匀;理想的简单轧制过程在实际生产中并不存在。

2.2.1　轧制变形区主要参数

　　轧制变形区是指轧件充填两轧辊间那部分金属的体积,即从轧件入辊的垂直平面到轧件出辊的垂直平面所围成的区域 AA_1B_1B(图2-17),又称为几何变形区。其主要参数如下所述。

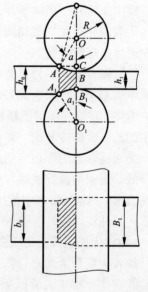

　　2.2.1.1　接触角(咬入角)α

　　轧件与轧辊接触弧所对应的圆心角 α,称为接触角,当能实现咬入建立正常轧制过程时,则称为咬入角。由图2-17可知,咬入角可按下式计算:

$$\cos\alpha = 1 - \frac{\Delta h}{D} \qquad (2-4)$$

式中:D 为轧辊直径,mm;$\Delta h = h_0 - h_1$,mm。

　　当咬入角很小时(冷轧时一般不超过10°),上式可简化为:

$$\alpha = \sqrt{\frac{2\Delta h}{D}} = \sqrt{\frac{\Delta h}{R}} \qquad (2-5)$$

图2-17　轧制变形区主要参数

　　一般情况下,热轧的咬入角为22°~25°,冷轧时(冷粗轧)咬入角为5°~8°,冷精轧(磨辊并有良好润滑)时,咬入角为3°~4°。

　　咬入角与摩擦系数有关,即与轧辊表面粗糙度、润滑情况有关。

　　2.2.1.2　接触弧长度(变形区长度)l

　　如图2-17所示,轧件与轧辊相接触的弧 $\overset{\frown}{AB}$ 的水平投影 $\overline{AC}$,被称为接触弧长度(mm),用 l 表示(也称变形区长度)。l 大小可由下式计算:

$$l = \sqrt{R\Delta h - \frac{\Delta h^2}{4}} \qquad (2-6)$$

由于轧辊半径 R 比压下量 Δh 大得多，即：

$$R\Delta h \geqslant \frac{\Delta h^2}{4} \qquad (2-7)$$

则接触弧长计算公式可简化成：

$$l = \sqrt{R\Delta h} \qquad (2-8)$$

即接触弧 l 的理论长度与轧辊半径和压下量有关。

　　但当冷轧铝及铝合金板、带、箔时，由于变形抗力大，轧制压力大，轧辊会发生弹性压扁变形，接触弧长度由 l 伸长变成 l'（图 2-18）。考虑弹性压扁后的接触弧（变形区）长度 l' 应按希契柯夫（Hitchco）公式（2-6）计算：

$$l' = \sqrt{R\Delta h - (CR\overline{p'})^2} + CRP' \qquad (2-9)$$

式中：$\overline{p'}$ 为考虑轧辊弹性压扁后的平均单位压力，N/mm^2；R 为轧辊半径，mm；Δh 为绝对压下量，mm；C 为系数，$C = \dfrac{8(1-\gamma^2)}{\pi E}$（对于钢轧辊，$C = 1.1 \times 10^{-5} mm^2 \cdot N^{-1}$；对于铸铁辊，$C = 2.0 \times 10^{-5} mm^2 \cdot N^{-1}$；对于冷硬铸铁辊，$C = 1.2 \times 10^{-5} mm^2 \cdot N^{-1}$）；$\gamma$、$E$ 分别为轧辊材质的泊松比、弹性模量。

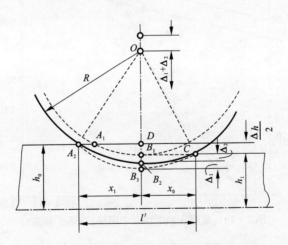

图 2-18　轧辊与金属弹性压缩时接触弧长度

　　斯通把他的平均单位压力计算公式和希契柯夫压扁弧长公式联立起来，并用图解法计算轧辊压扁后接触弧长度。得到：

$$\left(\frac{fl'}{h}\right)^2 = 2CR(e^{fl'/\bar{h}} - 1)\frac{f}{h}K' + \left(\frac{fl'}{h}\right)^2 \tag{2-10}$$

式中：K' 为考虑了张力对变形抗力的影响后强制变形抗力，$K' = K - \dfrac{q_0 + q_1}{2}$。

如果设 $x = m' = \left(\dfrac{fl'}{h}\right)$，$y = 2CR\dfrac{fl'}{h}K'$，$z = \left(\dfrac{fl'}{h}\right)$，则式（2-10）变成：

$$x^2 = (e^{m''} - 1)y + z^2 \tag{2-11}$$

为了解（2-11）式，斯通做出了"S"形曲线（图 2-19）。图中左坐标为 $\left(\dfrac{fl'}{h}\right)^2$；右坐标为 $2CR\dfrac{f}{h}K'$；曲线为 $\left(\dfrac{fl'}{h}\right)$。

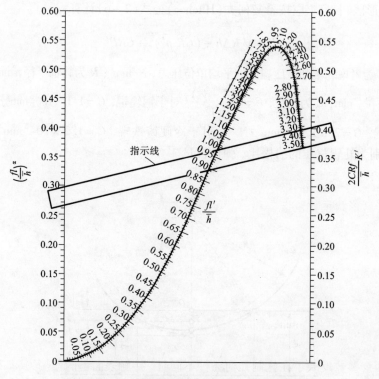

图 2-19　轧辊压扁时弧长 l' 图解（斯通图解法）

轧辊弹性压扁变形后的变形区长度 l' 斯通图解法计算步骤：

①计算金属强制流动应力 K'（变形抗力）及未考虑弹性压扁的 l 值；$K = 1.155\overline{R}_{P0.2}$，当考虑前后张力的影响时 $K' = K - \dfrac{q_0 + q_1}{2}$ $l = \sqrt{R\Delta h}$。

②求出不考虑弹性压扁的 $m = \left(\dfrac{fl'}{h}\right)^2$ 值，在左纵坐标上标出相应点。

③求出 $n = \dfrac{2CRf}{h}K'$，其中 $C = \dfrac{8(1-\gamma^2)}{\pi E}$ 在右纵坐标上标出相应点。

④将 m、n 两点连成直线，此线称为指示线。指示线与图中 S 形曲线的交点，即为所求之 $m' = \left(\dfrac{fl'}{h}\right)^2$ 值，据此可求出 l' 值。

2.2.1.3　接触面积

接触面积是指轧辊与轧件相接触的面积的水平投影。接触面积 F 的值，通常在不考虑轧辊弹性压扁的情况下可按（2-12）式计算：

$$F = \frac{B_H + B_h}{2}\sqrt{R\Delta h} = \overline{B}l \qquad (2-12)$$

式中：B_H、B_h 为轧件入口与出口宽度，mm；R 为轧辊直径，mm；Δh 为绝对压下量，mm；$\overline{B}$ 为轧件轧制前后的平均宽度，mm；l 为不考虑轧辊弹性变形时的接触弧长水平投影，mm。

当考虑弹性压扁后的接触面积时，按式（2-13）计算：

$$F = \frac{B + b}{2}\cdot l' = \overline{B}l' \qquad (2-13)$$

2.2.1.4　变形区形状系数

变形区形状系数是指 $\dfrac{l}{h}$ 和 $\dfrac{B}{h}$，可用下式表示：

$$\frac{l}{h} = \frac{2\sqrt{R\Delta h}}{h_0 + h_1} \qquad (2-14)$$

$$\frac{B}{h} = \frac{2B}{h_0 + h_1}$$

式中：B 为轧件宽度，mm；h_0，h_1 为轧件轧前、轧后厚度，mm；$\overline{h}$ 为轧件平均厚度，mm。

这两个参数反映了在轧制几何条件不同时，接触表面上的作用力（如摩擦力）对轧制变形的影响也是不同的，或者说是对轧制时应力状态影响是不同的。因此，它们是变形区的重要参数。在研究轧制金属流动、应力分布、变形分布等都有重要意义。其中 $\dfrac{l}{h}$ 是反映对纵向变形的影响；而 $\dfrac{B}{h}$ 则是反映对横向变形的影响。前者比后者更重要，因为通常把轧制处理为平面变形状态，只有在研究宽展时，$\dfrac{B}{h}$ 才有意义。

2.2.1.5　摩擦系数

摩擦系数是计算轧制压力的重要参数。它与轧辊的表面状况、润滑情况及轧制速度有关。当冷轧采用粗磨淬火铬钢轧辊(粗糙度为 0.2 ~ 0.8 μm)时,不同润滑条件下的摩擦系数 f 值如表 2 - 2。

表 2 - 2　不同润滑条件的摩擦系数 f 值

润滑条件	摩擦系数 f 值
不加润滑剂	0.16 ~ 0.24
用煤油润滑	0.08 ~ 0.12
用轻机油润滑	0.04 ~ 0.06

当轧辊辊面黏有铝粉时,粗磨淬火铬钢轧辊的摩擦系数 f 值见表 2 - 3。

表 2 - 3　粗磨淬火铬钢辊的 f 值

轧制类别	润滑条件	摩擦系数 f 值
热轧	浮化液润滑	0.35 ~ 0.45
冷轧	不加润滑剂	0.24 ~ 0.32
冷轧	用煤油和机油润滑	0.14 ~ 0.18
冷轧	用乳液润滑	0.16 ~ 0.20

由图 2 - 20 可知,冷轧时的摩擦系数随轧制速度的增加而降低。因此,在冷轧选择摩擦系数时应考虑轧制速度的影响。

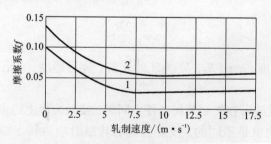

图 2 - 20　冷轧时摩擦系数与轧制速度的关系

1—棕榈油乳液;2—矿物油乳液

2.2.1.6　平均变形速度、平均变形程度、平均变形温度

相对变形对时间的导数称为变形速度。沿接触弧水平投影的各点变形速度的平均值称为平均变形速度。平均变形速度用 $\bar{u}$ 表示。$\bar{u}$ 是计算热轧轧制压力的重

要参数。

$$\overline{u} = \frac{v}{h_0}\sqrt{\frac{\Delta h}{R}} \qquad (2-15)$$

式中：v 为轧辊圆周线速度。

对平均压下率建议用式(2-16)计算：

$$\overline{\varepsilon} = \frac{2\Delta h}{3H} \qquad (2-16)$$

平均变形温度按式(2-17)计算：

$$\overline{T} = \frac{T_0 + T_1}{2} \qquad (2-17)$$

2.2.2　轧制过程建立条件

2.2.2.1　咬入条件

轧制过程是在一定的条件下建
立的。当轧件接触两个旋转的轧辊
时，轧件受到如图 2-21 所示的轧
辊对轧件作用的法向力 P 和由压力
而产生的摩擦力 T。

为了比较这些力的作用，把它
们分别投影到垂直和水平方向上
（图 2-21），作用于轧件上垂直方
向上的力（P_z、T_z），从上下两方向上
使轧件受到压缩变形，只有当轧件
受到压缩产生塑性变形时，轧件才

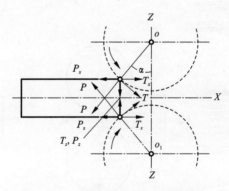

图 2-21　咬入时轧件上受力情况

有可能咬入，这是轧件被轧辊咬入建立轧制过程的先决条件。

作用在水平方向上的分力 P_x 和 T_x，从图 2-21 可知，P_x 是阻碍轧件进入轧辊
间的力，而 T_x 是把轧件拉入轧辊辊缝的力；显然，只有当满足式(2-18)条件时，
轧件才有可能被轧辊咬入，轧制过程才能建立。

轧件不加推力而被轧辊咬入的条件是：

$$T_x \geqslant P_x \qquad (2-18)$$

即：

$$T\cos\alpha \geqslant P\sin\alpha \qquad (2-19)$$

式中：α 为咬入角，(°)；P 为轧辊施加轧件咬入处的法向压力；T 为轧辊与轧件
之间的摩擦力。

$$\frac{T}{P} \geqslant \tan\alpha \qquad (2-20)$$

$$f \geqslant \tan\alpha \qquad (2-21)$$

式中：f 为轧辊与轧件之间的摩擦系数；f 可用 $\tan\beta$ 表示，β 称为摩擦角，代入式(2-21)得：

$$\beta \geqslant \alpha \qquad (2-22)$$

上式说明，在无外力作用下，轧件进入轧辊的自然咬入条件是摩擦角 β 大于或等于咬入角 α，在此条件下轧制过程才能建立。$\alpha = \beta$ 时，为咬入临界条件，把此时的咬入角定义为最大咬入角，用 α_{max} 表示。

铝在热轧(350℃)时，最大咬入角为 20°~22°，摩擦系数为 0.36~0.40。

2.2.2.2　稳定轧制条件

当轧件被轧辊咬入后，轧件与轧辊间的接触表面随轧件向轧辊间充填而增加，因此轧辊对轧件的压力的合力作用点位置也向出辊方向移动。这必然破坏了刚开始咬入时力的平衡条件。如果用 ϕ 表示轧件充填辊缝时轧件法向压力合力方向与轧辊中心联线的夹角，则此时轧件上作用力的位置变化如图 2-22 所示。

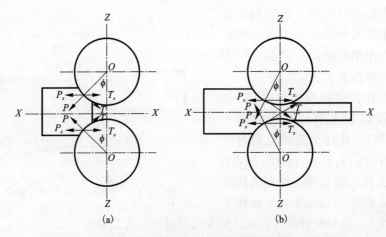

图 2-22　轧件充填辊间过程中作用力位置的变化

(a)轧件向辊间充填；(b)轧件完成充填辊间

在轧件向轧辊间充填时，使轧件继续进入辊间的条件仍然是 $T_x \geqslant P_x$，此时 $T_x = T\cos\phi$，$P_x = P\sin\phi$，$T = fP$，所以 $f \geqslant \tan\phi$ 或 $\beta \geqslant \phi$。在轧件咬入后，随着轧件向辊缝填充，ϕ 越来越小，轧件拖入辊缝的力越来越大，而水平推出力越来越小，即是说，只要轧件被轧辊咬住，轧制过程就会建立，进入稳定轧制。此时，轧制压力的作用点将移向接触弧中心与垂直面成 $\alpha/2$ 角度处(假定单位压力沿接触弧均匀分布)，此时，轧制压力水平分力与摩擦力水平分力的关系为：

$$T\cos\frac{\alpha}{2} \geqslant P\sin\frac{\alpha}{2} \qquad (2-23)$$

$$\frac{T}{P} \geq \tan \frac{\alpha}{2} \qquad (2-24)$$

$$f \geq \tan \frac{\alpha}{2} \qquad (2-25)$$

对比式(2-24)与式(2-25)可知,在轧制过程建立后,轧制时所需的摩擦力仅只需轧件咬入时所需摩擦力的一半。所以,只要轧件头部被轧辊咬入,轧件就能进行正常轧制。

咬入角可近似地用下式表示:

$$\alpha = \sqrt{\frac{\Delta h}{R}} \qquad (2-26)$$

$$\Delta h = \alpha^2 R \qquad (2-27)$$

式中: α 为咬入角,弧度; Δh 为绝对压下量,mm; R 为轧辊直径,mm。

铝及铝合金热轧摩擦系数 $f = 0.35 \sim 0.45$ (乳化液润滑),如取 $f = 0.45$,则 $\beta \approx \arctan 0.45 = 0.4636 \text{rad}$,此时,轧件被轧辊咬入的条件为咬入角 $\alpha \leq 0.4636 \text{rad}$ 或 $26°34'$ 。 $\alpha^2 = 0.215$,当轧辊直径为 550 mm 时,最大绝对压下量 $\Delta h_{\max} = \alpha^2 R = 0.215 \times 275 = 59.125 \text{mm}$,热轧头道次是热轧机咬入困难道次,可借助后推力帮助咬入,以后道次进料厚度小,咬入并不困难。

由于 ϕ 角比咬入角 α 小,并且随轧件向辊缝充填的过程中逐渐减小,所以水平拽入力便随轧件向辊缝间移动而逐渐增加,水平推出力则逐渐减小,使轧件的咬入变得越来越容易。当轧件完全填充辊缝时,咬入过程结束,稳定轧制过程建立起来。假设此时单位压力沿接触弧均匀分布,则轧辊对轧件合压力的作用点必然在接触弧的中点上,即 $\phi = \frac{\alpha}{2}$,则式(2-25)变成下式:

$$\beta \geq \frac{\alpha}{2} \qquad (2-28)$$

公式(2-28)为稳定轧制条件。从对咬入时 β (摩擦角) $\geq \alpha$ 到稳定轧制时 $\beta \geq \frac{\alpha}{2}$ 的比较可知:①开始咬入时所需的摩擦条件高,即摩擦系数应大。②随轧件逐渐填充辊缝,水平拽入力逐渐增大,水平推出力逐渐减小,因而轧件越容易拽入。③开始咬入条件一经建立,轧件就自然向辊缝填充,从而建立起稳定轧制过程。

2.2.2.3　改善咬入条件的措施

改善咬入条件是进行顺利操作、增加压下量、提高生产率的有力措施,也是轧制生产中经常碰到的实际问题。根据咬入条件 $\beta \geq \alpha$ 便可知,凡是增大 β 角的一切因素和减小 α 角的各种因素都有利于轧件咬入,具体措施:①轧件前端做成锥形或楔形,使开始咬入角变小。②开始咬入时把辊缝调大,使咬入角 α 减小,稳定轧制过程建立后，增大压下量。③对可调速轧机采用低速咬入增大摩擦角 β，待稳定轧制过程建立后增加轧制速度以提高生产率。④开始咬入时暂停润滑，增大摩擦角 β，待稳定轧制过程建立后再开始润滑；给轧件施加外推力，也能改善咬入条件，使轧件与轧辊的接触面积增加与摩擦力增大。

2.2.3　轧制时金属变形的规律

2.2.3.1　沿轧件断面高度方向的变形——压缩

（1）沿轧件断面高度方向变形的分布

关于轧制时金属变形的分布有两种理论，即均匀分布理论和不均匀分布理论。均匀分布理论认为，沿轧件断面高度方向上的变形、应力和金属流动的分布都均匀，造成这种均匀性的主要原因是由于未发生塑性变形的前后端的强制作用，因此又称为刚端理论。苏联学者 H·R·塔尔诺夫斯基和 A·H·柯尔巴什尼柯夫试验研究结果证实轧制变形区沿断面高度金属变形是不均匀的。其中 H·R·塔尔诺夫斯基的研究最具代表性。他用研究轧件沿断面高度的纵断面上的坐标网格变化，证明了沿轧件断面高度上的变形分布如图 2 - 23 所示，是不均匀的，图中的曲线 1 表示轧件表面层各个单元体的变形沿接触弧长度 l 上的变化；曲线 2 表示轧件中心层各个单元体的变形沿接触弧长度 l 上的变形分布。图中的纵坐标是以自然对数表示的相对变形。不均匀理论金属流动的分布见图 2 - 24，主要内容有：

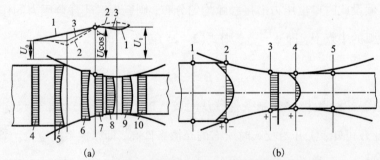

图 2 - 23　按不均匀变形理论金属流动速度和应力分布

（a）金属流动速度分布：1—表面层金属流动速度；2—中心层金属流动速度；3—平均流动速度；
4—后外端金属流动速度；5—后变形过渡区金属流动速度；6—后滑区金属流动速度；
7—临界面金属流动速度；8—前滑区金属流动速度；9—前变形过渡区金属流动速度；
10—前外端金属流动速度；
（b）应力分布：+—拉应力；-—压应力；1—后外端；2—入辊处；3—临界面；4—出辊处；5—前外端

①沿轧件断面高度方向上的变形、应力和金属流动的分布都是不均匀的；

②在几何变形区内，在轧件与轧辊接触表面上，不但有相对滑动，而且有黏着区，即轧件与轧辊间存在无相对滑动区；

③变形不但发生在几何变形区内，而且在几何变形区外也发生变形，其变形分布是不均匀的。可把变形区分为变形过渡区、前滑区、黏着区和后滑区(见图2–24)；

④在黏着区内有一个临界面，在此面上的金属流动速度是均匀的，并且等于该处轧辊的水平速度。

由图 2 –25 可知，在接触弧开始处靠近接触弧表面的单元体的变形比轧件中心层单元体的变形大；这说明沿轧件断面高度上的变形分布是不均匀的，而且说明表面层的金属流动速度比中心层的快。图中曲线 1 和 2 的交点是临界面的位置，此面上金属变形和流动速度是均匀的。而在临界面的右边，情况相反，轧件中心层单元体的变形和金属流动速度比表面层单元体的变形和金属流动速度大。在接触弧的中间段，曲线 1 有一段很长的平行于横坐标的线段，这充分说明轧件表面与轧辊相接触确实存在黏着区。此外，从图中还可见，在入辊前和出辊后轧件表面层和中心层都还发生了变形，这可认为是外端和几何变形区之间有变形过渡区，在这个区域内金属变形和流动速度也是不均匀的。

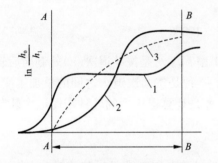　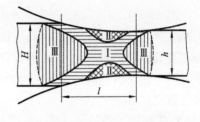

图 2 – 24　沿轧件断面高向上变形分布
1—表面层；2—中心层；3—均匀变形；
A – A—入辊平面；B – B—出辊平面

图 2 – 25　轧制变形区($l/\bar{h}>0.8$)
Ⅰ—易变形区；Ⅱ—难变形区；Ⅲ—自由变形区

H·R·塔尔诺夫斯基还把实验结果绘成了图 2 – 25 用以描述轧制时金属变形和流动的整个情况，并指出，沿轧件断面高度上的变形不均匀分布与变形区形状系数有很大关系。在 $l/\bar{h}>0.5\sim1.0$ 时，即轧件断面高度相对于接触弧长度不太大时，压缩变形完全深入到轧件中心部位，形成中心层金属变形比表面层金属变形大的现象；而 $l/\bar{h}<0.5\sim1.0$ 时，随着变形区形状系数的减小，外端对变形过程的影响变得更突出，压缩变形不能深入到轧件的中心部位，只限于表面层附近的区域；此时表面的变形较中心层的大，金属流动速度和应力分布都是不均匀的(图 2 – 26)。

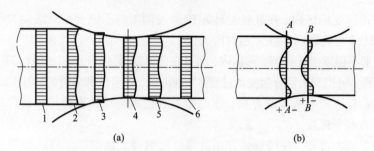

图 2 – 26　$l/\bar{h} < (0.5 \sim 1.0)$ 时金属流动速度与应力分布

(a)金属流动速度分布；(b)应力分布

1、6—外端；2、5—变形过渡区；3—后滑区；4—前滑区；

$A - A$—入辊平面；$B - B$—出辊平面

(2)高度方向变形指数

以轧件厚度的绝对变化量(Δh)或相对变化量，即加工率(ε)表示：

绝对压下量：

$$\Delta h = H - h \tag{2 – 29}$$

加工率：

$$\varepsilon = \frac{\Delta h}{H} = \frac{H - h}{H} \times 100\% \tag{2 – 30}$$

加工率(ε)分为道次加工率 ε_n 和总加工率 $\varepsilon_总$，ε_n 是按某道次(n)轧制前后轧件厚度变化计算的值。$\varepsilon_总$ 有两种计算方法：一种是按两次退火之间的总加工率，一般而言，它反映了金属的加工性能；另一种是计算退火后的轧件在逐道次轧制后各道次总的加工率。

(3)累积加工率的平均值 $\bar{\varepsilon}$

铝及铝合金在退火后将进行多道次冷轧，道次加工率只反映该道次的压下率，但每经一道次冷加工后，铝及铝合金就会发生一定的加工硬化，经几道次冷轧后，其加工率的计算并不是简单叠加，而应按式(2 – 31)、式(2 – 32)计算累积加工率平均值：

$$\bar{\varepsilon} = \varepsilon_H + 0.6(\varepsilon_h - \varepsilon_H) \tag{2 – 31}$$

或

$$\bar{\varepsilon} = \varepsilon_H + 0.6\varepsilon(1 - \varepsilon_H) \tag{2 – 32}$$

式中：$\bar{\varepsilon}$ 累积加工率的平均值，%；$\varepsilon_H = \dfrac{H_0 - H}{H_0} \times 100\%$，轧前的冷加工变形程度；

$\varepsilon_h = \dfrac{H_0 - h}{H_0} \times 100\%$，轧后的冷加工变形程度；$\varepsilon = \dfrac{H - h}{H} \times 100\%$，该道次加工率；

H_0 为退火后坯料高度，mm；H，h 分别为轧前、轧后轧件的高度，mm。

根据上式计算出的 $\bar{\varepsilon}$ 求 σ_s 值，即为该道次的平均 σ_s 值。

2.2.3.2　沿轧件断面宽度方向的变形——宽展

如果我们把轧制看成是平面变形状态，即假定轧件宽度在轧制过程中无变化，这种假设有利于问题的简化，而且在一定条件下是允许的。但实际上，轧制品宽度在轧制过程中是有变化的，特别是在 $B/\bar{h} < 6$ 时，即轧件宽度相对平均厚度不大时，轧件宽度在轧制过程中变化是较大的，此时必须考虑轧件在轧制过程中宽度的变化。

宽展是指轧制过程中轧件在宽度方向的增加量。当宽展量很大时，单位压力沿轧件宽度方向的分布是非常不均匀的，即轧件中间单位压力很大，边缘单位压力很小。宽展结果使轧件边缘往往比中间的薄，而且由于压应力的不均匀分布，在轧件边缘形成很大的拉应力，严重时使轧件产生边部裂纹。

轧件宽度的绝对变化量以 ΔB（宽展量）表示：$\Delta B = b - B$，B 为轧前坯料宽度；b 为轧后坯料宽度。

铝及铝合金轧制时宽展量 ΔB 也可用下述公式计算：

$$\Delta B = 0.45 \frac{\Delta h}{H} \sqrt{R \Delta h} \qquad (2-33)$$

宽展量除在热轧和冷轧开坯道次考虑外，其余冷轧道次可不考虑。影响宽展量的主要因素有：轧辊直径越大，宽展量越大（图 2-27）；随着道次加工率的增加，宽展量增加（图 2-28）；摩擦系数越大，宽展量越大（图 2-29）；轧制温度越高，宽展量越大（图 2-30）；宽展量随轧件温度升高而增加；轧件塑性越差，宽展量越小。

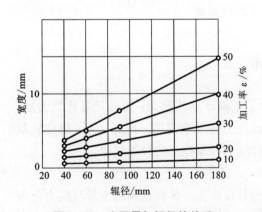

图 2-27　宽展量与辊径的关系

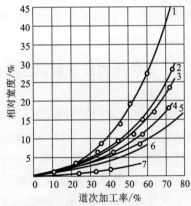

图 2-28　相对宽展量和道次加工率的关系

1—纯铝，$t = 440℃$；2—MB1，$t = 440℃$；

3—2A12，$t = 445℃$；4—MB1，$t = 275℃$；

5—纯铝，$t = 20℃$；6—2A12，$t = 20℃$；

7—1A97，$t = 20℃$

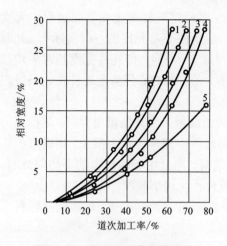

图 2 - 29　相对宽展量与润滑剂
（摩擦系数）的关系
1—干辊；2—煤油；3—乳液；
4—锭子油；5—动物油

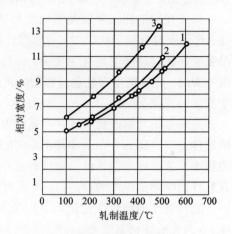

图 2 - 30　铝合金宽展量与轧制温度的关系
1—MB1 合金；2—2A12 合金；3—1A50 合金

2.2.3.3　轧件长度方向的变形——延伸

轧制过程中，轧件随着轧制过程的进行越来越薄，长度越来越长，一般以延伸系数 λ 表示；轧件长度方向的变形程度延伸系数：$\lambda = \dfrac{l}{L}$。

2.2.4　单位压力在接触弧上的分布

研究单位压力沿接触弧的分布是为了正确计算轧制力；正确计算轧制力矩，必须确定合力作用点，所以必须知道单位压力的分布规律。此外，为了研究轧制变形区内的应力和变形，也需要研究单位压力和摩擦力的分布规律。

2.2.4.1　卡尔曼单位压力微分方程

卡尔曼理论实质是均匀变形理论，即假设在变形区内金属的变形与应力分布是均匀的，且无宽展；金属与轧辊接触面间为全滑动，且符合库仑摩擦定律；金属变形抗力 K 沿接触弧长度上是一个常数；

卡尔曼在上述假设基础上，在轧制区内取一个微分体 $abcd$（图 2 - 31），研究微分体的平衡条件，从而建立了如式 2 - 31 所示的微分平衡方程：

$$\frac{\mathrm{d}\sigma_x}{\mathrm{d}x} - \frac{p_x - \sigma_x}{h_x}\frac{\mathrm{d}h_x}{\mathrm{d}x} \pm \frac{2fp_x}{h_x} = 0 \tag{2-34}$$

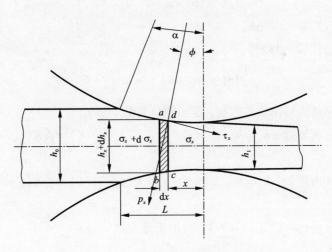

图 2 - 31 作用在轧件的单位压力

把微分平衡方程与塑性条件联立，解出单位压力的分布规律。按能量塑性 $\sigma_1 - \sigma_3 = 1.15\sigma_s = K$，在研究的微分体中可以把垂直压力 p_z 和水平应力 σ_x 看作 σ_3 和 σ_1，则 $p_z - \sigma_x = 1.15\sigma_s = K$，代入公式(2 - 34)得：

$$\frac{\mathrm{d}p_z}{\mathrm{d}x} - \frac{K\mathrm{d}h_x}{h_x\mathrm{d}x} \pm \frac{2fp_z}{h_x} = 0 \tag{2-35}$$

式中：p_z 为微分体上任意点的单位压力；F 为轧件与轧辊间的摩擦系数；h_x 为微分体高度。

公式(2 - 35)为卡尔曼单位压力微分方程的一般形式，解此方程还必须加入两个补充方程：几何方程和边界方程。几何方程把 x 与 h_x 联系起来，边界方程把 h_x 与 p_x 联系起来。不同学者对这两个方程有不同的假设，因而出现了不同的单位压力计算公式。

2.2.4.2 A.И.采利柯夫单位压力公式

采利柯夫假设几何方程为一条直线，即用弦代弧，则有：

$$h_x = h_1 + \Delta h \frac{x}{l} \tag{2-36}$$

$$\frac{\mathrm{d}h_x}{\mathrm{d}x} = \frac{\Delta h}{l} \tag{2-37}$$

将式（2-36）和式（2-37）代入卡尔曼单位压力微分方程，得：

$$\frac{\mathrm{d}p_x}{\pm \delta p_x - K} = -\frac{\mathrm{d}h_x}{h_x} \tag{2-38}$$

式中：δ 为系数，$\delta = 2lf/\Delta h$。

由积分公式（2-38）得：

$$\frac{1}{\delta}\ln(\pm \delta p_x - K) = \pm \ln\frac{1}{h_x} + C \tag{2-39}$$

利用边界条件写出边界方程，定出积分常数。

在后滑区入辊处：$h_x = h_0$，$p_x = K - q_0 = K(1 - q_0/K) = \zeta_0 K$（$q_0$——后单位张力）

在前滑区出辊处：$h_x = h_1$，$p_x = K - q_1 = K(1 - q_1/K) = \zeta_1 K$（$q_1$——前单位张力）

将边界方程代入公式（2-39），得出积分常数 C 值；

在后滑区：

$$C = \frac{1}{\delta}\ln(\xi_0 \delta K - K) - \ln\frac{1}{h_0} \tag{2-40}$$

在前滑区：

$$C = \frac{1}{\delta}\ln(-\xi_1 \delta K - K) - \ln\frac{1}{h_1} \tag{2-41}$$

把后滑区和前滑区积分常数 C 代入公式（2-39），得到采利柯夫单位压力公式：

$$p_x = \frac{K}{\delta}\left[(\xi_0 \delta - 1)\left(\frac{h_0}{h_x}\right)^{\delta} + 1\right] \tag{2-42}$$

$$p_x = \frac{K}{\delta}\left[(\xi_1 \delta + 1)\left(\frac{h_1}{h_x}\right)^{\delta} - 1\right] \tag{2-43}$$

当无张力时 $\zeta_0 = \zeta_1 = 1$，则公式（2-42）和（2-43）变成下面形式：

$$p_x = \frac{K}{\delta}\left[(\delta - 1)\left(\frac{h_0}{h_x}\right)^{\delta} + 1\right] \tag{2-42'}$$

$$p_x = \frac{K}{\delta}\left[(\delta + 1)\left(\frac{h_x}{h_1}\right)^{\delta} - 1\right] \tag{2-43'}$$

对式（2-42）、式（2-43）、式（2-42'）、式（2-43'）绘成如图2-32所示的曲线，表明了各种因素对单位压力的影响。从这些曲线可以看出，单位压力随摩擦系数、加工率和轧辊直径的增大而增加，随张力的增加而降低。

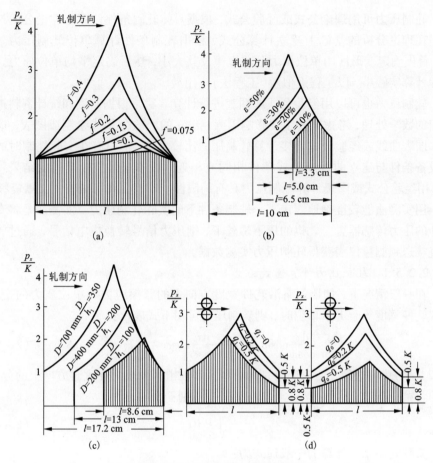

图 2 - 32　影响单位压力的因素

（a)摩擦系数；（b)压缩率；（c)轧辊直径；（d)张力

2.2.5　轧制压力的计算

　　轧制压力是轧制工艺和设备设计及控制的重要参数。计算和确定轧制压力的目的：计算轧辊与轧机其他部件的强度和弹性变形，校核或确定电机功率，制订压下制度，挖掘轧机潜力，提高轧机生产率。在铝带、箔材冷轧时，轧制压力受到多因素的影响，而且这些因素不断变化，给轧制压力的计算带来了很大困难。如轧辊辊缝、轧件温度与屈服强度、轧制油黏度、单位轧制压力和变形速度等因素都是瞬时变化的，所以，轧制压力理论计算公式都只能在简化条件下推导出来。采用不同的假设条件推导出的理论计算公式或在同一公式中采用不同的参数（如摩擦系数)所得的计算结果有较大差别。正因如此，不少科技工作者通过对试验数据的分析、归纳，推导出了一些轧制压力的经验计算公式。

　　轧制压力可用理论公式或经验公式，根据具体轧制条件计算。理论公式计算法是在理论分析的基础上建立计算公式，根据轧制条件计算单位轧制压力。通常，首先确定变形区内单位压力分布规律及其大小，然后确定平均单位压力。在工程计算实践中，以工程近似解（工程法）应用最广。

　　轧制压力也可以用经验公式或图表进行计算。这是根据实测和统计资料进行一定的数学处理，考虑某些主要影响因素，建立的经验公式或绘制成图表，应用这些图表曲线或经验公式直接计算轧制压力比较方便，但只有在实际轧制时的工艺设备条件与建立曲线或公式条件相同或相近时，才能得出较准确的结果。因此，用经验公式或图表计算轧制压力具有局限性。实验曲线可查有关文献资料。

　　用实测法能较准确地测定某一轧制条件下的实际轧制压力。实测法是将专门设计的压力传感器置于轧机的压下螺丝下，把压力信号转换成电信号，通过放大或直接送到测量仪表获得轧制压力实测数据。

2.2.5.1　轧制压力计算通式

　　在一般情况下，如果忽略沿轧件宽度方向上的摩擦应力和单位压力的变化，并取轧件宽度等于 1 个单位时，则轧制压力可用下式表示：

$$P = \int_0^a P_x \frac{\mathrm{d}x}{\cos\phi}\cos\phi + \int_r^a T_x \frac{\mathrm{d}x}{\cos\phi}\cos\phi + \int_0^r T_x \frac{\mathrm{d}x}{\cos\phi}\sin\phi \qquad (2-44)$$

式（2-44）中右边第二、三项分别为后滑区和前滑区摩擦力在垂直方向上的分力，它们与第一项比，其值很小，可以忽略不计，则：

$$P = \int_0^l P_x \mathrm{d}x \qquad (2-45)$$

　　实际轧制压力计算的一般通式为：

$$P = \overline{P} \cdot F \qquad (2-46)$$

式中：P 为轧制压力，kN；$\overline{P}$ 为平均单位轧制压力，N/mm^2；F 为轧件与轧辊接触面积水平投影，mm^2。

　　由此可知，轧制压力的计算，实质上归根到底在于解决两个基本参数的计算：①计算轧件与轧辊间的接触面积（变形区面积）F。②计算平均单位压力 $\overline{P}$。

　　第一个参数的计算，在前面已讨论过了，可用（2-41）或（2-42）式计算；

　　第二个参数 $\overline{P}$ 的确定，由于受很多因素影响，因此计算非常复杂，但可把这些因素归纳为两大类：①影响轧件力学性能的因素，主要是影响轧件线性变形（简单拉伸）抗力的因素。②影响轧件应力状态特性的因素，即接触摩擦力、外端和张力等。

　　把这两类因素归纳起来，平均单位压力 $\overline{P}$ 可写成下式：

$$\overline{P} = n_\sigma \sigma_s' \qquad (2-47)$$

式中：n_σ 为应力状态影响系数；σ_s' 为金属真实变形抗力，即指轧件在轧制时的变形温度、变形速度和变形程度下的变形抗力。

2.2.5.2　影响金属真实变形抗力的因素

金属真实变形抗力 σ'_s 与下列因素有关：

$$\sigma'_s = n_s n_T n_u \sigma_s \tag{2-48}$$

式中：n_s 为变形程度影响系数；n_T 为变形温度影响系数；n_u 为变形速度影响系数；σ'_s 为拉伸或压缩屈服极限。

2.2.5.3　影响金属真实变形抗力的因素的确定

(1) σ_s 的确定

通常用金属及合金的屈服极限 σ_s 来反映金属及合金本性对强制流动应力（变形抗力）的影响。有些金属压缩时的 σ_s 比单向拉伸时的 σ_s 大，如钢压缩比拉伸时的 σ_s 大 10% 左右；而有些金属的压缩 σ_s 与单向拉伸 σ_s 相同；因此在选用 σ_s 时最好用压缩 σ_s。

另外，也有些金属在静态时很难测得 σ_s，尤其在高温下更困难，这可用 $\sigma_{0.2}$ 来代替。

(2) 变形程度影响系数 n_ε 的确定

变形程度影响系数 n_ε 是表示变形程度对金属屈服极限的影响，应分热轧和冷轧来讨论。

冷轧时，变形程度影响系数 n_ε 又称为加工硬化系数。因轧件的变形温度低于再结晶温度，只产生加工硬化现象，使变形抗力提高，所以必须考虑变形程度对变形抗力的影响；在一般情况下，这种影响用金属屈服极限与压缩率关系曲线判断，其变化规律因金属不同而异；纯金属的硬化程度比合金的小。

冷轧时的变形程度影响系数 n_ε 可由下式确定：

$$n_\varepsilon = \frac{\sigma_{s0} + \sigma_{s1}}{2\sigma_x} \tag{2-49}$$

式中：σ_{s0} 为金属轧前的屈服极限；σ_{s1} 为金属轧后的屈服极限；σ_x 为金属无加工硬化时（退火时）的屈服极限。

热轧时金属虽说无加工硬化现象，但实际上变形程度对屈服极限是有影响的。屈服极限随变形程度增大而增大。

(3) 变形温度影响系数 n_T 的确定

轧制温度对金属屈服极限有很大的影响，一般随轧制温度的升高而降低，这是由于温度升高后降低了金属原子之间的结合力。轧制温度对轧件屈服极限的影响用变形温度影响系数 n_T 表示，在确定温度影响系数 n_T 时，一方面要有可靠的屈服极限与温度关系的资料，另一方面还要确定金属实际热轧温度。

(4) 热轧时的温度计算

热轧时，随轧件的变薄，轧件温度逐渐降低，称为温降。只有在正确计算出热轧温降才能确定热轧实际温度。计算温降的公式一般采用 H. H. 沙德林温降公式：

$$\Delta T = T_0 - T_1 = \frac{kt\overline{F}}{cG} \qquad (2-50)$$

式中：c 为金属的比热，$J/(g\cdot\text{℃})$；G 为金属的质量，kg；T_0、T_1 为金属轧前、轧后温度，℃；t 为一个道次所需时间，s；k 为金属散热系数，J（此值与温度有关，要用实测或查有关资料）$/(m^2 \cdot s)$；$\overline{F}$ 为金属平均散热表面积，m^2，$\overline{F} = \frac{F_0 + F_1}{2}$（$F_0$、$F_1$ 分别为热轧前、后轧件表面积，m^2）。

（5）变形速度影响系数 n_u 的确定

冷轧时由于金属以加工硬化为主，所以变形速度对屈服极限的影响可不考虑。但热轧时，金属屈服极限随变形速度的提高而增加，可用变形速度影响系数 n_u 来考虑。温度的影响系数 n_u，其平均变形速度可用下式计算：

$$\overline{u} = \frac{v}{h_0}\sqrt{\frac{\Delta h}{R}} \qquad (2-51)$$

式中：v 为轧辊线速度。

2.2.5.4　冷轧和热轧时金属真实变形抗力 σ'_s 的确定

冷轧时温度和变形速度对金属变形抗力影响不大，n_T 和 n_u 可近似取 1，只有变形程度才是影响变形抗力的主要因素，所以此时实际变形抗力 σ'_s 为：

$$\sigma'_s = n_\varepsilon \sigma_s \qquad (2-52)$$

因为 $n_\varepsilon = \dfrac{\sigma_{s0} + \sigma_{s1}}{2\sigma_s}$，所以

$$\sigma'_s = n_\varepsilon \sigma_s = \frac{\sigma_{s0} + \sigma_{s1}}{2\sigma_s}\sigma_s = \frac{\sigma_{s0} + \sigma_{s1}}{2\sigma_s} \qquad (2-53)$$

热轧时根据平均变形温度、平均变形速度、平均变形程度分别查出热轧时温度影响系数 n_T、变形速度影响系数 n_u 和变形程度影响系数 n_ε，再乘上静拉（压）时的屈服极限 $\sigma_s(\sigma_{0.2})$ 得到真实变形抗力 σ'_s。平均温度 $\overline{T}$、平均变形程度 $\overline{\varepsilon}$ 和平均变形速度 $\overline{u}$ 可按下式计算：

$$\overline{T} = \frac{T_0 + T_1}{2} = T_0 - \frac{\Delta T}{2} \qquad (2-54)$$

$$\overline{\varepsilon} = \frac{2\Delta h}{3h_0} \qquad (2-55)$$

$$\overline{u} = \frac{v}{h_0}\sqrt{\frac{\Delta h}{R}} \qquad (2-56)$$

近年来由于热变形模拟试验机的出现为各种状态下的 σ_s 的测定提供了有利条件。σ_s 是在一定条件下测得的，1050 工业纯铝的高温拉伸力学性能如表 2 – 4 所示。

表 2-4　1050 工业纯铝的高温力学性能

温度/℃	$R_m/(\text{N}\cdot\text{mm}^{-2})$	$R_{P0.2}/(\text{N}\cdot\text{mm}^{-2})$	$A/\%$
150	60	30	55
200	40	25	65
250	30	15	75
300	20	10	80
350	15	7	85

2.2.5.5　应力状态系数 n_σ

应力状态系数 n_σ 对平均单位压力的影响常常比其他系数的更大,因此准确地确定应力状态系数 n_σ 是十分重要的。应力状态系数 n_σ 与第二项主应力、外摩擦、外端和张力有关,可用下式表示:

$$n_\sigma = n_\beta n_\sigma' n_\sigma'' n_\sigma''' \tag{2-57}$$

式中: n_β 为第二项主应力影响系数,把轧制看作平面变形状态时, $n_\beta = 1.155\sigma_s = K$; n_σ' 为外摩擦影响系数; n_σ'' 为外端影响系数; n_σ''' 为张力影响系数。

(1) 外摩擦影响系数 n_σ' 的确定

外摩擦影响系数 n_σ' 取决于金属与轧辊表面摩擦规律,不同的研究者提出了不同的摩擦规律,因此,也有不同的外摩擦影响系数 n_σ' 。

1) 按全滑动 ($T_x = fp_x$) 摩擦规律确定的 n_σ' 的公式

采利柯夫公式:

$$n_\sigma' = \frac{\overline{P}}{K} = \frac{2h_\gamma}{\Delta h(\delta-1)}\left[\left(\frac{h_\gamma}{h_1}\right)^\delta - 1\right] \tag{2-58}$$

式中: $\dfrac{h_\gamma}{h_1} = \left[\dfrac{1 + \sqrt{1 + (\delta^2-1)\left(\dfrac{h_0}{h_1}\right)}}{\delta+1}\right]^{1/\delta}$, $\delta = \dfrac{2fl}{\Delta h}$ 。

为了计算方便,采利柯夫将上式绘成曲线(图 2-33,图 2-34)。根据 $\Delta h/h_0$ 和 $\delta = 2fl/\Delta h$ 便可从图查出 n_σ' ,从而可计算平均单位压力:

$$\overline{P} = n_\sigma' K \tag{2-59}$$

斯通公式:

斯通考虑了轧辊弹性压扁引起的接触弧长的变化和张力影响后确定的 n_σ' 计算公式:

$$n_\sigma' = \frac{\overline{p}}{K} = \frac{e^{m'} - 1}{m'} \tag{2-60}$$

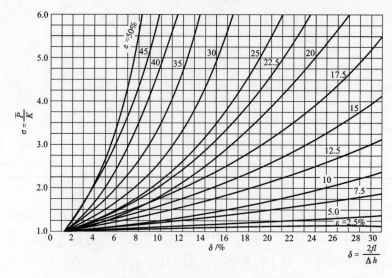

图 2－33　采利柯夫公式曲线

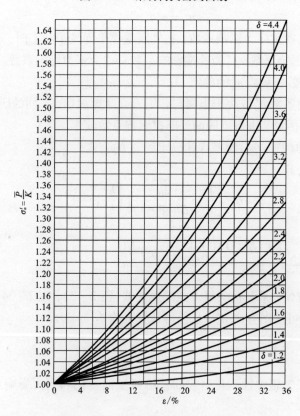

图 2－34　采利柯夫公式曲线(细部)

式中：m' 为系数，$m' = \dfrac{fl'}{h}$（此值可从斯通曲线图中求出）。

$$K' = K - \overline{q} \tag{2-61}$$

为了计算方便，斯通根据 m' 值计算结果，制成了函数表 2-5，可从表中直接查阅 n'_σ 值。以上两式适用于冷轧单位压力的计算。

表 2-5　函数表 $n'_\sigma = \dfrac{e^{m'} - 1}{m'}$

m'	0	1	2	3	4	5	6	7	8	9
0.0	1.000	1.005	1.101	1.015	1.020	1.025	1.030	1.035	1.040	1.046
0.1	1.051	1.057	1.062	1.068	1.073	1.078	1.084	1.089	1.095	1.100
0.2	0.106	1.112	1.118	1.125	1.131	1.137	1.143	1.149	1.155	1.160
0.3	1.166	1.172	1.178	1.184	1.190	1.196	1.202	1.209	1.215	1.222
0.4	1.229	1.236	1.243	1.250	1.256	1.263	1.270	1.277	1.284	1.290
0.5	1.297	1.304	1.311	1.318	1.326	1.333	1.340	1.347	1.355	1.362
0.6	1.370	1.378	1.386	1.393	1.401	1.409	1.417	1.425	1.433	1.442
0.7	1.450	1.458	1.467	1.475	1.483	1.491	1.499	1.508	1.517	1.525
0.8	1.533	1.541	1.550	1.558	1.567	1.577	1.586	1.595	1.604	1.613
0.9	1.623	1.632	1.642	1.651	1.660	1.670	1.681	1.690	1.700	1.710
1.0	1.729	1.729	1.739	1.749	1.760	1.770	1.780	1.790	1.800	1.810
1.1	1.820	1.832	1.843	1.854	1.865	1.876	1.887	1.899	1.910	1.921
1.2	1.933	1.945	1.957	1.968	1.978	1.990	2.001	20.13	2.025	2.037
1.3	2.049	2.062	2.075	2.088	2.100	2.113	2.126	2.140	2.152	2.165
1.4	2.181	2.195	2.209	2.223	2.237	2.250	2.254	2.278	2.291	2.305
1.5	2.320	2.335	2.350	2.365	2.380	2.395	2.410	2.425	2.440	2.455
1.6	2.470	2.486	2.503	2.520	2.536	2.553	2.570	2.586	2.603	2.620
1.7	2.635	2.652	2.667	2.686	2.703	2.719	2.735	2.752	2.769	2.790
1.8	2.808	2.826	2.845	2.863	2.880	2.900	2.918	2.936	2.955	2.974
1.9	2.995	3.014	3.032	3.052	3.072	3.092	3.112	3.131	3.150	3.170
2.0	3.195	3.216	3.238	3.260	3.282	3.302	3.322	3.346	3.368	3.390
2.1	3.412	3.435	3.458	3.480	3.503	3.530	3.553	3.575	3.599	3.623
2.2	3.648	3.672	3.697	3.722	3.747	3.772	3.798	3.824	3.849	3.876
2.3	3.902	3.928	3.955	3.982	4.009	4.037	4.064	4.092	4.119	4.148
2.4	4.176	4.025	4.234	4.262	4.291	4.322	4.352	4.381	4.412	4.442
2.5	4.473	4.504	4.535	4.567	4.599	4.630	4.662	4.695	4.727	4.761
2.6	4.794	4.827	4.861	4.895	4.929	4.964	4.998	5.034	5.069	5.104
2.7	5.141	5.176	5.213	5.250	5.287	5.324	5.362	5.400	5.438	5.447
2.8	5.516	5.555	5.595	5.634	5.674	5.715	5.756	5.797	5.838	5.880
2.9	5.992	5.964	6.007	6.050	6.093	6.137	6.181	6.226	6.271	6.316

2）接触表面按全黏着摩擦规律（$T_x = \dfrac{K}{2}$）时确定的 n'_σ 计算式

西姆斯公式：

$$n'_\sigma = \frac{\overline{P}}{K} = \frac{\pi}{2}\sqrt{\frac{1-\varepsilon}{\varepsilon}}\tan^{-1}\sqrt{\frac{\varepsilon}{1-\varepsilon}} - \frac{\pi}{4} - \sqrt{\frac{1-\varepsilon}{\varepsilon}}\sqrt{\frac{R}{h_1}}\ln\frac{h_\gamma}{h_1} + \frac{1}{2}\sqrt{\frac{1-\varepsilon}{\varepsilon}}\sqrt{\frac{R}{h_1}}\ln\frac{1}{1-\varepsilon}$$

$$(2-62)$$

为计算方便，西姆斯把公式（2-62）绘成图 2-35，根据 ε 和 $\dfrac{R}{h_1}$，可从图 2-45 查出 n'_σ 值。本公式适用于热轧计算。

3）接触表面按混合摩擦规律（有滑动又有黏着）时确定的 n'_σ 计算式

按照混合摩擦规律，即在滑动区取 $T = fp$，在黏着区取 $T = K/2$，并采用精确塑性条件导出了平均单位压力计算公式，为便于计算，作者将公式绘制成如图 2-36 所示的曲线，根据摩擦系数 f 和 $1/\overline{h}$ 便可从图中查出 n'_σ 值。

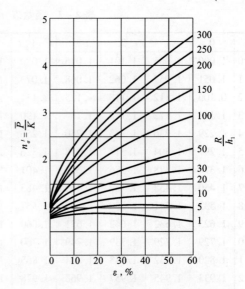

图 2-35　n'_σ 与 ε 和 $\dfrac{R}{h_1}$ 的关系（按西姆斯公式）

（2）外端影响系数 n''_σ 的确定

外端对单位压力的影响很复杂，外端影响系数的确定很困难，所幸的是，在一般轧制条件下外端影响可忽略不计，实验研究表明，当 $l/\overline{h} < 1$ 时，n''_σ 接近于 1；如在 $l/\overline{h} = 1.5$ 时，n''_σ 不超过 1.004；而在 $l/\overline{h} = 5$ 时，n''_σ 不超过 1.005。因此，在工程计算时可取 $n''_\sigma = 1$，即不考虑外端的影响。

（3）张力影响系数 n'''_σ 的确定

采用带张力轧制时，由于张力能够改变变形区的应力状态，能减小轧辊的弹性压扁，所以不能简单地单独求出张力影响系数 n'''_σ。通常采用简化法考虑张力对平均单位压力的影响，即把这种影响考虑到强制流动应力 K 中，认为张力直接降低了 K 值，用 K' 表示张力影响后的强制流动应力，则：

$$K' = K - \frac{q_0 - q_1}{2} \qquad (2-63)$$

式中：q_0、q_1 为后张力、前张力。

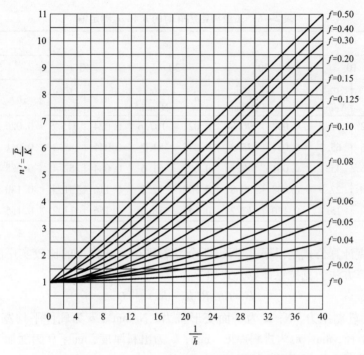

图 2-36　n'_σ 与 f 和 $l/\bar{h}$ 的关系(按混合摩擦规律)

2.2.5.6　克拉克轧制压力计算公式

金属在高温变形时,其变形抗力随变形速度提高而增大。图 2-37 表明,工业纯铝在不同温度下抗变形强度的对数与变形速度的对数成正比关系,而变形速度对抗变形强度的影响随着温度的降低而减小,因此,工业纯铝冷轧时的变形抗力基本上不受变形速度的影响。热轧时抗变形强度与变形速度之间的关系可用式(2-64)表示:

$$\sigma = \sigma_0 u^n \qquad (2-64)$$

式中:σ 为抗变形强度,N/mm^2;σ_0 为变形速度为 $1\ \text{s}^{-1}$ 时的抗变形强度,N/mm^2;u 为变形速度,s^{-1};n 为图 2-37 中的直线的斜率。

1050 工业纯铝在不同温度轧制时的 n、σ_0 值如表 2-6 所示。表中数据如无该道次数据,可用插值法求取。

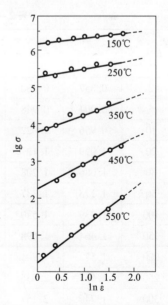

图 2-37　1050 纯铝的抗变形强度与变形速度的关系

表 2-6 工业纯铝热轧时的 n 和 σ_0 测定值

$t/℃$	$\varepsilon/\%$									
	10		20		30		40		50	
	n	σ_0, N/mm²	n	σ_0, N/mm²	n	σ_0, N/mm²	n	σ_0, N/mm²	n	σ_0, N/mm²
150	0.022	81.7	0.002	96.8	0.021	107.6	0.024	115.5	0.026	121.9
250	0.026	65.2	0.031	75.3	0.035	81.7	0.041	85.3	0.041	88.2
350	0.255	45.1	0.061	49.5	0.073	51.6	0.084	52.4	0.088	53.0
450	0.100	27.9	0.068	30.8	0.100	32.3	0.116	31.5	0.130	30.8
550	0.130	15.7	0.130	17.2	0.141	18.0	0.156	17.2	0.155	17.2

克拉克计算公式是根据 B. 西姆斯全黏着理论公式提出的比较实用的热轧轧制压力计算方法。克拉克计算公式如下：

$$P = Kb[R(h_0 - h_1)]^{1/2}Q \qquad (2-65)$$

式中：P 为轧制压力，N；K 为平面变形抗力，N/mm²；b 为轧件平均宽度，mm；R 为轧辊半径，mm；h_0 为进料厚度，mm；h_1 为出料厚度，mm；Q 为随加工率 ε 和 R/h_2 值变化的无纲量系数（表 2-7）。

表 2-7 公式(4-62)中的 Q 值

R/h_1	对应于以下压下率的 Q 值						
	5	10	20	30	40	50	60
2	0.857	0.880	0.905	0.912	0.904	0.881	0.838
5	0.904	0.948	1.003	1.037	1.055	1.055	1.040
10	0.956	1.022	1.111	1.173	1.216	1.242	1.249
20	1.029	1.127	1.264	1.362	1.439	1.496	1.501
30	1.086	1.208	1.379	1.505	1.608	1.689	1.747
50	1.175	1.337	1.563	1.734	1.875	1.992	2.085
100	1.339	1.570	1.898	2.152	2.365	2.548	2.700
150	1.464	1.698	2.158	2.471	2.740	2.972	3.170
200	1.573	1.901	2.374	2.740	3.056	3.330	3.567
250	1.667	2.036	2.566	2.979	3.334	3.644	3.915
300	1.749	2.157	2.741	3.195	3.586	3.930	4.231

2.2.6 轧制力矩及静负荷图

所谓轧制力矩即在轧制过程中转动轧辊时,主电机轴上所必需的力矩。由下面四部分组成:

$$M = \frac{M_z}{i} + M_m + M_k + M_d \qquad (2-66)$$

式中:M_z 为使轧件产生变形所需的力矩,即轧制力矩;M_m 为克服轧制时发生在轧辊轴承、传动机构等的附加摩擦力矩;M_k 为空转力矩,即克服空转时的摩擦力矩;M_d 为轧辊速度变化时的动力矩;i 为轧辊与主电机间的传动比。

式(2-60)前三项之和称为静力矩,即轧辊做匀速转动时所需的力矩。一般情况下,以轧制力矩 M_z 为最大,是有效力矩;附加摩擦力矩和空转力矩是无效力矩。换算到主电机轴上的轧制力矩与静力矩之比的百分数称为轧机的效率:

$$\eta = \frac{\dfrac{M_z}{i}}{\dfrac{M_z}{i} + M_m + M_k} \times 100\% \qquad (2-67)$$

随轧制方法不同和轧机结构不同(主要是轧机轴承结构),轧机的效率在很大范围内波动,即 $\eta = 50\% \sim 95\%$。

2.2.6.1 动力矩(M_d)的确定

动力矩只产生于轧辊不匀速转动时,如可调速的可逆轧机。当轧制速度产生变化时,便产生需克服惯性力的动力矩,其大小由下式确定:

$$M_d = \frac{GD^2 \mathrm{d}n}{375 \mathrm{d}t} \qquad (2-68)$$

式中:G 为转动部分的质量;D 为惯性半径;$\dfrac{\mathrm{d}n}{\mathrm{d}t}$ 为角加速度。

2.2.6.2 轧制力矩 M_z 的确定

确定轧制力矩 M_z 有两种方法:按轧制压力计算和按能耗曲线计算。前者对带材等矩形断面轧件计算较精确,后者用于计算各种非矩形断面轧件的轧制力矩。本书只讨论按轧制压力计算轧制力矩。

按轧制压力计算法,是用轧件对轧辊的垂直压力 P 乘以力臂 a(图2-38)即:

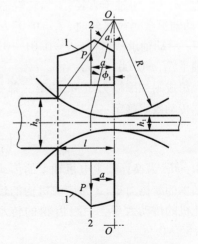

图 2-38 按轧制力计算轧制力矩

1—单位压力曲线;2—单位压力图形重心线

$$M_{z1} = M_{z2} = Pa = \int_0^l x(p_x \pm T_x \tan\phi)\,dx \qquad (2-69)$$

式中：M_{z1}、M_{z2} 为上、下辊的轧制力矩。

因为摩擦应力在垂直方向上的分力很小，可以忽略，所以

$$M_{z1} = M_{z2} = Pa = \int_0^l x p_x \,dx \qquad (2-70)$$

由上式可知，在轧制压力已知的情况下，计算轧制力矩，实质上是确定力臂 a。它实际上等于单位压力图形的重心到轧辊中心联线的距离，与接触弧长有如下关系：

$$\alpha = \psi l \qquad (2-71)$$

式中：l 为接触弧长度；ψ 为力臂系数（根据大量试验数据统计其范围如下：热轧铸锭时，$\psi = 0.55 \sim 0.60$；热轧板、带时，$\psi = 0.42 \sim 0.50$；冷轧带时，$\psi = 0.33 \sim 0.42$。）因此，转动两个轧辊所需的轧制力矩为：

$$M_z = 2Pa = 2P\psi l \qquad (2-72)$$

2.2.6.3　附加摩擦力矩 M_m 的确定

所谓附加摩擦力矩 M_m，是指克服摩擦力所需的力矩。此摩擦力是指轧件通过轧辊时在轧机传动机构和轧辊轴承中产生的摩擦力，以轧辊轴承中的摩擦力矩为主，对上下两个轧辊（共四个轴承）而言，此力矩值为：

$$M_{m1} = 4\left(\frac{P}{2} \cdot \frac{d_1}{2} f_1\right) = P d_1 f_1 \qquad (2-73)$$

式中：M_{m1} 为轧辊轴承中的摩擦力短；P 为作用在四个轴承上的总负荷，它等于轧制力；d_1 为轧辊轴承直径；f_1 为轧辊轴承摩擦系数，它取决于轴承构造和工作条件（滑动轴承金属衬热轧时，$f_1 = 0.07 \sim 0.10$；滑动轴承金属衬冷轧时，$f_1 = 0.05 \sim 0.07$；滑动轴承塑料衬，$f_1 = 0.01 \sim 0.03$；液体摩擦轴承，$f_1 = 0.003 \sim 0.004$；滚动轴承，$f_1 = 0.003$。）。

组成附加摩擦力矩 M_m 的第二部分是减速机座、齿轮机座中的摩擦力矩。可根据传动效率确定：

$$M_{m2} = \left(\frac{1}{\eta_1} - 1\right)\frac{M_z + M_{m1}}{i} \qquad (2-74)$$

式中：M_{m2} 为换算到主电机轴上的传动机构的摩擦力矩；M_z 为轧制力矩；M_{m1} 为轧辊轴承的摩擦力矩；i 为传动机构的传动比；η_1 为传动机构的效率，即从主电机到轧机的传动效率，一级齿轮的传动效率一般取 $0.96 \sim 0.98$；皮带传动效率取 $0.85 \sim 0.90$。

换算到主电机轴上的附加摩擦力矩应为：

$$M_m = \frac{M_{m1}}{i} + M_{m2} \qquad (2-75)$$

或：

$$M_m = \frac{M_{m1}}{i\eta_1} + \left(\frac{1}{\eta_1} - 1\right)\frac{M_z}{i} \qquad (2-76)$$

对于四辊轧机其附加摩擦力矩等于式(2-76)的第一项乘以工作辊和支承辊的传动比，即：

$$M_m = \frac{M_{m1}}{i\eta_1} \cdot \frac{D_1}{D_2} + \left(\frac{1}{\eta_1} - 1\right)\frac{M_z}{i}$$

式中：D_1、D_2 为工作辊和支承辊直径。

2.2.6.4 空转力矩 M_k 的确定

空转力矩是指在空转时转动轧机一系列零件(轧辊、连接轴、联轴器和齿轮等)所需的力矩，一般是根据转动的零件的质量及在轴承中的摩擦圆半径来计算。但由于这些转动的零件的质量、轴承直径、摩擦系数和转速不同，所以空转力矩等于换算到主电机轴上的转动每一个零件的力矩的和，即：

$$M_k = \sum M_{kn} \qquad (2-77)$$

如果用零件在轴承中的摩擦圆直径和零件质量来表示 M_k，则：

$$M_k = \sum M_{kn} = \sum \frac{G_n f_n d_n}{2i_n} \qquad (2-78)$$

式中：G_n 为该零件的质量；f_n 为该零件轴承中的摩擦系数；d_n 为该零件轴颈直径；i_n 为主电机与该零件的传动比。

实际上按公式(2-78)计算空转力矩非常复杂，通常可按经验公式确定：

$$M_k = (0.03 \sim 0.05)M_e$$

式中：M_e 为主电机额定转矩；对新式轧机取下限，对旧式轧机取上限。

2.2.6.5 静负荷图

所谓静负荷图是表示在一个轧制周期内，静负荷随时间的变化图。这是为了校核和选择主电机，以及计算轧机各部件强度。为此，除了知道力矩大小外，还需要知道力矩随时间的变化，把力矩随时间的变化组成的图形称为静负荷图。为了绘制静负荷图，首先应求出整个轧制时间内的传动静负荷(静力矩)和各道次的轧制时间和间隙时间。如前所述，道次静力矩可由下式确定：

$$M_n = \frac{M_z}{i} + M_m + M_k \qquad (2-79)$$

每道次的轧制时间 t_n 可由下式确定：

$$t_n = \frac{L_n}{\bar{v}} \qquad (2-80)$$

式中：L_n 为轧件轧后长度；$\bar{v}$ 为轧件出辊平均速度，忽略前滑时，它等于轧辊圆周速度。

　　两道次之间的间隙时间可根据轧件送入轧辊所必须完成的各个动作(沿辊道的移送;轧辊的抬起与下降和轧辊的逆转等)的时间。

　　静负荷图表示一个轧制周期,即轧件从第一道次进入轧辊到最后一道离开轧辊和下一个轧件开轧时为止的时段内静负荷随时间的变化。图 2 – 39 表示两类基本的轧制静负荷图。

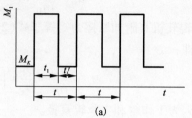

2.2.6.6　可逆式轧机的负荷图

　　在可逆式轧机中,轧辊在低速下咬入轧件,然后提高轧制速度进行轧制,而在即将轧完时又降低轧制速度,实现低速抛出[图 2 – 40(a)]。因此轧件通过轧辊时间由低速咬入时间、加速时间、稳定轧制时间和减速时间组成。由于轧制速度在轧制过程中是变化的,所以负荷图必须考虑动力矩 M_d,此时,负荷图由静负荷与动负荷合成[图 2 – 40(b)]。

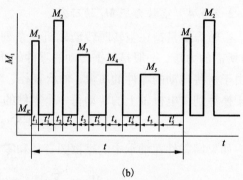

图 2 – 39　静负荷图

(a)一个轧件只轧一道;(b)一个轧件轧五道

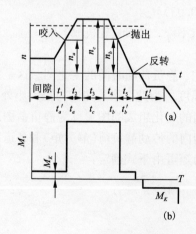

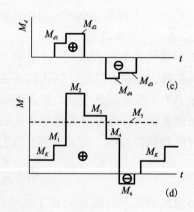

图 2 – 40　可逆式轧机的轧制速度与负荷图

(a)速度图;(b)静负荷图;(c)动负荷图;(d)合成负荷图

如果主电机在加速时的加速度用 ω_a 表示，在减速期用 ω_b 表示，则在各期内的转动总力矩为：

咬入后加速期：

$$M_2 = M_i + M_d = \frac{M_z}{i} + M_m + M_k + \frac{GD^2}{375}\omega_\alpha \quad (2-81)$$

稳定轧制期：

$$M_2 = M_i = \frac{M_z}{i} + M_m + M_k \quad (2-82)$$

减速期：

$$M_4 = M_i - M_d = \frac{M_z}{i} + M_m + M_k - \frac{GD^2}{375}\omega_b \quad (2-83)$$

同样，可逆式轧机在空转时也分为加速期、稳定速度期和减速期。由于用直流他激电动机做主传动时，ω_a 和 ω_b 为常数，所以在空转各期间的总力矩为：

咬入后加速期：

$$M_1' = M_k + M_d = M_k + \frac{GD^2}{375}\omega_\alpha \quad (2-84)$$

稳定轧制期：

$$M_3' = M_k \quad (2-85)$$

减速期：

$$M_t = M_k - M_d = M_k - \frac{GD^2}{375}\omega_b \quad (2-86)$$

加速度 ω_a 和 ω_b 的数值取决于主电机的特性和控制线路。对于初轧机经常取 $\omega_a = 30 \sim 80$ r/(min·s)；$\omega_b = 60 \sim 120$ r/(min·s)。

如果以 t_a、t_b、t_c 分别表示咬入后加速时间、稳定轧制时间和减速时间，则一道次所需总时间为：

$$t = t_a + t_c + t_b \quad (2-87)$$

若咬入后加速、稳定速度和减速期轧辊的转速为 n_a、n_c 和 n_b，则：

$$t_\alpha = \frac{n_c - n_\alpha}{\omega_\alpha}; \quad t_b = \frac{n_c - n_b}{\omega_b} \quad (2-88)$$

式 (2-87) 中稳定速度期的时间 t_c 可根据轧件的长度 L_1 确定：

$$t_c = \frac{60L_1}{\pi D n_c} - \frac{1}{n_c}\left(\frac{n_\alpha + n_c}{2}t_\alpha + \frac{n_b + n_c}{2}t_b\right) \quad (2-89)$$

空转时加速期和减速期的时间为：

$$t_\alpha' = \frac{n_\alpha}{\omega_\alpha}; \quad t_b' = \frac{n_b}{\omega_b} \quad (2-90)$$

根据所计算的各个期间的总力矩和时间，可以绘制可逆轧机的负荷图，如图 2-48(d)。

2.2.6.7　轧机主电机功率计算与校核

有了传动负荷图后，就可以对电动机的功率进行计算与校核。此项工作包括两部分：一是由负荷图计算出等效力矩不能超过电动机的额定力矩；二是负荷图中的最大力矩不能超过电动机的允许过载负荷和持续时间。

(1)等效力矩计算及电动机的校核

轧机工作时的负荷是间断式的不均匀负荷，而电动机的额定力矩是指电动机在此负荷下长期工作，其温升在允许的范围内的力矩。为此必须计算出负荷图中的等效力矩 M_{jum}，其值按下式计算：

$$M_{jum} = \sqrt{\frac{\sum M_n^2 t_n + \sum M_n'^2 t_n'}{\sum t_N + \sum t_n'}} \qquad (2-91)$$

式中：M_{jum} 为等效力矩，t·m；M_n' 为对应各段时间的空转力矩，t·m；M_n 为各段轧制时间所对应的力矩，t·m；$\sum t_n$ 为轧制周期内各段轧制时间的总和，s；$\sum t_n'$ 为轧制周期内各段间隙时间的总和，s。

校核电动机温升条件为：

$$M_{jum} \leqslant M_e \qquad (2-92)$$

校核电动机的过载条件为：

$$M_{max} \leqslant K_G M_e$$

式中：M_{max} 为轧制周期内最大力矩；M_e 为电动机的额定力矩；K_G 为电动机的允许过载系数，直流电动机 $K_G = 2.0 \sim 2.5$；交流电动机 $K_G = 2.5 \sim 3.0$。

电动机达到允许最大力矩 $K_G M_e$ 时，其允许持续时间在 15 s 以内，否则电动机温升将超过允许范围。

(2)电动机功率的计算

对于新设计的轧机，需要根据等效力矩来计算电动机的功率，即：

$$N = \frac{M_{jum} n}{0.716 \eta} \qquad (2-93)$$

或

$$N = \frac{1.03 M_{jum} n}{\eta} \qquad (2-94)$$

式中：n 为电动机自转速，r/min；η 为由电动机到轧机的传动效率。

(3)超过电动机基本转速时电动机的校核

当实际转速超过了电动机的基本转速时，应对超过基本转速部分对应的力矩加以修正(图 2 - 49)，则等效力矩为：

$$M_{jum} = \sqrt{\frac{M_1^2 + M_1 M + M_2}{3}} \qquad (2-95)$$

式中：M_1 为转速未超过基本转速时的力矩；M 为转速超过基本转速时乘以修正系数

后的力矩,即: n 为超过基本转速时的转速,r/min; n_e 为电动机的基本转速, r/min。

校核电动机过载条件为:

$$\frac{n}{n_e}M_{\max} \leqslant K_G M_e \qquad (2-96)$$

2.2.7 板、带材轧制中的厚度控制

既然板、带材是在轧辊辊缝中轧出来的,辊缝的大小和形状决定了板、带材纵向和横向厚度的变化(后者又影响到板形),那么要提高产品的厚度精度,就必须研究轧辊辊缝大小和形状变化规律。

2.2.7.1 板、带材轧制中的厚度控制

(1) $P-h$ 图的建立与运用

板、带材轧制过程既是轧件产生塑性变形的过程,又是轧机产生弹性变形(弹跳)的过程,二者同时发生。由于轧机的弹跳,使轧出的带材厚度(h)等于轧辊的理论空载辊缝(S_0')再加上轧机的弹跳值。按照虎克定律,轧机弹性变形与应力成正比,故弹跳值应为 P/K,此时

$$h = S_0' + P/K \qquad (2-97)$$

式中: P 为轧制力; K 为轧机的刚度,即1单位弹跳所需轧制力的大小。

式(2-97)为轧机的弹跳方程,据此绘成曲线 A 称为轧机弹性变形线,它近似一条直线,其斜率就是轧机的刚度。但实际上在压力较小时,弹跳和压力的关系并非线性,且压力愈小,所引起的变形也愈难精确确定,亦即辊缝的实际零位很难确定。为了消除这一非线性区段的影响,实际操作中可将轧辊预先压靠到一定程度,即压到一定的压力 P_0,然后将此时的辊缝指示定为零位,这就是所谓"零位调整"。以后即以此零位为基础进行压下调整。由图2-41可以看出:

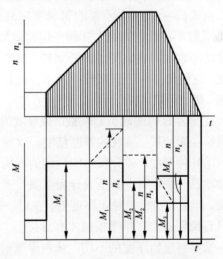

图2-41 超过基本转速时的力矩修正图

$$h = S_0 + \frac{P - P_0}{K} \qquad (2-98)$$

式中: S_0 为考虑预压变形后的空载辊缝,mm。

　　另一方面，给轧件以一定的压下量 (h_0-h)，就产生一定的压力 (P)，当料厚 (h_0) 一定，h 愈小即压下量愈大，则轧制压力也愈大，通过实测或计算可以求出对应于一定 h 值（即 Δh 值）的 P 值，在图 2-42 上绘成曲线 B，称为轧件塑性变形线。B 线与 A 线交点的纵坐标即为轧制力 P，横坐标即为板、带实际厚度 h_0，塑性变形线 B 实际是条曲线，为便于研究，其主体部分可近似简化成直线。

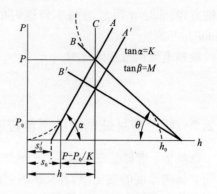

图 2-42　$P-h$ 图

　　由 $P-h$ 图可以看出，如果 B 线发生变化（变为 B'），则为了保持厚度 h 不变，就必须移动压下螺丝，使 A 线移至 A'，使 A' 与 B' 的交点的横坐标不变，亦即须使 A 线与 B 线的交点始终落在一条垂直线 C 上，这条垂线 C 称为等厚轧制线。因此，板、带厚度控制实质就是不管轧制条件如何变化，总要使 A 线与 B 线交到 C 线上，这样就可得到恒定厚度（高精度）的板、带材。由此可见，$P-h$ 图的运用是板、带材厚度控制的基础。

　　(2)板、带材厚度变化的原因和特点

　　由式(2-98)可知，影响带材实际轧出厚度的主要有因素 S_0、K 和 P。其中轧机刚度 K 在既定轧机上轧制一定宽度的产品时，一般可认为是不变的。影响 S_0 变化的因素主要有轧辊的偏心运转、轧辊的磨损与热膨胀、轧辊轴承油膜厚度的变化，它们都是在压下螺丝位置不变的情况下使实际辊缝发生变化，从而使轧出的板、带材厚度波动。

　　轧制力 P 的波动是影响板、带厚度的主要因素。因而所有影响轧制力变化的因素都会影响板、带材的厚度精度。这些因素主要有：

　　①轧件温度、成分和组织性能的不均。对热轧板、带材最重要的是轧件温度的波动；对冷轧则主要是成分和组织性能的不均。这里应该指出，温度的影响最重要，即虽在前道消除了厚度差，在后一道还会由于温度差而重新出现，故热轧时只有精轧道次对厚度控制才有意义。

　　②坯料原始厚度的不均。来料厚度的波动实际就是改变了 $P-h$ 图中 B 线的位置和斜率，使压下量产生变化，自然会引起压力和弹跳的变化。厚度不均虽可通过轧制减轻，但终难完全消除，且轧机刚性愈低愈难消除。因此为提高产品精度，必须选择高精度的原料。

　　③张力的变化。它是通过影响应力状态及变形抗力起作用的。连轧板、带材时，头、尾部在穿带过程中由于所受张力分别是逐渐加大和缩小的，故其厚度也

分别逐段减小和增大。此外，张力还会引起宽度的改变，故在热连轧带时应采用不大的恒张力。冷连轧带时采用的张力则较大，并且还经常利用调节张力作为厚度控制的重要手段。

④轧制速度的变化。它主要是通过影响摩擦系数和变形抗力，乃至影响轴承油膜厚度来改变轧制压力而起作用的。速度变化一般对冷轧变形抗力影响不大，而显著影响热轧时的抗力；对冷轧时摩擦系数的影响十分显著，而对热轧则影响较小。故对冷轧生产速度变化的影响特别重要。此外速度增大则油膜增厚，致使压下量增大并使带材变薄。

上述各个因素的变化与板厚的关系绘成不同的 $P-h$ 图，见表 $2-9$。

（3）板、带材厚度控制方法

在实际生产中为提高板、带材厚度精度，采用的控制方法有：

①调压下量（改变原始辊缝）。调压下量是厚度控制最主要的方式，常用以消除由于影响轧制压力的因素所造成的厚度差。图 $2-43$（a）为板坯厚度发生变化，从 h_0 变到（$h_0-\Delta h_0$），轧件塑性变形线的位置从 B_1 平行移动到 B_2，与轧机弹性变形线交于 C 点，此时轧出的板厚为 h_1'，与要求的板厚 h 有一厚度偏差 Δh。为消除此偏差，相应地调整压下，使辊缝从 S_0 变到（$S_0+\Delta S_0$），亦即使轧机弹性线从 A_1 平行移到 A_2，并与 B_2 重新交到等厚轧制线上的 E' 点，使板厚恢复 h。

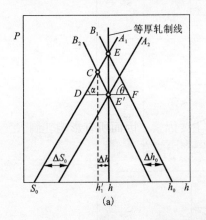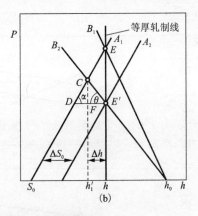

(a)　　　　　　　　　　　　　(b)

图 2 - 43　调整压下改变辊缝控制板厚原理图

（a）板坯厚度变化时；（b）张力、速度、抗力及摩擦系数变化时

图 $2-44$（b）是由于张力、轧制速度、轧制温度及摩擦系数等的变化而引起轧件塑性线斜率发生改变的，同样用调整压下使两条曲线重新交到等厚轧制线上，保持板厚不变。

表 2 – 9　各种因素对板厚的影响

变化原因	金属变形抗力变化 $\Delta\sigma_s$	板坯原始厚度变化 Δh_0	轧件与轧辊间摩擦系数变化 Δf	轧制时张力变化 Δq	轧辊原始辊缝变化 Δs_0
变化特征	$\sigma_s - \Delta\sigma_s$；$P$；$h_1'$ h_1 h_0 h	$h_0 - \Delta h_0$；P；h_1' h_1 h_0 h	$f - \Delta f$；P；h_1 h_1 h_0 h	$q - \Delta q$；P；h_1' h_1 h_0 h	$S_0 - \Delta S_0$；ΔS_0；P；h_1' h_1 h_0 h
轧出板厚变化	金属变形抗力减小时板厚变薄	板坯原始厚度 h_0 减小时板厚变薄	摩擦系数 f 减小时板厚变薄	张力 q 增加时板厚变薄	原始辊缝 t_0 减小时板厚变薄

由图 2−53(a)可以看出，压下量的调整 ΔS_0 与料厚的变化量 Δh_0 并不相等，由图可以求出：

$$\Delta S_0 = \Delta h_0 \tan\theta / \tan\alpha = \Delta h_0 M / K \qquad (2-99)$$

式中 $M = \tan\theta$ 为轧件塑性线的斜率，称为轧件塑性刚度。上式说明，当料厚波动 Δh 时，压下必须调 $h_0 M / K$ 量才能消除厚度偏差。这种调厚原理主要用于前馈即预控 AGC，即在入口处预测料厚的波动，据以调整压下，消除其影响。

由图 2−51(b)可以看出，当轧件变形抗力发生变化时，压下调整量 ΔS_0 与轧出板厚变化量 Δh_0 也不相等，由图可求出：

$$\Delta h / \Delta S_0 = K / (M + K) \qquad (2-100)$$

$\Delta h / \Delta S_0$ 是决定板厚控制性能好坏的一个重要参数，称为压下有效系数或辊缝传递函数，它常小于 1，轧机刚度 K 愈大，其值愈大。

近代较新的厚度自动控制系统，主要不是靠测厚仪测出厚度进行反馈控制，而是把轧辊本身当作间接测厚装置，通过所测得的轧制力计算出板、带厚度控制的，这就是所谓的轧制力 AGC 或厚度计 AGC。其原理就是为了厚度的自动调节，必须在轧制力 P 发生变化时，能自动快速调整压下(辊缝)。可由 $P-h$ 图求出压力 P 的变化量(ΔP)与压下调整量 ΔS_0 之间的关系式为：

$$\frac{\Delta S_0}{\Delta P} = -\frac{1}{K}\left(1 + \frac{M}{K}\right) \qquad (2-101)$$

由于 P 增加，S_0 减小，即 ΔP 为正时，ΔS_0 为负，故符号相反。

由图 2−51 及式(2−100)可以看出，如果轧件变形抗力很大，即 M 很大，而轧机刚度 K 不大时，则通过调压下调厚的效率就很低。

2)调张力　即利用前后张力来改变轧件塑性变形线 B 的斜率以控制厚度(图 2−44)。例如，当来料有厚差而产生 δH 时，便可以通过加大张力，使 B_2 斜率变为 B_2'，从而可以在 S_0 不变的情况下，使 h 保持不变。热轧中由于张力变化范围有限，张力稍大即易产生拉窄、拉薄，使控制效果受到限制。故热轧一般不采用张力调厚。

3)调轧制速度　轧制速度的变化影响张力、温度和摩擦系数等的变化。故可以通过调速来调张力和温度，从而改变厚度。

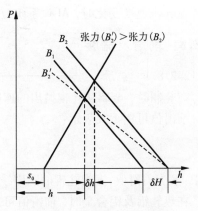

图 2−44　调整前后张力改变轧件塑性变形线 B 的斜率

实际生产中为了精确控制板、带厚度往往将多种厚控方法有机地结合起来才能取得更好的效果。其中最主要、最基本、最常用的还是调压下量的厚度控制方法。特别是采用液压压下,会大大提高响应性,具有很多优点。近年来广泛地应用带有"随动系统"(采用伺服阀系统)的轧辊位置可控的新液压压下装置,利用反馈控制的原理实现液压自动调厚。值得指出的是近年发展的电气反馈液压压下系统,除具有上述定位和调厚的功能以外,还可通过电气控制系统常数的调整来达到任意"改变轧机刚度"的目的,从而可以实现"恒辊缝控制",即在轧制中保持实际辊缝值 S 不变,也就保证了实际轧出厚度不变。

前面提到的用厚度计的方法测量厚度,虽然可以避免时滞,提高灵敏度,但它对某些因素如油膜轴承的浮动效应、轧辊偏心、轧辊的热膨胀和磨损等,却难以检测出来,从而使结果产生误差。因此,实际生产中都是两种方法同时并用,亦即还必须采用 X 射线测厚仪对轧制力 AGC 不断进行标定或"监控"。换句话说,为了提高测厚精度,在弹跳方程中还需增加几个补偿量,这主要是轧辊热膨胀与磨损的补偿和轴承油膜的补偿。由轧辊热膨胀和磨损所带来的辊缝变化以 G 表示之,这可以利用成品 X 射线测厚仪所测得的成品厚度,以及利用由此实测成品厚度按秒流量相等原则所推算出的前面各架的厚度,把它们和用厚度计方法所测算出的各架厚度值进行比较,从而求得各架的 G 值。因此,可以将这种功能称之为"用 X 射线测厚仪对各架轧机的 AGC 系统进行标定和监视"。油膜补偿即是由于轧制速度的变化使支撑辊油膜轴承的油膜厚度发生变化,最终影响到辊缝值。设其影响量为 δ,则最终轧出厚度应为:

$$h = S_0 + \frac{P - P_0}{K} - \delta - G \qquad (2-102)$$

在轧机速度变化时,AGC 系统应根据此式对所测厚度进行修正。

2.2.8 前滑及宽展

2.2.8.1 前滑
在轧制时,金属从轧辊抛出的速度比轧辊圆周的线速度大,这种现象称为前滑。前滑值可用下式表示:

$$S = \frac{v_2 - v}{v} \times 100\% \qquad (2-103)$$

式中: S 为前滑值; v 为轧辊的圆周线速度; v_2 为轧件离开轧辊的速度度。

在热轧铝及铝合金时,前滑值可达 20%。冷轧时,根据加工率、张力、摩擦系数等条件不同,前滑值一般为 0% ~ 6%。

(1)前滑值的确定

1)实验法

实验法中比较易行的是刻痕法,如图 2-45 所示,即用凿孔将轧辊的圆周分成若干等分，然后进行轧制。轧制后轧件表面即出现压痕，测量轧辊表面的刻痕距离 L_0 及轧件表面的压痕距离 L_1，则可按公式（2 - 104）求出前滑值 S。

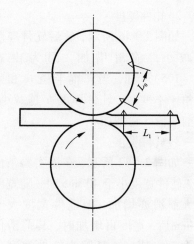

$$S = \frac{L_1 - L_0}{L_0} \times 100\% \qquad (2 - 104)$$

用此法测定前滑值 S 时，不但准确而且简单，因此被广泛采用。但其缺点是只能测定表面的滑动，不能测出金属内部滑动。

2）计算法

前滑值也可用下式计算：

当咬入角很小而 D/h_1 比值很大时，可用下式计算：

图 2 - 45　刻痕法测定前滑示意图

$$S = \frac{D}{2h_1} \cdot \gamma^2 \cdot 100\% \qquad (2 - 105)$$

式中：γ 为中性角（临界角），

$$\gamma \approx \frac{\alpha}{2} - \frac{1}{\mu}\left(\frac{\alpha}{2}\right)^2 \text{ 或 } \gamma = \sqrt{\frac{\Delta h}{2D}} - \frac{1}{\mu} \cdot \frac{\Delta h}{2D}$$

$$\qquad (2 - 106)$$

$$S = \frac{1}{4} \cdot \frac{\dfrac{\Delta h}{h_0}}{1 - \dfrac{\Delta h}{h_0}} - \left(1 - \frac{1}{\mu}\sqrt{\frac{\Delta h}{2D}}\right)^2$$

上述两式中：

α 为咬入角，度；D 为轧辊直径，mm；μ 为轧辊与轧件间的摩擦系数；h_0 为轧制前轧件厚度，mm；h_1 为轧制后轧件厚度，mm；Δh 为绝对压下量，$\Delta h = h_0 - h_1$，mm。

（2）影响前滑的主要因素

轧制过程中，影响前滑的因素很多，根据理论计算公式及许多实验证明，影响前滑的主要因素是：压下量，轧辊直径，摩擦系数，前、后张力，轧制速度及轧件宽度。至于轧制温度和金属种类则以摩擦系数的形式影响前滑。

前滑随压下量的上升而增加，是由于高向压缩变形增加，纵向和横向变形都增加，因而前滑值 S 增大。轧件厚度 h 减小，前滑增加，当轧辊直径 D 和中心角 γ 不变时，则轧件厚度 h_1 越小，前滑值 S 愈大。

1）压下率

前滑随压下率的增加而增加，其原因是由于高向压缩变形增加，纵向和横向变形都增加，因而前滑值 S 增加。

2）轧件厚度

如图 2-46 所示，轧后轧件厚度 h 减小，前滑增加。因为由式（2-105）可知，当轧辊半径 R 和中性角 γ 不变时，轧件厚度 h 越减小，则前滑值 S 愈增加。

3）轧件宽度

如图 2-47 所示，在该实验条件下，轧件宽度小于 40 mm 时，随宽度增大前滑亦增加；但轧件宽度大于 40 mm 后，宽度再增加时，其前滑值则为一定值。这是因为轧件宽度小时，增加宽度其相应地横向阻力增加，所以宽展减小，相应地延伸增加，所以前滑也因之增加。当大于一定值时，达到平面变形条件，轧件宽度对宽展不起作用，故轧件宽度再增加，宽展为一定值，延伸也为定值，所以前滑值也不变。

4）轧辊直径

从 E. 芬克的前滑公式可以看出，前滑值是随辊径增加而增加的，这因为在其他条件相同的情况下，当辊径增加时，咬入角 α 就降低，而摩擦角 β 保持常数，所以稳定轧制阶段的剩余摩擦力相应地增加，由此将导致金属塑性流动速度的增加，也就是前滑的增加。图 2-48 的实验曲线也说明了这个问题。但应指出，当辊径 $D <$ 400 mm 时，前滑值随辊径的增加而增加得较快；而当辊径 $D > 400$ mm 时，

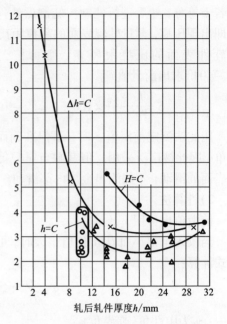

图 2-46　轧件轧后的厚度与前滑的关系
铅试样：$\Delta h = 1.2$ mm；$D = 158.5$ mm

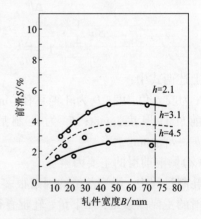

图 2-47　轧件宽度对前滑的影响
铅试样：$\Delta h = 1.2$ mm；$D = 158.3$ mm

前滑增加得较慢，这是由于辊径增大时，伴随着轧辊线速度的增加，摩擦系数相应降低，所以剩余摩擦力的数值有所减小。另外，当辊径增大时，变形区长度增加，纵向阻力增大，延伸相应地也减少，这两个因素的共同作用，使前滑值增加得较为缓慢。

5）摩擦系数

实验证明，在压下量及其他工艺参数相同的条件下，摩擦系数 μ 越大，其前滑值越大。这是由于摩擦系数增大引起剩余摩擦力增加，从而前滑增大。利用前滑公式同样可以证明摩擦系数对前滑的影响，由该公式看出摩擦系数增加将导致中性角 γ 增加，因此前滑也增加，如图 2－49 所示。同时实验还证明，凡是影响摩擦系数的因素：如轧辊材质、表面状态、轧件化学成分、轧制温度和轧制速度等均影响前滑的大小。轧制温度对前滑的影响见图 2－50。

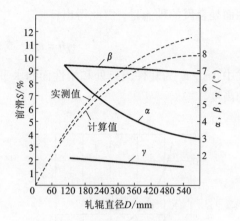

图 2－48   辊径 D 对前滑的影响

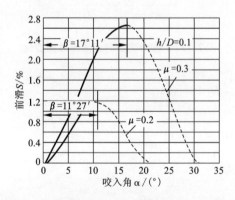

图 2－49   前滑与咬入角、摩擦系数 μ 的关系

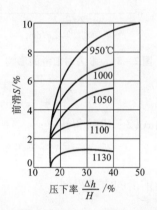

图 2－50   轧制温度，压下量对前滑的影响

5）张力

如图 2－51 所示，在 $\phi200$ 轧机上，轧制铅试样，将试样轧成不同厚度，有张力存在时，前滑显著增加。从图 2－52 可看出，前张力增加时，则使金属向前流动的阻力减少，从而增加前滑区，使前滑增加。反之，后张力增加时，则后滑区增加。

（3）前滑计算式

欲确定轧制过程中前滑值的大小，必须找出轧制过程中轧制参数与前滑的关系式。此式的推导是以变形区各横断面秒流量体积不变的条件为出发点的。变形区内各横断面秒流量相等的条件，即 $F_x v_x =$ 常数，这里的水平速度 v_x 是沿轧件断面高度上的平均值。按秒流量不变条件，变形区出口断面金属的秒流量应等于中性面处金属的秒流量，由此得出：

$$v_h h = v_\gamma h_\gamma \ \text{或} \ v_h = v_\gamma \frac{h_\gamma}{h} \qquad (2-107)$$

式中：v_h，v_γ 为轧件出口处和中性面的水平速度；h，h_γ 为轧件在出口处和中性面的高度。

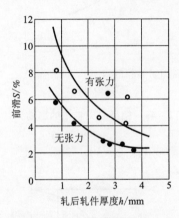

图 2 – 51　张力对前滑的影响

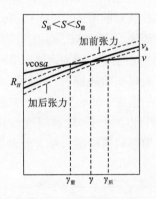

图 2 – 52　张力改变时速度曲线的变化

因为　　　　　　$v_\gamma = v\cos\gamma$；$h_\gamma = h + D(1 - \cos\gamma)$

由式(2 – 107)得出：

$$\frac{v_h}{v} = \frac{h_\gamma \cos\gamma}{h} = \frac{[h + D(1 - \cos\gamma)]}{h}\cos\gamma$$

由前滑的定义得到：

$$S = \frac{v_h - v}{v} = \frac{v_h}{v} - 1$$

将前面式代入上式后得：

$$S = \frac{h\cos\gamma + D(1 - \cos\gamma)\cos\gamma}{h} - 1 = \frac{D(1 - \cos\gamma)\cos\gamma - h(1 - \cos\gamma)}{h}$$

$$= \frac{(D\cos\gamma - h)(1 - \cos\gamma)}{h} \qquad (2-108)$$

此式即为 E. 芬克前滑公式。由式(2 – 108)可看出，影响前滑值的主要工艺参数为轧辊直径 D，轧件厚度 h 及中性角 γ。显然，在轧制过程中凡是影响 D、h 及 γ 的各种因素必将引起前滑值的变化。图 2 – 53 为前滑值 S 与轧辊直径 D、轧件厚度 h 和中性角 γ 的关系曲线，它们是用芬克前滑公式在以下情况下计算出来的。

曲线 1：$S = f(h)$，$D = 300$ mm，$\gamma = 5°$；

曲线 2：$S = f(D)$，$h = 20$ mm，$\gamma = 5°$；

曲线 3：$S = f(\gamma)$，$h = 20$ mm，$D =$ 300 mm。

（4）前滑在生产中的意义

前滑数值虽然不大，但在实际生产中却有很大意义，不能不予以考虑。现举以下几个实例说明：

①在轧制力计算中的一个重要参数是摩擦系数，实际上，摩擦系数沿咬入弧各点是不同的。摩擦系数的变化，直接影响变形区内单位压力的大小及其分布情况，从而影响轧制功率的消耗。但

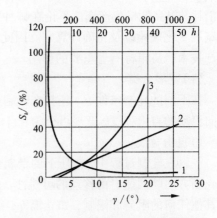

图 2-53　按芬克前滑公式计算的曲线

是，直接从试验确定摩擦系数相当困难，如果通过测定前滑值来计算摩擦系数（式 2-97），问题就比较容易解决。

②在有张力轧制时，特别是使用抛光轧辊并且有良好润滑条件下，有可能使中性点接近甚至重合于轧制的出口点，即前滑值大大减小，或接近于零，甚至为负值。这样就使轧辊不能咬入轧件，而产生轧辊在轧件上"打滑"现象，甚至能使轧机发生震动，使轧件表面产生缺陷。为了解决这个问题，应适当增大前张力和适当调整压下量，以便使前滑值保持在一定的数值。因此，在轧制时必须考虑前滑问题，有时需要进行计算，以此来调整轧制所必需的前后张力。

③在连轧机上，各台轧机的辊速及轧件速度都是不同的，在调整速度时，如不考虑前滑，则下台轧机的速度就会不足，从而造成各轧机上轧件之间的张力消失，使轧制过程不稳定。

④在计算生产率时，应考虑前滑，在同样轧制速度下，前滑值越大生产率越高，因此，要提高生产率也应考虑前滑。

2.2.8.2　宽展

在轧制过程中轧件的高度方向承受轧辊压缩作用，压缩下来的体积按照最小阻力法则沿着纵向及横向移动。沿横向移动的体积所引起的轧件宽度变化称为宽展。在习惯上，通常将轧件在宽度方向线尺寸的变化，即绝对宽展直接称为宽展。虽然用绝对宽展不能正确反映变形的大小，但是由于它简单、明确，在生产实践中得到极为广泛的应用。

轧制中的宽展可能是希望的，也可能是不希望的，视轧制产品的断面特点而定。当从窄的坯轧成宽成品时希望有宽展，如用宽度较小的坯轧成宽度较大的成品，则必须设法增大宽展。若是从大断面坯轧成小断面成品时，则不希望有宽展，因消耗于横变形的功是多余的，此时应力求宽展最小。

纵轧的目的是为得到延伸，除特殊情况外，应该尽量减小宽展，降低轧制功

能消耗, 提高轧机生产率。不论在哪种情况下, 希望或不希望有宽展, 都必须掌握宽展变化规律以及正确计算它。因此, 正确地估计宽展对提高产品品质、改善生产技术经济指标有着重要的作用。

(1) 宽展分类

在不同的轧制条件下, 坯料在轧制过程中的宽展形式是不同的。根据金属沿横向流动的自由程度, 宽展可分为: 自由宽展、限制宽展和强迫宽展。

1) 自由宽展

坯料在轧制过程中, 被压下的金属体积中的质点在横向移动时, 具有沿垂直于轧制方向朝两侧自由移动的可能性, 此时金属流动除受接触摩擦的影响外, 不受其他任何的阻碍和限制, 如立辊等, 结果明确地表现出轧件宽度上线尺寸的增加, 这种情况称为自由宽展 (图 2 - 54)。自由宽展发生于变形比较均匀的条件下, 如用平辊轧制矩形断面轧件, 以及宽度有很大富裕的扁平孔型内轧制。自由宽展轧制是最简单的轧制情况。

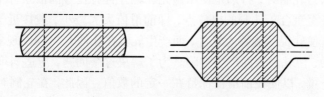

图 2 - 54　自由宽展轧制简图

2) 限制宽展

坯料在轧制过程中, 金属质点横向移动时, 除受接触摩擦的影响外, 还承受孔型侧壁的限制作用, 因而破坏了自由流动条件, 此时产生的宽展称为限制宽展。如在孔型侧壁起作用的凹型孔型中轧制时即属于此类宽展 (图 2 - 55)。由于孔型侧壁的限制作用, 使横向移动体积减小, 故所形成的宽展小于自由宽展。

3) 强迫宽展

坯料在轧制过程中, 金属质点横向移动时, 不仅不受任何阻碍, 且受到强烈的推动作用, 使轧件宽度产生附加的增长, 此时产生的宽展称为强迫宽展。由于出现有利于金属质点横向流动的条件, 所以强迫宽展大于自由宽展。

(2) 宽展的组成

1) 宽展沿轧件横断面高度上的分布

由于轧辊与轧件的接触表面上存在着摩擦, 以及变形区几何形状和尺寸的不同, 因此沿接触表面上金属质点的流动轨迹与接触面附近的区域和远离的区域是不同的。它一般由以下几个部分组成: 滑动宽展 ΔB_1、翻平宽展 ΔB_2 和鼓形宽展

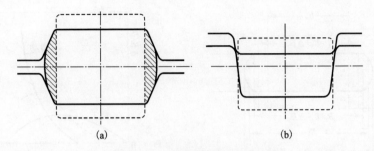

图 2 –55　限制宽展示意图

(a)箱形孔内的宽展；(b)闭口孔内的宽展

ΔB_3（图 2 – 56）。

①滑动宽展是变形金属在与轧辊的接触面产生相对滑动所增加的宽展量，以 ΔB_1 表示，展宽后轧件由此而达到的宽度为：

$$B_1 = B_H + \Delta B_1 \qquad (2-109)$$

②翻平宽展是由于接触摩擦阻力的作用，使轧件侧面的金属在变形过程中翻转到接触表面上，使轧件的宽度增加，增加的量以 ΔB_2 表示，加上这部分展宽的量之后轧件的宽度为：

$$B_2 = B_1 + \Delta B_2 = B_H + \Delta B_1 + \Delta B_2 \qquad (2-110)$$

③鼓形宽展是轧件侧面变成鼓形而造成的展宽量，用 ΔB_3 表示，此时轧件的最大宽度为：

$$b = B_3 = B_2 + B_3 = B_H + \Delta B_1 + \Delta B_2 + \Delta B_3 \qquad (2-111)$$

显然，轧件的总展宽量：$\Delta B = \Delta B_1 + \Delta B_2 + \Delta B_3$

通常理论上所说的宽展及计算的宽展是指将轧制后轧件的横断面化为同厚度的矩形之后，其宽度与轧制前轧坯宽度之差，即

$$\Delta B = B_h - B_H \qquad (2-112)$$

因此，轧后宽度 B_h 是一个为便于工程计算而采用的理想值。

上述宽展的组成及其相互的关系，图 2 – 56 清楚地表示出来了。滑动宽展 ΔB_1、翻平宽展 ΔB_2 和鼓形宽展 ΔB_3 的数值，依赖于摩擦系数和变形区的几何参数的变化。它们有一定的变化规律，但至今定量的规律尚未掌握，只能依赖实验和初步的理论分析了解它们之间的一些定性关系。例如摩擦系数 μ 值越大，不均匀变形就越严重，此时翻平宽展和鼓形宽展的值就越大，滑动宽展越小。各种宽展与变形区几何参数之间有如图 2 – 57 所示的关系，由图可见，当 $l/\overline{h}$ 值越小时，则滑动宽展越小，而翻平和鼓形宽展占主导地位。这是因为 $l/\overline{h}$ 越小，黏着区越大，故宽展主要由翻平和鼓形宽展组成。

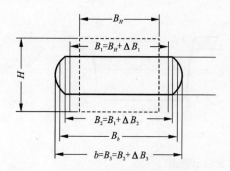

图 2-56　宽展沿轧件横断面高度分布

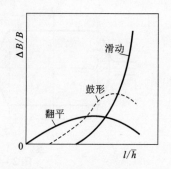

图 2-57　各种宽展与 $l/\bar{h}$ 的关系

2）宽展沿轧件宽度上的分布

关于宽展沿轧件宽度分布的理论，基本上有两种假说：第一种认为宽展沿轧件宽度均匀分布。这种假说主要以均匀变形和外区作用作为理论的基础。因为变形区与前后外区彼此是同一块金属，是紧密联结在一起的。因此对变形起着均匀的作用，使沿长度方向上各部分金属延伸相同，宽展沿宽度分布自然是均匀的（图 2-58）。第二种认为变形区可分为四个区域，即在两边的区域为宽展区，中间分为前后两个延伸区，见图 2-59。

宽展沿宽度均匀分布的假说，对于轧制宽而薄的薄板，宽展很小甚至可以忽略时的变形可以认为是均匀的。但在其他情况下，均匀假说与许多实际情况不相符合，尤其是对于窄而厚的轧件更不适应。因此这种假说是有局限性的。

变形区分区假说，也不完全准确，许多实验证明变形区中金属表面质点流动的轨迹，并非严格地按所画的区间流动。但是它能定性地描述宽展发生时变形区内金属质点流动的总趋势，便于说明宽展现象的性质和作为计算宽展的根据。

总之，宽展是一个极其复杂的轧制现象，它受许多因素的影响。

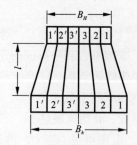

图 2-58　宽展沿宽度均匀分布图示

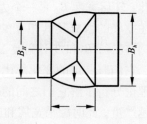

图 2-59　变形区分区图示

(3)影响宽展的因素

轧制时的各种条件对宽展都有影响，这些因素有：压下量、轧件高度和宽度、轧辊直径、轧件和轧辊的化学成分、轧辊表面状态、轧制温度、轧制时的润滑条件等。

1)相对压下量

压下量是形成宽展的源泉，是形成宽展的主要因素之一，没有压下量，宽展就无从谈起，因此，相对压下量愈大，宽展愈大。

很多实验表明，随着压下量的增加，宽展量也增加，如图 2 - 60(b)所示。这是因为压下量增加时，变形区长度增加，变形区水平投影形状 l/b 增大，因而使纵向塑性流动阻力增加，纵向压缩主应力值加大。根据最小阻力定律，金属沿横向运动的趋势增大，因而使宽展加大。另一方面 $\dfrac{\Delta h}{H}$ 增加，高向压下来的金属体积也增加，所以使 Δb 也增加。

应当指出，宽展 Δb 随压下率的增加而增加的状况，由于 $\Delta h/H$ 的变换方法不同，Δb 的变化也有所不同，如图 2 - 60(a)所示。当 H = 常数或 h = 常数时，压下率 $\Delta h/H$ 增加，Δb 的增加速度快，而 Δh = 常数时，Δb 增加的速度次之。这是因为，当 H 或 h = 常数时，欲增加 $\Delta h/H$，需增加 Δh，这样就使变形区长度 l 增加，因而纵向阻力增加，延伸减小，宽展 Δb 增加。同时 Δh 增加，将使金属压下体积增加，也促使 Δb 增加，二者综合作用的结果，将使 Δb 增加得较快。而 Δh 等于常数时，增加 $\Delta h/H$ 是依靠减少 H 来达到的。这时变形区长度 l 不增加，所以 Δb 的增加较上一种情况的慢些。

2)轧制道次

实验证明，在总压下量一定的前提下，轧制道次愈多，宽展愈小，因为在其他条件及总压下量相同时，一道轧制时变形区形状 $l/\bar{b}$ 比值较大，所以宽展较大；而当多道次轧制时，变形区形状 $l/\bar{b}$ 值较小，所以宽展也较小。因此，不能只是从原料和成品的厚度来决定宽展，而总是应该按各个道次来分别计算。

3)轧辊直径

由实验得知，其他条件不变时，宽展 Δb 随轧辊直径 D 的增加而增加。这是因为当 D 增加时变形区长度加大，使纵向的阻力增加，根据最小阻力定律，金属更容易向宽度方向流动。

研究辊径对宽展的影响时，应当注意到轧辊为圆柱体这一特点，沿轧制方向由于是圆弧形的，必然产生有利于延伸变形的水平分力，它使纵向摩擦阻力减小，有利于纵向变形，即增大延伸。所以，即使变形区长度与轧件宽度相等，延伸与宽展的量也不相等，而受工具形状的影响，延伸总是大于宽展。

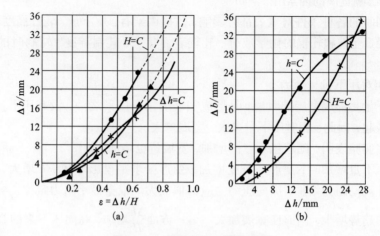

图 2 - 66　宽展与压下量的关系

(a)当 Δh、H、h 为常数, 低碳钢, 轧制温度为 900℃ 和轧制速度为 1.1 m/s 时, Δb 与 $\dfrac{\Delta h}{H}$ 的关系;

(b)当 H、h 为常数, 低碳钢, 轧制温度为 900℃, 轧制速度 1.1 m/s 时, Δb 与 Δh 的关系

4)摩擦系数

实验证明, 当其他条件相同时, 随着摩擦系数的增加, 宽展也增加(图 2 - 61), 因为随着摩擦系数的增加, 轧辊的工具形状系数增加, 因之使 σ_3 / σ_2 比值增加, 相应地使延伸减小, 宽展增大。摩擦系数是轧制条件的复杂函数, 可写成下面的函数关系:

$$\mu = \psi(t, v, K_1, K_3)$$

$$(2 - 113)$$

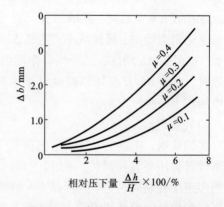

图 2 - 61　摩擦系数对宽展的影响

式中: t 为轧制温度; v 为轧制速度; K_1 为轧辊材质及表面状态; K_3 为轧件的化学成分。

凡是影响摩擦系数的因素, 都将通过摩擦系数引起宽展的变化, 例如: 轧制温度, 轧制速度, 轧辊表面状态, 轧件及轧辊化学成分。

5)轧件宽度

如前所述, 可将接触表面金属流动分成四个区域, 即前滑、后滑区和左、右宽展区, 用它可以说明轧件宽度对宽展的影响。假如变形区长度 l 一定, 当轧件宽度 B 逐渐增加时, 由 $l_1 > B_1$ 到 $l_2 = B_2$, 如图 2 - 62 所示, 宽展区是逐渐增加的,

因而宽展也逐渐增加；当由 $l_2 = B_2$
到 $l_3 < B_3$ 时，宽展区变化不大，而延
伸区逐渐增加。因此，从绝对量上
来说，宽展的变化也是先增加，后来
趋于不变，这已为实验所证实。

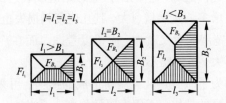

图 2 - 62 轧件宽度对变形区划分的影响

从相对量来说，则随着宽展
区 F_B 和前滑、后滑区 F_1 的 F_B/F_1
比值不断减小，而 $\Delta b/B$ 逐渐减小。同样若 B 保持不变，而 l 增加时，则前滑、后
滑区先增加，而后接近不变，而宽展区的绝对量和相对量均不断增加。

(4)宽展计算公式

计算宽展的公式很多，但影响宽展的因素也很多，只有在深入分析轧制过程
的基础上，正确考虑主要因素对宽展的影响后，才能获得比较完善的公式。现在
介绍 Б. В. 巴赫契诺夫公式。按此式计算平轧产品的宽展与实际情况的相当接近。

此公式的导出是根据移动体积与其消耗功成正比的关系，即：

$$\frac{V_{\Delta b}}{V_{\Delta h}} = \frac{A_{\Delta b}}{A_{\Delta h}} \qquad (2 - 114)$$

式中：$V_{\Delta b}$、$A_{\Delta b}$ 为向宽度方向移动的体积与其所消耗的功；$V_{\Delta h}$、$A_{\Delta h}$ 为高度方向移
动体积与其所消耗的功。

从理论上导出宽展公式，忽略宽展的一些影响因素后得出实用的简化公式
如下：

$$\Delta b = 1.15 \frac{\Delta h}{2H} \left(\sqrt{R\Delta h} - \frac{\Delta h}{2f} \right) \qquad (2 - 115)$$

巴赫契诺夫公式考虑了摩擦系数、相
对压下量、变形区长度及轧辊形状对宽展
的影响，在公式推导过程中也考虑了轧件
宽度及前滑的影响。实践证明，用巴赫契
诺夫公式计算平辊轧制和箱形孔型中的自
由宽展可以得到与实际相接近的结果，因
此可以用于实际变形计算。

(5)宽展的实际意义

在平辊轧制时，即使在较理想的轧制
条件下，由于宽展及不均匀变形的影响，
在轧件的边缘也会产生副拉应力，在轧件
的中部产生副压应力(图 2 - 63)。

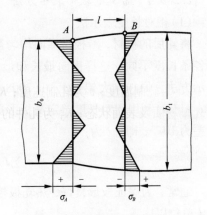

图 2 - 63 宽展引起的副应力

轧件边缘产生的副拉应力是造成裂边及扇形末端等废料的根源,使几何废料损失增多。宽展量愈大,其几何废料损失也愈多。在热轧厚而窄的板、带($b/h<6$)时,宽展的意义就大,应予以考虑。而在冷轧薄的板、带($b/h>6$)时,宽展的意义不大,可忽略不计。

为了减少热轧宽展所造成的损失,可采取以下措施:降低摩擦系数;不用太大辊径的轧辊;不用太厚的坯料;适当地分配压下量及轧制道次;采用立辊滚边。

这些措施都可阻止宽展的发展,特别是立辊滚边的效果最为显著。

2.2.9　板形及其控制

板形是指板、带材的平直度,即是指浪形、瓢曲或旁弯的有无及程度而言。在来料板形良好的条件下,它决定于延伸率沿宽度方向是否相等,即压缩率是否相同。若边部延伸率大,则产生边浪,中部延伸大,则产生中部浪形或瓢曲。一边比另一边延伸大,则产生"镰刀弯"。浪形和瓢曲缺陷尚有多种表

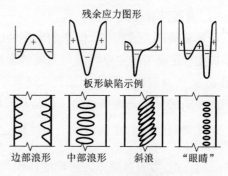

图 2-64　板形缺陷

现形式(图2-64),对于所有板、带材都不允许有明显的浪形或瓢曲,要求其板形良好。板形不良对于轧制操作也有很大影响。板形严重不良会导致勒辊、轧卡、断带、撕裂等事故的出现,使轧制操作无法正常进行。

2.2.9.1　常见的板形表示方法

(1)相对长度表示法

将轧后的板材,沿板材横向均匀裁成若干条并铺平(图2-65),可以看出横面各条长度不同。这样横向最长和最短的相对长度差 $\Delta L/L$ 可以作为板形的一种表示方法。原加拿大铝业公司(2008年与力拓公司合并,称为力拓-加铝公司Rito Alcan)利用相对长度差定义板形单位,称为 I 单位,一个 I 单位相当于相对长度差为 10^{-5},即 $\sum I$ 为:

$$\sum I = 10^5 \left(\frac{\Delta l}{L} \right) \qquad (2-116)$$

通常,为保证板形良好,热轧板控制在100个 I 单位以下,冷轧板控制在50个 I 单位以内。

(2)波形表示法

在翘曲的板上测量相对长度求出其差很不方便,所以人们采用了更为直观的

方法，即以翘曲波形来表示板形，称之为翘曲度。图 2－65 所示为带材翘曲的两种典型情况。将带材切取一段置于平台上，如将其最短纵条视为一直线，最长纵条视为一正弦波，则如图 2－66 所示。

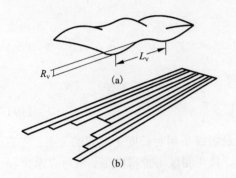

图 2－65　翘曲带材及其分割

（a）带材翘曲；（b）分割后的翘曲带材

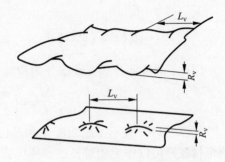

图 2－66　带材翘曲的两种典型情况

可将带材的翘曲度 λ 表示为：

$$\lambda = \frac{R_v}{L_v} \tag{2-117}$$

式中：R_v 为波幅；L_v 为波长。

这种方法直观、易于测量，所以许多人都采用此方法表示板形。

设在图 2－67 中与长为 L_v 的直线部分相对应的曲线部分长为 $L_v + \Delta L_v$，并认为曲线按正弦规律变化，则可利用线积分求出曲线部分与直线部分的相对长度差。

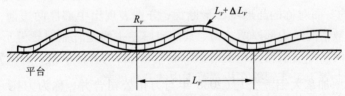

图 2－67　正弦波的波形曲线

因设波形曲线为正弦波，可得其方程为：

$$H_v = \frac{R_v}{2}\sin\left(\frac{2\pi y}{L_v}\right)$$

故与 L_v 对应的曲线长度为：

$$L_v + \Delta L_v = \int_0^{L_v} \sqrt{1 + \left(\frac{dH_v}{dy}\right)^2}\, dy$$

$$= \frac{L_v}{2\pi}\int_0^{2\pi} \sqrt{1 + \left(\frac{\pi R_v}{L_v}\right)^2 \cos^2\theta}\, d\theta$$

$$\approx L_v \left[1 + \left(\frac{\pi R_v}{2L_v}\right)^2\right] \tag{2-118}$$

因此，曲线部分和直线部分的相对长度差为：

$$\frac{\Delta L_v}{L_v} = \left(\frac{\pi R_v}{2L_v}\right)^2 = \frac{\pi^2}{4}\lambda^2 \tag{2-119}$$

式（2-119）表示了翘曲度 λ 和最长、最短纵条相对长度差之间的关系，它表明带材波形可以作为相对长度差的代替量。只要测量出带材波形，就可以求出相对长度差。冷轧板的翘曲度一般应小于 2%。

除了上述表示法外还有矢量表示法、残余应力表示法、断面形状的多项式表示法以及厚度相对变化量差表示法。冷轧铝板材典型板形偏差是：轧制产品为 50I，拉伸矫直产品的为 10I。目前高技术冷轧机都配有板形自动控制系统，冷轧带材不平度已从 30I 提高到 10I。

2.2.9.2　板形与横向厚差的关系

（1）横向厚差

板材横断面厚度偏差，称为横向厚差（板凸度）。可忽略板材边部减薄的影响，通常横向厚差是指板材横断面中部与边部的厚度差。横向厚差决定于板材横断面形状（图2-68）。矩形断面的横向厚差为零，属于用户希望的理想情况。楔形断面是一边厚另一边薄，其横向差主要是两边压下调整不当，或轧件跑偏（不对中）引起的。而对称的凸形或凹形断面，分别表现出中部厚两边薄，或中部薄两边厚。多数情况是中部厚两边薄，其横向厚差主要是轧制时辊缝形状造成的，即金属的纵向延伸沿横向分布不均。如不考虑轧件的弹性恢复，可认为板材的横向厚差实际上等于工作辊缝在板宽范围内的开口度差。

横向厚差或板凸度的大小，通常用轧件横断面中部厚度 h_z 与边部厚度 h_b 的差值表示（图2-69），轧制后其横向厚差 δ 为：

$$\delta = h_z - h_b \tag{2-200}$$

对于凸形断面，δ 为正；对于凹形断面，δ 为负，生产中要使 δ 为零，但获得理想的矩形断面很困难，一般根据不同产品、规格等要求，控制在允许的偏差范围内。为了有利于轧件的稳定和对中，有时希望板材断面有点凸度，但会降低横向厚度精度，尤其对薄板影响更大。

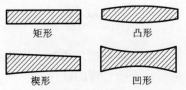
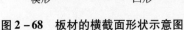
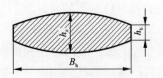

图 2 − 68　板材的横截面形状示意图　　　图 2 − 69　板材横向厚度差示意图

（2）板形与横向厚差的关系

为保证良好的板形，必须使板材宽向上沿纵向的延伸相等（图 2 − 70）。现设轧前板坯边部的厚度为 H，而中部厚度为 $H + \Delta$，轧后其边部厚度为 h，中部厚度为 $h + \delta$。根据板形良好的要求，若忽略宽展，那么中部的延伸应该等于边部的延伸，即板形良好的条件是：

$$(H + \Delta) / (h + \delta) = H/h = \lambda \qquad (2 - 201)$$

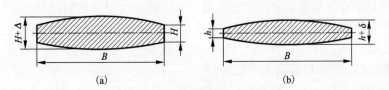

图 2 − 70　板材轧前轧后厚度变化

（a）轧前；（b）轧后

经比例变换，得

$$\lambda = H/h = \Delta/\delta \qquad (2 - 202)$$

式中：Δ 为轧前板坯横向厚差；Δ 为轧后板材横向厚差；λ 为轧制延伸系数。

横向厚差 δ 或凸度的大小，通常用轧件横断面中部厚度 h_z 与边部厚度 h_b 的差值表示。

$$\delta = h_z - h_b \qquad (2 - 203)$$

对于凸形断面，δ 为正；对于凹形断面，δ 为负。实际生产中板材多少有点凸度，这有利于轧制时轧件的对中与稳定。

由此可见，为了保证良好的板形，满足均匀变形的条件，在设备强度一定的情况下，使轧制力逐道减少是有科学根据的。这就是通常按逐道减小压力的压下规程设计方法的理论基础。

显然，这里说的板厚差 Δ 及 δ，实际就是前道和后道的中厚量或板凸量。从均匀变形原则出发，后一道次的"中厚量" δ 比前一道次的"中厚量" Δ 要小

$(\lambda - 1)\delta$ 的数值，或者前一道次的"中厚量"为后一道次"中厚量"的 λ 倍。由此可见良好的板形只有在随着轧制的进行，使"中厚量"也逐道次减小时才能获得。

2.2.9.3　辊形与辊缝形状

既然板、带材横向厚差和板形主要决定于轧制时实际辊缝的形状，故必须研究影响实际辊缝形状的因素，并据此对轧辊原始形状进行合理的设计。

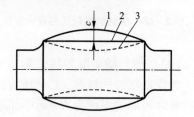

板形与横向厚度精度控制的目的是保证所轧制的板、带材具有良好的板形和横向厚度精度。在轧制过程中，由轧制压力引起轧辊的弹性弯曲和压扁，以及轧辊的不均匀热膨胀，实际辊缝形状发生了变化，使沿板、带材宽向上的压缩不均匀，于是纵向延伸也不均匀，导致出现波浪、翘曲、侧弯及瓢曲等各种板形不良的现象。所以板

图 2－71　原始辊型示意图
1—凸辊型；2—平辊型；3—凹辊型

形与横向厚度精度控制，实际上是辊缝形状的控制。

辊型是指轧辊辊身表面的轮廓形状，原始辊型指刚磨削的辊型（图 2－71）。轧辊辊型通常以辊型凸度 c 表示，它以轧辊辊身中部半径 R_c 与边缘半径及 R_b 的差表示，即 $c = R_c - R_b$。当 c 为正值时，为凸辊型；c 为负值时，为凹辊型；c 为零时，为平辊型，即圆柱形辊面形状。

轧制时辊型称为工作辊型或称承载辊型，它是指轧辊在轧制压力和受热状态下的辊型。因此，原始辊型很难保持为理想的平辊型状态，所以实际轧制时的工作辊型有时为凸辊型，有时为凹辊型。

如果上下两个工作辊型为凸辊型，对应的辊缝形状呈凹形，轧后板、带横断面呈凹形；反之，工作辊型为凹辊型，其辊缝呈凸形，轧后板、带 横断面呈凸形；若工作辊型为理想的平辊型，平直的辊缝形状，轧后板、带横断面呈矩形。因此，除来料横断面形状之外，板形与横向厚差主要决定于工作辊缝形状。

除了板坯横断面形状之外，横向厚差及板形主要取决于工作辊缝的形状、轧辊的弹性弯曲、热膨胀、弹性压扁和磨损等因素。因此轧辊的原始凸度、来料凸度、板宽和张力等也有一定的影响。

（1）轧辊的不均匀热膨胀

轧制过程中轧辊的受热和冷却条件沿辊身分布是不均匀的。在多数场合下，辊身中部的温度高于边部（但有时也会出现相反的情况），并且一般在传动侧的辊温稍低于操作侧的辊温。在直径方向上辊面与辊心的温度也不一样，在稳定轧制阶段，辊面的温度较高，但在停轧时由于辊面冷却较快，也会出现相反的情况。轧辊断面上的这种温度不均使辊径热膨胀值的精确计算很困难。为了计算方便，一般采用如下的简化式计算热凸度：

$$\Delta R_t = mR\alpha(t_z - t_b) \tag{2-204}$$

式中：t_z、t_b 为辊身中部和边部温度，℃；R 为轧辊半径，mm；m 为考虑轧辊心部与表面温度不均匀的系数，可取 $m = 0.9$；α 为轧辊线膨胀系数，钢辊 $\alpha = 1.3 \times 10^{-5}/℃$，铸铁辊 $\alpha = 1.1 \times 10^{-5}/℃$。

（2）轧辊的弹性变形

主要包括轧辊的弹性弯曲和弹性压扁。轧辊的弹性压扁沿辊身长度分布是不均匀的，主要是由于单位压力分布不均匀。此外，在靠近轧件边部的压扁也要小一些，使轧件边部出现变薄区，随着轧辊直径的减小，边部变薄区也减小，一般情况下这个区域虽然不很大，却也影响成材率。在工作辊与支撑辊之间也产生不均匀弹性压扁，它直接影响工作辊的弯曲挠度。轧辊的弹性弯曲挠度一般是影响辊缝形状的最主要的因素。决定辊缝形状不是弹性压扁的绝对值，而是压扁量沿辊身长度方向的分布情况。实践表明，轧件宽度和辊身长度的比值 B/L，以及工作辊、支撑辊直径的比 D/D_0 愈小，则两辊间压力分布的不均匀性愈大，沿辊身压扁值的分布不均匀性也愈大。因为辊身中部压扁量大，使工作辊型凸度减小。若沿辊身长度方向为均匀压扁，则只改变辊缝大小，不影响板形。

（3）轧辊的磨损

工作辊与轧件、工作辊与支撑辊之间的摩擦使轧辊产生磨损。影响轧辊磨损的因素很多，例如轧辊与轧件的材质，辊面硬度和粗糙度，轧制压力与轧制速度，润滑与冷却条件，前滑与后滑，工作辊、支撑辊之间的滑动速度等，均影响轧辊的磨损速度。其磨损量沿辊身长度方向的分布不均，通常是辊身中部的大于边部的。轧辊磨损量不仅影响因素复杂，而且是时间的函数，理论上很难计算，只能靠实测值找出磨损规律。

另外，轧辊的原始辊凸度、来料板凸度、板宽和张力等对辊缝形状和板形都有一定影响。来料断面形状和工作辊缝形状相匹配是获得良好板形的重要条件。板宽的变化，实质上是通过影响轧机横向刚度来改变辊缝形状的。张力的波动引起轧制压力变化，并影响轧辊的热凸度，导致辊缝变化。

2.2.9.4　辊型控制技术

实际生产中由于产品规格和轧制条件不断变化，且辊型又不断磨损，想用一种辊型去满足各种轧制情况的需要是根本不可能的。这就需要在轧制过程中根据不同的情况不断地对辊型和板形进行灵活调整和控制。控制辊型的目的就是控制板形，故辊型控制技术实际就是板形控制技术，但后者含义更广，它往往把板形检测以及许多旨在提高板形质量的新技术和新轧机都包括了进去。这方面的技术发展很快，可以分为常用辊型控制技术及板形控制的新技术和新轧机两类。

（1）常用辊型控制技术——调温控制法和弯辊控制法等

调温控制法是人为地向轧辊某些部分进行冷却或供热，改变辊温的分布，以达到控制辊型的目的。热源一般就是依靠金属本身的热量和变形热，这是不好控制的。可作为灵活控制手段的就是调节轧辊冷却液的供量和分布。通过对沿辊身长度上布置的冷却液流量进行分段控制，可以达到调整辊型的目的。这种方法是在生产中早已应用的传统方法，虽然有效，但一般难以满足调整辊型的快速性要求。轧辊本身热容量大，升温和降温都需较长的过渡时间，而急冷急热又极易损坏轧辊。从发现辊型反常并着手调整辊温时开始，到调至完全见效时为止，要经过较长的时间，在这段时间里所轧产品实际是次品或不合格品，对于现代高速带材轧机来说，这样缓慢的调整方法是绝不能满足要求的。但近年经过革新采用提高了冷却效率的分段冷却控制，作为弯辊控制或其他控制板形方法的辅助手段还是很有效的。

为了及时而有效地控制板材平直度和横向厚度差，需要一种反应迅速的辊缝调整方法。利用弯辊控制法，通过控制轧辊在轧制过程中的弹性变形可以达到这一目的。所谓液压弯辊技术就是利用液压缸施加压力使工作辊或支撑辊产生附加弯曲，以补偿由于轧制压力和轧辊温度等工艺因素的变化而产生的辊缝形状的变化，以保证生产出高精度的产品。

液压弯辊技术一般分为以下两种：

1）弯曲工作辊

弯曲工作辊时液压弯辊力通过工作辊轴承座传递到工作辊辊颈上，使工作辊发生附加弯曲。

①正弯。弯辊力 F_1 与轧制压力 P 的方向相同，称为正弯工作辊[图 2-72(a)]。在弯辊力的作用下，使工作辊挠度减小，即增大了轧辊的工作凸度，防止双边波浪。这种结构的缺点为：只能向一个方向弯曲工作辊；单纯用正弯显得调整能力不足；在更换工作辊时拆开高压管路接头不方便。因此，一般采用负弯工作辊装置。

②负弯。在工作辊轴承座与支撑辊轴承座之间安装液压缸，对工作辊轴承座施加一个与轧制压力方向相反的弯辊力 F_1，称为负弯工作辊[图 2-72(b)]。在弯辊力的作用下，使工作辊挠度增大，即减小了轧辊的工作凸度，防止中间波浪的产生。将液压缸安装在支撑辊轴承座内，换辊方便，并可改善液压缸的工作环境。

为了使用方便，简化轴承座结构与增大弯辊能力，排除对板、带厚控制干扰等，已采用多种弯辊结构。例如，将液压缸安装在轧机牌坊凸缘内的三个不同位置，分别作用在工作辊轴承座的压板下，可以实现上辊正弯和下辊正、负弯；将

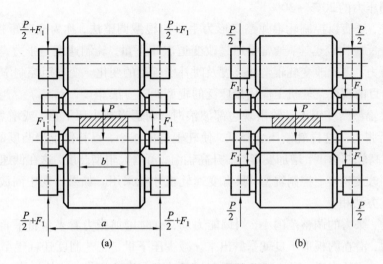

图 2 - 72　弯曲工作辊的方法

(a)减小工作辊的挠度；(b)增加工作辊的挠度

工作辊正、负弯液压缸安装在支承辊轴承座上，其优点是正弯时的弯辊力不经过压下装置，使压下和弯辊互不干扰，这对板厚、板形控制都有利。

2)弯曲支撑辊

弯曲支撑辊的弯辊力不是施加在轧辊轴承座上，而是施加在支撑辊轴承座之外的轧辊延长部分(图 2 - 73)。这种结构主要的优点是可以同时调整纵向和横向的厚度差。弯辊力 F_2 与轧制压力的方向相同，以减小支撑辊的挠度，称正弯支撑辊；反之称负弯支撑辊。

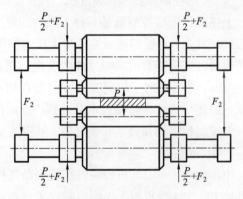

图 2 - 73　弯曲支撑辊

弯曲支撑辊的轧机结构复杂而庞大。因为支撑辊比工作辊的刚度大得多，前者弯辊力较大，大的正弯辊力会增加压下装置和机架的负荷与变形，引起纵向厚度变化。但是，支撑辊的弯曲能得到较好吻合轧辊挠度(抛物线形)的辊型。

由于支撑辊的弯曲刚度大，所以弯曲支撑辊主要适用于辊身长度 L 和支撑辊直径 D 比值较大的轧机。当 $L/D_0 > 2$ 时，最好用弯曲支撑辊，当 $L/D_0 < 2$ 时，一般用弯曲工作辊。弯辊力可用计算方法或参考经验数据选取，一般弯曲工作辊的最大弯辊力(两端之和)为最大轧制压力的 15% ~ 20%，支撑辊的最大弯辊力为

最大轧制压力的 20% ~30% 。

此外，还有以控制轧辊弹性变形为手段的辊型调整法，称为变弯矩控制法。这种方法反应比较迅速，通常是通过改变道次压下量、轧制速度与张力，从而改变轧制压力，以此改变轧辊弯曲挠度及时补偿辊型的变化。变弯矩控制中的液压弯辊，是目前现代化轧机上应用最广泛的辊型调整方法。

如果辊型凸度较小以致出现边部波浪时，则适当减小压下量，或增大张力，特别是后张力。这样轧制压力降低，使轧辊挠度减小，以补偿辊型凸度的不足。此外，提高轧制速度，增加变形热，升高辊温，可增大辊型凸度，这在低速下影响较明显。改变速度，控制辊型，只有变速轧机才能采用。如果出现中间波浪，与上述调整方法相反。

但是，张力的调整范围小，纠偏能力弱，有时增加张力看来带材平直，一旦取消张力，潜在的板形不良就暴露出来。减少压下量是工艺制度迁就辊型的不合理做法，对热轧来说，因轧制温度限制，有时不允许这样做，即使允许道次增加也影响产量。调整压下量、轧制速度及张力控制辊型，不仅反应慢，而且还影响纵向厚度精度。因此，从 20 世纪 60 年代中期开始采用上述的辊型控制方法，即液压弯辊，可实现辊型快速调整。

（2）板形控制新技术和新轧机

上述液压弯辊控制虽是一种无滞后的辊型控制的有力手段，但它还有一定的局限性。首先，它受到液压油源最大压力的限制，致使它还不能完全补偿在更换产品规格时实际需要的大幅度曲线变化。而且实践表明，弯辊控制对于轧制薄规格的产品，尤其是对于控制"二肋浪"等作用不大，有时还会影响所轧带材的实际厚度。因此尽管液压弯辊技术已得到广泛应用，但人们仍然不断研究开发更完美更有效控制板形的新技术和新轧机，其中主要有以下几种：

1）HC 轧机

HC（high crown）轧机即高性能辊型凸度控制轧机。该轧机是在普通 4 辊轧机的基础上，在支撑辊与工作辊之间安装一对可轴向移动的中间辊，而成为 6 辊轧机[图 2 - 74（b）]，两中间辊的轴向移动方向相反。

如图 2 - 74（a）所示，一般 4 辊轧机工作辊和支撑辊之间的接触部分在板宽之外，形成一个有害的弯矩，使工作辊弯曲，其大小随轧制压力而变化，最终影响板形。另外，有害弯矩抵消了相当一部分弯辊力，阻碍了液压弯辊效果的发挥。实践证明，采用双阶梯或双锥度支撑辊[图 2 - 74（b）]，工作辊与支撑辊在板宽之外的区域脱离接触，从而减少或消除了有害弯矩的影响；但支撑辊长度不能随板宽改变而变化，实际应用受到限制。基于这种认识，通过反向移动上下中间辊，将工作辊与支撑辊的接触长度调整到与板宽接触长度相近，可以消除这个

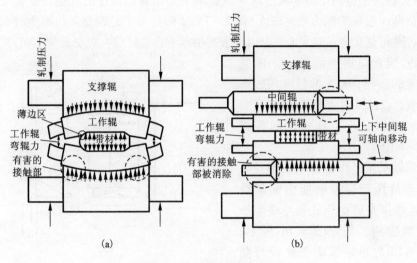

图 2 - 74　轧辊变形比较

(a)一般 4 辊轧机；(b)HC 轧机

有害弯矩的不良影响，由此而设计了 HC 轧机。中国华北铝业有限公司 2005 年从日本日立公司引进了 1 台 1 850 mm 6 辊 HC 轧机，运转良好。

2)PC 轧机

这是一项对辊交叉(PC)轧制技术(pair cross roll)。在日本新日铁公司广畑厂于 1984 年投产的 1 840 mm 热带连轧机的精轧机组上首次采用了工作辊交叉的轧制技术。PC 轧机的工作原理是，通过交叉上下成对的工作辊和支撑辊的轴线形成上下工作辊间辊缝的抛物线，并与工作辊的辊凸度等效。当上下轧辊(平辊)轴线有交叉角时将形成一个相当于有辊型的辊缝形状，此时边部厚度变大，中点厚度不变，形成了负凸度的辊缝形状(相当于轧辊具有正凸度)。

PC 轧机具有很好的技术性能：可获得很宽的板形和凸度的控制范围(图 2 -75)，因其调整辊缝时不仅不会产生工作辊的强制挠度，而且也不会在工作辊和支撑辊间由于边部挠度而产生过量的接触应力。与 HC 轧机、CVC、SSM 及 VC 辊等轧机相比，PC 轧

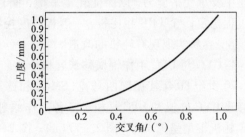

图 2 -75　PC 轧机的凸度调节能力

机具有最大的凸度控制范围和控制能力；不需要工作辊磨出原始辊型曲线；配合液压弯辊可进行大压下量轧制，不受板形限制。

PC辊为了得到正凸度辊缝形状就必须采用带有负凸度的轧辊。轧辊交叉调节出口断面形状的能力相对较大(图2-75),但是由于轧辊交叉将产生较大的轴向力,因此交叉角不能太大,否则将影响轴承寿命,目前一般交叉角不超过1°。

PC辊在应用中的另一个问题是轧辊的磨损,为此都带有在线磨辊装置,以保持辊缝形状稳定。

3)双轴承座工作辊弯曲装置(DC-WRB)

双轴承座工作辊弯曲装置是一项改善液压弯辊控制能力的新技术,近些年先后在热轧和冷轧生产中得到应用。如图2-76所示,DC-WRB与单轴承座工作辊弯曲装置(WRB)相比,其主要区别是每侧使用两个独立的轴承座,内轴承座主要承受平衡力,外侧轴承座承受弯辊力,且分别进行单独控制。

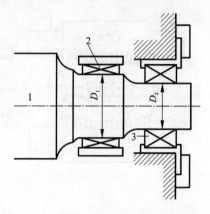

图2-76 DC-WRB辊颈部分安装情况

1—工作辊;2—主要承受径向负荷的轴承;
3—承受径向、侧向负荷的轴承;
D_1—粗直径辊颈;D_2—细直径辊颈

单轴承座工作辊弯曲装置有以下缺点:平衡与弯辊共一个液压缸,使弯辊控制能力受限;轴承座的应力与变形分布不均,大大降低轴承寿命;负弯和低于平衡压力的正弯,在咬入、抛出或断带时要切换液压系统,导致轧制过程不稳定。为此,将平衡与弯辊两种功能及其液压系统分开,便设计了DC-WRB。

双轴承座工作辊弯曲装置结构的优点:因为内外轴承座分开,弯辊力独立调整,所以可提高板形控制能力,延长轴承使用寿命;外轴承座用于弯辊,弯曲力臂大,而且外侧辊颈小,能采用厚套轴承,承载能力大,可以增大弯辊效果;内轴承座主要承受平衡力,以保证轧辊平衡,而且操作方便,使用正负弯,能保证轧制过程稳定;与WRB相比较,一般板凸度控制能力扩大2.5倍,板形控制范围大3.5倍,容易实现现有轧机的改造。

4)CVC与UPC工作辊横移式轧机

20世纪80年代德国西马克(SMG)和德马克公司(DMG)分别开发出工作辊横移式CVC轧机和UPC轧机,二者工作原理相同,只是CVC轧机辊型呈S形,UPC轧机辊型呈雪茄形[图2-77(a)、图2-77(b)]。这种轧机工作辊横移时,辊缝凸度可连续由最小值变到最大值,所以调整控制板形的能力很强。

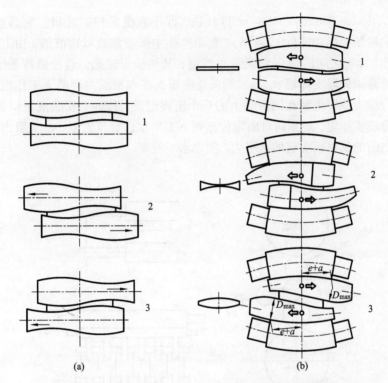

图 2 – 77　CVC(a)与 UPC(b)轧辊辊缝形状变化示意图

1—平辊缝(中性凸度)；2—中凸辊缝(正凸度)，3—中凹辊缝(负凸度)

　　CVC(continuously variable crown)轧机，即连续可变凸度轧机。轧辊辊型由抛物线曲线变成全波正弦曲线，近似瓶形，上下辊相同，而且装置呈一正一反，互为 180°。通过轴向反向移动上下轧辊，实现轧辊凸度连续控制。当上下轧辊位置如图 2 – 77(a)所示时，辊缝略呈 S 形，轧辊工作凸度等于零(中性凸度)；当上辊向右下辊向左移动量相同，中间辊缝变小，轧辊工作凸度大于零，称正凸度控制；相反，如果上辊向左下辊向右移动量相同，轧辊工作凸度小于零，称负凸度控制。

　　CVC 轧机有 2 辊、4 辊和 6 辊之分；S 形轧辊可作工作辊，或中间辊，6 辊轧机就有这两种形式。CVC 轧机既有辊凸度调整范围大，又有连续调节的特点，再加上液压弯辊系统，扩大了板形控制范围。

　　中国引进了全球最多的 CVC 铝带冷轧机，截至 2013 年年底投产的单机架CVC4 及 CVC6 冷轧机有 17 台，双机架 2000 mm CVC6 冷连轧线 1 条，2 400 mmCVC6 三机架冷连轧线 1 条。2018 年中国拥有这类轧机数有可能增加 1 倍，占世界总数的 75% 以上。

5）FFC 轧机

FFC（flexbie flatness control mill）轧机，即平直度易控制轧机。它具有垂直、水平方向控制板形功能（图 2 – 78），如果产生中部波浪或双边波浪，由上工作辊 2 和中间支撑辊之间的液压弯辊装置控制；其他板形缺陷，通过侧弯系统控制。侧弯系统是用分段支撑辊 6，通过侧向弯曲辊 5 在水平面内弯曲下工作辊 3 来完成的。分段支撑辊由装在同一轴上的 6 个惰辊组成，其轴上安装液压缸 7，侧弯力通过分段支撑辊，经侧向弯曲辊传递到下工作辊任意位置上，以克服由于上下工作辊之间的偏移而引起的水平力，实现水平控制。

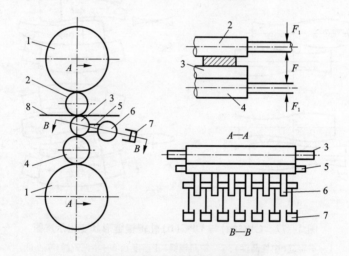

图 2 – 78　FFC 轧机控制结构简图

1—支撑辊；2—上工作辊；3—下工作辊；4—中间支撑辊；
5—侧向弯曲辊；6—分段支撑辊；7—液压缸；8—轧件

　　这种轧机还有 4 辊和 6 辊之分，其板形控制能力较强，甚至可采用平辊型轧制。

6）辊缝控制（NIPCO）技术

NIPCO（Nip Control）技术是瑞士苏黎世 S – ES 公司最近开发的（图 2 – 79）。其特点是四辊轧机的支撑辊由固定的辊轴、旋转辊套和若干个固定在辊轴上、顶部装有液压轴承的液压缸组成。通过控制液压缸的压力可连续调整辊缝形状，有较强的控制板形的能力。

7）VC 轧辊技术

VC（variable crown mill）轧机，即轧辊凸度可瞬时改变的轧机。如图 2 – 80 所示，可变凸度轧辊是一种组合式轧辊。轧辊由芯轴和轴套装配而成，芯轴和辊套之间有一液压腔，腔内充以压力可变的高压油。随轧制过程工艺条件的变化，调整高压油的压力，改变轧辊的膨胀量（轧辊凸度），可以获得良好的板形。

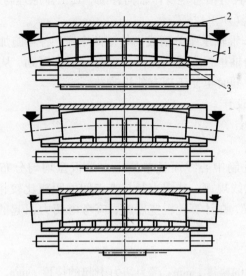

图 2 - 79　NIPCO 轧辊受力分布因板宽而变化

1—固定轴身；2—旋转辊套；3—安装在液压缸上的液压轴承

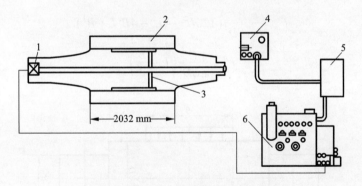

图 2 - 80　VC 辊的构造示意图

1—回转接头；2—辊套；3—油沟；4—操作盘；5—控制盘；6—油泵

8）其他

控制板形的新技术与新轧机除上述的一些外，还有：

①动态板形辊（DSR，dynamic shape roll），是西门子金属技术公司（Siemens Technologies）开发的，中国的中铝河南铝业有限公司、瑞闽铝板带有限公司、东北轻合金有限责任公司都引进了装有 DSR 系统的四辊不可逆式冷轧机。动态板形辊是迄今铝带轧机唯一轧制时能对称或非对称调控辊缝形状的动态执行器。

②带移动辊套的轧机（SSM）

　　新日本钢铁公司在四辊轧机的支撑辊上装备了比轧辊辊身长度短的可移动辊套，辊套可旋转，而且可沿着辊身做轴向移动，其工作原理与 HC 轧机的相似。

　　③双轴承座弯辊（DCB）技术

　　这种技术将工作辊轴承座分割成内外侧两个座，各自施加弯辊力。其优点是提高了弯辊力，因为轴承强度得到提高，弯辊时不会逼劲，从而增大了弯辊效果及控制凸度的能力，同时也便于现有轧机改造。

　　2.2.9.5　辊型设计

　　（1）辊型挠度的计算

　　1）2 辊轧机挠度

　　假设轧件位于轧制中心线而且单位压力沿板宽均匀分布，则两轴承反力相等，受力弯曲呈抛物线规律。轧辊直径与支点间的距离比较相差不大，可把轧辊视为短而粗的简支梁，在计算轧辊挠度时，应考虑切力引起的挠度，轧辊的挠度 f_p 应由两部分组成：

$$f_p = f'_p + f''_p \qquad\qquad (2-205)$$

式中：f'_p 为弯矩引起的挠度，mm；f''_p 为切力引起的挠度，mm。

　　如图 2-81 所示，如果忽略辊颈的影响，根据卡氏定理求解，辊身中部与辊身边缘的挠度差按下式计算：

$$f'_p = \frac{P}{6\pi ED^4}(12aL^2 - 4L^3 - 4B^2L + B^3) \qquad\qquad (2-206)$$

$$f''_p = \frac{P}{\pi GD^2}\left(L - \frac{B}{2}\right) \qquad\qquad (2-207)$$

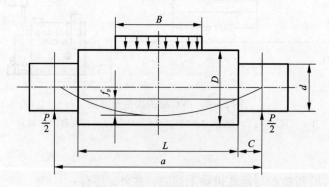

图 2-81　轧辊弯曲挠度计算

　　将 $G = \dfrac{2}{3}E$ 代入式（2-207），将式（2-206）和式（2-207）相加，得出辊身中部与辊身边缘的挠度差：

$$f_p = \frac{P}{6\pi E D^4}\left[12aL^2 - 4L^3 - 4B^2L + B^3 + 15D^2\left(L - \frac{B}{2}\right)\right] \qquad (2-208)$$

式中：P 为轧制压力，N；D 为辊身直径，m；L 为辊身长度，m；a 为轧辊两边轴承受力点之间的距离，m；E，G 分别为轧辊材料的弹性模量及剪切模量，N/mm^2；B 为轧件宽度，m。

对上下两个轧辊，因对称，其总挠度为 $2f_p$。挠度差 f_p 实际上表示辊缝形状的改变量。

2)4 辊轧机挠度

工作辊与支撑辊间相互弹性压扁沿辊身长度分布不均，这种不均匀压扁所引起的工作辊的附加挠度 $\Delta f'_L$（辊身中部与边缘压扁量的差值）是不能忽略的。因此，4 辊轧机工作辊的弯曲挠度 f_p，不仅取决于支撑辊的弯曲挠度，而且还取决于工作辊与支撑辊之间不均匀弹性压扁所引起的附加挠度。假设，轧制时支撑辊和工作辊的实际辊型凸度为零，则工作辊和支撑辊的挠度关系由下式确定：

$$f_p = f_{p0} + \Delta f'_L \qquad (2-209)$$

式中：f_p 为工作辊的弯曲挠度，mm；f_{p0} 为支撑辊的弯曲挠度，mm；$\Delta f'_L$ 为支撑辊与工作辊间不均匀压扁所引起的挠度差，mm。

工作辊的挠度按下式计算：

$$f_p = \bar{q}\,\frac{\phi_1 B_0 + A_0}{\beta(1 + \phi_1)} \qquad (2-210)$$

支撑辊挠度按下式计算：

$$f_{p0} = \bar{q}\,\frac{\phi_2 A_0 + B_0}{\beta(1 + \phi_2)} \qquad (2-211)$$

式中：$\bar{q}$ 为工作辊与支撑辊间单位长度上的压力，$\bar{q} = P/L$；ϕ_1，ϕ_2 为系数，可按下式计算：

$$\phi_1 = \frac{1.1n_1 + 3n_2\xi + 18\beta k}{1.1 + 3\xi}, \quad \phi_2 = \frac{1.1n_1 + 3\xi + 18\beta k}{1.1n_1 + 3n_2\xi}$$

设

$$A_0 = n_1\left(\frac{a}{L} - \frac{7}{12}\right) + n_2\xi,$$

$$B_0 = \frac{3 - 4u^2 + u^3}{12} + \xi(1 - u), \quad \left(u = \frac{B}{L}\right)$$

式中：a 为两轴承受力点间的距离，m；L 为辊身长度，m；B 为轧件宽度，m。

工作辊与支撑辊之间不均匀弹性压扁所引起的挠度差为：

$$\Delta f_{L'} = \frac{18(B_0 - A_0)\bar{q}k}{1.1(1 + n_1) + 3\xi(1 + n_2) + 18\beta k} \qquad (2-212)$$

式中：

$$k = \theta\ln 0.97\left(\frac{D + D_0}{\bar{q}q}\right), \quad \theta = \frac{1 - v^2}{\pi E} + \frac{1 - v_0^2}{\pi E_0}$$

式中：D，D_0 为分别为工作辊、支撑辊直径，m。

上述各式中符号 n_1、n_2、ξ 和 β 所代表的参数列于表 2 - 9。

表 2 - 9　n_1、n_2、θ 和 β 参数计算

轧辊材料	全部为钢辊	工作辊为铸铁辊、支撑辊为钢辊
符号代表的参数 ＼ E、G、γ 值	$E = E_0 = 215\,600$ N/mm^2 $G = G_0 = 79\,380$ N/mm^2 $\gamma = \gamma_0 = 0.30$	$E = 16\,660$ N/mm^2，$E_0 = 215\,600$ N/mm^2 $G = 6\,860$ N/mm^2，$G_0 = 79\,380$ N/mm^2 $\gamma = 0.35$，$\gamma_0 = 0.30$
$n_1 = \dfrac{E}{E_0}\left(\dfrac{D}{D_0}\right)^4$	$n_1 = \left(\dfrac{D}{D_0}\right)^4$	$n_1 = 0.733\left(\dfrac{D}{D_0}\right)^4$
$n_2 = \dfrac{G}{G_0}\left(\dfrac{D}{D_0}\right)^4$	$n_2 = \left(\dfrac{D}{D_0}\right)^4$	$n_2 = 0.864\left(\dfrac{D}{D_0}\right)^4$
$\xi = \dfrac{kE}{4G}\left(\dfrac{D}{L}\right)^2$	$\xi = 0.753\left(\dfrac{D}{L}\right)^2$	$\xi = 0.674\left(\dfrac{D}{L}\right)^2$
$\beta = \dfrac{\pi E}{2}\left(\dfrac{D}{L}\right)^4$	$\beta = 34600\left(\dfrac{D}{L}\right)^4$	$\beta = 26700\left(\dfrac{D}{L}\right)^4$
$\theta = \dfrac{1-\gamma^2}{\pi E} - \dfrac{1-\gamma_0^2}{\pi E_0}$	$\theta = 2.63 \times 10^{-6}$ [N/mm^2]$^{-1}$	$\theta = 2.96 \times 10^{-6}$ [N/mm^2]$^{-1}$

3）辊身的热凸度值

轧辊不均匀热膨胀产生的热凸度可近似地按抛物线规律计算，即

$$f_{tx} = \Delta R_t\left[\left(\frac{2x}{L}\right)^2 - 1\right] = -\Delta R_t\left[1 - \left(\frac{2x^2}{L}\right)\right] \qquad (2-213)$$

式中：f_{tx} 为距辊身中部为 x 的任意断面上的热凸度；L 为辊身长度，m；ΔR_t 为辊身中部的热凸度值，按式 213 计算；x 为从辊身中部起到任意断面的距离，当 $x = 0$ 时，表示辊身中部；当 $x = L/2$ 时，表示辊身边缘。

（2）辊型设计

1）轧辊原始辊形组成

板材轧制时，由于轧辊的弹性弯曲与弹性压扁、轧辊不均匀热膨胀及轧辊磨损等的影响，空载时的平直辊缝在轧制时变得不平直（凸或凹），致使板、带的横向厚度不均和板形不良。为了补偿上述因素所造成的影响，可以事先将轧辊设计并磨削成一定的原始凹凸度，使轧辊在工作状态仍能保持平直辊缝。

轧辊磨损只能根据不同产品安排不同轧制顺序，合理控制辊型，更换新辊或

支撑辊磨损靠增加工作辊凸度等方法补偿。

工作辊的原始辊型主要由轧辊的弹性变形（挠度）和热凸度决定。辊型设计是预先计算一定条件下轧辊的弯曲挠度，不均匀热膨胀和不均匀压扁值，然后取其代数和可得原始辊型应磨削的最大凸度值，用下式表示：

$$c = f_p - \Delta R_t + \Delta f'_L \qquad (2-214)$$

式中：c 为磨削的原始辊型凸度值；f_p 为轧辊在轧制压力作用下的弯曲挠度；ΔR_t 为辊身中部的热凸度值；$\Delta f'_L$ 为轧辊不均匀压扁的挠度差。

2）辊型设计方法

辊型设计一般有两种做法：一是按式 2-214 计算辊身中部的最大凹凸度值，然后按抛物线规律在轧辊磨床上磨削出凹凸度辊型。另一种是根据热凸度与挠度合成的结果，确定磨辊的凹凸度曲线，即可得出沿辊身长度任意断面上的凹凸度值。

轧制压力引起的轧辊挠度曲线，也可以近似地按抛物线规律计算，即

$$f_{px} = f_p \left[1 - \left(\frac{2x}{L} \right)^2 \right] \qquad (2-215)$$

式中：f_{px} 为距辊身中部为 x 的任意断面上的挠度；f_p 为辊身中部与边缘的挠度差，对 2 辊轧机按式（2-208）计算，4 辊轧机的工作辊按式 2-209 计算。

将轧辊的挠度曲线与热凸度曲线叠加，得出考虑在轧制压力和不均匀热膨胀的综合作用下，轧辊原始辊型的凹凸度曲线，即

$$C_x = f_{px} + f_{tx} \qquad (2-216)$$

由式（2-213）及式（2-215）得：

$$C_x = (f_p - mRa\Delta t) \left[1 - \left(\frac{2x}{L} \right)^2 \right] \qquad (2-217)$$

式中：Δt 为辊身中部与计算断面的温度差。

如果 C_x 为正值，说明轧制压力引起的挠度大于不均匀热膨胀产生的热凸度，原始辊型应磨削成凸度曲线；若 C_x 为负值，则相反，原始辊型应磨削成凹度曲线。

（3）辊型的选择与配置

理论计算是辊型初步设计的依据。理论计算值准确程度决定于公式的正确性与原始参数的可靠性，它常作为参考。实际生产条件复杂且不断变化，必须根据生产情况进行辊型的合理选择与配置，才能合理地选择辊型。

1）辊型的合理选择

合理选择辊型，可以提高板形与横向厚度精度，有利于设备操作稳定，有效地减轻辊型控制的工作量，强化轧制过程，提高生产率。

如在同一套轧机上需要轧制多种规格的产品，可把宽度与变形抗力相近的组

合在一起，共用一套辊型比较合理。这样，只需为数不多的几组辊型，便可基本满足多品种轧制的要求。轧辊的磨损，如前所述，随磨损量增加，可增加工作辊的凸度以补偿支撑辊磨损的影响，因为支撑辊的换辊周期比工作辊的长得多。

一套行之有效的辊型制度一般都要经过一段时间的试生产，反复比较实际效果之后才能最后确定，并随生产条件的变化作适当改变。确定合理辊型，要重视收集和研究国内外相同或相近的轧机及轧制条件下行之有效的辊型制度。

通常，热轧辊磨削成一定凹度。凹辊型不仅有利于轧件咬入，减少轧件边部拉应力造成裂边的倾向，而且能防止轧件跑偏，增加轧制过程的稳定性。铝合金板、带材生产常采用的轧辊辊型实例见表 2-10。

表 2-10　热轧铝合金采用的轧辊辊型

序号	设备型号	轧件尺寸范围/mm	辊型/mm
1	$4\varphi700/1\,250 \times 2\,000$	$(6 \sim 8) \times (1\,000 \sim 1\,500)$	工作辊 + (0.05 ~ 0.06) 支撑辊 - (0.23 ~ 0.25)
2	$4\varphi750/1\,400 \times 2\,800$	$(6 \sim 8) \times (1\,060 \sim 2\,560)$	工作辊 + (0.08 ~ 0.12) 支撑辊 - (0.24 ~ 0.28)
3	$2\varphi550 \times 1\,300$	$(6 \sim 8) \times (440 \sim 1\,050)$	工作辊 ±0.00

2）辊型配制

辊型配置正确，有利于生产操作、工艺控制、提高产品品质和产量。

热轧铝合金时，轧制温度高，轧辊辊身温差较大，因而热凸度影响占主导地位，2 辊轧机一般上下辊均有凹度。

2.2.9.6　轧辊的磨削

轧辊是轧机上承受轧制力，并把轧制材料厚度均匀减小的圆柱形的大型工具。轧辊在使用过程中，出现辊面被压花、黏伤等情况，一般都要进行更换，按要求重新磨削后方能再次使用。显而易见，轧辊磨削品质直接影响到轧制材料的表面品质和板形。

（1）轧辊

1）常用术语

①辊型。辊型是指辊身中间和两端有着不同的直径，以及这个直径差从辊身中间向两端延伸的分布规律。通常分布是对称的，一般为 72°的正弦曲线。辊型在标注时要注明是直径值还是半径值。圆柱形辊型又称为平辊。

②轧辊的硬度。铝轧机轧辊的硬度常用肖氏硬度表示，肖氏硬度有 HSC 和 HSD 之分，轧辊的硬度大多采用 HSD 表示。

HSC 是 2.36 g 的重锤从约 25.4 cm 高处下落所打出的数值。

HSD 是 36 g 的重锤从约 1.9 cm 高处下落所打出的数值。

③表面粗糙度。表面粗糙度按国家标准(GB 1031—1983)评定,即轮廓算术平均偏差 R_a;微观不平度 10 点高度 R_z;轮廓最大高度 R_y。通常采用轮廓算术平均偏差 R_a。

④径向跳动。径向跳动是对轧机和磨床都更有实际意义的测量数值。

2)轧辊的基本结构

轧辊由辊身、辊颈、接头和顶尖孔四个部分组成(图 2 - 82)。

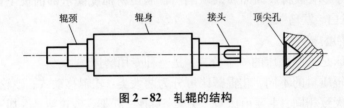

辊颈　　　　辊身　　　　接头　　　顶尖孔

图 2 - 82　轧辊的结构

①辊身。辊身是轧辊的主要部分,直接与轧制材料接触,一般所说的轧辊磨削就是指对辊身的磨削。为弥补轧制过程中的变形,辊身通常都磨成凸形或凹形。

铝轧机对工作辊辊身硬度要求比较高,一般为 HSD 95 ~ 102。支撑辊通常为平辊,其硬度比工作辊的低,一般为 HSD 75 左右。

②辊颈。辊颈用来安装轴承并通常作为轧辊磨削的支撑面,因此,对其正圆度和同心度有严格的要求,一般要求不大于 0.003 mm。辊颈的硬度一般为 HSD 45 ~ 50。

③接头。接头用来和主传动接手相连接,一般也是磨削时安装夹具的地方。若轧辊端部有螺孔,也可以使用比较简单轻便的板式夹具,将其固定在辊端即可。

④顶尖孔。顶尖孔是找正的基准,应保证其正圆和准确的锥角。根据轧辊的轻重不同,顶尖孔有 60°、75° 和 90° 等。轧辊一般较重,大多采用托架支撑方式,顶尖孔只起初步定位作用,因此对其要求不高。

3)轧辊加工技术

①尺寸精度。对轧辊磨削的尺寸精度要求为:

辊身的径向跳动:一般不大于 0.003 mm。

辊身两端直径差("锥度"):非 CVC 轧辊的一般不大于 0.015 mm。

辊型的准确度:辊型误差一般不大于给定值的 10% ~ 20%;辊型位置轴向偏移量不大于 5 mm。

配对辊径差:因轧机精度和轧制材料加工精度不同而异,小的要小于 0.02 mm,

大的可不作要求。

②表面状况

表面粗糙度：轧辊的表面粗糙度与一般加工件表面粗糙度含义不一样，它包含着一种用特定的磨削工艺所磨削出来的表面状态。比如，同样磨削一个 $R_a0.25$ 的工件，用 80 号砂轮和用 150 号砂轮磨出的效果就大不相同，其他如采用不同的磨削液、不同的磨削工艺加工出来的效果也不一样。

表面感官品质：轧辊磨削后表面不允许有螺旋纹（"砂轮印"、"刀花"）、振纹、小划道等影响板材表面品质的缺陷。在满足粗糙度要求的前提下，表面不应发亮，越"发白、发乌"越好。

（2）轧辊磨床

轧辊磨床是外圆磨床的一个分支，是一种专用磨床。

根据轧辊质量的不同，轧辊磨床可分为两大类：轧辊移动式；砂轮架移动式。其基本结构大致相同，主要由床身、头架、尾座、托架、砂轮架、冷却液系统和电控设备等组成。

轧辊磨床对冷却液的要求很高。磨削时冷却液中含有磨屑和砂粒一般是造成辊面"零星划痕"的主要原因，因此轧辊磨床一般采用过滤效果更好的磁力和纸带联合过滤器。另外，冷却液中混入杂油过多（尤其是抗磨液压油）会影响砂轮的切削能力和效果，使磨削表面发亮，易出现振纹，因此，对冷却液中的杂油应充分注意。

（3）轧辊磨削工艺

轧辊磨削工艺与普通外圆磨床磨削一般工件的磨削工艺相比较虽有其特殊处，但大致还是相同的。轧辊磨床加工的工件种类比较少，磨削工艺变化也不大，容易实现规范化操作。

磨削轧辊时首先选择合适的砂轮（表 2–11）、安装好砂轮与选择冷却液。

表 2–11　轧辊磨削砂轮选择参考数据

轧辊材质	磨削要求（表面粗糙度）	砂轮的选择				
		磨料	粒度	硬度	结合剂	组织
钢轧辊	粗磨 R_a 1.0 以上	A、WA	$36\sim60$	H、J	V	8、9
	精磨 R_a 0.8~0.4	WA、SA	$60\sim80$	H、J	V	7、8
	精密 R_a 0.3~0.1	WA、SA	150	J、K	V	7
	超精密 R_a 0.05~0.02	WA、SA	$W40\sim W63$	K	B	6、7
	镜面 R_a 0.01	WA、C	$W6\sim W14$	F	B、R	6、7

续表 2 – 11

轧辊材质	磨削要求（表面粗糙度）	砂轮的选择				
		磨料	粒度	硬度	结合剂	组织
冷硬铸铁轧辊	粗磨 R_a 1.0 以上	C	24 ~ 36	J、K	V	7
	精磨 R_a 0.8 ~ 0.4	C	60 ~ 80	H、J	V	7
	精密 R_a 0.2	C	120	H、J	V	7
	超精密 R_a 0.05	C	$W40 ~ W63$	F、G	V	7
	镜面 R_a 0.01	C	$W14 ~ W20$	E、G	B、R	7
胶辊	粗磨	C	24 ~ 36	H、K	V	9、10
	精磨	C	60 ~ 80	J、K	V	9、10

　　磨削过程中，砂轮和工件表面接触处温度可达 1 000℃左右。为降低磨削温度，减小磨削力，提高砂轮的耐用度和改善工件表面品质都要使用冷却液。冷却液的作用：冷却作用，冷却液能有效地改善散热条件，带走绝大部分磨削热，降低磨削温度；润滑作用，冷却液能渗入到磨粒与工件的接触表面之间，黏附在金属表面上，形成润滑膜，减少磨粒和工件间的摩擦，从而提高砂轮的耐用度，减小工件表面粗糙度；冲洗作用，冷却液可以将磨屑和脱落的磨粒冲洗掉，防止工件表面划伤；防锈作用，要求冷却液有防锈作用，以免工件和磨床发生锈蚀。

　　水型冷却液散热性能和清洗性能好，不易变质，透明，磨削中便于观察，轧辊磨削大都使用这类磨削液。

　　1）磨削工步

　　①粗磨。粗磨的目的一般是去掉轧辊表面的疲劳层，去掉"砂眼、啃伤"等缺陷。粗磨是轧辊磨削的初加工，它要求以最短的时间切除大部分的磨削量，一般选较粗的即粒度大的砂轮，且作粗修整，并采用较大的磨削量。粗磨时，砂轮的损耗较大，在数控轧辊磨床上，为保证恒压力磨削，弥补砂轮的损耗，一般采用 3 ~ 10 μm/min 进给方式。

　　磨削时，砂轮和轧辊速度的匹配要合适，当砂轮速度/轧辊速度 = 30 时，磨除量最大。

　　粗磨时，进给量不可过大，以免轧辊发生"磨烧伤"，甚至损伤砂轮主轴及轴承；砂轮钝了要及时修整，否则，即使磨削电流（压力）很大，磨削效率也很低。

　　②精磨和抛光（超精磨）。精磨主要用来去掉粗磨的痕迹，磨好辊型和要求的尺寸。抛光（超精磨）主要是磨出要求的粗糙度和表面，磨削量很小。在数控轧辊磨床上，精磨的方式是砂轮（拖板）换向时每次自动进给若干微米，一般为

$2 \sim 5 ~\mu m$；抛光的方式是无自动进给量的磨削，主要靠手轮手动控制。

轧辊磨削的关键于在控制表面粗糙度。粗糙度应均匀，而且表面不能有振纹、螺旋纹、划痕等缺陷。为此，必须从粗磨到抛光的全过程都要平衡有效地控制吃刀深度和走刀量，合理地选择砂轮和轧辊速度。

2）磨削参数

轧辊磨削参数主要有砂轮速度、轧辊速度、轴向进给速度（量）和径向进给速度（量）。

①砂轮速度。砂轮速度有两种表示形式，一是转速（r/min），二是圆周速度（线速度，m/s），即砂轮外圆表面上任意一点在单位时间内所经过的路程。二者的关系为：

$$v_{砂} = \frac{\pi D_{砂} \, n}{1\,000 \times 60} \tag{2-218}$$

式中：$v_{砂}$ 为砂轮圆周速度，m/s；$D_{砂}$ 为砂轮直径，mm；n 为砂轮转速，r/min。

②轧辊速度。轧辊速度用转速（r/min）表示。

③轴向进给速度（量）。轴向进给速度（量）又称纵向进给速度（量）、走刀速度（量），是指轧辊每转一转相对砂轮在纵向移动的距离。一般用"（0.1～0.6）砂轮宽度/轧辊每转"表示。

④径向进给速度（量）。径向进给速度（量）又称横向进给量、磨削深度。

3）磨屑厚度和长度的计算公式

该公式按逗点形的磨屑来计算，从中可了解确定磨削参数的基本途径。

①磨屑厚度计算公式

$$h = \frac{2v_w}{1\,000v_s} \times \frac{1}{e} \sqrt{a} \sqrt{\frac{D_s + d_w}{d_w \cdot D_s}} \tag{2-219}$$

式中：h 为磨屑厚度；v_w 为轧辊转速，r/min；v_s 为砂轮转速，r/min；a 为径向进给量；D_s 为砂轮直径，mm；d_w 为轧辊直径，mm；e 为砂轮表面单位长度上的磨粒数。

②磨屑长度的计算公式

$$L = \sqrt{\frac{D_s \cdot d_w \cdot a}{D_s + d_w}} \tag{2-220}$$

式中：L 为磨屑长度。

从磨屑厚度和长度的计算公式中可以看出：

粗磨时，需增加磨屑的厚度和长度，则要提高轧辊的转速，降低砂轮速度，选用粒度号大（粗）的砂轮，增加径向进给量。

精磨时，需减小磨屑的厚度和长度，则要降低轧辊的转速，提高砂轮速度，选用粒度号小（细）的砂轮，减小径向进给量。

4）磨削参数的选择

①砂轮速度的选择见表 2 – 12。轧辊磨削砂轮速度参考值：粗、精磨钢质轧辊的为 25 m/s；抛光(超精磨)的为 16 ~ 20 m/s。

表 2 – 12　砂轮速度高、低的效果对比

慢速(15 ~ 20 m/s)	高速(25 ~ 30 m/s)	慢速(15 ~ 20 m/s)	高速(25 ~ 30 m/s)
金属可除速率降低	金属可除速率提高	振动较小	振动较大
砂轮磨耗提高	砂轮磨耗降低	砂轮显得较软	砂轮显得较硬
电流强度较低	电流强度较高	—	—

②轧辊速度的选择见表 2 – 13。轧辊磨削砂轮速度参考值：粗磨为 20 ~ 30 m/min；精磨为 30 ~ 40 m/min；抛光为 40 ~ 50 m/min。

表 2 – 13　轧辊速度高、低的效果对比

低速(20 m/min 左右)	高速(50 m/min)	低速(20 m/min 左右)	高速(50 m/min)
磨削较高	磨削较低	振动小	振动较大
砂轮磨耗降低	砂轮磨耗增加	表面粗糙度较大	表面粗糙度较小
金属可除速率提高	金属可除速率降低	—	—

③轴向进给速度(量)的选择见表 2 – 14。粗磨：1 000 ~ 1 200 mm/min，或取轧辊每转轴向进给量约为砂轮宽度的 2/3 ~ 3/4；精磨：400 ~ 600 mm/min，或取轧辊每转轴向进给量约为砂轮宽度的 1/3 ~ 1/4；抛光：100 ~ 300 mm/min，或取轧辊每转轴向进给量约为砂轮宽度的 1/8 ~ 1/10。

表 2 – 14　轴向进给速度(量)高、低效果对比

低速 (100 ~ 200 mm/min)	高速 (1 000 ~ 1500 mm/min)	低速 (100 ~ 200 mm/min)	高速 (1 000 ~ 1500 mm/min)
磨削较高	磨削较高	金属可除速率提高	金属可除速率提高
砂轮磨耗降低	砂轮磨耗降低	表面粗糙度较大	表面粗糙度较大

④径向进给速度(量)的选择见表 2 – 15。粗磨：应根据轧辊的材质和硬度而定，一般为 0.01 ~ 0.03 mm/行程(道次)；精磨：一般为 0.003 ~ 0.005 mm/行程(道次)；抛光：一般为 0.001 ~ 0.002 mm/行程(道次)。

表 2 – 15　径向进给速度（量）高、低效果对比

低速(0.001 ~ 0.002 mm/行程)	高速(0.02 ~ 0.03 mm/行程)	低速(0.001 ~ 0.002 mm/行程)	高速(0.02 ~ 0.03 mm/行程)
磨削较高	磨削较低	金属可除速率降低	金属可除速率提高
砂轮磨耗降低	砂轮磨耗提高	表面粗糙度较小	表面粗糙度较大

5) 轧辊磨削后事项

轧辊磨削后的主要工作有：

①涂防锈油。防锈油的种类很多，宜选黏度小的，以免污染轧制油；涂油时注意尽量少滴落，以免混入冷却液。

②裹纸（防尘）。一般用新闻纸，最好是浸过油的，若轧辊使用频繁，更换周期短，也可不浸油。

③填写轧辊磨削品质检测记录。记录要准确，为使轧机对辊方便，一般还需贴一份在轧辊上。

④轧辊吊下磨床。由于轧辊较重，吊下轧辊时应精心，不要碰坏设备和伤人。

⑤当班工作结束后，要正确停机。先停止冷却液，使砂轮空转 5 ~ 10 min，以甩干其中的冷却液；停止机床所有的运动后再按总开关，但要保持微机电源供电。

⑥保持磨床各部位及周围地面清洁，收拾好工量具，清理杂物。

6) 轧辊磨削工艺控制要点

工艺控制要点是：

①新装砂轮必须经过静平衡检验，开动砂轮时，应空转 2 ~ 3 min，确认正常后方可使用。

②研磨时进给应是微量的，以免砂轮突然受热破裂。

③研磨中液压系统油温不得超过 50℃。

④研磨轧辊时，砂轮应从辊身一端进刀，不允许从辊身中间进刀。

⑤研磨时不得测量工件。

⑥研磨后的轧辊表面必须光洁，不得有网状线条和花纹。轧辊不准有裂纹，支撑辊不准有掉皮现象。

⑦磨辊工在每次磨完轧辊后，在磨床上检查轧辊表面品质、表面硬度、轧辊直径、两端直径差、辊身弧度（要以辊身长度中心为最大直径，按辊型要求，以中心为准，向两侧圆滑过渡，每隔 200 mm 为检测点，辊身中心的两侧的对应点的直径应一致），测量结果要如实地记录在轧辊验收簿上。

⑧每个轧辊均需设立原始记录卡，由研磨工区负责填写研磨和工作情况。

⑨磨削后的轧辊,其表面必须均匀地涂上防锈油,并包一层牛皮纸或油纸。

⑩轧辊必须存放在专用场地,并采取相应的保护措施。

⑪吊运、拆卸、组装辊时,动作必须轻缓、准确,不得损伤轧辊。

⑫常见轧辊磨削缺陷产生的原因及对策措施

常见轧辊磨削缺陷产生的原因及对策措施见表 2 – 16。

表 2 – 16 常见轧辊磨削缺陷产生的原因及对策措施

项目	产生原因	对策措施
振纹	1. 砂轮钝化,不平衡; 2. 外界振动; 3. 砂轮主轴间隙过大; 4. 磨削液浓度大;混杂油多; 5. 磨削参数不当; 6. 辊颈润滑不良; 7. 卡具头架拨盘接触不好	1. 及时修整砂轮,金刚石有尖角,进行动、静平衡; 2. 消除或隔离振源,重点检查砂轮及头架电机; 3. 根据设备要求调整主轴间隙; 4. 调整浓度,及时除油或更换磨削液; 5. 砂轮和头架转速不可过快,进给量不宜过大; 6. 油的黏度应合适,量足够; 7. 调整其接触,使用"柔性拨盘"
辊面划伤	1. 砂轮品质不好,夹有杂质,组织不均; 2. 砂轮太软,自锐过快; 3. 冷却液过滤系统状况不好; 4. 冷却液脏,磨削时液量不足; 5. 冷却液泵进水口距池底太近	1. 更换好的砂轮; 2. 重新选硬点的; 3. 磁性分离器运行要好,及时走纸,宽度够; 4. 及时更换,磨削时流量开大点; 5. 冷却液泵进水口距池底 500 mm 以上
螺旋纹	1. 砂轮选择过硬过细,修得过细; 2. 砂轮修整后未倒两边角; 3. 轧辊未校正(轴心线与砂轮轴线不平行),砂轮单面接触轧辊; 4. 轧辊一侧被支撑(轴承位)部位发热,或两侧发热不均; 5. 砂轮床身纵向导轨在水平平面内直线度误差超差; 6. 磨削参数不当	1. 选择合适的砂轮,正确修整; 2. 砂轮修整后两边角倒成半径约 5 mm 的圆角; 3. 精心校正轧辊; 4. 选好润滑油的黏度,量应足,使之不发热; 5. 调整床身精度; 6. 适当减少纵向进给量和径向进给量,每道次径向、纵向进给量递减,幅度不宜过大

续表 2–16

项目	产生原因	对策措施
辊型不准	1. 热辊磨削； 2. 辊型参数设定有误； 3. 精磨时手动干预过多； 4. 机构磨损（此情况一般发生在老旧磨床）； 5. 点或成形机构调整有误，不宜过大	1. 温降至与环境温度相近时再磨； 2. 认真核实参数，注意是指半径值还是直径值； 3. 精磨时尽量不手动干预； 4. 及时考虑补偿量，或调整、修理该机构； 5. 调整
圆度差	1. 磨削时支撑轴颈不圆； 2. 轧辊未校正，轧辊轴心线与头尾两顶尖联机不重合，偏差大； 3. 砂轮主轴轴承间隙过大； 4. 卡具与头架拨盘的拔销接触不好	1. 在允许范围内进行修磨； 2. 认真校正（包括上母线和侧母线、顶尖与顶尖孔的接触情况）； 3. 调整好间隙； 4. 调整，使两拔销与卡具接触受力相当
锥度大	1. 轧辊未校正（轴心线与砂轮轴线不平行）； 2. 轧辊一侧被支撑（轴承位）部位发热，或两侧发热不均； 3. 砂轮床身纵向导轨在水平平面内直线度误差超差； 4. 拖板导轨润滑浮力过大，运行中产生摆动	1. 精心校正轧辊； 2. 选好润滑油的黏度，量要足，使之不发热； 3. 调整床身精度使之符合要求； 4. 调整导轨润滑油压力
粗糙度不均不准	1. 砂轮选择不当； 2. 砂轮修整不当； 3. 金刚石无尖角，安装在修整器中不牢固，修出砂轮等高性差； 4. 冷却液不适当，润滑性太好或太差；冷却液浓度不当，冷却液混入杂油过多（尤其是抗磨液压油）； 5. 磨削参数不当	1. 根据要求合理选择砂轮要素； 2. 正确修整，粗、细适当； 3. 金刚石要经常变换角度以保持尖角，确无尖角应及时更换；安装牢固； 4. 选择合适的磨削液，调整浓度，及时处理杂油，或更换； 5. 摸索适应特定磨床及其当时的状况、特定轧辊、特定要求、特定砂轮和冷却液的磨削工艺参数

第 3 章　铝合金厚板轧制工艺

3.1　铝热轧技术的发展

铝及铝合金热轧变形抗力低、塑性高，可采用大压下量轧制大尺寸的铸锭，轧制过程便于控制，可以充分发挥设备能力，大大减少金属变形的能耗，在提高产品品质和生产效率的同时，可降低产品的成本，因此热轧成为世界广泛采用的薄板、带及铝箔冷轧产品的供坯主要方法。

随着科学技术的高速发展，精密机械加工、计算机控制、现代检测等现代化技术已广泛应用于铝及铝合金热轧设备制造和热轧过程控制中。随着现代化塑性加工技术的发展和应用，铝合金板、带产品的厚度愈来愈薄，但厂商对产品的性价比及产品的品质标准要求却愈来愈高。以罐料为例，随着制罐技术发展和市场需求的变化，3104 罐身带厚度由 20 世纪 60 年代的 0.45 mm 减薄至 80 年代的 0.31 ~ 0.34 mm、90 年代的 0.28 mm、2000 年的 0.275 mm、2010 年的 0.265 mm，预计可能减至 0.254 mm；厚差由过去的 ±0.010 mm 减到 ±0.005 mm，预计将来可能减到 ±0.0025 mm；制耳率也从 5% ~ 6% 降至现在的 1.5% ~ 2%，将来可能降至 1% ~ 1.5%。这种对铝板、带的品质和成本的双重高要求必然对铝及铝合金板、带的加工装备和技术提出严峻的挑战。也正是这种需求和挑战有力地促进了铝热轧技术的发展。

3.1.1　单机架热轧

经典的热轧形式采用一台可逆式热轧机将铸锭轧至目标厚度，即热粗轧和热精轧都在同一台轧机上进行，具有投资少、成本低的优点，生产能力小于 150 kt/a。轧机的结构形式有二辊可逆式热轧机和四辊可逆式热轧机。前者一般用于生产民用 1××× 、3××× 、8××× 和个别 5××× 系软合金板、带材。后者根据产品的种类分为两类，一类是专门轧制几种软合金，产品专一；另外一类为万能式的，可以轧制多种变形铝合金产品。根据其卷取机的配置情况可分为单机架出口带卷取的可逆式热轧和单机架双卷取可逆式热轧。

单机架出口带卷取的可逆式热轧在出口不远处上方或下方安装一台卷取机，

最后一道次一边轧制一边卷取，最小厚度一般控制在 7 mm。这样配置的热轧生产线轧制板材的长度受辊道长度和终轧温度的制约，铸锭质量不能过大，一般在 1~3 t。由于带材卷取前坯料比较薄（一般在 10 mm 左右），轧制温度比较低，板形控制比较难，且由于带材在辊道上不断地往复运动，容易造成表面损伤，影响表面品质，该生产方式适合规模不大且对品质要求不高的产品。截至 2012 年底，全世界有 110 多台较面宽度≥1 000 mm 二辊和四辊单机架可逆式热轧机（不包括热连轧生产线的粗轧机和"二人转"的块片式热轧机），占全球热轧板、带总生产能力的 20% 左右。这类轧机大多是 20 世纪 80 年代设计制造的，总体水平属于 20 世纪 70 年代国际一般水平。

单机架双卷取可逆式热轧是在轧机的前后方都配有相应的卷取装置。当铸锭开坯到 20 mm 左右，通过卷取装置卷取后，带卷经 3 或 5 道次（精轧）轧至所需要的厚度，最小厚度一般在 2.5 mm 左右。该热轧生产方式是 20 世纪 80 年代发展起来的，以四辊为主。与单卷取相比，双卷取热轧生产线具有结构紧凑、自动化控制水平较高的特点。

这种单机架热轧机，特别是双卷取单机架热轧机要求在操作工艺和轧制工艺方面要有经验，因为：

①工作辊的选择不仅要考虑热粗轧的压下量，也要考虑到轧制最大厚度。

②清辊工艺必须适用于工作辊在整体轧制过程中的轧辊表面品质控制要求。

③乳液喷射、品质和集中润滑必须适用于热粗轧和热精轧，满足头几道次的压下量和最终产品的表面品质控制。

④卷取机结构设计必须适用于轧制过程的张力控制，在可逆轧制期间，不得损伤带材表面。

3.1.2 （1+1）式双机架热轧

（1+1）式双机架热轧是将相距一定距离的两台可逆热轧机（1 台热粗轧机和 1 台热精轧机）串联起来构成双机架热轧，形成热连轧的雏形。它是将单机架热轧道次和时间合理分配到两台轧机，有利于辊形控制，产品精度比单机架轧制的更高，其产能是单机架的 1.5~1.7 倍。与单机架相比，双机架在轧制工艺上具有以下特点：

①轧制的带材厚度较薄，带材的长度增加，铸锭质量加大，可大于 10 t；在铸锭质量相同的条件下，机列的辊道长度可以减少。

②带材在精轧机上卷轧制时，因带材不与辊道接触，可以避免机械损伤。

③因卷带张力轧制，可使轧出的带材平整，与单机架轧机相比，产品品质提高。

(1 + 1)式双机架热轧,以大量工业试验实测数据为依据,根据轧机的参数和原始轧制条件,运用非线性接触有限元理论,建立辊缝的高精度分析、计算模型;并以此为基础运用动态规划法建立辊缝优化设计的系统软件,预测轧机压下装置、弯辊装置、冷却系统、张力系统等最佳运行参数,由计算机进行在线控制,以改善热精轧带材的板形和断面几何精度。但(1 + 1)式双机架热轧生产方式本身存在较大的局限性,与现代热连轧生产的产品相比,其产品精度、性能稳定性较差,生产效率较低,成品率较低,生产成本较高。国内(1 + 1)式双机架热轧在多年的实际生产中遇到的主要问题有:

①终轧温度波动大。单机架热精轧需对热粗轧坯料进行 3~5 道次可逆轧制,易造成终轧温度波动大,终轧温度往往偏低,达不到卷取后再结晶的目标。

②厚度波动大,性能不稳定。由于多道次轧制,造成多次升速、减速,升减速阶段属于不稳定轧制阶段,这样必然造成头尾厚度波动大、性能不稳定或不合格。

③表面易损伤。由于多次卷取、开卷,造成热轧卷层间黏伤,致使带材表面产生深度缺陷,严重降低 PS 版基板和铝箔表面品质,造成 PS 版基板腐蚀后出现白条,铝箔针孔多和轧制时易断带等问题。

④板形和板凸度波动大。若热精轧无板形和板凸度的自动控制和检测装置,将使热轧卷板形、板凸度波动大或达不到技术要求,从而造成冷轧板形差,更难以满足铝箔坯料板形、板凸度的要求;同时由于板形差,制约了冷轧机的高速轧制。

⑤组织、织构控制难。因热精轧的速度一般只有 4 m/s,且要多道次轧制,对于生产一些高品质要求的产品来说,每道次变形速率偏低,难以通过提高和控制终轧温度来保证必需的内部组织和织构,因而只能采取预先退火的办法,这就增加了工序,提高了成本。

⑥精轧和粗轧能力难匹配。由于多道次轧制,辅助时间增多,生产效率较低,使热精轧能力与热粗轧能力不匹配,导致热粗轧能力不能充分发挥。

截至 2012 年年底,全球共有(1 + 1)式双机架热轧生产线 13 条(中国有 5条),其中美国阿森斯(Athens)公司的(1 + 1)式机架生产线可轧制的最大铸锭规格达 25 t,日本古河斯凯(Furukawa Sky)铝业公司的可轧最小厚度最小,可轧至 2.0 mm。(1 + 1)式双机架热轧生产线轧制罐料虽然也取得了一些成功,如澳大利亚的科马尔科(Comalco)铝业、中国西南铝业(集团)有限责任公司以及日本的古河斯凯铝业公司,但是产品性能的稳定性与制造成本都竞争不过多机架热连轧生产线的。

3.1.3　多机架热连轧

所谓多机架热连轧是由可逆式热粗轧机、中轧机(可有可无)和 2~6 台热精轧机串联起来构成多机架连续热轧生产线。通过二辊或四辊可逆式热粗轧机往复轧制开坯至 30~50 mm，根据后续连轧机架数不同，粗轧坯厚度不相同，然后通过后面串联的多机架四辊连轧机组轧至所需要的厚度，最后卷取成带坯卷。这种生产方式具有生产工艺稳定、工序少、产量大、生产效率高、产品品质稳定等特点，且能有效地降低生产成本。同时轧制后热轧带坯具有厚度小，厚度、凸度及板形精度高，组织稳定等优点，是其他热轧方式无法比拟的。多机架热连轧特别适用于大规模生产在世界铝板、带材产量中占有很大比例的制罐坯料以及优质铝箔毛料等。既可生产 2×××、7××× 系等硬合金，又可生产 1×××、3×××、5××× 系等软合金带坯，最薄可轧至 1.5 mm，生产能力 300~800 kt/a。

一般建设热连轧生产线的目标就是为了实现高效、高品质、短流程热轧卷生产，因此多机架热连轧机组都是四辊轧机，而粗轧机则有二辊和四辊之分。二辊热粗轧 + 多机架热精轧的热连轧生产线设计比较早，目前全世界只有(1+2)和(1+3)式两种，共 12 条生产线，这些生产线目前可轧制最大铸锭不超过 20 t，并且只能轧制软铝合金。现代化的紧凑式四辊可逆双卷取单机架热轧机完全可以取而代之，且降低了投资成本。因此，这种二辊热粗轧 + 多机架热精轧生产线难以继续发展，而四辊热粗轧 + 多机架热精轧的多机架热连轧线不断发展。四辊粗轧的热连轧生产线(1+2)、(1+3)、(1+4)、(1+5)和(1+6)式都有，2013 年全球拥有包括(1+1)式在内的多机架热轧生产线近 76 条。

在这种多机架热连轧机的粗轧机上大多配有清刷辊，以改善坯料表面品质；有的还配有液压弯辊和液压 AGC，以改善板形和提高板坯厚度精度；在轧机前后配有乳液喷淋装置以控制带坯温度；轧机开口厚度一般为 620 mm，最大的为 800 mm(全球有 3 台，中国拥有 2 台)，热粗轧最终板坯厚度为 30~50 mm。在精轧机上也配有清刷辊、液压弯辊和液压 AGC 系统控制，单点或多点扫描式板凸度仪，非接触式温度检测实现了温度闭环控制。除采用弯辊和分段冷却控制凸度和平直度外，有的精轧机还采用了 CVC、DSR、TP 等辊形控制方式，同时在收集、检测、显示各种参数上都采用了自动管理系统。由于采用以上先进技术和方法，使得热轧卷的品质大大提高，厚度偏差 < ±1%，平直度 ≤ 25 I，板凸度率 0.2%~0.8%，终轧温度 250~360℃，温度偏差 < ±10 ℃。

表 3 - 1　世界典型公司热轧机对板、带的品质保证指标

指标名称	西马克（SMS）	奥钢联（VAI）	石川岛磨播重工业（IHI）
厚度偏差/%	≤ ±0.8	≤ ±0.8	≤ ±0.8
2.0 ~ 5.0 mm 厚	≥98	≥98	≥98
5.0 ~ 8.0 mm 厚	≥95		≥95
8.0 ~ 10.0 mm 厚	≥93	≥93	≥93
中凸率/%	≤ ±0.25	≤ ±0.25	≤ ±0.25
中凸率保证长度/%	≥92	≥92	≥92
平直度/I	30 ~ 50	无可见半边波及波边	无可见半边波及波边
温度偏差/℃	≤ ±10	≤ ±10	≤ ±10
错层/(mm · 卷$^{-1}$)	≤ ±2	≤ ±2	≤ ±2

3.2　热轧机的配置

　　轧制铝及铝合金厚板的热轧机可以是二辊的也可以是四辊的，二辊轧机多是在 20 世纪 60 年代以前建设的，现在已经不再建设，当然抛光轧机除外，2013 年全世界保有的在产的这类铝板轧机只不过 10 台左右，用它们生产的厚板还不到 1%。可生产铝厚板的企业约 160 家，但既能生产通用级板又能生产热处理可强化合金航空级厚板的企业只不过 16 家，它们都有固溶处理炉，而且多数为有辊底式的。在这些热轧生产线中，绝大多数是兼用的，即可以生产厚板，但主要是生产供冷轧用的带卷，中国还有厚板专业热轧线，如东北轻合金有限责任公司的 3 950 mm 热轧机与西南铝业（集团）有限责任公司的 4 300 mm 热轧机。

3.2.1　铸锭热轧

　　铝铸锭热轧法是一种有 120 多年历史的生产铝板、带的工艺，随着 1886 年铝电解法的诞生于 19 世纪末首先在美国与瑞士投入生产，它的大发展时期是 20 世纪 30 年代后期与 40 年代初期，六七十年代中期和 21 世纪初期，是生产加工铝合金厚板与航空级铝合金薄板的唯一工艺。即使在民用铝板、带占绝对优势的今天，热轧板、带量仍占总消费的 63.5% ~ 65%。不过随着时间的推移，所占的比例在逐年缓慢地下降。1935—1945 年为第二次世界大战需要，在美国、英国、苏联、德国、日本建设了一批铝加工厂，1960—1972 年为经济大发展时期，世界各国建设了一批铝板、带轧制厂，2002 年以后中国掀起了铝锭热轧史上前所未有的

建设热潮,在到 2012 年为止的这段时间内,中国形成的热轧生产能力可达 5 500 kt/a,平均每年新增生产能力 55 kt。

2 辊块片式热轧机(2 Hi Pull-over)在工业发达国家已不再存在,但在准发达国家(韩国、泰国等)及发展中国家却大量存在,2 辊带卷式热轧机在所有国家都还存在着。

①有带卷热轧机的国家与地区占全球可生产板、带国家与地区的 66.7%,其余的为块片式热轧、连续铸轧或哈兹雷特连铸连轧的国家。

②带卷热轧的生产能力约为 21 660 kt/a,2 辊块片式热轧机的生产能力约 4 000 kt/a,前者占热轧总生产能力的 84.4%。

③2012 年底全世界有热连轧线 45 条,热粗 - 精轧线 13 条,4 辊单机架双卷取热轧机 21 台,4 辊单机架单卷取热轧机 25 台,2 辊单机架双卷取热轧机 11 台,2 辊单机架单卷取热轧机 41 台(表 3 - 2)。

④热连轧生产线生产能力约 15 200 kt/a,占热轧带卷总生产能力的 70% 左右。

表 3 - 2　全世界铝板、带热轧线(不含块片式热轧机)

序号	国家(地区)	热连轧线/条	热粗 - 精轧线/条	4 辊单机架热轧机		2 辊单机架热轧机		生产能力/(kt·a^{-1})
				双卷取	单卷取	双卷取	单卷取	
1	美国	11	—	1	2	—	2	4 880
2	中国	12	6	10	1	8	5	5 500
3	日本	7	2	1			2	2 000
4	俄罗斯	1	—	—	6		1	1 300
5	德国	2	—		2		1	1 100
6	法国	2	—		1		1	750
7	韩国	1	—		1		3	700
8	英国	1	—		2		2	500
9	意大利	—	1		2	1		460
10	巴西	1	—				2	450
11	澳大利亚	1	1					420
12	比利时	1						350
13	加拿大	1				1	1	300
14	希腊	—		1		1		260
15	南非共和国	—	1					250
16	中国台湾	—	—		2			180

续表 3 - 2

序号	国家(地区)	热连轧线/条	热粗 - 精轧线/条	4 辊单机架热轧机		2 辊单机架热轧机		生产能力/(kt·a⁻¹)
				双卷取	单卷取	双卷取	单卷取	
17	巴林	—	—	1	—	—	—	280
18	印度尼西亚	1	—	—	1	—	1	160
19	西班牙	—	—	1	—	—	2	150
20	埃及	—	—	1	—	—	1	150
21	奥地利	—	1	—	—	—	—	150
22	挪威	1	—	—	—	—	—	110
23	克罗地亚	—	—	1	—	—	—	100
24	瑞典	1	—	—	—	—	—	100
25	匈牙利	—	—	—	1	—	1	80
26	印度	—	—	—	1	—	1	80
27	土耳其	—	—	—	1	—	1	80
28	委内瑞拉	—	1	—	—	—	1	70
29	瑞士	—	—	—	1	—	—	70
30	波兰	—	—	1	—	—	—	70
31	墨西哥	—	—	—	—	—	1	65
32	南斯拉夫	—	—	—	—	—	—	65
33	亚美尼亚	—	—	—	1	—	—	50
34	喀麦隆	—	—	—	—	—	1	50
35	中国香港	1	—	—	—	—	—	50
36	罗马尼亚	—	—	—	1	—	—	45
37	阿根廷	—	—	—	1	—	1	40
38	伊朗	—	—	—	—	—	1	40
39	斯洛文尼亚	—	—	—	—	—	1	40
40	捷克共和	—	—	—	1	—	—	40
41	泰国	—	—	—	—	—	2	30
42	荷兰	—	—	—	—	—	1	30
43	菲律宾	—	—	—	—	—	1	25
44	坦桑尼亚	—	—	—	—	—	1	25
45	哥伦比亚	—	—	—	—	—	1	15
	总计	45	9	16	25	11	41	21 660

热轧带坯生产能力前 10 名的国家也即是生产能力大于或等于 450 kt/a 的国家见表 3-3。他们的合计生产能力为 5 720 kt/a,占全球热轧带坯总生产能力的 26.4%。

表 3-3　铸锭热轧带坯生产能力最大的 10 家企业(2013 年)

国家	企 业 名 称	生产能力/(kt·a⁻¹)
德国	海德鲁(Hydro)诺伊斯(Neuss)阿卢诺夫铝业公司	1 100
中国	西南铝业(集团)有限责任公司	860
中国	南山集团铝加工有限公司	700
美国	美国铝业公司田纳西州轧制厂	600
美国	美国铝业公司印地安纳州瓦威克轧制厂	500
美国	凯撒铝及化学公司特伦特伍德轧制厂	450
美国	威斯合金 LLC 公司亚拉巴马州轧制厂	450
日本	神户钢铁公司栃木县真冈铝板、带厂	420
日本	福井县古河铝业公司	420
日本	日本爱知县日本轻金属有限公司	400
总计		5 720

以上的排序不是十分准确的,但阿卢诺夫铝业公司位居榜首是无疑的,它有 (1+4)式、(1+3)式热连轧线各 1 条。西南铝业(集团)有限责任公司有 3 条热轧生产线,单机架四辊 4 300 mm 厚板专用轧机 1 台、2 800 mm(1+1)式热粗-精轧线 1 条、2 000 mm(1+4)式热连轧线 1 条。美国铝业公司达文波特轧制厂有世界上最大的热连轧线,但在设计产品结构中,厚板占有较大比例,带卷产量不占主导地位。凯撒铝及化学公司特伦特伍德轧制厂航空级铝板、带占了相当大的比例,尽管如此,可比性还是相当大,因为笔者是根据轧机辊面宽度、轧制速度、轧制力、主电机功率大小以生产软合金带材为准综合估算的。全球最大的 12 台热粗轧机见表 3-4(截至 2013 年年底)。

表 3-4　全球 12 大铝板、带热连轧生产线(以粗轧机支撑辊辊面宽度为准)

国家	企业名称及地址	粗轧机/mm	精轧机列	
			宽度/mm	机架数/个
美国	美国铝业公司达文波特轧制厂	5 588	2 640	5
日本	古河斯凯铝业公司福井轧制厂	4 320	2 850	4

续表 3-4

国家	企业名称及地址	粗轧机 /mm	精轧机列	
			宽度/mm	机架数/个
中国	西南铝业(集团)有限责任公司	4 300	—	—
日本	神户钢铁公司真冈轧制厂	4 000	2 900	4
中国	东北轻合金有限责任公司	3 950	—	—
法国	肯联公司法国伊苏尔轧制厂	3 400	2 845	3
美国	凯撒铝及化学公司华盛顿州特伦特伍德厂	3 315	2 032	5
德国	海德鲁铝业公司诺伊斯市阿卢诺夫铝业公司	3 300	3 050	3
日本	住友轻金属公司名古屋轧制厂*	3 300	2 286	4
美国	美国铝业公司田纳西州轧制厂	3 048	2 248	5
法国	加拿大铝业公司新布利萨克轧制厂	2 840	2 300	4
美国	美国铝业公司瓦威克轧制厂	2 676	1 828	6

注: *2013 年 10 月 1 日与古河斯凯铝业公司合并成日铝全综(日本联合铝业公司, UACJ。)

3.2.2 热轧线的配置

按粗轧机及单机架热轧机轧辊多少可为 2 辊的及 4 辊的, 但以 4 辊的占优势; 按卷取方式可有单卷取及双卷取的, 前者于最后一道次卷取, 如东北轻合金有限责任公司的 2 000 mm 4 辊可逆式热轧机, 后者如美铝昆山铝业有限公司的 1 650 mm 4 辊可逆式热轧机。2 辊可逆式热轧机一般都用于生产普通 1×××系合金、3×××系合金、部分 8×××系合金及个别 5×××系软合金板、带材。4 辊可逆式单机架热轧机产品有两种, 一种专业化程度较高, 产品专一, 轧制几种软合金产品, 如巨科铝业有限公司的 1 850 mm 可逆式热轧机; 另一种是万能式的, 用于生产所有的变形铝合金。

单机架双卷取热轧机是在轧机前后各有一台卷取机的轧机, 将粗精轧合二为一, 可以是双辊的也可以是四辊的。加热后的锭坯经多道次可逆轧制后, 轧至 18~25 mm, 然后进行可逆式精轧, 轧 3 道次或 5 道次, 可获得最薄厚度为 2 mm 的带材, 生产能力可达 150 kt/a, 或更大一些。这种轧机除了在生产除罐身料冷轧带坯的成本竞争力尚较弱以外, 可生产铝合金的所有板、带材。中国有世界上最多的这类轧机。

热粗-精轧生产线, 即(1+1)式热轧线, 由 1 台 2 辊或 4 辊粗轧机与一台 4 辊热精轧机组成, 如西南铝业(集团)有限责任公司的 2 800 mm 热轧生产线, 最大生产能力可达 250 kt/a。

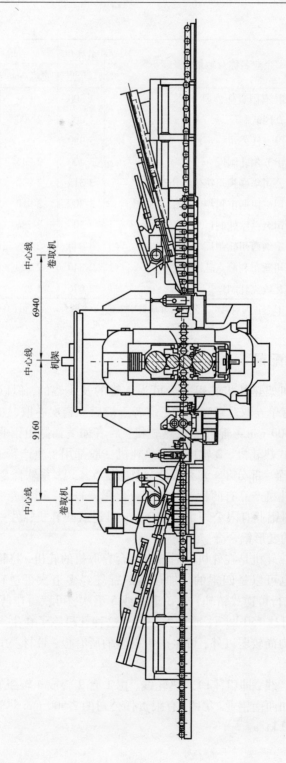

图3-1 蔚山轧制厂930mm/1500mm×2800mm双卷取可逆式热轧机简明线图（全球最大与最先进的）

　　多机架热连轧线，由 1 台可逆式热粗轧机或外加 1 台或 2 台热中轧机与 2 ~ 6 机架串联的热精轧机组成，其特点是产量大、工艺稳定、生产率高、成本较低、产品品质(厚度偏差小、板凸度小)高且稳定、板形优良等特点，可生产所有铝合金板、带材，是生产铝及铝合金冷轧用带坯的主流。热粗轧机开口度不小于 600 mm，但也不会大于 800 mm，轧至 30 ~ 50 mm 后，送至精轧机列经过一道次轧成所需厚度带卷，最薄厚度一般为 2 mm 甚至 1.5 mm，有关指标：厚差 ±1%，板凸度 0.2% ~ 0.8%，出口温度 250℃ ~ 360℃，温度偏差 ±10℃，甚至可达 ±5℃。连轧(精轧)又称温轧(warm rolling)，可将 <400℃ 的铝合金轧制定义为温轧。

　　表 3 - 5 示出了现有的各种类型热轧机配置示意图及全世界的数量、单台机或单条生产线的产能(不含哈兹雷特铸造机后的热轧机)。

表 3 - 5　世界铝板、带热轧机配置型式、台(条)数及单台(条)最大生产能力
(截至 2012 年年底)

型　式		台(条)数 /台(条)	最大生产能力[①] /(kt·a^{-1})
2 辊单机架单卷取热轧机		57	30
2 辊单机架双卷取热轧机		13	40
4 辊单机架单卷取热轧机		19	80
4 辊单机架双卷取热轧机		20	150
4 辊热粗轧机 + 4 辊单机架双卷取热精轧机即(1 + 1)式		5	250
2 辊热粗轧机 + 4 辊单机架双卷取热精轧机即(1 + 1)式		2	180
2 辊热粗轧机 + 双机架 4 辊热精连轧机列即(1 + 2)式		1	250

续表 3 – 5

型　式		台(条)数 /台(条)	最大生产能力[1] /(kt·a^{-1})
4 辊热粗轧机 + 双机架 4 辊热精连轧机列即(1 + 2)式		2	300
2 辊热粗轧机 + 3 机架 4 辊热精连轧机列即(1 + 3)式		3	300
4 辊热粗轧机 + 3 机架 4 辊热精连轧机列即(1 + 3)式		8	400
4 辊热粗轧机 + 4 机架 4 辊热精连轧机列即(1 + 4)式		11	700
2 辊热粗轧机 + 5 机架 4 辊热精连轧机列即(1 + 5)式[2]		1	400
4 辊热粗轧机 + 5 机架 4 辊热精连轧机列即(1 + 5)式[2]		1	450
4 辊热粗轧机 + 6 机架 4 辊热精连轧机列即(1 + 6)式[2]		1	500
1 台 4 辊热粗轧机 + 1 或 2 台 4 辊热中轧机 + 4 或 5 机架热精连轧机列即(1 + 1 + 4)式[2]		1	550
1 台 4 辊热粗轧机 + 1 台 4 辊热中轧机 + 5 机架热精连轧机列即(1 + 1 + 5)式[2]		2	800

注：[1]生产能力是按生产软合金带材计算的，实际产量决定于许多因素，与表中所指数值会有较大差别；[2]在可预见的时期内(2020 年以前)工业发达国家不会再建这类生产线，但在发展中国家，如中国还是有可能建(1 + 5)式或(1 + 1 + 5)式的。

3.2.3　哈兹雷特连铸连轧

哈兹雷特连铸连轧工艺是目前世界上唯一有真正实际意义的成熟的并商业化生产的连铸连轧法，在哈兹雷特(Hazellet)铸造机之后，可接 1～3 台热(温)轧机，也可以不接。铸造带坯厚度可 12～50 mm，但多为 20 mm 左右。

截至 2013 年底，全球投产的连铸连轧机列有 13 条，在产的 12 条，美国铝业公司得克萨斯州的那一条生产线因进行产品结构战略调整暂停生产。13 条生产线的设计生产能力约 1 750 kt/a，实际产量估计约 1 070 kt/a，设备利用率 61%，设备潜力远未得到发挥。

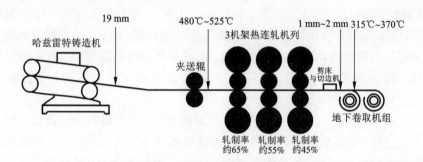

图 3－2　铝带坯连铸连轧机列

连铸连轧生产线是一种先进的带坯生产工艺，在节约能源与资源、投资成本、生产成本方面优于铸锭热轧法的，在产品品质方面接近铸锭热轧法的且优于双辊式连续铸轧法的。1 950 mm 中国首条这类生产线已于 2011 年投产。

连铸连轧工艺除未见生产 2×××系、Mg 含量 >4% 的 5×××系合金及 7×××系合金外，其他系的民用产品合金均可生产，在生产铝箔带坯、交通运输工具板、带材与建筑板、带材方面有着独特的优势，也可生产厚度不大的通用厚板(light-gauge plate)。

3.2.4　热轧机列

热轧机列包括粗轧机组、热连轧机组以及剪切机、卷取机与吊板装置等设备。

3.2.4.1　粗轧机组

热粗轧机组主要包括入口侧的立辊轧机和热粗轧机这两个重要的设备(图 3－3～图 3－5)。

1. 立辊轧机

除了极个别热轧生产线未设立辊轧机外，现代铝热轧生产线一般在粗轧机入

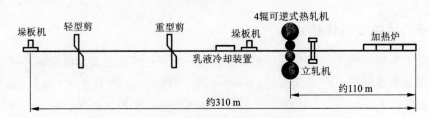

图 3 – 3　3 950 mm 专业厚板热轧线配置示意图

口侧配备有立辊轧机。轧件经过立辊轧机侧边轧制以后，可以防止轧件边缘产生鼓形和裂边，限制轧件宽展并从一定程度上还可以调节板、带材宽度，获得宽度均匀、边缘整齐的板材或带材，降低金属消耗。另外，立辊轧机还有对中的导引作用，使板坯对准轧制线。立辊轧机的配置主要考虑传动方式、压下方式和配置距离。

立辊轧机的主传动装置包括主电机、主减速器和连接轴等，一般采用交流变频传动。传动方式分为上立式传动、上卧式传动和下卧式传动，它们的特点如下：

上立式传动的主电机垂直安装在轧机牌坊上方，主电机的传动轴和立辊的传动轴直接连接，不需要中间齿轮装置；系统摩擦力小，传动性能好，可采用液压压下方式。但是，由于设备总体高度大，导致厂房高度增加，基建投资大、设备维护检修困难和换辊麻烦。

上卧式传动的主电机水平布置在机架上方，可采用液压压下方式。但是由于主电机和立辊传动轴之间采用人字齿轮传动装置，设备维护检修困难，换辊麻烦，系统摩擦力较大。

下卧式传动的主电机水平布置在地面下，设备维护检修非常方便，换辊方便，设备造价较低，一般采用电动压下方式。但是，同样由于采用了人字齿轮传动装置，其传动系统摩擦力大，系统响应速度慢，齿轮箱检修不方便，工作环境卫生条件差。

立辊轧机的压下方式有电动丝杆压下和液压压下，前者为传统技术，系统响应速度慢，但稳定性好；后者为较新技术，系统响应速度快，但稳定性较差。一般铝热连轧生产线立辊轧机最大压下量可达 50 mm，滚边厚度一般都在 100 mm 以上。采用立辊轧制时，当板坯宽度很宽时，立辊轧制压下量与板宽的比值很小，变形区也很窄，塑性变形无法完全穿透整个横向，只有靠近立辊的一定区域内产生塑性变形，即板坯侧边受压，在横向容易产生不均匀变形，因此立辊轧制压下量不能太大。

立辊轧机配置的另一个重要参数是配置距离。它是指立辊轧机与热粗轧机之间的距离，分为近距离和远距离。

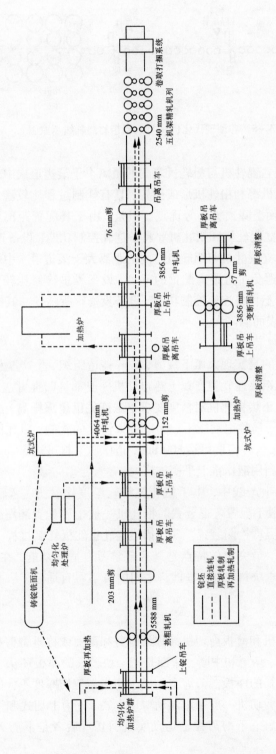

图3-4　美国铝业公司达文波特厂万能热轧生产线生产各类产品的工艺流程示意图

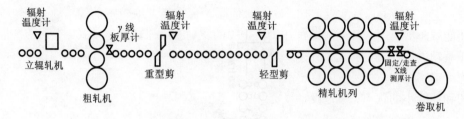

图3-5 典型现代化(1+4)式铝带材热轧线示意图

近距离配置是指立辊轧机与粗轧机之间的距离小于滚边道次中轧件的最小长度。滚边道次立辊轧机都和粗轧机形成连轧,具有轧制过程比较稳定、轧制节奏快、效率高、轧件表面温降损失小等优点。但是,由于其配置距离近,设备维护检修困难,同时由于立辊轧机和粗轧机要具备连轧控制功能,设备投资增加。

远距离配置是指立辊轧机与粗轧机之间的距离大于滚边道次中轧件的最大长度,这种配置优点是避免了近距离配置的不足,设备维护检修比较方便,并且立辊轧机和粗轧机之间不具备连轧控制功能,设备投资有所降低。其缺点是轧制节奏慢、效率低、轧件表面温降大。

2. 热粗轧机

热粗轧的主要目的是实现大压下减薄、破碎铸造组织,生产厚板与为连轧机组提供轧制坯料。在铝热连轧生产线上热粗轧机一般都是四辊可逆式热轧机,采用交流变频传动。由于热粗轧机对精度要求不像连轧机组那样高,压下方式一般都采用电动丝杆压下,简称电动压下。为适应大铸锭的轧制,粗轧机的刚度一般为500~600 t/mm,最大开口度可达800 mm,道次压下量可达50 mm。辊缝调节通过压下丝杆粗调,利用液压推上平衡缸精调。

在现代铝热连轧生产线中,由于粗轧机终轧厚度比较大,弯辊的作用不明显,所以,粗轧机一般不配置弯辊装置。粗轧机一般也不配置测厚仪、凸度仪和板形仪,但是配备有温度检测装置。现代铝热连轧粗轧机轧制过程一般采用先进的神经网络技术控制,最突出的特点是具有自学习自适应功能,在轧制过程中,可以实现道次之间、每块料之间、每批料之间的自学习自适应,从而使整个轧制过程得到不断优化。

3. 厚剪和薄剪

一般把厚板剪切机和薄板剪切机简称为厚剪和薄剪或称重型剪和轻型剪。厚剪的主要作用是切头、切尾和中断。中断是把一块较长的厚板坯从中间切断分成两块轧制或切成定尺长的厚板。薄剪主要用于切头与剪切厚度不大的厚板。

铝热连轧生产线剪切机一般采用浮动剪切方式,分为上切式和下切式。前者是上剪刃落下压住板坯,下剪刃往上运动实现剪切。后者是下剪刃上升压住板坯，上剪刃往下运动实现剪切。两者都能减小剪切板坯对辊道的冲击力，下切式还能减小剪切时板坯对辊道的压力。剪刃的驱动有液压式和电动式的，通常把液压驱动的剪切机简称为液压剪，具有设备投资小的特点，其缺点是动作慢、不能连续剪切且能耗高；把电机驱动的剪切机简称为机械剪，具有动作快、可连续剪切和耗能小的优点，但是设备投资大。

4. 吊板装置及垛板机

为了将厚板从辊道上吊下或吊上，在辊道之侧设有吊板装置，可自成一套系统，也可以利用天车吊上或吊下，现代化的生产线多用前者。

5. 辊道

在铝板、带热轧线上辊道起着重要的作用，是热轧线的不可或缺的装备之一。在 1970 年以前，用的大都是实心圆柱形辊，以后开始用单轴锥形辊与双轴倾斜式圆柱形辊（图 3 −6）。采用这类辊道后，板、带材的表面品质大有改观，成材率也有所上升。

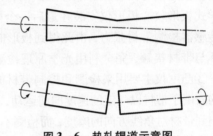

图 3 −6　热轧辊道示意图

3.2.4.2　热连轧线

现代铝带热连轧生产线大都是生产软合金带坯建设的，但是其粗轧机也可以生产厚板，精轧机列也可以生产薄的，如 6 ~ 10 mm 的 LGP 板（light-gauge plate）。不过热轧线上不设置横剪机，需将带卷运至精整车间剪切与矫平，以及其他处理。

1. 热连轧机列

热连轧机列将热粗轧机提供的坯料轧制成成品，获得高性能、高精度和高表面品质的热轧卷坯。连轧机全部采用交流变频传动。

现代化铝热连轧机组都配备有现代化的厚度控制系统，为了保障压下装置能够在轧制过程中快速调节辊缝，并且具有足够的强度和传动能力，一般都采用定值精确、响应速度快和惯性小的液压压下系统，压下速度可达 3 ~ 5 mm/s。

为了减小板、带中凸度，要求轧辊本身具有一定的凸度。实际轧制过程中由于轧制压力的变化、轧辊温升和冷却润滑乳液的变化，轧辊的辊形都在不断变化。为了解决这个问题，结合连轧机的坯料厚度较薄的特点，连轧机列全部都配备正弯功能的弯辊系统。同时在现代热连轧机上有的还配置了特殊形状的轧辊。如日本的 TP 辊、奥钢联的 DSR 辊、德国西马克公司的 CVC 辊。TP 辊和 DSR 辊是作为支撑辊配置的，CVC 辊是作为工作辊配置的（支撑辊也可为 CVC 辊）。

在现代铝热连轧机列上，乳液的配置主要包括机前预冷却、机架间的冷却和轧机本身的冷却润滑三部分。机前预冷却主要为了降低带坯温度，提高连轧速度，保证终轧温度；机架间冷却主要为了冲洗带坯上的脏物，控制带材温度；而轧机本身冷却则包括对轧辊进行冷却润滑与控制辊形，以保证产品表面品质。从目前世界上铝热连轧工厂对热连轧机列的乳液配置情况来看，主要有4种方式。第一种是配置机前预冷却而不配置机架间的冷却；第二种是配置机架间的冷却而不配置机前预冷却；第三种是机前和机架间的冷却都不配置；第四种是机前和机架间都配置冷却。由于高精尖板、带的精度要求不断提高，热连轧机列还配备有包括张力辊、板形仪、凸度仪、测厚仪和测温仪等在内的检测装置。

①张力辊主要检测机架间的张力，并参与轧制过程自动控制。张力辊在连轧中的作用非常重要，除最终机架采用速度控制外，其余各机架均采用张力控制。

②板形仪有接触式和非接触式两种。前者通常就是指板形辊，后者一般是指光学式板形仪。板形仪安装在最后一个机架和卷取机之间。板形辊通过辊套、压力传感器检测带材张力，由此得到板形曲线。辊套表面有冷却装置。光学式板形仪不与带材接触，完全利用光学原理检测带材的板形，测量误差比较大。

③凸度仪主要用来检测和控制带材的凸度。凸度仪有单点扫描式和多点固定式的。由于带材以一定的速度向前运动，所以单点扫描式凸度仪在检测过程中只能检测到带材对角线方向的厚度，而检测不到带材横断面方向的厚度。多点固定式凸度仪不但能够检测到带材横断面方向的厚度，而且能显示带材断面厚度分布。

④测厚仪大都使用X射线测厚。

⑤在连轧机列第一机架前和最后机架后配置非接触式测温仪，并参与轧制过程温度自动控制。

热连轧过程中要控制的参数很多，如轧制力、厚度、张力、速度和温度等。这些参数的控制在现代化高速热连轧机列上均由自动化控制系统来完成。根据自动化控制系统各主要部分所担负的任务不同，通常把自动化控制系统分为四级，即零级、一级、二级和三级。一般把三级控制系统称之为管理自动化；二级控制系统称之为过程自动化；一级和零级统称为基础自动化。

2. 切边、碎边机

主要用于切去带材边部不合格的部分，使带材达到成品宽度，并把切边料碎断，以便于收集处理。

切边、碎边方式有同轴式和非同轴式的。同轴式切边、碎边机的圆盘剪上带有碎边刀，切边和碎边过程同时进行。非同轴式切边、碎边机的切边和碎边过程分别进行，它们各自有独立的装置。同轴式切边、碎边机的速度不能太高，否则会导致碎边料崩到带材的表面上。非同轴式切边、碎边机可以提高切边速度，而且切边质量好。切边速度一般比带材运行速度高5%～8%。

3. 卷取机

卷取机用于对从连轧机列轧制出来的成品带材进行卷取，它对于提高产品品质以及保证产品的运输、储存有着非常重要的作用。为保证板形、降低轧制力矩和确保卷取品质，热连轧生产线要求有稳定(带材头、中、尾可采取单一或多种张力)的卷取张力；为保证一定的张力，铝热连轧的卷筒卷取线速度一般比出口机架线速度大 10% 左右。铝热连轧卷筒的基本要求包括具有足够的刚度和强度、便于卷取和卸卷，同时还要求维修方便等。

随着带卷的直径不断变大，卷取机的卷速必须相应降低以确保恒定的线速度和张力，因此卷取机的主传动都采用交流变频传动。

为了便于卷取和卸卷，卷筒通常做成可胀缩的。卷取时卷筒胀开，卸卷时卷筒收缩，胀缩方式有拉杆式和推杆式。胀缩级数就是胀缩次数，一般分为一级胀缩和二级胀缩。二级胀缩主要是为了防止带材打滑和卷层松动。一级胀缩适用于较薄带材的卷取，二级胀缩适用于较厚带材的卷取。

3.2.4.3　轧辊磨床

现代化的轧辊磨床都是全自动化与数控的，只有这种磨床才能磨出符合要求的轧辊，有了高品质的轧辊才能轧得高品质的板、带材。

轧辊磨床由床头、床身、床座、砂轮头及控制系统、液压系统、冷却系统组成。它是轧辊表面品质和初始辊凸度的重要装备保证，现代热轧生产线对磨辊的技术参数要求如下。

(1)磨削后的辊身尺寸精度高

圆柱度：不超过 0.002 mm/m。

同轴度：不超过 0.002 mm/m。

椭圆度：不超过 0.002 mm/m。

凸凹度曲线精度：±0.002 mm/m。

辊身凸凹度曲线中心点相对于轧辊中心点的偏差：不超过 0.02 mm。

(2)磨削后的辊身表面品质高

辊身表面任意点的粗糙度相对于目标值的偏差：±10%；辊身表面不允许有振纹、横波、辊花、螺旋痕以及其他可视的表面缺陷。

(3)检测仪器精度高

现代轧辊磨床除本身测量装置外，通常还配有涡流探伤仪、硬度计、粗糙度仪等检测仪器，其检测精度如下。

磨床本身测量装置的检测精度：±1 μm。

肖氏硬度计的检测精度：±2%。

粗糙度仪的检测精度：±5%。

涡流探伤仪：能探测到的裂纹深度超过 0.05 mm，能探测到辊面任意方向长度不大于 3 mm 的裂纹。

现代化热连轧不但对磨辊精度要求很高，而且辊系复杂，因此对轧辊磨床的自动化控制要求也很高。对现代铝热连轧生产线全自动数控轧辊磨床的主要功能要求如下：

①能够磨削各种曲线的辊形。包括抛物线、正弦曲线、CVC 曲线辊形以及单锥辊、双锥辊、辊身端部的倒角等。

②具有在线自动检测功能。检测内容包括辊径、辊形曲线、椭圆度、圆柱度、同轴度、辊身表面裂纹等。

③轧辊上床之后具有自动"找正"功能。

④床头面板(拨盘)具有"自位"功能。在磨削过程中，通过床头面板的微小摆动自动校正轧辊位置。

⑤磨床具有软支撑装置。为了防止轧辊上床时的磕碰现象，现代轧辊磨床都设计了可升降的软支撑装置，升降高度 50 ~ 80 mm，也称为"软着陆"装置。

⑥砂轮在磨削过程中具有随磨削曲线自动摆动的功能。摆动角度 1°，主要是为了在磨削过程中使砂轮与辊面保持垂直接触，以提高磨削效率。具有这种功能的磨床，在磨削带弧度的轧辊时，可使磨削效率提高 30% 以上。

⑦砂轮具有自动平衡功能。

⑧磨削凸凹度范围大。直径方向凸凹度范围可达 ±3 mm。

⑨能磨削高次函数曲线。X 轴和 Z 轴的分辨率可达 0.1 μm，自动测量装置的检测精度可达 ±1 μm，可以磨削高次函数的高精度的 CVC 曲线。

3.3　铝合金轧制时组织与性能

3.3.1　热轧时组织与性能变化

从金属学的观点来看，热加工与冷加工是以金属再结晶温度为界限来划分的。金属的塑性变形凡是在再结晶温度以下进行的，称为冷加工，在冷加工时，必然产生加工硬化；反之，在再结晶温度以上进行的塑性变形则称为热加工，而热加工时产生的加工硬化可以随时被再结晶所消除。由此可见，冷加工与热加工并不是以具体的加工温度的高低来区分的。例如，钨的最低再结晶温度约为 1 200 ℃，故钨即使在稍低于 1 200 ℃ 的高温下进行变形仍属于冷加工，锡的最低再结晶温度约为 -7 ℃，故锡即使在室温下进行变形仍属于热加工。

金属在冷加工时，由于产生加工硬化，使变形抗力增大。因此，对于那些要求变形量较大和截面尺寸较大的工件，冷变形加工十分困难。热加工时，随着金属温度的升高，原子间结合力减小，且加工硬化被消除，故金属的强度、硬度降低，塑性增加(图 3 - 7)。

热加工(热轧、挤压、锻造等)虽然不会引起加工硬化，但由于位错运动、回(恢)复与再结晶(图 3 - 8)，金属的组织性能也会发生显著变化。

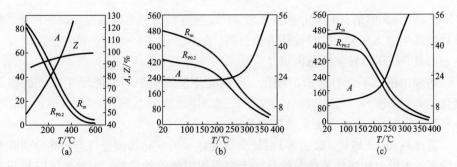

图 3 - 7　铝及铝合金的力学性能与温度的关系

(a)1060；(b)2A12；(c)2A14

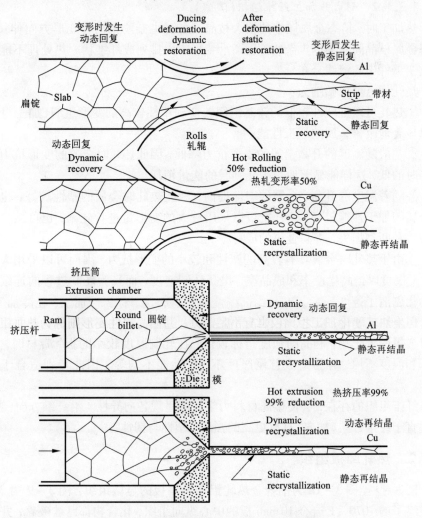

图 3 - 8　热轧及热挤压铝与铜时的组织变化

由图 3 - 8 可见,在热轧变形率 50% 时,在变形时铝与铜都发生动态回复,变形后铝发生静态回复,晶粒被轧得长长的;在热挤压率 99% 时,铝在挤压时发生动态回复,挤压后发生静态再结晶。

热加工虽然不会引起加工硬化,但也能使金属组织与性能发生以下的显著变化。

3.3.1.1　消除铸态金属的某些缺陷

通过热加工(热轧、锻造等)可使金属锭坯中的气孔和疏松焊合;部分消除某些偏析;将粗大的柱状晶粒与枝晶变为细小均匀的等轴晶粒;改善金属间相与夹杂物形态、大小与分布。结果使金属材料致密程度与力学性能提高。

3.3.1.2　形成热加工纤维组织(流线)

热加工时,铸态金属坯中的粗大枝晶及各种夹杂物都沿着变形方向伸长,使铸态金属枝晶间密集的夹杂物,逐渐沿变形方向排列成纤维状。热处理不能消除或改变工件中的流线分布。

热轧优点可以归纳为:

①热轧可以把塑性较低的铸态组织转变到塑性较高的变形组织(加工组织),可以显著地改善金属的加工性能。

②一般随温度的升高金属的变形抗力降低,因此热轧时金属的变形抗力比冷加工时的低,这样能显著地减少轧制时的能量消耗。

③随着温度的升高,金属的塑性提高,因此热轧时金属的塑性较好,也就是说金属的加工性能较好,这样就可以采用较大的变形量进行轧制,也可减少金属的裂边和断裂损失,提高金属的成材率。

④由于热轧时金属具有较高的塑性和较小的变形抗力,因而可以采用大的锭坯,不仅可以提高生产率和成品率,提高轧制速度,而且为轧制过程的连续化和自动化创造了条件。

但是热轧和冷加工相比较也有不足之处:其制品尺寸不够精确;表面粗糙甚至有金属的氧化物;制品的强度指标较低;在轧制厚度较小的板、带材时,由于温降和温度不均,容易造成首尾厚度不一、性能不均等。因此特别适合于厚板生产。

纤维组织的存在,会使金属材料力学性能呈现各向异性。沿纤维方向(纵向)较垂直于纤维方向(横向)具有更高的强度、塑性与韧性。

3.3.2　热轧厚板组织

图 3 - 9 至图 3 - 12 为铝合金热轧铝合金厚板的显微组织:图 3 - 9 为 360℃ 热轧终了的 1070 - F 合金 10 mm 板的中心纵向组织,化合物都已被破碎,并沿轧制主变形方向成行排列,组织都未发生再结晶,为变形纤维状组织;图 3 - 10 为

8.0 mm 厚的 2A16 - F 热轧板中心部位纵向显微组织，化合物破碎后沿压延方向排列，其中黑色的为 T(CuMn₂Al₁₂) 相，灰色的为 CuAl₂，α(Al) 基体上有 CuAl₂ 及 T(CuMn₂Al₁₂) 相等分解质点；图 3 - 11 为 40 mm 厚的 7B04 - F 热轧板的纵向中心部位的显微组织，化合物破碎后沿轧制方向排列，在 α(Al) 基体上有许多第二相质点，如 MgZn₂、Mg₃₂(AlZn)₄₉、AlZnMgCu、Al₂₃CuFe₄ 和 Mg₂Si 等相；图 3 - 12 为厚 25 mm 的 7055 - T7751 合金热轧板材纵向中心部位组织，合金不完全再结晶，但存在大量亚晶，这些亚晶对合金性能有非常良好的作用，还残存有未固溶的 S(CuMgAl₂) 相、Al₇Cu₂Fe 相及其他难溶的杂质相。

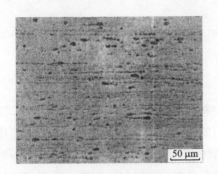

图 3 - 9　1070 - F 合金 10 mm
热轧板中心纵向显微组织

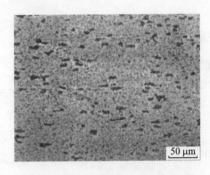

图 3 - 10　2A16 - F 合金 8.0 mm
热轧板中心纵向显微组织

图 3 - 11　7B04 - F 合金 10 mm
热轧板中心纵向显微组织

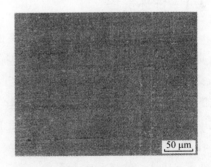

图 3 - 12　7055 - T7751 合金 25 mm
热轧板中心纵向显微组织

　　铝合金在热变形过程中的堆垛层错能较大，自扩散能较小，在高温下位错的滑移和攀移比较容易进行。因此，动态回复是它们在热变形过程中的唯一软化机制。高温变形后，立即对铝合金材料进行观察，在组织中可看到大量的回复亚晶。将动态回复的组织保持下来，已成功地用来提高 6063 合金建筑挤压型材的强度。

　　热变形进入稳态后，铝材内部发生全面的动态再结晶，随着变形的继续，回

化，切头、切尾损失少，生产率和成品率高。

锭坯厚度还受合金特性、设备条件限制。如果热轧机能力小，生产规模不大，其锭坯厚度小。但最小锭坯厚度主要受产品最低加工率的限制，并与铸造条件及锭坯宽度有关。考虑轧机能力，一般轧辊直径与锭坯厚度之比为 5~7。目前中国一般小厂锭坯厚度在 80 mm 以下，大厂多在 300 mm 左右，最大的可达 800 mm。

（2）宽度

锭坯宽度主要由成品宽度确定。一般考虑轧制时的宽展量和切边量，然后取成品宽度的整数倍作为铸锭的宽度。锭坯宽度可以用下式计算：

$$B = nb + \Delta b - \Delta B \qquad\qquad (3-1)$$

式中：b 为成品宽度，mm；n 为成品宽度的倍数；Δb 为总切边量（与切边或剖条次数有关），mm；ΔB 为热轧宽展量，mm。

应便于操作与板形控制等，根据不同轧制条件，锭坯宽度一般取辊面宽度的 80% 以下。锭坯宽度受铸造设备和工艺限制。为减少设备，提高锭坯质量，锭坯宽度也可由锭厚确定，一般宽厚比为 3~7。

为减少铸造设备，锭坯宽度规格不宜多，但是要满足多宽度的要求，通常可采用以下措施：①当成品宽度大于所选锭坯宽度时，如轧机能力允许，可采用横轧，即锭坯纵轴方向与轧辊轴线平行送入轧辊的轧制方法。如半连续铸锭，按不同宽度要求，锯切相应的铸锭长度进行横轧。②用块式法生产冷轧板时，可在热轧或冷粗轧后，下料横轧。③热轧时先纵轧到所需宽度，再转向 90°横轧直至完成。纵轧是指铸锭纵轴方向与轧辊轴线垂直送入轧辊的轧制方法，板、带材轧制通常采用这种方法。④先角轧后纵轧，也能使铸锭展宽到所需宽度。所谓角轧是指铸锭纵轴方向与轧辊轴线呈一定角度（15°~45°）送入轧辊的轧制方法。两对角线交替轧制一定道次，至所需宽度然后纵轧，并使轧件形状不致发生歪斜。

（3）长度

锭坯长度主要取决于轧制速度、辊道长度及铸造设备等。当锭坯厚度和宽度一定时，锭越长、越重，生产率和成品率越高。若设备条件允许，在保证终轧温度下，尽可能采用较长的锭坯。根据设备条件，确定锭坯长度要满足产品最终长度的要求，或定尺长度的整数倍（剪掉头尾）。块式法生产，不仅要考虑热轧辊道长度，如果热轧后直接冷粗轧，还要考虑冷轧机前后辊道长度和便于操作等。在锭坯厚度和宽度确定之后，可用锭坯质量计算长度。

（4）形状

生产板材的锭坯为长方形，锭坯外形应保证沿横向厚度均匀。端头或侧面应规整，或者呈圆弧形等，这不仅能防止轧制过程不均匀变形产生的裂纹或"张嘴"

等缺陷，轧制时还能改善咬入。

1）断面形状

生产板材的锭坯为长方形，断面呈圆弧形或梯形（图3－13、图3－14）。

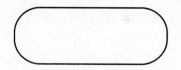

图3－13　普通结晶器铸锭断面图

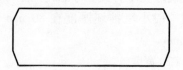

图3－14　可调结晶器铸锭断面图

2）头尾形状及处理

铸锭的头尾形状如图3－15所示，由于铸锭头尾组织存在很多硬质点和铸造缺陷，对产品品质和轧制安全有一定影响，因此，根据产品品质要求和合金特性，热轧前对铸锭头尾采取以下处理。

图3－15　铸锭头尾形状示意图
1—底部；2—浇注口

①对表面品质要求不高的产品，保留铸锭头尾原始形状，即热轧前不对铸锭头尾作任何处理，以最大限度地提高成材率。

②对表面品质要求高的产品，如3004（3104）罐体料等，应将铸锭底部圆头部分切掉，切头长度因合金特性和产品品质要求不同而异，但至少要切掉非平行直线部分即整个圆弧部分，一般切去量为200～250 mm。

③下列情况须将铸锭底部圆头和浇口部收缩部分切掉：表面要求极高的产品；热轧时易张嘴分层的合金，如5×××系合金；需包铝轧制的合金；为保证宽度尺寸而横向轧制的板材；根据工艺条件，为保证成品质量大小符合要求而调整锭坯长度。

切去部分的长度因产品品质要求和合金特性不同而异，但至少应保证：铸锭底部应切去非平行直线部分；铸锭浇注口应切去从收缩口的最底部算起距铸锭心部不少于100 mm，一般浇注口整体切去量为200 mm。

（4）铸锭规格

铸锭规格决定于产品的合金、品种、规格和技术要求，以及工厂的设备能力和生产批量。表3－6为采用固定结晶器生产的部分铸锭尺寸。

表 3 - 6　　固定结晶器生产的部分铸锭尺寸

合金	厚度/mm	宽度/mm	长度/mm	预留切边量/mm
1×××系	300、400、480	640、1 060、1 260、1 560	2 500、3 500、4 000、5 000	60 ~ 80
3×××系	300、320、400、480	640、1 040、1 260、1 560	2 500、3 500、4 000、5 000	60 ~ 80
2×××系	255、300、340、400	1 260、1 560	2 500、3 500、4 000、5 000	100 ~ 120
5×××系	255、300、340、400	1 000、1 200、1 500	2 500、3 500、4 000、5 000	100 ~ 120
6×××系	255、300、340、400	1 040、1 240、1 270、1 320、1 560	2 500、3 500、4 000、5 000	80 ~ 100
7×××系	300、340、400	1 000、1 200、1 580	2 500、3 500、4 000、5 000	100 ~ 120

3.4.1.2　铸锭品质

铸锭品质对工艺性能及产品品质影响很大。锭坯品质除尺寸与形状应满足要求外，其化学成分、表面和内部品质也应符合技术标准。

（1）化学成分

锭坯化学成分不符合技术标准或化学成分不均，不仅恶化加工工艺性能，导致加工困难，而且产品最终组织性能会达不到要求。因此，锭坯化学成分必须符合标准而且均匀。

（2）表面品质

表面无冷隔、裂纹、气孔、偏析瘤及夹渣等缺陷，光洁平整。否则，冷隔会导致热轧后表面粗糙或起皮、裂边；裂纹内部氧化，使热轧开裂、起皮；气孔不能压合，会引起表面起皮或起泡；偏析瘤会导致热脆、碎裂或分层等。因此，铸锭表面通常应铣削、清洗或修刮等，尽可能消除缺陷。

（3）内部品质

铸锭内部缺陷，成分、组织不均对加工过程及产品品质影响极大，甚至造成大量废品。常见缺陷有偏析、缩孔、裂纹、气孔及非金属夹杂物等。

化学成分不均匀的现象称为偏析。晶内偏析，可通过热处理和加工方法消除；晶界偏析是低熔点物质聚集于晶界，使铸锭热裂倾向增大，产品容易发生晶界腐蚀；宏观偏析，即铸锭内外部成分不一致，使铸锭及加工产品的组织和性能不均，如硬铝铸锭中锡及铜的反偏析，引起热脆，容易轧裂。宏观偏析不能靠均匀化退火消除，要特别注意防止其产生。

铸锭中部和头部等处常出现收缩孔洞。细小而分散的缩孔（缩松）在轧制时可以压合；容积大且聚集有气体和非金属夹杂物的集中缩孔不能压合，只能伸长，而且热轧造成锭坯沿缩孔轧裂或分层，或退火出现起皮、起泡等废品。

锭品内部裂纹使塑性降低，容易轧裂，或导致产品性能降低。轧制时气孔可被压扁，但难以压合，常常在轧制和热处理过程中产生起皮、起泡现象。对铝及铝合金，气孔是铸锭生产中经常遇到而又难以完全消除的重要缺陷，潮湿天气更为严重。夹渣是铸锭中的金属与非金属夹杂物，轻金属多内部夹渣，重金属多表面夹渣，对产品力学性能影响很大。有些夹渣在轧制时沿金属延伸方向被拉长、展平，使金属横向强度比纵向的约低 50%，伸长率约低 90%，并出现起皮或分层。

由此可见，提高铸锭内部品质对改善加工工艺性能、提高产品品质和成品率具有重要的意义。为了保证铸锭品质，除对铸锭进行成分分析、低倍或高倍组织检查、无损探伤之外，热轧前还应进行铸锭表面处理和均匀化退火。

3.4.2　热轧工艺参数

热轧工艺参数主要包括温度、热轧速度、压下率等，根据设备能力和控制水平合理确定热轧参数有利于提高产品品质、生产效率和设备利用率，保证设备安全运行。

3.4.2.1　温度

热轧温度包括开轧温度和终轧温度。

（1）开轧温度

合金的平衡相图、塑性图、变形抗力图、第二类再结晶图是确定热轧开轧温度范围的依据。合金的塑性图在一定程度上反映了金属的高温塑性情况，它是确定热轧温度的主要依据。根据塑性图可选择塑性最高、强度最小的热轧温度范围。理论上热轧开轧温度取合金熔点即固相线温度的 0.85～0.90 倍，但应考虑低熔点相的影响。热轧温度过高，容易出现晶粒粗大或晶间低熔点相的熔化，导致加热时铸锭过热或过烧，热轧时开裂。

（2）终轧温度

终轧温度是根据合金的第二类再结晶图确定的，塑性图不能反映热轧终了金属的组织与性能。铝及铝合金在热轧开坯轧制时的终轧温度一般都控制在再结晶温度以上。当对热轧产品组织性能有一定要求时，必须根据第二类再结晶图确定终轧温度。终轧温度要保证产品所要求的性能和晶粒度。温度过高晶粒粗大，不能满足性能要求，而且后续冷轧时带材表面出现橘皮和麻点等缺陷，当冷轧加工率较小时，还难以消除。终轧温度过低引起金属加工硬化，能耗增加，再结晶不完全，导致晶粒大小不均及性能差。终轧温度还取决于相变温度，在相变温度以下将有第二相析出，其影响由第二相的性质决定。一般会造成组织不均，降低合金塑性，产生裂纹甚至开裂。终轧温度一般取相变温度以上 20 ~ 30 ℃。无相变的合金，终轧温度可取合金熔点的 0.65 ~ 0.70 倍，即固相线温度的 65% ~ 70%。为保证终轧温度，采用多机架连轧是有效的工艺手段。

表 3 - 7 列出了铝及铝合金板材热粗轧 - 热精轧时开轧温度和终轧温度范围。

表 3 - 7　部分铝及铝合金热轧开轧温度和终轧温度

合金	粗轧温度/℃		精轧温度/℃	
	开轧	终轧	开轧	终轧
1 × × ×系	420 ~ 500	350 ~ 380	350 ~ 380	230 ~ 280
3003	450 ~ 500	350 ~ 400	350 ~ 380	250 ~ 300
5052	450 ~ 510	350 ~ 420	350 ~ 400	250 ~ 300
5A03	410 ~ 510	350 ~ 420	350 ~ 400	250 ~ 300
5A05	450 ~ 480	350 ~ 420	350 ~ 400	250 ~ 300
5A06	430 ~ 470	350 ~ 420	350 ~ 400	250 ~ 300
2024	420 ~ 440	350 ~ 430	350 ~ 400	250 ~ 300
6061	410 ~ 500	350 ~ 420	350 ~ 400	250 ~ 300
7075	380 ~ 410	350 ~ 400	350 ~ 380	250 ~ 300

3.4.2.2　热轧速度

为提高生产效率，保证合理的终轧温度，在设备允许范围内尽量采用高速轧制。在实际生产过程中，应根据不同的轧制阶段，确定不同的轧制速度：开始轧制阶段，温度较高，高速轧制热效应显著，会使铸块温度达到高温热脆区，加之铸造组织缺陷，会导致轧裂，同时铸锭厚而短，绝对压下量较大，咬入困难，为便于咬入，一般采用较低轧制速度；中间轧制阶段，坯料过渡到变形组织后，加工性能改善和温度降低，为了控制终轧温度和提高生产效率，只要条件允许，则采用高速轧制；最后轧制阶段，带材变得薄而长，轧制过程温降大，板材与轧辊接触时间较长，为获得均匀的组织及性能、优良的表面品质和良好的板形，应根据实际情况，选用合适的轧制速度。

在变速可逆式轧机轧制过程中，道次轧制速度分三个阶段：开始轧制时，为有利于咬入，轧制速度宜低；咬入后升速至稳定轧制，轧制速度可高；抛出时应降低轧制速度，实现低速抛出，可减少对轧机的冲击，保证设备安全，减小板材温降，提高生产效率。

3.4.2.3　压下制度

热轧压下制度主要是热轧的总加工率和道次加工率的确定。合理的压下制度，应该满足优质、高产、低消耗的要求，充分发挥热轧的特点，获得最佳的技术经济效果。在保证品质前提下，只要金属塑性及设备能力允许，尽量采用大的加工率，减少轧制道次。

（1）总加工率

铝及铝合金板材热轧的总加工率可达到90%以上。总加工率愈大，材料的组织愈均匀，性能愈好。当铸锭厚度和设备条件已确定时，热轧总加工率的确定原则是：纯铝及软合金的高温塑性范围较宽，热脆性小、变形抗力小，总加工率可大；硬合金热轧温度范围窄，热脆性倾向大，其总加工率比软铝合金的小；满足最终产品表面品质和性能的要求，供给冷轧的坯料，热轧总加工率应留足冷变形量，以利于控制产品性能和获得良好的冷轧表面品质；对热轧制品，热轧总加工率的下限应使铸造组织全部变为加工组织，以便控制产品性能，铝及铝合金热轧制品的总加工率应大于80%；轧机能力及设备条件，轧机最大工作开口度和最小轧制厚度差越大，铸锭越厚，热轧总加工率越大，但铸锭厚度受轧机开口度和辊道长度限制；锭坯尺寸及质量，锭坯厚且品质好，加热均匀，热轧总加工率可以相应增大。

（2）道次加工率

确定道次加工率要保证轧制过程顺利进行；减少轧件的不均匀变形，保证产品尺寸精度与板形的要求；实现安全生产，充分发挥设备能力。确定道次加工率，应考虑咬入条件、合金的高温性能、产品品质要求及设备能力。分配道次加工率受以下条件限制：

1）咬入条件

轧件能否顺利被轧辊咬入，是实现轧制过程的先决条件。根据咬入条件的分析，当 $\alpha < \beta$（α 为咬入角，β 为摩擦角）时，能顺利咬入，当 $\alpha > \beta$ 时，需要实行强迫咬入。分配道次压下量时，应根据设备、润滑条件等确定最大道次压下量（Δh_{max}），即：

$$\Delta h_{max} < D(1 - \cos\beta) \tag{3-2}$$

式中：Δh_{max} 为最大道次压下量，mm；D 为轧辊直径，mm；β 为摩擦角。

因此，道次压下量 Δh 应小于最大咬入角 α_{max} 所确定的最大压下量 Δh_{max}。一般生产中压下时咬入角 $\alpha \leq 20°$。

2）金属的塑性

金属的塑性是限制道次压下量的一个因素，如果道次压下量超过金属所承受的最大变形程度，轧件就会产生裂纹或裂边。通常在开始轧制的头几道次，加工率不宜过大，以保证铸态组织转变为加工组织，避免轧碎轧裂。但是，在铸锭较厚、开轧温度较高的情况下，加工率太小会使变形集中于表层，中心层不变形或变形很小，产生表面裂纹、张嘴等缺陷。此时应加强润滑或适当增加压下量，采用立辊轧边，减少不均匀变形程度，防止产生裂纹、裂边。而中间轧制道次，金属铸造组织已逐步转变为加工组织，塑性好，变形抗力不高，宜采用大压下量轧制。热轧后几道次，轧件薄而长，温度较低，变形抗力较大，为了获得平直与尺寸精确的轧件，应适当减少压下量，提高轧制速度。沿厚向应尽量满足均匀变形几何条件：

$$\frac{L_D}{h} > 0 \tag{3-3}$$

式中：L_D 为轧辊与轧件之间的接触弧长，mm；h 为变形区轧件的平均厚度，mm。

3）轧辊强度和电机能力

热轧中间各道次采用提高轧制速度与进行大压下量轧制，但必须保证设备安全运转，轧制压力不超过轧机部件（轧辊）的许用压力，传动负荷不应超过电机本身的允许电流及转矩。同时，各道次电机负荷应尽可能均匀，以便充分利用电机能力。

由道次压下量 Δh 所确定的轧制力 P 应小于轧机所允许的最大压力 $P_{\max}$。

已知 $P = \bar{p} \cdot \bar{b} \cdot \sqrt{R \Delta h}$，所以

$$\Delta h \leqslant \frac{1}{R} \left(\frac{P_{\max}}{\bar{p} \cdot \bar{b}} \right)^2 \tag{3-4}$$

式中：R 为轧辊半径；$\bar{p}$ 为平均单位压力；$\bar{b}$ 为轧件平均宽度。

根据道次压下量计算出轧制力和轧制力矩来校核主电机的温升条件和过载能力。

校核电机的温升条件为：

$$M_{\mathrm{jum}} \leqslant M_e \tag{3-5}$$

校核电机的过载条件为：

$$M_{\max} \leqslant K_G M_e \tag{3-6}$$

式中：M_{jum} 为等效力矩；M_e 为电机额定力矩；$M_{\max}$ 为轧制周期内最大力矩；K_G 为电机允许过载系数。

4）道次加工率

①开始轧制阶段，道次加工率比较小，一般为2% ~10%，因为前几道次主要是变铸造组织为加工组织，满足咬入条件。对包铝铸锭，为了使包铝板与其基体金属牢固焊合，头一道次的加工率应小于5%，采用较低的道次加工率干压3~5道次。②中间轧制阶段，随金属加工性能的改善。如果设备条件允许，应尽量加大道次变形量，对硬铝合金道次加工率可达45%，软合金的可达50%，大压下量轧制产生大的变形热补充带材在轧制过程中的热损失，有利于维持正常轧制。③最后轧制阶段，一般道次加工率减小。为防止热轧制品产生粗大晶粒，热轧最后

道次的加工率应大于临界变形量(15%～20%)；热轧最后两道次温度较低，变形抗力较大，其压下量分配应保持板材良好的板形、厚度偏差及表面品质。

（3）压下制度的制定

根据上述原则，制定热轧压下制度的步骤：

①确定金属塑性所允许的最大加工率。一方面可通过参阅现有资料来确定，另一方面可根据现场同类条件下的实际工艺或按公式计算确定。道次加工率应不超过金属塑性所允许的最大加工率。

②按咬入条件进行压下量的试分配。先查出最大允许咬入角或摩擦系数；根据最大允许咬入角或摩擦系数计算最大压下量；按最大允许压下量并参阅有关资料试分配压下量和轧制道次。

③确定热轧速度制度。按金属允许的变形速度算出稳定轧制速度，并计算轧制时间和间歇时间。

④计算或查阅有关手册的图表确定各道次温降，计算轧前轧后的温度。

⑤计算平均单位压力和总轧制压力，计算轧制力矩和总传动力矩，并绘出轧制负荷图。

⑥校核轧辊强度和主电机的发热与过载能力。

⑦根据校核结果与产品品质要求，修正压下量分配数值，并定出合理的轧制道次。

3.4.3　热轧规程的制定及轧制生产

3.4.3.1　热轧机配置

热轧机轧制规程的制定及轧制生产以单机架热轧为例介绍。

锭坯在单机架可逆式热轧机上，经过往复轧制，板材的厚度最小可达 6～8 mm，轧制终了温度为 300～360 ℃，板材需经过切头尾和剪边及卷取等工序，以供给冷轧。

可逆式热轧机的轧制速度达 3 m/s，由于铸锭质量较大，为避免冲击，最初几道次的轧速为 1～1.5 m/s，由于铸锭较厚，在轧制中，为了减少裂边，可用立辊进行滚边。如结合采用侧面包铝工艺，就能更有效地减少板材裂边。立辊滚边道次数根据不同合金而定，锭坯厚度在 200～400 mm，当轧件轧到 80 mm 左右时不需继续滚边。

带有包铝板的锭坯在前几道轧制时不给乳液，以使包铝板得到良好的焊合。第一道次的压下量不应过大，大小约为包铝板的厚度。

此类单机架轧机上所轧板材的长度除受到辊道长度的限制外，同时还受到板材终轧温度和轧出板材的平整品质的限制，因此，它轧制的锭坯质量不能过大，一般为 1～5 t。

$\phi700/1\,250$ mm $\times 2\,000$ mm 四辊热轧生产线见图 3 – 16。$\phi750/1\,400$ mm $\times 2\,800$ mm 及 $\phi700/1\,250$ mm $\times 2\,000$ mm 四辊可逆式热轧机的技术参数见表 3 – 8。

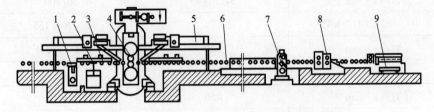

图 3 – 16　典型四辊可逆式热轧生产线简明线条图

1—立辊；2—回转台；3—导尺；4—轧机；5—推锭机；6—辊道；

7—下切式剪切机；8—碎边圆盘剪；9—垛板机

表 3 – 8　热轧机的技术性能

技术参数	2000 mm 四辊可逆式热粗轧机	2800 mm 四辊可逆式热粗轧机
轧辊尺寸/mm × mm	$\phi700/1\,250 \times 2\,000$	$\phi750/1\,400 \times 2\,800$
轧制速度/(m · min^{-1})	180	240
轧制力矩/(kN · m)	—	1 560
最大轧制力/MN	20	30
轧辊最大开口度/mm	400	500
轧辊压下速度/(mm · s^{-1})	20	0 ~ 1.17/10.55/17.5
立辊轧机		
立辊尺寸/mm × mm	800 × 300	829/810 × 550
立辊轧制速度/(m · min^{-1})	3.2	2.56
立辊移动速度/(mm · s^{-1})	—	(0 ~ 2) × 50
立辊开口度/mm	1 000 ~ 2 000	900 ~ 2 800
立辊最大压下量/mm	—	20/30
导尺		
开口度/mm	1 000 ~ 2 000	900 ~ 2 800
最大推力/kN	—	130/每侧
回转升降台		
提升铸块质量/t	3	7
提升铸块并旋转 90° 的时间/s	7	6.05
电机		
主传动电机功率/kW	3 600	2 × 3 200

续表 3 - 8

技术参数	2000 mm 四辊可逆式热粗轧机	2800 mm 四辊可逆式热粗轧机
转数/(r·min^{-1})	37.5 ~ 75	50/100
压下电机功率/kW	2 × 74.5	2 ~ 100/155
转数/(r·min^{-1})	520	0 - 475 - 732/1 214
立辊电机功率/kW	306	2
转数/(r·min^{-1})	450	350/700
导尺电机功率/kW	—	16
转数/(r·min^{-1})	—	700
回转升降台电机功率/kW	—	22
转数/(r·min^{-1})	—	723

4 300 mm 热轧机主要技术参数如表 3 - 9 所示。

表 3 - 9　主要技术参数

最大开口度/mm	800
最大轧制力/MN	50
力矩/(kN·m^{-1})	4 000
工作辊/mm	ϕ1 050(980) × 4 300
支撑辊/mm	ϕ1 800(1 650) × 4 300
主电机功率/kW	5 000 × 2
电动压下电机功率/kW	350 × 2
速度/(mm·s^{-1})	0 ~ 17.5
产品厚度/mm	8 ~ 250
产品宽度/mm	1 000 ~ 4 000
产品长度/mm	≤40 000
产品最大质量/t	20
转速/(r·min^{-1})	0 ~ 30 ~ 60
投产年度	2011

3950 mm 厚板专业热轧机从德国西马克公司(SMS)引进, 2012 年投产, 基本技术参数如表 3 - 10 所示。

表 3 - 10　基本技术参数

项目	数据
规格/mm	$\phi1050/1\ 700 \times 3\ 950$
最大开口度/mm	710
产品厚度/mm	8 ~ 200
主电机功率/kW	$4\ 500 \times 2$
最大轧制力/MN	56
最大轧制速度/(m·min⁻¹)	216
立辊轧机:	
直径/mm	$1\ 000 ~ 1\ 100$
高/mm	800 ~ 790
主电机功率/kW	700×2
最大速度/(m·min⁻¹)	226

2500 mm 级(1 + 4)式热连轧线不但是中国也是全世界典型的铝板、带热轧线,可以生产一些厚板,但这类生产线主要是为生产软合金带卷设计与建设的,其主要典型技术参数如表 3 - 11 所示。

表 3 - 11　2500 mm 级(1 + 4)式热连轧线主要典型技术参数

项目	数据
粗轧机的简明技术参数	
工作辊直径/mm	1 050
工作辊辊面宽度/mm	2 500
支撑辊直径/mm	1 524
支撑辊辊面宽度/mm	2 400
主传动电机功率/kW	$2 \times 5\ 000$
最大轧制力/MN	50
锭坯质量/t	4.8 ~ 30
锭坯尺寸/mm	
厚	540 ~ 610
宽	950 ~ 2 200
长	3 500 ~ 8 650
产品厚度/mm	10 ~ 100

续表 3 - 11

热精轧机列的简明技术参数	
工作辊直径/mm	780
工作辊辊面宽度/mm	2 700
支撑辊直径/mm	1 450
支撑辊辊面宽度/mm	2 400
传动电机功率/kW	各 5 000
最大轧制速度/(m·min⁻¹)	一般 480,特殊情况 522
最大轧制力/MN	各 45
带材厚度/mm	2 ~ 6
带材宽度/mm	未切边 950 ~ 2 300,切边后 760 ~ 2 200
带卷外径/mm	1 500 ~ 2 700
带卷质量/t	最大 29.9
生产能力/(kt·a⁻¹)	800
厚度偏差	< ±1%
最终轧制温度/℃	(250 ~ 360) ± 10
带卷密度/(kg·mm⁻¹)	超过 12

3.4.3.2　轧制规程

（1）轧制表制定原则

轧制表制定总原则是充分考虑热轧机在生产时间上的平衡,以追求最大的生产效率为目标。在轧制表设定压下值时,对于 1×××系、3×××系、6×××系等软合金以咬入条件为边界条件,追求高效稳定生产;对 2×××系、5×××系（镁含量≥4%）、7×××系等硬合金以轧机的最大载荷为边界条件,同样以追求高效稳定生产为目标。

（2）锭坯厚度

确定锭坯厚度应综合考虑以下因素:根据材料特性确定锭坯厚度。合金品种、板材宽度、成品厚度不同,锭坯厚度也不同。合金强度越高、板材宽度越大、成品厚度越薄,设计锭坯厚度越薄;反之,锭坯厚度越厚;适宜于轧制过程温度的管理,若锭坯厚度太薄,轧制时间过长,带材温降大,不利于后续正常轧制;充分考虑设备能力,如热精轧机载荷能力、运输辊道长度等;以最大限度地提高生产效率为目标,考虑热轧与加热、剪切在时间上的平衡;锭坯厚度应适应热轧板形及表面品质控制。

（3）压下量分配

压下量的设计按等压下率原则分配各道次压下量,等压下率按下式计算:

$$T_0 = T_N \times (1 - R)^N \qquad (3-7)$$

即

$$R = 1 - \sqrt[N]{T_0/T_N} \qquad (3-8)$$

式中：T_0 为热轧机终轧成品厚度，mm；T_N 为热轧铸坯厚度，mm；N 为轧制道次；R 为压下率，%。

已知坯料厚度、终轧成品厚度、道次数，即可按上式计算压下率，再计算各道次压下量。

(4)立辊滚边工艺

1)滚边道次和滚边量

滚边目的是控制板材宽度精度，减少板材裂边。滚边道次多，滚边量大，板材边裂小。但是铸锭边部的铸造偏析又称黑皮，在滚边时易压入板材表面，特别是上表面尤其明显，随着滚边道次的增多，滚边量大，偏析压入表面的宽度增加，因而必须严格控制滚边道次和滚边量。事实上，软铝合金如 1××× 系、3003 合金等完全可以不滚边，这不仅有利于减少黑皮宽度，而且有利于提高生产效率。减少板材黑皮宽度，还有两个措施：改善锭坯边部品质，如用电磁铸造、边部铣面等；将立辊辊身磨削成一定坡度(15°)的锥面。不同合金的滚边道次和滚边量见表 3-12。

表 3-12 不同合金的滚边道次和轧边量

合金	滚边道次	滚边量/mm	滚边时坯料厚度/mm
软合金	2	20~25	200~300
硬合金	3	20~25	第一道次：铸锭厚度
			第二道次：200~300
			第三道次：100~150

2)滚边速度和方式

由于受立辊轧机与热轧机轧辊中心线距离的限制，滚边时必须考虑坯料长度，以保证设备安全。当滚边时坯料长度小于立辊轧机与热轧机中心线距离时，其滚边速度可在立辊轧机额定速度内任意设定，并进行可逆式轧制；当坯料长度大于或等于立辊轧机与热粗轧机中心线距离时，如需要滚边，应在进行该道次的水平轧制前将立辊打开到大于坯料宽度的一定开口度，让板坯顺利通过立辊后，将立辊调到要求开口度，再将坯料咬入立辊轧机滚边，此时，滚边速度应与即将进行水平轧制的热轧设定速度相同，实现立轧与水平轧制的同速轧制。

(5)中间剪切头尾

中间剪切机切头、尾的目的是消除坯料头尾在轧制过程中形成的张嘴分层缺陷，避免该缺陷在后续轧制中进一步延伸；消除因铸造缺陷所引起的头尾撕裂、大裂口等缺陷，保证轧制正常。切头尾是在热粗轧奇道次 60～100 mm 厚时进行，软合金取上限，硬合金取下限。为保证切头、切尾顺利，须合理分配该道次压下量，防止板坯端头翘曲，以利于端头顺利通过剪切。由于铸锭底部(圆头部分)偏析大，其硬度大于浇注口的，所以，对未经切除底部和浇注口部分的铸锭进行轧制时，铸锭浇注口应朝轧机入口方向，这样，可减少锭坯底部冲击轧辊而在轧辊表面形成舌头状印痕缺陷，同时由于浇注口在轧制时易张嘴，切头量大，可减少切头时推进料头的操作程序，减少切头辅助生产时间。

确定剪切量的总原则是既要切除头尾不良部分，又要最大限度地减少几何损失。因此，剪切头尾的长度应根据合金特性、最终产品要求确定，例如，对于成卷交货的热精轧成品卷，由于在热精轧要进行头尾处理，因此在中间剪切时应尽量少切；5×××系合金由于在轧制过程中易张嘴分层，因此在中间剪切时应尽量多切。通常，浇注口部分的剪切长度为从端头最低点算起切去 200～300 mm；底部的剪切长度为切掉非平行直线(圆头)部分。

(6)清刷辊使用工艺

现代热粗轧机和热精轧机都配有清刷辊，使用清刷辊的目的主要是有效控制轧辊表面黏铝层厚度及其均匀性，使辊面黏铝处于理想稳定状态，因而正确使用清刷辊，有利于获得良好的板材表面品质。

1)清刷辊配置

清刷辊一般配置于热粗轧机和热精轧机的上、下工作辊的出口侧，如图 3-17 所示。清刷辊的旋转方向一般与轧制方向无关，但为控制刷辊发热，防止钢丝折断，通常使用"正转"方向，即冷却液旋进方向。清刷辊的旋转方向一般是固定不变的，在特殊情况下，也可根据实际情况采用反方向旋转。

2)清刷辊材质

清刷辊的材质不同，清除工作辊辊面黏铝的效果也不相同，目前采用的清

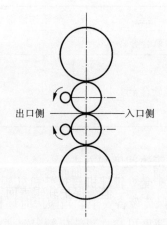

出口侧 ←→ 入口侧

图 3-17 清刷辊配置及旋转方向示意图

刷辊有钢丝刷的和尼龙刷的。钢丝刷辊清刷能力较强，但钢丝刷辊存在以下缺点：使用寿命短，在 3 000 h 左右，长期使用过程中，钢丝易断，掉下的钢丝易压入带材表面，产生金属压入缺陷；掉下的钢丝损伤轧辊表面，在带材表面形成轧辊印痕，使用钢丝刷辊，对轧辊的磨损大，降低轧辊的使用寿命；钢丝刷辊与轧辊摩

擦产生大量铁粉，污染乳液，特别对无皂技术乳液品质稳定性影响更大。尼龙刷辊在带材宽度方向上清刷的均匀性较好，更易获得均匀的表面品质，克服了钢丝刷辊的缺点，且"老化"时间容易掌握。目前，越来越多的轧机都使用尼龙刷辊。

3）清刷辊的使用

清刷辊去除辊面黏铝效果的好坏与清刷辊对轧辊表面的研磨宽度有直接关系。研磨宽度是指清刷辊由液压缸压靠于轧辊表面，与辊面接触弧长的投影长度。理想的研磨宽度是以控制轧辊表面黏铝适应性强、范围能力大、品质稳定为原则，影响研磨宽度的主要因素有：清刷辊的零位调整；压靠清刷辊的液压力；轧辊原始辊型；轧辊的热膨胀。通常热粗轧机上的研磨宽度比热精轧机上的小。

清刷辊研磨宽度的测定应根据轧机的规格、轧制的合金品种、轧制所用冷却 - 润滑剂的性能等确定。其测定方法是将清刷辊压靠在轧辊上，在轧辊不转的情况下，给定清刷辊一个恒定的推力并旋转 10 s，这时其接触弧长的投影即为研磨宽度的测定宽度。确定清刷辊研磨宽度对指导正确使用清刷辊与获得良好的表面品质极为重要。

清刷辊的零位调整是在轧辊的装配过程中进行的，清刷辊的调零须根据使用经验，考察使用效果，充分考虑轧辊的原始辊型及热膨胀等因素，采用零位调整器来调节清刷辊与轧辊之间的间距，对热轧机一般为 3～5 mm。

在轧制过程中清刷辊压靠力的设定至关重要，因为工作辊辊面黏铝层过厚、过薄都是有害的，严重时易导致设备安全事故，恶化产品品质，影响生产效率。如何稳定控制辊面黏铝层，根据不同的合金品种、产品规格、品质要求等选择合理的清刷辊压靠力非常关键。一般，热粗轧机使用的清刷辊压靠力比热精轧机的小，在热粗轧机上生产热轧板时通常可不使用清刷辊，也可以在某些道次使用或出现咬入痕时在轧机空负荷状态下投入清刷辊清除辊面不均匀黏铝。在生产热轧卷材时，热粗轧机和热精轧机各道次均应使用清刷辊，考虑轧辊热膨胀影响，刚换上的轧辊可适当增大清刷辊压靠力，当正常轧制 10 块料左右，轧辊热辊型趋于稳定时，操作人员应适时将清刷辊压靠力调低至规定值。表 3 - 13 列出了使用钢丝清刷辊在热粗轧机和热精轧机上轧制不同合金时清刷辊压靠力参考值。清刷辊压靠力随合金强度增加而递增，在生产表面品质要求高且宽度大的板材时，须采用大的压靠力，但为保护轧辊表面，清刷辊不宜长时间在高压力状态下旋转。

表 3 - 13　热轧机轧制不同合金的清刷辊压靠力

合金	压靠力/(N·mm^{-2})	合金	压靠力/(N·mm^{-2})
1××× 系	3～4	5×××系、2×××系、7×××系	>6
3××× 系	4～5		

在清刷辊工作时，应对清刷辊喷射一定量乳液，主要目的是冷却和清洗清刷辊上的钢丝，乳液流量为乳液总流量的 3% ~5%，喷射压力为 0.15 ~0.3 N/mm²。

（7）轧辊

轧辊原始辊型的设计、硬度、辊面粗糙度以及表面磨削品质的等对板材表面品质影响很大，因而必须对轧辊各项特性严格控制。

1）初始凸度

轧辊初始凸度的合理选择是控制板形和板材凸度的重要手段之一，特别是在生产合金品种多、规格跨度大，仅有乳液分段冷却和液压弯辊等板形控制手段的情况下，轧辊初始凸度显得非常重要。生产实践证明原始辊型的优化能明显改善板形，原始辊型的分组主要由轧件的宽度和变形抗力决定，每组原始辊型应具有以下特征：对规定宽度范围内的产品有良好的板形；辊缝对轧制力的变化具有稳定性；辊缝对弯辊力的变化具有高的灵敏度；磨损均匀。

因为支撑辊辊凸度的变化对辊缝变化的灵敏度小于工作辊辊凸度的，同时考虑到产品规格的多样性，所以一般情况下，热轧机支撑辊均选用平辊，而工作辊设计为凹度的，热轧机的工作辊凹度为 -0.20 ~0 mm。

2）粗糙度

轧辊辊面粗糙度的选择和均匀性的控制直接关系到产品表面品质。对于热轧而言，辊面粗糙度的选择既要有利于咬入，防止轧制过程中打滑，也要防止因辊面粗糙而影响产品表面品质。因此，工作辊粗糙度 R_a 为 1.25 ~1.75 μm，支撑辊粗糙度 R_a 为 1.5 ~2.0 μm。为了避免因辊面粗糙度不均匀造成带材表面色差，工作辊辊面粗糙度分布的均匀性应控制在 ±0.2 μm 内。

3）硬度

热轧辊大都采用锻钢。轧辊硬度直接影响产品表面品质和轧辊使用寿命。硬度低，轧制时易产生压坑，导致带材表面出现轧辊印痕，而且降低轧辊的耐磨性与使用寿命；硬度过高，轧辊韧性下降变脆，热轧过程易龟裂或剥落。因此，选择适宜的轧辊硬度是有益的。对于四辊轧机，为提高工作辊的使用期限，支撑辊的硬度比工作辊的低。

热轧机轧辊辊面硬度（HS）：支撑辊的为 50 ±5；工作辊的为 70 ±5。

4）保护

热轧过程中轧辊承受高温、高压、急冷急热，辊内出现交变的拉、压内应力，致使辊面产生裂纹，随着裂纹的进一步扩展，辊面龟裂甚至剥落；热轧过程中还易出现辊面损伤、黏铝缺陷，致使换辊频次增加，研磨量增大，轧辊使用期限缩短。如何保护轧辊，延长其使用期限，可采取下列措施：

①新换轧辊在开始轧制前须预热，防止因轧辊内外温差过大产生热裂纹。预热的方式有：蒸汽预热，即换辊前向轧辊中孔通入蒸汽预热 8 h 以上，使辊面温

度达 60～80℃，此方式预热效果最佳；乳液预热，特殊情况下的换辊，未进行蒸汽预热，换辊后低速旋转，喷射乳液预热 20～30 min。

②定期更换轧辊。建立合理的轧辊周期更换制度，防止轧辊的过度疲劳和热裂纹的进一步扩展。热轧辊的周期更换制度：支撑辊 2 次/a；工作辊 1 次/周。

③轧辊定期热处理，消除或减少内应力。

④合理选择和使用冷却润滑剂，减少轧辊磨损，调整冷却润滑剂喷射角度，避免因辊温过高引起黏辊或缠辊。

⑤合理安排轧制顺序，新换的轧辊应先轧软合金，再生产硬合金，防止对轧辊的剧烈冲击。

⑥更换下的轧辊研磨时，一定要磨掉辊面缺陷和疲劳层，以防缺陷进一步扩大。

(8)冷却润滑液

热轧采用分段区域喷射和辊身长度方向上对称喷嘴单独喷射方式控制冷却润滑液的喷射。它是有效控制板形、保护轧辊、提高产品品质和产量的重要手段之一。

1)喷嘴的配置

热轧机乳液喷嘴的配置如图 3-18 所示。

2)喷射方式

热轧机乳液的喷射方式：向进口侧辊缝、出口侧支撑辊和出口侧工作辊喷射；向出口侧辊缝、进口侧支撑辊和进口侧工作辊喷射；双侧全喷射。

总之，应根据合金性能、板材宽度、辊型等综合确定乳液喷射方式。通常，两侧都喷射，支撑辊全宽喷，工作辊上喷射宽度等于轧件宽，喷射量(L/min)在

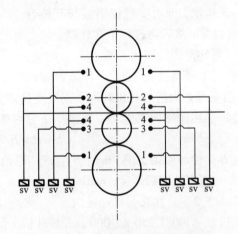

图 3-18　热轧机乳液喷嘴配置图
1—支撑辊喷嘴；2—上工作辊入口侧、出口侧喷嘴；
3—下工作辊入口侧、出口侧喷嘴；
4—入口侧、出口侧上下辊缝喷嘴

数值上为主电机功率的 1.3～2.0 倍，即乳液流量 = 主电机功率×(1.3～2.0)，若轧机主电机为 8 000 kW，则乳液流量为 10 400～16 000 L/min。乳液流量在支撑辊、工作辊和辊缝之间的分配比例大致为 1:3:2，也就是说，喷往工作辊的流量为支撑辊的 3 倍，而喷往辊缝的为支撑辊的 2 倍。

（9）包铝轧制

1）包铝板放置

包铝板的放置见图 3 - 19。

2）焊合轧制

包铝板焊合轧制在热粗轧机上完成，包铝锭坯从加热炉出炉后将钢带去掉，通过运输辊道进入热粗轧机。为防止包铝板的错动，采用"静压"轧制焊合包铝板。为了保证设备安全，在静压下时采用低速压下。例如，在轧制锭坯规格为 430 mm（基体 + 包铝板）×1 320 mm ×4 000 mm 的 2024 合金时（图 3 - 20），首先将辊缝设置在 450 mm 左右，然后将铸锭沿长度方向的中心位置摆放于辊缝，静压 8 ~ 10 mm，在该压下量恒定情况下，可逆轧制 2 ~ 3 道次，即可实现包铝板与基体合金焊合良好，然后再进行正常轧制。

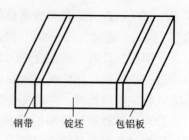

图 3 - 19　包铝板放置示意图

钢带　　锭坯　　包铝板

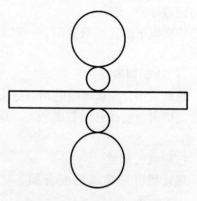

图 3 - 20　静压焊合包铝板示意图

3）热轧宽展轧制

横轧宽展将铸锭在回转升降台转动 90°，沿宽度方向进入轧机轧制，宽展至所需宽度后，再将铸锭转向 90°，进行纵向轧制。根据体积不变原理，宽展压下量可按下式计算：

$$h = B \times H/h \tag{3-9}$$

式中：B 为锭坯原始宽度，mm；H 为锭坯原始厚度，mm；B 为宽展轧制目标宽度，mm；h 为宽展轧制后厚度，mm。

3.4.3.3　热轧轧制规范实例

（1）在 $\phi700/1\ 250 \times 2\ 000$ mm 热轧机上的轧制规范

1）1100 合金（表 3 - 14）

锭坯规格：300 mm ×1 260 mm × 2 500 mm。

开轧温度：480℃ ±10℃。

终轧厚度：7.0 mm。

终轧温度：370℃ ±10℃。

表 3 – 14 1100 合金热轧规范

道次	厚度/mm	压下量/mm	变形率/%	备注
1	280	20	6.7	滚边
2	255	25	7.1	滚边
3	230	25	9.8	—
4	200	30	13.0	—
5	170	30	15.0	—
6	140	30	17.6	—
7	115	25	17.8	—
8	90	25	21.7	—
9	65	25	27.8	—
10	45	20	30.8	—
11	30	15	33.3	—
12	18	12	40.0	—
13	7	11	61.1	—

2)3003 合金(表 3 – 15)

锭坯规格:300 mm × 1 240 mm × 2 700 mm。

开轧温度:500℃ ±15℃。

终轧厚度:9.0 mm。

终轧温度:380℃ ±10℃。

表 3 – 15 3003 合金热轧规范

道次	厚度/mm	压下量/mm	变形率/%	备注
1	275	15	5.2	—
2	255	20	7.2	—
3	230	25	9.8	滚边两道次
4	200	30	13.0	—
5	170	30	15.0	滚边两道次
6	140	30	17.6	—
7	115	25	17.8	—
8	90	25	21.7	—
9	65	25	27.8	—
10	45	20	30.8	—
11	30	15	33.3	—
12	18	12	40.0	—
13	9	9	50.0	—

3)2A12 合金(表 3 – 16)

锭坯规格：255 mm × 1 280 mm × 1 500 mm。

铣面后锭坯尺寸：237 mm × 1 280 mm × 1 500 mm。

开轧温度：465℃ ± 15℃。

终轧厚度：12.0 mm。

终轧温度：不低于 350℃。

表 3 – 16　5A05 合金热轧规范

道次	厚度/mm	压下量/mm	变形率/%	备注
1	232	5	2.1	—
2	226	6	2.6	—
3	219	7	3.1	—
4	211	8	3.6	滚边两道次
5	201	10	4.7	—
6	191	10	5.0	滚边两道次
7	181	10	5.2	—
8	171	10	5.8	滚边两道次
9	161	10	5.8	—
10	149	12	7.4	滚边两道次
11	137	12	8.0	—
12	125	12	8.7	滚边两道次
13	113	12	9.6	—
14	101	12	10.6	滚边两道次
15	89	12	11.9	—
16	77	12	13.5	—
17	67	10	13.0	—
18	57	10	14.9	—
19	47	10	17.5	—
20	39	8	17.0	—
21	31	8	20.5	—
22	25	6	19.3	—
23	20	5	20.0	—
24	16	4	20.0	—
25	12	4	25.0	—

4)7075 合金(表 3 – 17)

锭坯规格：300 mm × 1 260 mm × 1 200 mm。

铣面包铝后锭坯尺寸：307 mm × 1 260 mm × 1 200 mm。

开轧温度：390℃ ±15℃。

终轧厚度：12.0 mm。

终轧温度：不低于350℃。

表 3 - 17 7075 合金热轧规范

道次	厚度/mm	压下量/mm	变形率/%	备注
1	286	21	6.8	—
2	279	7	2.4	—
3	271	8	2.9	—
4	263	8	3.0	—
5	255	8	3.0	—
6	246	9	3.5	—
7	237	9	3.7	—
8	228	9	3.8	—
9	219	9	3.9	—
10	210	9	4.1	滚边两道次
11	200	10	4.8	—
12	190	100	5.0	滚边两道次
13	180	10	5.3	—
14	170	10	5.6	滚边两道次
15	160	10	5.9	—
16	150	10	6.2	滚边两道次
17	140	10	6.7	—
18	130	10	7.1	滚边两道次
19	120	10	7.7	—
20	110	10	8.3	滚边两道次
21	100	10	10.0	—
22	90	10	10.0	—
23	80	10	11.2	—
24	70	10	12.5	—
25	60	10	14.2	—
26	50	10	16.7	—
27	40	10	20.0	—
28	31	9	22.5	—
29	24	7	22.5	—
30	18	6	25.0	—
31	12	6	33.3	—

（2）在 $\phi750/1\,400$ mm $\times 2\,800$ mm（1 + 1）式热轧上的轧制规范

1）1100 合金（表 3 - 18）

锭坯规格：480 mm $\times$ 1 260 mm $\times$ 5 000 mm。

粗轧开轧温度：465℃ ±15℃。

粗轧终轧目标厚度：23.0 mm。

粗轧终轧温度：370℃ ±10℃。

精轧终轧目标厚度：5.0 mm。

精轧终轧目标温度：250℃ ±10℃。

表 3 - 18 1100 合金热轧规范

道次	厚度/mm	压下量/mm	变形率/%	备注
1	465	15		—
2	450	15		—
3	425	25		—
4	400	25		—
5	365	35		—
6	330	35		—
7	295	35		—
8	260	35		滚边两道次
9	225	35		—
10	190	35		—
11	155	35		—
12	120	35		—
13	100	20		中间切头尾
14	75	25	25.0	—
15	55	20	26.7	—
16	35	20	36.4	—
17	23	12	34.3	—
热精轧				
1	13.8	9.2	40.0	—
2	8.3	5.5	39.8	—
3	5.0	3.3	39.8	（切边）

2）3104 合金（表 3 - 19）

锭坯规格：465 mm $\times$ 1 320 mm $\times$ 5 000 mm。

粗轧开轧温度：500℃±15℃。

粗轧终轧目标厚度：16.0 mm。

粗轧终轧温度：390℃±10℃。

精轧终轧目标厚度：2.5 mm。

精轧终轧目标温度：270℃±15℃。

表 3 - 19 3104 合金热轧规范

道次	厚度/mm	压下量/mm	变形率/%	备注
1	450	15		—
2	435	15		—
3	410	25		—
4	385	25		—
5	355	30		—
6	325	30		滚边两道次
7	290	35		
8	255	35		滚边两道次
9	220	35		—
10	185	35		—
11	150	35		—
12	115	35		—
13	90	25		中间切头尾
14	70	20	24.4	—
15	48	22	31.4	—
16	26	20	41.6	—
17	16	10	38.5	—
热精轧				
1	8.62	7.38	46.2	—
2	4.64	3.98	46.2	—
3	2.5	2.14	46.1	（切边）

3）5083/5182 合金（表 3 - 20）

锭坯规格：465 mm×1 320 mm×2 500 mm。

开轧温度：470℃±10℃。

终轧厚度：7.0 mm。

终轧温度：370℃±15℃。

表 3−20　5083/5182 合金热轧规范

道次	厚度/mm	压下量/mm	变形率/%	备注
1	450	15		—
2	435	15		—
3	415	20		—
4	395	20		滚边两道次
5	370	25		—
6	345	25		—
7	317	28		—
8	289	28		滚边两道次
9	261	28		—
10	231	30		—
11	200	31		—
12	170	30		—
13	140	30		—
14	110	30		—
15	80	30		中间切头尾
16	55	25	37.5	—
17	35	20	36.3	—
18	23	12	34.3	—
19	15	8	34.8	—
20	10	5	33.3	—
21	7	3	30.0	—

4）2024 合金（表 3−21）

锭坯规格：400 mm×1 320 mm×4 000 mm。

铣面包铝后锭坯厚度：430 mm×1 320 mm×4 000 mm。

热粗轧开轧温度：450℃±15℃。

热粗轧终轧目标厚度：15.0 mm。

热粗轧终轧温度：≥370℃。

热精轧终轧目标厚度：4.0 mm。

热精轧终轧目标温度：≥250℃。

焊合包铝板轧制：两道次，每道次压下量 10 mm。

表 3 - 21　2024 合金热轧轧制压下规范

道次	厚度/mm	压下量/mm	变形率/%	备注
1	395	15		—
2	379	16		—
3	359	20		—
4	339	20		滚边两道次
5	311	28		—
6	288	28		—
7	251	32		—
8	219	32		滚边两道次
9	187	32		—
10	155	32		—
11	125	30		—
12	100	25		—
13	80	20		中间切头尾
14	55	25	31.3	—
15	35	20	36.4	—
16	23	12	34.3	—
17	15	8	34.7	—
热精轧				
1	9.65	5.35	35.6	—
2	6.22	3.43	35.5	—
3	4.0	2.22	35.7	（切边）

（3）在 ϕ720 mm×1 500 mm 二辊可逆式单卷取热轧机上轧制 1×××系合金的规范

此二辊热轧机的主电机功率 1 500 kW，最大轧制力 6 000 kN，轧制 1×××系合金的规范见表 3－22，锭坯尺寸：250 mm×1 250 mm×2 400 mm。

表 3－22　在 ϕ720×1 500 mm 二辊可逆式单卷取热轧机上轧制 1×××系合金规范

道次	开始厚度 H/mm	终了厚度 h/mm	加工率 ε/%	压下量/mm
1	250	230	8.00	20
2	230	200	13.04	30
3	200	170	15.00	30
4	170	140	17.65	30
5	140	110	27.27	30
6	110	85	22.73	25
7	85	60	29.41	25
8	60	43	28.33	17
9	43	28	34.88	15
10	28	18	35.71	10
11	18	12	33.33	6
12	12	9.5	20.83	2.5
13	9.5	7	26.32	2.5
总加工率/%	—	—	97.20	—

（4）在 ϕ930 mm×1 500 mm×2 250 mm 四辊可逆式单机架双卷取热轧机上的轧制规范

单机架双卷取热轧机是在轧机入口和出口处各有一台卷取机的可逆式热轧机，它既可作为热粗轧机，又可作为热精轧机。经加热的铸锭在辊道上通过多道次可逆轧制，轧至 18～25 mm 厚，然后进行双卷取可逆式精轧，经过 3 或 5 道次轧制，最小厚度可达到 2.5 mm。生产能力可达 150 kt/a。这种配置的热轧机可以生产各种板、带材，也可以生产性能合格的罐体料（can body stock），但其性价比不如（1＋3）或（1＋4）式热连轧线生产的，因而无竞争力。这种热轧机是中国的一种典型装备，其技术参数见表 3－23，其 1145、3003、5182、5083 合金的轧制规范列于表 3－24 至表 3－27。

表 3 – 23 φ930/1 500 × 2 250 mm 四辊可逆式单机架双卷取热轧机的基本参数

工作辊直径，mm	930(870 报废)
工作辊辊面宽度/mm	2 250
支承辊直径/mm	1 500
支承辊辊面宽度/mm	2 500
轧制速度(最大直径时)/(m·min^{-1})	0/100/200
主电机功率/kW	2 × 7 000
最大轧制力/kN	40 000
乳液最大流量/(L·min^{-1})	约 10 900
立式滚边机(立辊)：	
直径/mm	965
辊面宽度/mm	760
立轧速度(最大直径时)/(m·min^{-1})	0/90/230
电机功率/kW	2 × 1 400
总轧制力/kN	7 500
乳液最大流量/(L·min^{-1})	500
卷取机：	
型式	全宽度 4 扇形块膨胀轴式
最大卷取速度/(m·min^{-1})	225
张力/kN	250/25
电机功率/kW	2 × 150

表 3 – 24 1145 合金厚板轧制规范

道次	厚度/mm	压下量/mm	变形率/%	备注
1	560	40	6.7	—
2	510	40	8.9	—
3	460	50	9.8	—
4	410	50	10.9	—
5	360	50	12.2	—
6	310	50	13.9	—
7	260	50	16.1	—
8	210	50	19.2	—

续表 3 – 24

道次	厚度/mm	压下量/mm	变形率/%	备注
9	160	50	23.8	—
10	110	50	31.3	—
11	66	44	40.0	—
12	34	32	48.5	—
13	18	16	47.1	—
14	12.5	5.5	33.3	—
15	9.0	3.5	25.0	—

注：铸锭规格：600 mm×2 040 mm×5 000 mm；产品规格：9.0 mm×2 000 mm×4 000 mm。

表 3 – 25　3003 合金 3.0 mm 卷材轧制规范

道次	厚度/mm	压下量/mm	变形率/%	备注
1	560	40	5.8	—
2	520	40	8.0	—
3	475	45	8.7	—
4	430	45	9.5	—
5	385	45	10.5	—
6	340	45	11.7	—
7	295	45	13.2	—
8	250	45	15.3	—
9	205	45	18.0	—
10	160	45	22.0	—
11	125	35	21.9	—
12	95	30	24.0	—
13	73	22	23.2	—
14	54	19	26.0	—
15	38	16	29.6	—
16	25	13	34.2	—
17	13.5	11.5	46.0	卷取轧制
18	6.5	6.5	51.9	卷取轧制
19	3.0	2.5	59.8	卷取轧制

注：锭坯规格：600×2 060×5 000 mm；产品规格：3.0×2 000 mm×卷材。

表 3 – 26　5182 合金 3.0 mm 卷材轧制规范

道次	厚度/mm	压下量/mm	变形率/%	备注
1	580	20	3.3	—
2	555	25	4.3	—
3	525	30	5.4	—
4	495	30	5.7	—
5	464	31	6.3	—
6	432	32	6.9	—
7	399	33	7.6	—
8	365	24	8.5	—
9	329	36	9.9	—
10	291	38	11.6	—
11	251	40	13.7	—
12	210	41	16.3	—
13	175	45	16.7	—
14	140	35	20.0	—
15	105	35	25.0	—
16	80	25	23.8	—
17	58	22	27.5	—
18	42	26	27.6	—
19	28	14	33.3	—
20	18	20	35.7	—
21	11	7	38.9	卷取轧制
22	5.75	5.25	47.7	卷取轧制
23	3.00	2.75	47.8	卷取轧制

注：铸锭规格：600 mm×1 800 mm×5 000 mm；产品规格：3.0 mm×1 700 mm×卷材。

表 3 – 27　5083 合金厚板轧制规范

道次	厚度/mm	压下量/mm	变形率/%	备注
1	585	15	2.5	—
2	564	21	3.6	—
3	542	22	3.9	—
4	520	22	4.1	—
5	498	22	4.2	—

续表 3 – 27

道次	厚度/mm	压下量/mm	变形率/%	备注
6	476	22	4.4	—
7	454	22	4.6	—
8	431	22	5.1	—
9	407	24	5.6	—
10	382	25	6.1	—
11	356	26	6.8	—
12	329	27	7.6	—
13	301	28	8.5	—
14	272	29	9.6	—
15	242	30	11.0	—
16	211	31	12.8	—
17	180	31	14.7	—
18	149	31	17.2	—
19	118	31	20.8	—
20	95	23	19.5	—
21	75	20	21.1	—

注：铸锭规格：600 mm × 1 800 mm × 5 000 mm；产品规格：75 mm × 1 700 mm × 6 000 mm。

3.4.3.4　冷却与润滑

热轧时的冷却与润滑对轧制的顺利进行、产品品质及设备安全起着非常重要的作用：①使用有效的润滑剂，可大大降低轧辊与变形金属间的摩擦力，以及由于摩擦阻力而引起的金属附加变形抗力，从而减少轧制过程中的能量消耗；②采用有效的防黏降磨润滑剂，有利于提高轧制产品的表面品质；③减少轧辊磨损，延长轧辊使用寿命；④利用乳液的冷却性能，并通过控制乳液的温度、流量、喷射压力，能有效控制轧辊温度和辊型。

（1）乳液的基本功能

热轧乳液的基本功能如下：

①减少轧制时铝及铝合金与轧辊间的摩擦。

②避免轧辊和板、带直接接触，防止轧辊与铝材黏结。

③控制轧辊的温度和辊型。

简单而言，乳化液的基本功能就是满足铝在热轧过程中的冷却与润滑，其中水起冷却作用，油起润滑作用。

（2）乳液的基本组成

1）基本组成

　　热轧乳液是由矿物油或合成油与一种或多种乳化剂和众多的添加剂如极压剂、润湿剂、抗氧剂、消泡剂和杀菌剂等与水混合而成的双相平衡体系。中国一些企业仍采用苏联于 20 世纪 40 年代研制开发的 59ц 乳化液，其基本组成见表 3−28 中的 1。目前国内各铝加工厂自己调配的热轧乳化液只能生产普通的对表面品质要求不高的通用普通板、带材，不能生产如 PS 板、双零铝箔坯料、罐料等高表面、高性能要求产品。生产该类产品所用热轧乳化液全部依赖进口，如斯图尔特、好富顿、德润宝、奎克等公司生产的。在乳液中含量少的为分散相，含量多的称为连续相。若分散相是油，连续相是水，则形成 O/W（水包油）型乳液；反之则形成 W/O（油包水）型乳液。

　　热轧乳液主要由基础油、乳化剂、添加剂和水组成。除了乳化剂外，其他各组分的性能、含量也会对乳液的润滑性能、使用效果及使用寿命产生重要影响。

　　基础油可以是矿物油或动植物油，通常铝合金多用矿物油。另外，基础油的黏度也是影响乳液润滑性能的关键因素之一，同时还要考虑基础油的黏度要与乳化剂和添加剂的黏度相近，否则可能会对乳化油的稳定性产生影响。

　　添加剂就是能够改善油品某种性能的有极性的化合物或聚合物，它是提高矿物油润滑性能的最经济、最有效的途径之一。为了保证轧制润滑剂的各种功能，添加剂也是必不可少的。乳液中的添加剂主要有乳化剂、抗氧剂、油性剂、极压剂、黏度调节剂、防锈剂、防腐杀菌剂、消泡剂等。其中油性剂和极压剂主要用于提高乳液的润滑性能，尤其是极压剂。由于乳液中 80% ~ 90% 是水，油相只占 10% ~ 20%，故基础油中必须加入极压剂。

表 3−28　铝及铝合金热轧水包油乳液的成分与性能

序号	乳剂成分/%		主要使用性能
1	矿物油（$V_{20℃} = 30 \times 10^{-6} m^2/s$）	85	润滑性能较差，冷却性能、洗涤性能较好，生物稳定性较好，能乳化外来杂油
	油酸	10	
	三乙醇胺	5	
2	矿物油（$V_{20℃} = 25 \sim 10^{-6} m^2/s$）	80	具有较好的润滑性能、冷却性能、稳定性能和洗涤性能，不乳化外来油
	不饱和醚（脂）	10	
	聚氧乙苯产品	10	
	聚氧烯烃化合物	2 ~ 20	
	碱金属或碱土金属脂肪、油酸钠	0.05 ~ 1	
	水		

续表 3 – 28

编号	乳剂成分/%		主要使用性能
3	甲醚(脂)混合物	3	有较好的冷却润滑性能
	山梨(糖)醇单油酸酯	0.8	
	聚氧乙基山梨(糖)醇单油酸酯		
	硬脂酸铝	0.3	
	矿物油($V_{20℃}=5\times10^{-6}\,m^2/s$)	35.1	
	水	60	
4	矿物油(脱芳香的柴油馏分)	1.5	冷却性能、润滑性能、稳定性能与洗涤性能均较好,起泡少,不腐蚀金属
	烷基酯类①	4.5	
	木聚醣—0	1.28	
	合成酰胺—5	0.31	
	硬脂酸铝	0.11	
5	司班(Span)—60	4.0~4.5	性能稳定,使用周期长,洗涤性好
	洗涤剂	15~17	
	机油	余量	

①以 $C_{17}\sim C_{20}$ 级合成脂肪酸和 $C_7\sim C_{12}$ 级合成脂肪醇为基的酯类。

2)乳液用水

铝及铝合金热轧乳液在通常情况下,95%以上是水,油只占2%~5%。配制乳液用水一般有三种类型:硬水、软水、去离子水(纯水)。硬水(硬度>1)、软水(硬度<1)的 pH 7.5~8.2,电导率为 300~400 μS(25℃)。去离子水 pH 6.5~7.5,电导率为 0~20 μS(25℃)。硬水富含 Ca^{2+}、Mg^{2+} 离子,经软化处理后软水中 Ca^{2+}、Mg^{2+} 等离子较少,但 Na^+ 却急剧增加,而去离子水中 Ca^{2+}、Mg^{2+}、Na^+ 等金属离子含量均低。配制乳液选用何种类型的水,应根据生产厂所选用乳化油、设备配置状况等决定。由于生产硬水、软水水源的水质状况受污染、季节变化等因素的影响波动较大,水质难以控制。硬水或软水中富含的金属阳离子也易与乳化油中的润滑剂、乳化剂等成分发生反应,改变乳化油的有机成分。而随着乳液中因补充水带入金属离子浓度的逐步提高,乳液内在的物理化学平衡将被打破,最终导致乳液润滑性能、稳定性降低,使用寿命缩短,成本增加。所以,为了获得良好的稳定的热轧乳液,配制乳液用水应为去离子水。

（3）乳液的润滑机理

热轧乳液润滑轧制过程如图 3-21 所示，根据摩擦和润滑理论，在变形区入口处，轧辊与轧件表面形成楔形缝隙，当向轧辊与轧件喷入充足而均匀的乳化液时，由流体动力学基本原理可知，旋转的轧辊和轧件表面将使润滑剂增压进入楔形"前区"，越接近楔顶，润滑楔内产生的

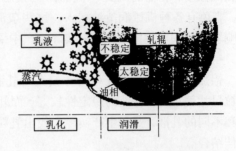

图 3-21　铝合金热轧润滑示意图

压力越大。轧辊与轧件间的摩擦也逐渐从干摩擦、边界摩擦过渡到液体摩擦。在工作辊的入口处喷射的乳液在高温高压作用下，轧辊表面上的乳化液被破坏，逐渐热分离为油相和水相（这种现象称热分离），分离出来的油相吸附在金属表面上，油相和添加剂与金属表面和金属屑反应，形成一层细密的辊面涂层。涂层虽不太厚，但足以避免轧辊与轧件之间的直接接触，并附着在轧辊表面上，进入轧辊和轧板相接触的弧内，减小摩擦，形成润滑油层，起防黏减磨作用，而水则起冷却作用。乳化液正是通过这种热分离起润滑－冷却作用。

（4）影响乳液润滑性能的因素

1）乳液的热分离性

热分离是指乳液和温度较高的轧辊接触时分离出纯油。当乳液喷射到工模具或变形金属表面上时，由于受热，乳液的稳定状态被破坏，分离出来的油吸附在金属表面上，形成润滑油膜，起防黏减磨作用；而水则起冷却作用。乳化液正是通过这种热分离性来达到润滑冷却的目的。

热分离是乳液非常重要的性能指标，它决定乳液的润滑性能。乳液的热分离性取决于乳化剂乳粒的大小。乳液的热分离随着乳粒平均尺寸的增大而增大。乳液的热分离性除了与乳液本身性质有关外，还与基础油的黏度、添加剂、乳液中油滴的尺寸及分布、乳液的使用温度和时间等有关，进而影响乳液的使用效果。

2）边界润滑性

边界润滑剂由乳化剂和自由脂肪酸构成。边界润滑性是影响轧制性能和轧件表面品质的重要因素。由于脂肪酸或油酸具有化学活性，很容易吸附在金属表面。轧制过程中，悬浮在乳液中的大量铝粉是脂肪酸或油酸的最大消耗剂。另一方面，脂肪酸或油酸与金属离子反应生成金属皂，也使其不断消耗。自由脂肪酸的含量大幅度减少，使边界润滑剂的作用降低，导致乳液润滑性能变差，致使轧件表面品质变坏。因此，必须控制自由脂肪酸含量，定期检测。

3）乳液黏度

乳液动力润滑靠黏度，黏度高的流动性不好，但物理吸附性能好，能提高润

滑膜的强度，轧辊的凸处与板的凸处接触易出现磨损、黏铝。乳液在使用过程中，难免有各种机械润滑油漏入。这些杂油的进入，必然会改变乳液黏度，从而影响乳液的润滑性能。所以，实际生产中采用撇油装置将杂油含量降至最低。

4）乳粒尺寸

铝热轧实践表明，乳粒尺寸偏大时轧制性能较好，而乳液的稳定性却较差；乳粒尺寸偏小时，乳液的稳定性较好，而轧制性能却较差。因此，针对不同的轧机和不同的乳液，要在生产实际中找出乳粒大小与轧制性能和乳液稳定性之间的最佳结合点。

乳粒大小控制：

①乳化液箱中的乳粒大小取决于乳化剂的作用。当乳化液的化学成分一定时，对于配制好的乳化液而言，乳粒大小由乳化剂决定。调整乳化剂的含量，可以改变乳粒的大小。

②喷射到轧机上的乳粒大小几乎完全取决于喷嘴的压力和喷嘴的孔径尺寸。乳化液在使用过程中，泵和喷嘴的机械剪切力的分离作用大大超过任何乳化剂的作用。所以，泵和喷嘴压力的提高使乳粒细化。

③乳液中的金属离子（钙、镁、铁、铝等）导致乳粒增大。由于多价的金属阳离子降低了乳化剂的作用效果，相当于在同等条件下减少了乳化剂数量，因而使乳粒尺寸增大。

④在乳液中加入碱或胺类物质会使乳粒变小。碱性物质与游离的脂肪酸结合会生成皂类物质，相当于在同等条件下增加了乳化剂，因而使乳粒尺寸变小。

⑤向乳液中添加矿物油或漏进乳液中的矿物油都会使乳粒增大。不论是人为加入的还是在使用中混入的都会冲淡乳化剂，导致乳粒变大。

（5）添加剂的作用

添加剂种类较多，有乳化剂、油性剂、极压剂、黏度调节剂、防锈剂、防腐杀菌剂、抗氧化剂、消泡剂等，它们的主要作用：

乳化剂：由于两种互不相溶的液相，如油和水混合时不能形成稳定的平衡体系，故需加入表面活性剂，也即乳化剂。它具有独特的分子结构，其分子一端由一个较长的烃链组成，能溶于油，称为亲油基（疏／憎水基），而分子的另一端是较短的极性基团，能溶于水中，称为亲水基（憎油基）。乳化剂集结在油水两相的分界面上，使油的微粒牢固地处于细小的分散状态，使制成的乳液成为稳定油水平衡体系。乳化剂是由脂肪酸或油酸和三乙醇胺之类的胺皂物组成，能控制乳粒尺寸，从而影响乳液热分离性和乳液本身的自净化功能，同时增加边界润滑。

乳化剂的性质取决于亲水基和亲油基的相对强度。如亲水基强则乳化剂易溶于水，难溶于油；相反，亲油基强则易溶于油，难溶于水。为了定量表示乳化剂分子这种相对强度，目前广泛采用了亲水亲油平衡值 HLB 的观点，即乳化剂的

HLB 值越大，则亲水性越强；而 HLB 值越小，则亲油性越强。一般 HLB 为 1 ~ 40。

油性剂：乳液的油性是指在流体润滑或混合润滑状态与金属表面形成吸附的能力以及吸附膜的强度。在混合润滑和缓和的边界润滑条件下，油性剂起主要作用。

油性剂分子的极性基团依靠油性剂分子与金属表面的吸附以物理吸附为主，有时还发生化学吸附，而烃链则指向润滑油内部。吸附在金属表面的油性剂分子垂直于金属表面，相互平行密集排列，相邻分子互相吸引，促使分子密集排列。油性剂分子的定向排列特性使它能够形成层叠分子吸附膜，其厚度决定于定向基团强度。这样的多分子层能承受更大的压力。但很容易滑移，有抗磨、防黏和减磨作用。

极压剂：极压剂的主要作用是在边界润滑状态下减少磨损，防止轧件表面大面积擦伤和乳液在轧件表面烧结。极压剂通过摩擦化学反应生成反应膜保护轧辊与轧件的接触表面。

油性剂分子被吸附在金属表面所形成的膜对温度很敏感，受热会解析、消向或膜熔化，因此油性剂的作用仅局限于工作温度低和产生摩擦热较少的润滑状态，以及轻负荷和相对滑动速度低的工作条件。与此相反，极压剂在高温条件下与金属表面化合并在凸处生成化合膜，然后化合膜扩展至凹处，并在金属表面形成一层极压膜，该膜具有较低的剪断强度，适用于边界润滑条件。因此，为了使乳液既能用于在高、中、低温度下轧制铝材，又能用于在高、中、低负荷下轧制铝材，乳液中必须同时添加油性剂和极压剂。

黏度调节剂：矿物油的黏度对温度很敏感，其黏-温性能视原油中烃的类型而定，一般为由溶剂精制的润滑油。其黏度指数为 90 ~ 100，如要得到黏度指数更高的油品，则须在油中掺入黏度调节剂，它在不同温度油中呈不同的形态。低温时，长链高分子呈收缩状态，线团卷曲较紧，对油的内摩擦影响不大，但在较高温度时，高分子线团因溶胀而逐步伸展，体积和表面积不断增大，对油的流动形成阻力，使内摩擦力增大，从而对矿物油因温度升高而造成的黏度下降进行一定的补偿。

防锈剂：防止乳液和轧件表面反应，影响铝的表面品质。防锈剂能有效地抑制轧件表面发生的化学反应，其特征为分子具有亲油基团。防锈剂的作用机理基本上同油性剂的，可在金属表面形成一层吸附膜，隔开金属、水及空气。另外，防锈剂在油中溶解时常形成胶束，使引起生锈的水、酸、无机盐等物质被增溶在其中，从而间接防锈。

防腐杀菌剂：杀死乳液中的细菌，提高乳液使用性能和使用寿命。由于乳液循环使用，而且有一定的温度，容易滋生细菌，引起乳液变质失效，缩短使用周期，为此乳液中要加入防腐剂或杀菌剂，如有机酚、醛、水杨酸和硼酸盐等。然而，防腐剂或杀菌剂往往具有毒性，对皮肤有刺激性，使用寿命短，需要经常补充。

抗氧化剂：防止乳化剂老化，延长乳液使用寿命。氧化是使油品品质变坏和消耗增大的原因之一，同时产生的酸性物质、水及油泥等易腐蚀金属。另外，轧制过程处于高温、高压条件下，也加速油品氧化过程。能提高油品在存储和使用条件下的抗氧化稳定性的添加剂称为抗氧剂。

消泡剂：消除乳液中的泡沫，稳定乳液品质。

其他添加剂可根据使用要求选择，发挥其应有的作用。选择添加剂时，首先要弄清楚乳液的物化性能和使用性能，其次应掌握添加剂的使用方法和用量。

（6）乳液配置

乳液制备通常是先将乳化剂、基础油、添加剂等配制乳化油，使用时再按比例兑水制成乳液。制备的基本工艺流程如下：

基础油→加乳化剂→加添加剂→加热、搅拌→加乳化油→兑水→乳液。

1）59μ乳液配置

将80%～85%机油或变压器油加入制乳罐，加热至50～60℃，然后加入10%～15%动物油酸（植物油酸可与基础油在室温下同时加入），加热并不停搅拌至60～70℃，再加3%～5%三乙醇胺，继续搅拌30 min，当温度降至40～50℃，按比例加入50～60℃软化水或去离子水，制成50%的乳膏备用。

在清洗干净的轧机乳液箱中加水（液位能满足轧机循环即可）。加热至30～40℃，然后将制备好的乳膏排放于乳液箱中，并喷射到轧机不停地循环直到生产。

2）进口油的调配

由于进口油生产厂商已经将各类添加剂调配入基础油中，所以使用厂家可以直接向轧机油箱添加。首先对轧机乳液循环系统进行清洁，必要时可加入清洗剂和杀菌剂清理，清洗完毕向油箱内加水（保持够循环液位即可），并加热至30～40℃备用，向轧机循环系统添加乳化油，添加乳化油的方式：

①预混式。即先在预混合箱中将乳化油和水经高速搅拌配制成高浓度的乳液，然后用泵排放至轧机循环系统中。

②将乳化油通过乳液系统主泵或过滤泵经高速剪切后进入乳液系统中。

3）乳液技术参数

乳液使用参数主要包括浓度、温度、pH、黏度、电导率、灰分等，不同的乳液具有不同的使用参数。59μ的使用参数见表3–29。

表 3 - 29　59ц 乳液使用参数

参数	粗轧机	精轧机
浓度/%	3 ~ 6	5 ~ 8
温度/℃	40 ~ 60	50 ~ 60
pH	7.5 ~ 8.5	7.5 ~ 8.5
黏度(40℃)/(mm^2·s^{-1})	10 ~ 15	10 ~ 15
电导率(25℃)/μS	150 ~ 400	200 ~ 600
灰分/%	小于 600×10^{-4}	小于 $1\,000 \times 10^{-4}$
细菌含量/个·mL^{-1}	小于 10^6	小于 10^6

(7)乳液的日常维护与管理

1)化学管理

浓度：检测乳液含油量，每隔 4 ~ 6 h 测一次，及时准确地添加新油和水。

黏度：主要检测疏水物黏度，每周至少一次，观察变化趋势，及时采取措施调整。

颗粒度的大小及其分布：采用颗粒度分析仪，分析油粒平均尺寸及其分布，有条件的企业每天检查一次。

红外光谱分析：采用红外光谱仪(FT - IR)分析计算油箱中主要成分的百分比(脂、酸、皂、乳化剂)，并观察变化趋势，适时添加。

灰分：检测乳液金属皂及金属微粒，结合每天一次的电导率检测，每周检测一次。

pH：采用酸度计准确检测乳液 pH，至少每天一次。

生物活性：利用细菌培养基片检测乳液中细菌含量，正常状况，每周一次，异常状况下应加大频次。细菌含量小于 10^6 个/mL 属于正常，当细菌含量等于或大于 10^6 个/mL，应采取控制措施，如加杀菌剂或提高乳液温度。

2)物理管理

乳液温度：乳液温度一般控制在(60 ± 5)℃，在该温度下有很好的物理杀菌效果。另外，降低乳液温度，会增加乳液稳定性；提高乳液温度，会增强乳液润滑性。乳液使用温度实现可调有利于不同产品对冷却及润滑的不同要求。

过滤：为去除乳液中的金属及非金属残渣物，减少金属皂及机械油对乳液使用品质的影响，乳液必须过滤。目前过滤效果比较好的霍夫曼过滤器可实现 24 h 不间断自动过滤。使用的无纺滤布过滤精度应达到 2 ~ 6 μm。

撇油：用撇油装置可将漏入乳液的杂油以及自身的析油撇掉，采用的方式有转筒、绳刷、带状布、刮油机等，它们能长期不间断运转，以保持乳液的清洁度。

设备的清刷及乳液置换：定期对轧机本体以及乳液沉淀池等进行清刷，同时用新油对乳液进行部分置换，以保持乳液稳定的清洁度，维持乳液组分平衡。

(8)热轧乳液问题及其控制措施

轧制生产过程是一个复杂的系统，它不仅有轧辊的运动，如机械传动、液压压下和相关辅助设备运转等，而且还包括轧件的变形。轧件的变形除了受轧制工艺影响外，还与自身特性(成分、组织)密切相关。在轧辊与轧件之间还有工艺润滑剂等等。上述各因素出现问题都会造成轧制故障。因此一旦轧制过程出现故障就必须仔细分析原因，包括设备、轧制工艺、轧件等，以采取措施解决。在轧制过程中由乳液本身性能变化对润滑效果的影响规律见表3-30。

表3-30　乳液本身性能变化与润滑效果的关系

参数	润滑不足原因	润滑过度原因
浓度	太低	太高
pH	太高，大于6.5	偏低，小于4.8
温度	太低，低于60℃时	太高，高于70℃时
使用程度	新鲜液	旧液
水的性质	软水/偏碱性	硬水
污染程度	液压油、分散剂、清洗剂、水、皂、轴承润滑剂及轴承材料等污染	轴承润滑剂及轴承材料，齿轮油，酸洗带来酸、盐类等污染

乳液效果直接影响轧制过程力能参数、工艺条件、轧件尺寸及轧后表面品质等。轧制生产中一些与乳液润滑效果密切相关的工艺参数变化与润滑条件的关系见表3-31。

表3-31　影响轧制工艺参数的润滑条件

工艺参数	润滑不足	润滑过度
浓度	低	高
添加剂含量	低	高
轧制力	高	低
轧制道次	多	少
板、带厚度	厚	薄

续表 3 – 31

工艺参数	润滑不足	润滑过度
板　形	中浪	边浪
轧后表面	光亮	暗淡
退火表面	光亮	油斑
表面缺陷部位	板、带底面	板、带顶面
表面缺陷形式	黏着(啄印)	打滑(犁削)
卷　温	高	低
油　耗	低	高
轧机清洁度	干净	脏

　　轧制表面缺陷实际上是与轧制有关的众多参数的综合反映，乳液只是众多因素之一，热轧乳液出现问题的原因及解决措施见表 3 – 32。

表 3 – 32　热轧乳液出现问题的原因及解决

问题	产生原因	解决措施
黏铝	润滑能力不足；金属与金属接触；酸含量太低	提高润滑能力；提高浓度；提高酸含量；提高黏度
板表面铝粉较多	润滑能力不足；酸值太低；铝粉太多	提高润滑能力；提高浓度；提高酸值；提高润滑脂含量；提高黏度；使油相颗粒变大
打滑	润滑过剩；黏度太高；油相颗粒尺寸过大；外来杂油	降低润滑能力；降低浓度；使油相颗粒变小；增加辊面粗糙度；降低黏度；撤除杂油
金属之间黏结	轧辊温度太高；润滑不足；冷却能力不足；油相颗粒尺寸太小	提高润滑能力或冷却能力；提高浓度；降低稳定性；增加有机皂含量；增加润滑脂含量
条纹	润滑层不均匀；润湿能力不足；酸值太高；油相颗粒太小	改善润湿能力；降低酸值；使油相颗粒变大；增加有机皂含量
轧制力高	润滑不足	提高润滑能力；提高浓度；增加润滑脂含量；降低稳定性；增加黏度
咬入困难	黏度太高；油相颗粒太大；咬入速度太低；金属温度低；辊面粗糙度太低	降低润滑能力；降低浓度；使油相颗粒变小；降低黏度；增加辊面粗糙度

续表 3 − 32

问题	产生原因	解决措施
蛋壳或橘斑	润滑能力不足；润滑膜不均匀	提高润滑能力；提高浓度；增加润滑脂含量；增加黏度；使油相颗粒变大
白色斑渍	轧板温度太低；吹扫系统不能有效工作；冷却能力太强	提高咬入温度；提高温度；降低流量；使油相颗粒变小；增加黏度
白色条纹	泡沫严重；冷却不足	添加消泡剂；检查供液泵

3.4.3.5　热轧厚板缺陷及预防措施

铝合金厚板热轧中往往会出现一些非正常情况及缺陷，其产生原因及消除方法简介如下：

（1）开裂和裂边

1）软合金

①特点：

a. 软合金开裂多出现在铸坯的缩颈处，这种开裂一般是由于铸造品质不好，铸造时发生断流、冷隔，从外表看一般无明显标志，但轧制时易在断流、冷隔处断开。

b. 某些高纯铝也常出现锭坯纵向开裂，并且裂纹较深，其主要原因是合金纯度高，铸造困难，易出现结晶裂纹。

c. 软合金在轧制时还可产生前后张嘴，张嘴也是开裂的一种。这类合金主要有 5A66、5A02 等，张嘴对设备危害极大。张嘴分层的板一般温度较低，在轧辊转动力的作用下，常可以撞坏轧机的导卫装置，严重的张嘴分层还可以进入工作辊与支撑辊之间，扭断轧辊。它是由铸造品质不好和热轧工艺及实际操作配合不当造成的。

d. 软合金的裂边也较为常见，其产生原因是锭坯温度较低，塑性较差。裂边若超过板材名义宽度为废品，不超过名义宽度也会给后续加工带来困难。

②开裂的早期发现：

a. 由于冷隔、断流等的影响，开裂通常在铸锭轧到 200 mm 以上时出现，这时在开裂处的空气受到压缩而产生一种强大的气流，有时将乳液吹得很高，同时发出"嗤、嗤"的声音。

b. 高纯铝合金的纵向结晶裂纹一般在 200 mm 以下的板材中出现，从轧制力、电流上看均无明显变化，但用肉眼可以看到板、带上的前后两端或纵向通常出现白色的条痕。断裂的金属经轧制出现变形不均，使条痕处黏铝印在轧辊上，轧辊又将印痕反印于板材上。

c. 不仅 5A66、5A02 等合金张嘴，纯铝偶尔也出现张嘴。带材轧到厚度 10 mm 左右时，大的张嘴有时可达到 2～3 m 长，这类张嘴预先发现的途径：锭坯加热温度较低；在加工过程中，压入困难；加工率过小；冷却量过大。

d. 裂边往往和张嘴同时存在，一般在 50 mm 以上时很难发现，但仔细观察却可发现。此时边部出现断续铝刺、不光滑，当轧制到 20 mm 左右时，开始发现边部有被拉裂的痕迹，这就是早期的发现。

③预防措施

a. 冷隔、断流引起的热轧开裂虽无法防止，但在热轧时可早期发现，应采取适当措施，如只在单方向轧制或轧其一部分。

b. 纵向裂纹，如轧制锭坯厚度为 200 mm 时，发现开裂深度在 100 mm 以下，即裂纹深度小于锭坯厚度一半者，继续轧制厚度为 8.0～10.0 mm 板、带时，一般可以重新压合，此时板、带外表只能看到一条较细的白色印痕，这样的产品根据用户使用情况可作为条件品处理。

c. 防治张嘴措施：一是减少板、带头尾冷却；二是提高头尾的温度、加大压下量，减少不均匀变形和板、带两端的燕尾。如带板在 60 mm 左右出现较大张嘴，则继续轧制困难，可在切掉张嘴部分以后继续轧制。

慢速咬入，并细心观察，确无张嘴的可能倾向后，方可升速轧制。

d. 裂边和张嘴几乎同时存在，所以在发现张嘴时，就应对裂边采取措施，增加滚边量和次数，以减少裂边程度。

2）硬合金

①高锌、高镁合金开裂的主要原因：

a. 7075、7A09、7A04、5A12、5A06 等合金塑性低，热轧制时易开裂。

b. 具有较好塑性的温度范围窄，控制不当易超出范围，使塑性急剧下降。

c. 轧制时板、带弯曲趋势很大，发生翘曲时，延长轧制时间，易出现裂边和张嘴。

d. 道次压下量过大和轧制速度过快时易开裂。

e. 高镁合金的钠含量大于 16×10^{-4}% 时，会产生如锯齿状的严重裂纹。

②2A11、2A12、2A14、2A06、2A16 等合金开裂和产生裂边的主要原因：

a. 这类合金塑性较好，开裂较少。但超出规定的温度范围轧制，也有开裂的趋势。

b. 氧化较严重时易使边部包铝与基体脱离形成小裂边（暗裂）。

c. 铸锭浇注口未切掉使板材靠近浇注口一侧出现裂边。裂边呈圆弧形，小的如指甲，大的如手掌形状。

d. 道次压下量过大和轧制速度过快都会使锭坯开裂。

③开裂的早期发现：

a. 在 5083、5A05 等合金锭坯出炉时，如表面呈红色或暗红色应认真检查仪表及炉温曲线，确实温度过高则不宜继续轧制，否则开裂、轧碎的可能性很大。

b. 高锌合金锭坯出炉时若表面呈红色或黑色，通常是温度过高的一种标志，如超温小可继续轧制，超过较多则不能轧制，严重时甚至在辊道上移动也会开裂。

c. 7A04、7A09、7075、5A06 等硬合金带板的早期开裂大都在 200 mm 左右。这类裂纹在带板的侧面，呈弧形，其中上部和下部有时还有未裂的金属连接，这时带板的中部已形成通长横向裂纹。

d. 开裂较大时可以从操纵台的负荷表上看到轧制力突然有较大波动。

e. 裂纹初期，用肉眼可见带、板由均匀运动变为断续的。

f. 当带、板厚度轧到 150 mm 以下时不会再出现横向通长断裂，轧制 75 mm 左右时，则到达易张嘴区域，有时张嘴还伴有"嘎巴"的一声响。

g. 铸锭温度过低，当轧到 30~70 mm 时，有时在两端有一定距离的上、下表面，出现"起皮"，即像刀削一样的裂纹，起皮后呈楔形向板材的中部深入。出现这种情况应停上轧制，将板材吊离辊道。

④开裂的消除与处理：

a. 控制好锭坯加热温度，否则金属塑性降低。但由于受各种条件影响和限制，热轧前的加热温度仍可能超过标准规定范围。按生产经验，有一些合金虽然超出规定温度 ±20℃，如采取相应的措施，细心轧制，多数尚可轧为合格板材。

b. 除带包铝板的合金外，超过规定温度 20℃ 以内，应在出炉后放在辊道上反复移动 10~20 min 以降温，待降到规定温度后方可轧制。

c. 带、板厚度在 200 mm 以上，道次压下量不超过 3~5 mm，轧到 200 mm 厚度以下可逐渐加大压下量。

d. 轧制温度过高的锭坯时，应严格控制轧制速度：降低咬入速度，由于咬入速度过快，把铸锭圆弧咬掉，增加张嘴趋势；改变前几道次轧辊一转一停的操作方法，否则锭坯易开裂。应采用较慢匀速爬行，待轧到 150 mm 后采用正常轧制速度。

e. 轧制超出规定温度范围的锭坯在带、板厚度 150 以上时一般不喷乳液。

f. 避免冲击负荷。轧制超出规定温度范围的铸锭时，应采用较低速度送料，避免冲击负荷。

g. 张嘴的消除与处理。带板轧到 40 mm 以上出现一端张嘴时，可在张嘴相反方向进行单方向轧制，待轧到 40 mm 后切掉张嘴部分，再继续双向轧制。如两端张嘴且仍需轧制，则在轧制咬入时应提前关闭乳液，并慢速转动轧辊以便提高张嘴处的温度，使张嘴不再继续扩大。

h. 裂边的消除与处理：在板、带厚度轧到 60~80 mm，发现浇铸口未切净而裂边时，应吊下料把裂边锯切掉。改变生产规格，重新加热投产。带、板轧到 20 mm 以上发现裂边时，停止轧制，待查到最相近的规格合同后，再按新规格轧制。如带板中间出现的开裂或孔洞，应尽早发现，作为废料处理。2A12 等合金的加热温度过高时易出现裂边，轧制时应特别注意包铝板与侧边包铝的焊合轧制，并在不影响品质前提下，增加滚边道次及滚边量。高镁合金的 Na 含量高可以使带、板裂边，在轧制同一熔次的铸锭时，如发现裂边，则应改变轧制厚度或出炉，同时查验钠的含量。

(2) 黏铝和缠辊

大部分软合金塑性好，轧制时加工率较大，道次少，可以提高生产效率，但也带来一定的问题，如热轧时会产生缠辊。

1) 危害

缠辊是指板材在轧制时，板材局部和轧辊黏在一起，使轧制被迫停止，如继续强行驱动轧辊，则危害更大。轧辊每旋转一圈，黏铝面积就会更大，黏铝同时被轧入工作辊、支撑辊，轧制力则成倍增加。

由于轧制力突然增大，轧机扭转力矩增大，会把轧辊扭断，也会对万向接轴、连接轴甚至轧辊平衡装置等造成不同程度的损坏。

2) 形态与特点

缠辊的形态与特点是：

① 多发生在轧制热卷带。

② 出现缠辊的前几道次，板材表面不光亮，多呈白色。

③ 缠辊道次的压下量一般在 10 mm 左右。

④ 缠辊的趋势随着板、带材宽度的减小而增大，较窄的最易缠辊。

⑤ 缠辊开始时并不是整个板、带材宽度而是在缠辊的部位前 10 m 有条状黏铝由小到大，由薄到厚，逐渐形成有一定宽度和厚度的缠辊。

⑥ 轧辊上缠的铝和轧辊黏着牢固，一般不容易清除。清除缠辊的铝板后，在该处轧辊圆周上常可看到断续纵向深度 2~5 mm 的裂纹，严重时呈橘皮状。

⑦ 缠辊多发生在下辊，并多发生在乳液使用期达 1~2 个月后。

⑧ 缠辊黏铝过多时，往往会使轧辊卫板变弯。

3) 原因

缠辊产生的原因有：

① 根据缠辊后轧辊的表面裂纹分析，轧辊产生表面裂纹，并在轧制过程中裂纹不断扩大，轧制时铝不断地填充裂纹，裂纹愈大，黏铝愈多，在达到一定极限后，就会撕裂板、带材，形成缠辊。

② 乳液的润滑性能不能完全适应轧制工艺。润滑性不够，正常情况乳液浓度

（质量分数）不应超过 2%，实际上有时乳液浓度达 10% 左右也未发生"打滑"现象。轧制热带卷 4 400 mm 的长铸锭时，轧辊温度更高，在高温条件下乳液润滑性较差，这是形成黏铝和发生缠辊的原因之一。

③最后一道加工率过大。由于受工艺或设备条件限制，最后一道加工率达 55% 左右。据资料介绍，加工率 60% 以上时，黏铝的可能性最大。这时氧化物相对基体金属越硬脆，塑性变形过程越易使之破碎，新生金属表面袒露的可能性加大，越有利于金属间的黏着。

4）预防措施

①不使用有裂纹的轧辊，轧辊表面裂纹较小时，磨辊时往往不易发现，但在使用中热膨胀，裂纹处黏铝轧在板材上便可发现，轧制时发现轧辊裂纹就应立即换辊，应定期对轧辊探伤。

②提高乳液润滑性。在生产中使用一段时间的乳液可能混入一些机械油及其他杂质，以及在高温下长时间工作都会造成乳液的老化，使润滑性能降低，尤其是高温下的润滑性更差，即防黏降磨能力降低。为此，应进一步提高乳液润滑性，同时要加强乳液过滤和避免混入机械油等。

③加大乳液喷射量。它不仅可以润滑、冷却、洗涤，还可能使新生的带、板表面迅速形成较厚的氧化膜，减少黏铝缠辊可能性。为此，应经常检查乳液阀、乳液管路、乳液喷嘴等循环系统是否畅通良好。

④连续轧制高塑性板、带材时，如果发现表面发白或条状发白，应适当加入乳化剂，提高乳液浓度，同时使用下轧辊卫板的乳液喷嘴向带板下面及轧辊喷射乳液，这样可使乳液量和润滑性增加，减少缠辊可能性。

⑤经常检查调整卫板间隙，避免个别道次压下量过大，造成卫板变形，勒伤轧辊，并减少轧辊和轧件的乳液供给量。

⑥控制道次加工率，适当减小最后道次轧制率。

⑦为了避免无乳液轧制时缠辊，可采用道次轧制时乳液自动控制。

（3）高锌铝合金厚板轧制时的翘曲

1）现象

7075、7A04、7A09 合金铸块在轧制到板材厚度 180 mm 左右时，板材的端头部位易产生向上方向的翘曲。

2）原因

主要原因：

①上、下工作辊直径差过大或温差过大。

②轧辊轴承箱与工作辊上、下移动滑道间隙过大。

③连接轴节脖叉与万向接轴连接处滑道间隙过大。

④加热和热轧时操作不当。

3）预防措施

①锭坯有足够加热时间和温度，在锭坯达到最佳塑性温度后，需保温 1 ~ 2 h，使上、下表面和内部温度均匀。

②锭坯轧至 180 ~ 210 mm 时为易翘曲厚度，当翘曲高度超过 300 mm 以上时，应用升降台横转轧件，用轧辊轧平后再掉转回到原来方向继续轧制。

③当厚度在 150 ~ 180 mm 时，翘曲仍然继续扩大，轧制时应慢速转动轧辊，并使带板尾端不离开轧辊，以便继续轧制时的咬入。

④通常在 100 mm 以下翘曲较少，应大量供给乳液，使轧辊充分冷却，避免再产生翘曲。

（4）啃辊

热轧生产中的啃辊使板材失去了光滑的表面，啃辊较重时需换新工作辊。

啃辊是热轧机换辊的主要原因之一，占用工时和磨削轧辊都会影响经济效益，所以应避免。

1）啃辊的形状

啃辊尺寸一般在指甲大范围以内，有时为一点，有时则并排几点，整齐排列。

从远处看，类似板材横向白色黏铝条，从远处看指甲状啃辊每一点均呈蝌蚪状。即头大、圆、重，尾部尖、小、轻。

从深度看，轻者在工作辊表面上有轻微黏铝，重者则使工作辊表面有一定的深度，一般为 0.01 ~ 0.20 mm。

2）产生原因

主要原因有：

①轧机传动以工作辊为主动辊，支撑辊为被动辊。靠平衡油缸顶起的工作辊应与支撑辊表面接触紧密。正常轧制时，通过工作辊的旋转带动支持辊的同步转动。但在实际生产中，有时工作辊带动支撑辊转动时会出现瞬间不同步动作，即"轧辊打滑"，造成了轧辊表面的损伤。

②铸锭不能顺利地被轧辊咬入，在铸锭与轧辊表面接触线上造成滑动，产生点状啃辊。

铸锭不能正常咬入原因：

③在焊合轧制时，包铝板没有将铸锭表面全部包覆。

④某些刨边铸块因刨边改变了铸锭的铸造圆弧，降低了锭坯被轧辊咬入时的接触面积。

⑤压下量过大。

⑥轧辊速度由快减慢时，咬入锭坯或板材也易造成啃辊。

⑦乳液浓度过高，咬入摩擦力不够，也是啃辊的原因之一。

3）预防措施：

①确保支撑辊具有与工作辊相适当的弧度、辊面粗糙度。

②尽量减少支撑辊的油缸漏油。

③轧制时使用的乳液应保持一定温度和较好的洗涤能力，使支撑辊与工作辊之间的油层不过厚。

④主操纵工在抬压下、上升轧辊时，应停止轧辊转动，待抬起 2 min 后再转动轧辊。

⑤合理安排道次加工率，使摩擦角大于咬入角，提高咬入成功率。

⑥必要时，每一道次咬入前，轧辊应停止转动，在轧件接触轧辊的瞬间，施加压下量，在压下量停止的同时转动轧辊咬入。

⑦应使轧辊等与板材接触的设备部件保持一定温度。

3.4.3.6　厚板热轧工艺控制要点

工艺控制要点是：

①工作前认真检查设备运转情况，检查辊面(工作辊、支撑辊、立辊)、导尺、辊道、剪刀等是否正常，清除轧辊和辊道上黏铝等脏物。

②校正压下、导尺、立辊的指示盘指示数与实际之差；检查操纵台上手把和仪表指示是否灵敏，检查乳液喷嘴是否齐全，有无堵塞、松动，角度是否合适。

③工作辊、支撑辊符合轧辊验收规程的要求时，方可投入生产。

④禁止用未经预热的工作辊进行热轧作业。

⑤上、下工作辊辊线应有良好的水平度，在辊身中央距离内的辊间隙差不超过 0.03 mm。

⑥卫板间隙为 1~3 mm；但轧制花纹板时应不超过 1.5 mm。

⑦检查乳液浓度和温度以及外观品质，有无异味和变质，出现问题及时处理。

⑧包覆合金的初轧道次应保证包覆板与基体合金锭坯全面焊合，防止基体裸露。

第一道次包覆板焊合压下量应根据温度、辊型等因素确定。压下量不能过大，防止包覆层过薄和产生压折。

⑨轧制高镁合金锭坯前，应详细检查乳液管路，调整辊型，咬入慢，严防碰坏卫板。

⑩轧制带有包覆板锭坯时，前四道次紧闭乳液，严防乳液落在包覆板上面，之后正常给乳液。

⑪锭坯宽度均需在不超过立辊能力的前提下，加强滚边控制宽度，防止裂边，对包铝合金，特别是淬火板材，滚边量不宜过大，以不裂边为准，防止出现黄边废品。

⑫滚边时铸块应平稳，对中后送向立辊。第一道次滚边量应以锭坯宽度并参

照导尺夹紧后指示开度来选择，不应过大，但往返滚边时应夹紧焊牢，以后滚边量依次减小。

⑬滚边后压 2~4 道次再进行下次滚边时，考虑宽展，立辊开度应比前一次滚边开度扩大 10 mm 左右。

⑭夹边焊合时要放正，位置适当，要焊牢。

⑮辊道运送锭坯应及时、平稳；咬入时无冲击；送料要正，横展料头不出辊。注意观察咬入后张嘴，防止撞坏卫板和进入支撑辊之间。

⑯清辊时，操纵手不准离开操纵台，使工作辊反转，辊道停止转动。清理后，用乳液冲洗 2~5 min。

⑰黏铝或啃辊严重影响厚板或板、带品质时，立即换辊。

⑱用乳液准确地控制辊型，根据轧制带、扳的平直度，分段控制乳液量，乳液温度 55~65℃。

第4章　铝合金厚板的热处理

热处理在铝材生产中起着不可或缺的作用，正因为通过热处理可改变铝及铝合金的组织性能，从而使它们在国民经济的几乎所有产业获得了广泛的应用，特别是在一些关键性的产业。

铝合金进行热处理的目的是在固态下，通过适当的加热、保温和冷却处理，借以改变金属材料的组织和性能，使其具有所要求的力学、物理、化学和工艺性能。这种将铝合金材料在一定介质或空气中加热到一定温度并在此温度下保持一定时间，然后以某种冷却速度冷却到室温，从而改变金属材料的组织和性能的工艺称为热处理。

4.1　概述

4.1.1　热处理的分类

热处理的分类方法有两种：一种是按热处理过程中组织和相变的变化特点分类；另一种是按热处理目的或工序特点分类。热处理在实际生产中是按生产过程、热处理目的和操作特点分类的，没有统一的规定，不同的企业可能有不同的分类方法，铝合金加工企业最常用的几种热处理方法见图4-1。

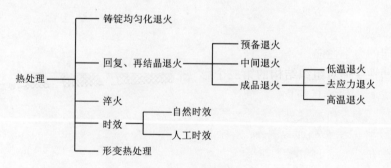

图4-1　热处理分类

4.1.2　热处理的加热、保温和冷却

任何热处理过程都由加热、保温和冷却三个阶段组成。

4.1.2.1 加热

加热包括升温速度和加热温度两个参数。

由于铝合金的导热性和塑性都较好,可以采用快的速度升温,这不仅可提高生产效率,而且有利于提高产品品质。加热温度应严格控制,必须遵守工艺规程的规定,尤其是对淬火和时效时的加热温度控制更为严格。

4.1.2.2 保温

保温是指铝合金在加热温度下停留的时间,停留时间应确保金属表面和中心部位的温度一致,合金的组织发生变化。保温时间与很多因素有关,如制品尺寸、堆放方式及紧密程度、加热方式和热处理以前金属的变形程度等。在生产中往往是根据实验确定保温时间。

4.1.2.3 冷却

冷却是指对加热保温后材料的冷却,不同热处理的冷却速度是不相同的。如淬火要求快的冷却速度,而具有相变的铝合金的退火则要求慢的冷却速度。

4.2 回复及再结晶退火

4.2.1 冷变形对金属组织及性能影响

4.2.1.1 对组织结构的影响

铝及铝合金在外力作用下发生塑性变形时,在外形变化的同时金属内部的晶粒形状也由原来等轴晶粒、有一定方向的热轧变形晶粒或铸轧晶粒变为沿变形方向延伸的晶粒,同时晶粒内部出现了滑移带。若变形程度很大,则晶粒被显著拉长呈纤维状,称为冷加工纤维组织,这是冷塑性变形对组织结构的第一个影响。形成纤维组织后,材料会具有明显的方向性,沿纤维方向的力学性能高于垂直方向即横向的力学性能。

冷塑性变形对组织结构的第二个影响是形成亚结构及其细化,金属发生塑性变形时,一方面晶粒外形变化,另一方面晶粒内部存在的亚结构也会细化,形成变形亚结构(见图4-2)。由于亚晶界是一系列刃型位错组成的小角度晶界,塑性变形程度大时,变形亚结构会逐渐增多并细化,使亚晶界显著增多,亚晶界愈多,位错密度就愈大。亚晶界

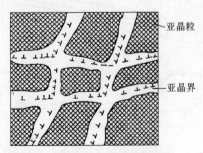

图 4-2 变形亚结构示意图

处大量位错的堆积,以及它们之间的相互干扰与制约阻碍位错运动,使滑移困

难，因而金属变形抗力上升。冷塑性变形后亚结构的细化和位错密度的增加是产生加工硬化的主要原因。变形程度愈大，亚结构细化程度和位错密度也愈高，加工硬化程度也愈高。

第三个影响是，各晶粒的晶面会按一定趋向转动，在变形量很大时，原来位向不相同的各个晶粒会取得近于一致的位向，这种晶粒位向趋于一致的结构称为变形（轧制）织构，这种现象称为择优取向。变形织构的形成会使材料性能呈明显的各向异性。材料的各向异性在多数情况下是有害的，例如在用有变形织构的 3104 – H19 薄带深拉易拉罐罐身时会产生四周边缘不整齐的所谓"制耳"现象。

合金成分对变形织构无明显影响。变形量越大择优取向越厉害，变形率小于 15% 时几乎没有明显的织构；变形率为 40% ~ 50% 时，织构仍很紊乱，只有达到 70% ~ 80% 变形后织构才明显。然而，即使变形程度达到 99% 或更大，方向偏转仍在 15°以下。

4.2.1.2　对金属性能的影响

由于塑性变形程度的增加使金属的强度与硬度升高而塑性下降的现象称为加工硬化。5052、5050、3A21 及 1100 合金的加工硬化曲线见图 4 – 3。随着冷变形量的增加，强度性能增加而伸长率下降。铝合金的加工硬化特性与温度有关，见图 4 – 4，在低温下加工硬化更为明显。

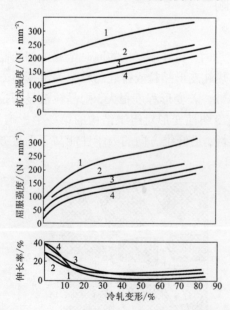

图 4 – 3　热处理不可强化铝合金的加工硬化曲线

1—5052；2—5050；3—3A12；4—1100

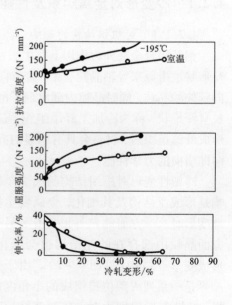

图 4 – 4　1100 退火板材的加工硬化曲线

●—195℃；○—室温

加工硬化现象在许多情况下是有利的：利用加工硬化来强化金属，提高金属强度、硬度和耐磨性，特别是对热处理不可强化的 1×××系、3×××系、5×××系及部分 8×××系合金；加工硬化也是某些工件能够用塑性变形方法成形的关键因素，例如深拉易拉罐罐身过程中(图 4-5)，由于相应于凹模圆角 r 处金属塑性变形最大，故首先在此处产生加工硬化，使随后的变形能够转移到罐身壁上，从而能制得罐壁厚度比用材厚度(0.25～0.29 mm 的 3014-H19)薄

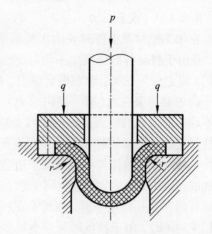

图 4-5　深拉时金属变形示意图

得多的且均匀的罐身；加工硬化还可以在一定程度上提高构件在使用过程中的安全性，因为构件在使用过程中不可避免地会在孔、键槽、螺纹、截面过渡处等部位出现应力集中和过载荷现象，此时由于金属能加工硬化，过载部位会产生少量塑性变形，提高此处材料的屈服强度并与所承受的应力达到了平衡，变形就会停止，在一定程度上提高了构件的安全性。

加工硬化对铝的电导率影响不大，例如 1350-O 的电导率为 63% IACS，而特硬状态的为 62.5% IACS。Al-Mg 合金冷轧后的密度变化比纯铝的大，因为合金元素能提升冷加工引起的位错和点缺陷(表 4-1)。冷加工对铝及铝合金的弹性模量几乎没有影响。加工硬化对金属的滞弹性有一定的影响，通常退火状态铝合金的阻尼比加工硬化合金的更大一些。

表 4-1　冷加工铝-镁合金密度

合金	退火/($kg \cdot m^{-3}$)	冷轧 80%/($kg \cdot m^{-3}$)	变化/%
Al	2701.1	2700.6	-0.018
Al-1Mg	2688.3	2687.7	-0.022
Al-2.4Mg	2669.6	2668.7	-0.034
Al-4.4Mg	2645.0	2643.0	-0.076

一般来说，加工硬化对铝的化学性能影响不大，但在一定条件下，由于冷加工铝材中会残留拉伸应力，会使 2×××系、7×××系、5×××系合金在腐蚀环境中对应力腐蚀开裂更为敏感。

4.2.1.3　残余应力

在加工铝材及工件时外力去除后仍残留于其中的应力称为残余应力或内应力，是由于材料各部分发生不均匀塑性变形而产生的。按照残余应力作用范围的不同，将它分为三类：宏观残余应力、微观残余应力、晶格畸变应力。

1)宏观残余应力(第一类内应力)。宏观残余应力是由于金属材料各部分变形不均匀而造成的宏观范围内的残余应力。例如，金属杆发生弯曲塑性变形时，中性层上边的金属被拉长，而下边的金属被缩短[图4-6(a)]。由于杆要保持整体性，上边金属的伸长必然受到下边金属的阻碍，即下边金属对上边金属产生了附加的压应力，反之，下边金属受到上边金属施加的拉应力。这些附加的应力在金属杆内存在并相互平衡，故属宏观残余应力。拉丝时宏观残余应力的形成见示意图4-6(b)，由于拉丝时外层金属塑性变形比中心部分的小，因而外层金属受拉应力，而心部金属受压应力。

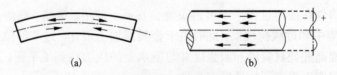

(a)　　　　　　　　　　　　　(b)

图4-6　宏观残余应力

(a)弯曲后；(b)拉丝后

2)微观残余应力(第二类内应力)。多晶体金属在塑性变形时会受到周围位向不同的晶粒与晶界的影响与约束，因此各晶粒或亚晶粒间的变形也总是不均匀的，变形后无疑也会产生残余应力。以图4-7所示的多晶体中晶粒A、B为例，它们的位向不同。假设在拉力P作用下，A的变形比B的大，但它们是一个整体，故B将阻止A的变形伸长而施以压应力，而A对B施以拉应力，这种作用于金属晶粒或亚晶粒间的残余应力就是微观残余应力。

3)晶格畸变应力(第三类内应力)。铝及铝合金在压力加工后，位错及空位等晶体缺陷，使晶体中的部分原子偏离平衡位置而造成晶格畸变，产生残余应力，它在几百个至几千个原子范围内相互平衡，是存在于变形金属中占主导地位残余应力。

通常工件中的残余应力弊多利少，主要的有害作用：降低工件承载能力，使工件尺寸及形状发生变化，降低工件的抗蚀性，因此必须消除残余应力，热处理是消除残余应力的主要措施。不过在某些情况下残余应力也有有利的一面，例如承受弯、扭交变载荷的零件，如使其表层存在残余应力可抑制表层疲劳裂纹的产生与扩展，从而提高金属的疲劳强度。

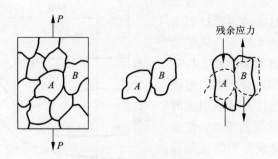

图 4 - 7　微观残余应力

4.2.2　回复及再结晶

冷变形金属加热时发生的主要过程见图 4 - 8。

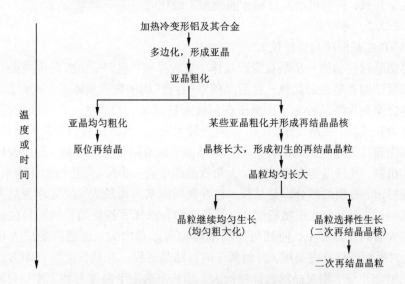

图 4 - 8　冷变形铝及其合金加热时发生的主要过程

4.2.2.1　回复

将冷变形铝及铝合金加热会发生回复与再结晶过程。其驱动力是冷变形储能，即冷变形后金属的自由能增量。冷变形储能的结构形式是晶格畸变和各种晶格缺陷，如点缺陷、位错、亚晶界等。加热时晶格畸变将恢复，各种晶格缺陷将发生一定的变化（减少、组合），金属的组织与结构将向平衡状态转化。使冷变形金属向平衡状态转变的热处理称为退火。

在退火温度低、退火时间短时，冷变形金属发生的主要过程为回复。回复过程的本质是点缺陷运动和位错运动及其重新组织，在精细结构上表现为多边化过程，形成亚晶组织。退火温度升高或退火时间延长，亚晶尺寸逐渐增大，位错缠结逐渐消除，呈现鲜明的亚晶晶界。在一定条件下，亚晶可以长大到很大尺寸(约 10 μm)，这种情况称为原位再结晶。

冷变形金属退火时某些性能的变化见图 4-9。回复不能使冷变形储能完全释放，只有再结晶过程才能使加工硬化效应完全消除。

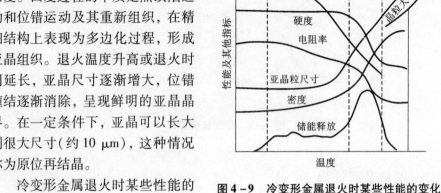

图4-9　冷变形金属退火时某些性能的变化

4.2.2.2　再结晶

(1)再结晶形核与晶核长大

再结晶过程的第一步是在变形基体中形成晶核，它们是由大角度界面包围且具有高度结构完整性的晶粒。然后晶核以"吞食"周围变形基体的方式而长大，直至基体完全变为新晶粒为止。至于在何处形核尚无一致看法，有的认为在表面，有的认为在晶界，在畸变最小区，在畸变最大区，在其方位有利于长大的碎片上，在与周围碎片失配度最大的碎片上。再结晶形核有两种主要机制：①应变诱发晶界迁移机制，其特点是在原始晶粒大角度晶面中的一小段(尺寸约为几微米)突然向一侧弓出，弓出的部分即是晶核，它吞食周围基体而长大，故又称为晶界弓出形核机制；②亚晶长大形核机制，亚晶长大时，原分属各亚晶界的同号位错都集中在长大后的亚晶界上，使其与周围基体位向差角增大，逐渐演变成大角度界面，此时界面迁移速度突增，开始真正的再结晶过程。亚晶长大的可能方式有亚晶的成组合并与个别亚晶的选择性长大。形核率决定于温度与加工率，与温度的关系可用下式表示：

$$N = N_0 \exp\left(-\frac{Q_N}{RT}\right) \qquad (4-1)$$

式中：N 为形核率；N_0 为常数；Q_N 为形核激活能。

与形核过程一样，晶核长大，亦为热激活过程。长大速度与温度的关系：

$$G = G_0 \exp\left(-\frac{Q_G}{RT}\right) \qquad (4-2)$$

式中：G 为晶核长大速度；G_0 为常数；Q_G 为长大激活能。

形核率随着时间的延长而增大，超声波可加速形核。铝的形核激活能 $Q_N = 1 \sim 1.3$ eV，实际上与其扩散激活能相等。晶核长大速度与加热时间、变形量、变形方式有关，不过不同的晶粒有不同的成长速度，即使是同一晶粒，在不同方向也有不同的生长速度。长大激活能 $Q_G = 2.2 \sim 2.6$ eV。

由于再结晶后形成了新的等轴晶粒，因而消除了纤维组织。同时，再结晶后获得了新的晶格畸变小的晶粒，且晶体中位错密度已下降到变形前的程度，因而残余应力与加工硬化现象也完全消除。所以再结晶的结果，使变形金属又重新恢复到冷塑性变形前的状态。但必须指出，再结晶只是改变了晶粒的外形和消除了由变形而产生的某些晶体缺陷，而新、旧晶粒的晶格类型是完全相同的，所以再结晶不是相变过程。

(2) 再结晶温度

金属的再结晶过程不是一个恒温过程，而是在一定温度范围内进行的过程。通常再结晶温度是指再结晶开始的温度(发生再结晶所需的最低温度)，它与金属的熔点、纯度、预先变形程度等因素有关。

金属预先变形程度愈大，它由于处于不稳定的状态，再结晶的倾向愈大，因此，再结晶开始温度愈低。当预先变形程度达到一定量后，再结晶温度将趋于某一最低值(图 4 – 10)。这一最低的再结晶温度，就是通常指的再结晶温度。大量实验证明，各种纯金属再结晶温度($T_{再}$)与其熔点($T_{熔}$)间的关系，大致可用下式表示：

$$T_{再} \approx 0.4 T_{熔} \qquad (4-3)$$

式中：各温度值应按绝对温度计算。

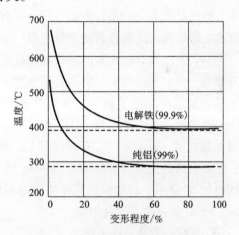

图 4 – 10　金属再结晶开始温度与预先变形程度关系

可见，金属熔点愈高，在其他条件相同时，其再结晶温度愈高。

再结晶温度决定于一系列的因素，最重要的是：退火时间，变形程度，变形温度，纯度和晶粒大小。退火时间越长，完成再结晶的温度越低。变形度小于临界值时，哪怕退火温度接近熔点，也不会发生再结晶。临界变形度的变化极明显，决定于：纯度，晶粒大小与方位，加热时间，变形均匀度等等。铝的临界变形度为 2% ~ 7%。

变形量小时，再结晶开始温度与终了温度都比较高，同时相差较大，它们随着变形程度的增大而彼此接近。变形程度增大时，再结晶开始温度及再结晶终了温度都下降，但下降速度越来越慢；变形程度大于 70% ~ 80% 时，下降量微乎其微。压力延迟再结晶。再结晶前的恢复降低再结晶速度。晶粒越大，再结晶温度越高。纯度相同时，单晶体再结晶需要的变形程度比细小多晶材料的大，再结晶温度也比后者的高 50 ~ 100 K。挤压材料的晶粒往往比较粗大，其再结晶终了温度比相应热轧材料的高。薄箔的再结晶比厚材料的快。在零度以下进行变形的材料中，由于点缺陷被截留下来，晶格歪扭得更厉害，因此，既加速恢复过程，又加速再结晶过程，所以低温变形材料在再结晶过程晶界迁移速度高。

铝的纯度是影响其再结晶温度最重要的因素之一。冷变形 70% ~ 80% 时，杂质含量等于或小于 1×10^{-6} 的纯铝能在零度以下开始再结晶，可是工业纯铝的再结晶温度为 600 ~ 650 K。通常，再结晶温度在一定程度上与杂质含量成比例，同一纯度试样的再结晶温度可以有很大的差别，很可能是由于它们所含的杂质不同。

工业纯铝的再结晶在很大程度上与铁及硅所处的状态有关。当它们处于固溶体中，特别是当 Fe/Si 值小且大部分硅可溶解时，则再结晶速度慢，开始再结晶温度高，再结晶沉淀物分布在晶粒边界，阻碍晶粒长大。

通常，大多数合金元素的再结晶温度都会提高，除非它们能同某种其他杂质相互作用，产生相消效果，使再结晶温度下降。B 就是这样一个元素，它能降低再结晶开始温度及终了温度，因为 B 的存在会降低 Ti、Zr、V、（还可能有 Cr、Mn）的可溶性。Au、Mn、Fe、Mg、Cu、Zn、Ti、Ni 及 W 提高再结晶终了温度，降低再结晶速度。Si、Ga、P，有时还有 Fe、Mn、Ni、Ag、Zn、Cu 降低再结晶终了温度，提高再结晶速度。单独加入 Fe、Si、Cu，或同时加入 Si 与 Cu 延缓再结晶，可是同时加 Si 及 Fe，却加速区域提纯铝的再结晶。Cu 及 Mg 的含量低于某一最小值时，对 Al 的再结晶没有影响。

（3）晶粒长大及二次再结晶

晶粒长大是一个自发过程，因为它可使晶界减少，晶界表面能量降低，使组织处于更为稳定的状态。晶粒长大实质上是一个晶粒的边界向另一个晶粒中迁移，把另一个晶粒中晶格的位向逐步改变成为与这个晶粒相同的位向，于是另一个晶粒便逐步地被这个晶粒"吞并"而合成一个大晶粒（图 4 - 11）。

再结晶晶粒形成后，若继续延长保温时间或提高加热温度，再结晶晶粒会粗化，粗化有两种方式：第一种方式是晶粒均匀长大，又称为正常的晶粒长大或聚集再结晶。即图 4 - 11 所示的方式。

第二种方式是晶粒选择性长大，即二次再结晶，往往在晶粒较为均匀的再结晶基体中，某些个别晶粒可能急剧长大，这种现象称为二次再结晶。当然，发生

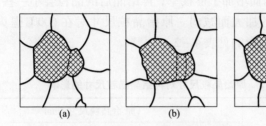

图 4 – 11　晶粒长大示意图

二次再结晶必须具备一定条件，例如变形量接近于临界值，同时变形不均匀时，只有少数适宜于长大的晶粒才会发生异常长大，最后形成特大的晶粒，这也是生产单晶的方法之一。

铝合金的二次再结晶还与合金元素有关，含有 Fe、Mn、Cr 等元素时，由于生成 $FeAl_3$、$MnAl_6$、$CrAl_3$ 等弥散相，可阻碍再结晶晶粒均匀长大。但加热至高温时，有少数晶粒晶界上的弥散相因溶解而首先消失，这些晶粒会率先急剧长大，形成少数极大的晶粒。这就是说这些元素在一定条件能细化组织，而在另一条件则可能促进二次再结晶，从而得到粗大的或不均匀的组织。

此外，发达的退火织构也可促进二次再结晶的发生。

（4）再结晶晶粒尺寸

它是影响使用性能和工艺性能如深冲性能及表面品质的重要因素。影响晶粒尺寸的主要因素：第一个因素是合金成分，通常随合金元素及杂质含量增加，晶粒尺寸减小。因为不论它们是溶于固溶体中还是生成弥散相均阻碍界面迁移，有利于获得细晶粒组织。但对某些合金如 3A21 型合金在半连续直接水冷（DC）铸造时由于冷却速度快以及 Mn 本身具有晶界吸附现象，不可避免地会产生相当严重的晶内偏析，晶界附近区域的含 Mn 量较晶粒内部的高，Mn 强烈提高铝的再结晶温度。因此 Mn 含量不同的区域有不同的再结晶温度，含 Mn 量高的区域有高的再结晶温度。经加工的 3A21 合金退火时，若加热速度慢，则温度达到低 Mn 含量区再结晶温度后，该区就会形核生成再结晶晶粒，而高 Mn 含量区此时不仅不发生再结晶，而且可能因回复而降低储能水平使再结晶温度更为提高。继续升高至高 Mn 含量区发生再结晶时，低 Mn 区晶粒早已长大，高 Mn 区可能自身形核，也可能以低 Mn 区再结晶晶粒为核心而长大，最后形成局部粗大的晶粒组织。

防止 3A21 型合金材料产生粗大晶粒措施：对 DC 铸锭在 600 ~ 640℃/8 h 均匀化退火消除晶内偏析；再结晶退火时快速加热（盐浴中）退火、气垫退火、感应退火等；加大铁含量与添加细化晶粒的钛等。

影响晶粒尺寸的第二个因素是原始晶粒大小。一般地，原始晶粒愈细，由于原有大角度界面愈多，因而增加了形核率，再结晶后的晶粒会小一些，但原始晶粒影响会随着变形程度的加大而减弱。原始晶粒尺寸对在 600℃ 退火 40 min 的 99.7% Al 的再结晶晶粒的影响见表 4 - 2。

表 4 - 2   原始晶粒尺寸对再结晶晶粒尺寸的影响

变形率/%	原始晶粒尺寸/mm	
	1.13	0.06
5	2.64	0.75
10	2.05	0.51
15	0.54	0.44

第三个影响因素是变形程度。冷压力加工的变形程度对 1100 板材退火后的晶粒尺寸影响见图 4 - 12。金属由某一变形程度开始发生再结晶产生非常粗大的晶粒，这一变形程度称为临界变形程度或临界应变 ε_c，通常为 1% ~ 15%。

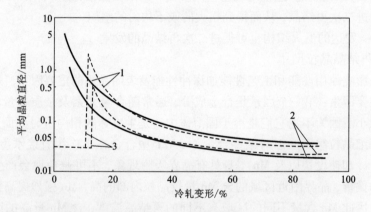

图 4 - 12   1100 板材在 360℃(- - -)或 480℃(—)退火后的晶粒尺寸
1—慢速加热；2—快速加热；3—临界变形程度

变形程度小于 ε_c，退火时只发生多边化过程，原始晶界仅需作约晶粒尺寸的数百万分之一至数十分之一的短距离迁移就足以消除应变的不均匀性。当变形程度达 ε_c 时，个别部位变形不均匀性很大，其驱动力足以引起晶界大规模移动而发生再结晶，但由于此时形核率 $\dot{N}$ 小，形核率 $\dot{N}$ 与晶核长大速度之比 $\dot{N}/\dot{G}$ 值也小（图 4 - 13），因而晶粒粗大。此后，在变形程度增大时，$\dot{N}/\dot{G}$ 值不断增大，再结晶晶粒也不断细化。

变形温度升高，变形后退火时的呈现的临界变形程度也增加（图 4 - 14）。因为高温变形的同时会发生动态回复，变形储能随着降低。由此可见，为获得晶粒细小的材料，增大热加工变形量是必要的。

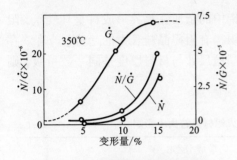

图 4 – 13　变形量对纯铝再结晶
形核率 $\dot{N}$ 及长大速率 $\dot{G}$ 的影响

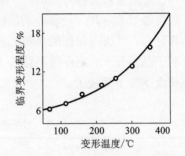

图 4 – 14　铝的临界变形程度
与变形温度的关系（450℃退火 30 min）

　　Al 愈纯临界变形程度愈小。合金元素对临界变形程度各有其不同的影响，少量 Mn 可显著提高 ε_c，加入的 Cu 及 Zn 时即使量较大，对 ε_c 的影响也不大，因为 Mn 可形成阻碍晶界迁移的 $MnAl_6$。

　　第四个影响因素是退火工艺。退火温度升高，$\dot{N}$ 及 $\dot{G}$ 都增大。如果它们以相同规律随温度而变化，则再结晶完成瞬间的晶粒尺寸应与退火温度无关。若 $\dot{N}$ 随温度升高而增大的趋势较 $\dot{G}$ 增大的趋势强，则退火温度愈高再结晶完成瞬间的晶粒愈细。但是在大多数情况下晶粒都随退火温度升高而粗化，因为在生产中退火时温度都已发展到晶粒长大阶段，这种粗化实质上是晶粒长大的结果。温度愈高，再结晶完成时间愈短，如保温时间相同，晶粒长大时间更长，高温下晶粒长大速度也愈大，因而最终得到的是粗大的晶粒组织。

　　在一定温度下，延长退火时间，晶粒会逐渐长大，但达到一定尺寸后便会停止生长，因为晶粒尺寸与时间呈抛物线型关系。所以，在一定温度下晶粒尺寸均会有一极限值。

　　若晶粒尺寸达到某一极限值后再提高退火温度，晶粒还会继续长大直到达到与此温度相应的极限值为止。因为退火温度提高后，原子扩散能力增强，打破了晶界迁移力与阻力平衡关系；温度升高会破坏晶界附近杂质偏聚区，并促进弥散相部分溶解，晶界更易于迁移。

　　除退火温度与保温时间外，晶粒大小还与加热速度有很大关系，加热速度快，退火后晶粒细小，在实验室条件下，加热速度对纯铝及铝合金晶粒大小的影响见表 4 – 3，由所列数据可知，在所列的加热速度范围内，加热速度对纯铝及单相合金（Al + 0.5% Si）晶粒的影响小，而对两相合金的影响大一些。

　　提高加热速度之所以能细化退火组织是因为：快速加热时回复过程来不及进

行或进行得不充分，因而冷变形储能不会大幅度下降；快速加热提高了实际再结晶开始温度，形核率加大；快速加热能减少阻碍晶粒长大的第二相及其他杂质质点溶解，使晶粒长大趋势减弱。

仅含数量为 $\times 10^{-6}$（ppm）杂质的高纯铝中的杂质在晶界形成科垂耳气氛，阻碍晶界迁移，可获得较细的晶粒。明显的织构有阻碍晶粒长大的趋势，若客观存在有利于晶粒长大，则促进晶粒长大。若晶粒尺寸与材料厚度是同一数量级，则晶粒长大速度下降极大。

表4-3　加热速度对退火铝材晶粒大小影响

加热方式	化学成分/%			
	99.95Al	Al+4Cu	Al+0.5Si	Al+Mg₂Si
	晶粒大小/（晶粒个数·mm⁻²）			
箱式炉退火	36	225	49	30
盐浴炉退火	36	1 150	64	145

不少变形铝合金的再结晶晶粒呈等轴状或接近等轴状。含 Mn、Cr、Zr 等元素的高合金化铝合金，再结晶晶粒为细长形或呈扁平状，因为它们的弥散脱溶质点在变形后呈带状或层状分布，制约再结晶晶粒长大。

正常情况下，再结晶晶粒尺寸在整个材料体积中应该大致均匀相等，有时也能观察到不希望出现的组织不均匀性、局部的晶粒尺寸不均匀性、岛状的晶粒尺寸不均匀性、块状的晶粒尺寸不均匀性（其特征是粗晶粒尺寸与细晶粒群在整个体积中无规律地分布，可能是铸锭中成分偏析造成的，因为这种不均匀可造成变形不均匀以及再结晶不均匀，最后形成程度不等的粗、细晶粒群）。晶粒尺寸不均匀对材料性能不利，这种组织不均匀性一旦出现，随后采用任何热处理都无法消除，应力求避免这种现象的出现。晶粒尺寸不均匀性是由多种原因造成的，其原因可由成分以及从铸锭到制品的全过程来分析。

（5）再结晶织构。再结晶织构与变形织构通常是不同的，铝的典型退火织构是（100）[001]立方结构，它相当于晶体碎块绕[111]方向旋转一圈。在高纯铝薄板及工业纯铝薄板中还有（001）[210]及（011）[111]+15°织构，挤压材料有[103]、[113]及[111]织构，线材有[322]织构，带有[111]织构的铝线再结晶时加以超声波振动可产生[211]织构。解释铝织构的主要理论有两种：①有适当方向的碎晶块形核；②在择优方向上加速生长。

再结晶立方织构的数量决定于变形织构的量，除非变形程度相当大，产生极明显的结构，以致再结晶织构变得不规整，模糊不清。加热到再结晶温度的升温速度对织构有影响：慢速加热，恢复充分，变形织构靠消耗一部分再结晶织构而变得稳定，最后形成双织构。除非在更高温度下长期加热，促使恢复晶粒长大与吸收，否则，双织构是不会消失的。材料越厚，立方织构越明显。对于工业纯铝，Fe/Si值小、硅含量大、铁与硅溶于固溶体中、中温退火及低温轧制、变形量不大等都有利于保留变形织构(123)[121]，而不利于形成(001)[100]立方结构。合金元素也对织构有很大的影响；提高再结晶温度的元素促进恢复，有利于加工织构超过退火结构。镁抑制恢复，增加立方织构数量。高温退火往往使箔织构分散。

织构对成形很重要：(123)[121]变形织构使与轧制方向成45°的方向上出现制耳，而(100)[001]立方织构则使90°方向上出现制耳。如果这两种织构同时存在，且其量不相上下的话，则可在与轧制方向成45°、90°或22°的方向上出现8个制耳。没有织构，同时晶粒取向紊乱的材料是最好的深拉材料。在工业生产中，生产无织构材料很困难，因此，可接受具有双重织构材料，用这类材料冲压零件时，可形成8个制耳，且制耳尺寸很小。

工业纯铝中的Fe/Si为1/2～1/1(Si含量反常，特别高)时，可形成有利的组织。Be、Cr、Cu、V、Ti、Zr对织构的影响很小。铸造与加工工艺对制耳影响也很大：连续铸造铸锭的固溶体大都是过饱和的，从而加强了制耳，除非进行长时间退火，慢慢冷却，使可溶解的元素沉淀与球化。低温热轧后，再加以变形度小于80%的冷轧，可减少制耳。铸造时添加细化剂能减少织构，深拉模及工具的设计也影响制耳量。

再结晶织构总存在着明显的漫散。在实际生产中希望不出现制耳，应控制再结晶制耳，通常可通过调整加工及退火使之产生多重的再结晶晶粒择优取向，使单一取向的影响减弱。

4.2.2.3 再结晶材料加工件的表面现象

(1)吕德带(Ludre's band)

Al – Mg系合金(退火状态)材料在拉伸应变时存在着明显的屈服点及屈服点伸长。在屈服点伸长范围内的塑性变形是不均匀的。当应力达到上屈服点后，首先在试样应力集中部位产生已屈服的变形带，此时应力急剧下降。随后这种变形带就沿着长度方向继续形成或扩展产生屈服点伸长。在应力 – 应变曲线上出现一系列的台阶或锯齿，一直到试样缩颈为止。台阶线上每一个波动就应对于一个新变形带形成，这种变形带通常被称为吕德带。它与试样未变形部位有明显的界限，大致与试样拉伸轴呈45°角。在深拉成形时也可能在工件表面形成。吕德带虽然对产品性能没有多大影响，但对制品表面品质影响却不可忽视，应避免。防止措施：深拉前先进行比屈服点伸长稍大的预变形，如轧制，然后再深拉，就不会出现吕德带；提高成形温度，如150℃以上深拉。

1）橘皮状

粗晶粒退火状态板材在深拉、弯曲或拉伸成形时，有时会在工件表面产生一种粗糙的、类似橘皮形状的形貌，它是晶粒间不均匀变形的表象。晶粒愈细，变形愈均匀，表面愈光洁，不会出现此现象。有时具有大致位向相同的细晶粒团在变形时也会如粗晶粒金属一样产生类似的橘皮现象。橘皮表面对产品外观有严重影响，应避免。晶粒细小均匀的铝材不会产生此类现象。

2）环状线

环状线出现于工件上是由于组织不均匀导致变形不均匀的结果，是表面粗糙的另一种表现形式。组织不均匀原因是：①由条纹状晶粒引起的，若板材在热轧或中间退火后形成粗晶，则这些粗晶在最终轧制道次时被拉长成纤维状，经完工退火后，它们又未再结晶仍呈纤维状，则处在某些纤维内的细晶粒或亚晶粒具有几乎相同的位相，则深拉时的变形特征相同，于是形成环状线；②由粗枝晶偏析造成的，虽然铸锭经过均匀化退火与热轧，但粗枝晶偏析仍未消除或消除不彻底，特别是那些含铬、锰、锆等的合金。因此，消除偏析与防止粗晶粒形成是消除环状线的有效措施。

4.2.2.4　铝及铝合金的热加工特征

热加工与冷加工的区分以金属再结晶温度为界，凡是金属的塑性变形在再结晶温度以下进行的称为冷加工，冷加工时必然产生加工硬化；反之，在再结晶温度以上进行的塑性变形则称为热加工，热加工时产生的加工硬化可随时被再结晶所消除。由此可见，冷加工与热加工并不是以具体的加工温度高低来区分的。

铝及铝合金在高温下变形时其加工硬化特征与变形温度及变形速度有关，若变形温度高与变形速度慢，则加工后的强度低，Al - 5% Mg 合金的力学性能与最终轧制温度的关系见图 4 - 15。

金属在热加工时会发生动态回复及动态再结晶。铝的堆垛层错能较高，扩展位错较窄，极易发生动态回复而形成亚晶组织。热加工温度低而应变速度又快时形成细小的亚晶粒，若热加工后快冷，再结晶过程可能被仰制，高温变形时形成的亚晶会保留下来，发生一定的强化作用，这种强化称为亚结构强化或亚晶强化，亚晶强化与亚晶尺寸的关系见图 4 - 16。

热加工可削除铸坯中的某些缺陷，如使气孔和疏松焊合，部分消除某些偏析，使粗大的柱状晶粒与枝晶变为细小均匀的等轴晶粒，改善夹杂物与金属间化合物的形态、大小与分布；形成热加工纤维组织（流线），热加工时，铸态金属毛坯中的粗大枝晶及各种夹杂物，都要沿变形方向伸长，使铸态金属枝晶间密集的夹杂物，逐渐沿变形方向排列成纤维状。这些夹杂物在再结晶时不会再改变其纤维状，这种组织的存在使材料或工件的性能呈现各向异性，可见用热加工法制造工件时须保证流线的正确分布，应使流线与工件工作时所受到的最大拉应力方向一致，而与剪应力或冲击方向垂直，最好使流线沿工件外形轮廓连续分布。

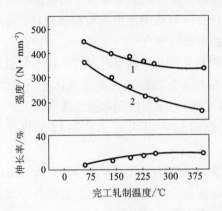

图 4 – 15　**Al – 5% Mg 合金板，由 19 mm 厚**
轧至 13 mm 厚时，轧制温度对抗拉性能的影响
1—抗拉强度；2—屈服强度

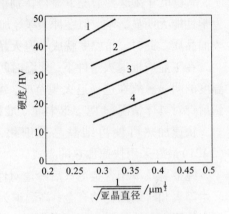

图 4 – 16　铝及铝 – 镁合金室温硬度
与亚晶尺寸的关系
1—Al – 2% Mg；2—Al – 1% Mg；
3—Al – 0.33% Mg；4—Al

4.2.2.5　退火工艺

（1）制订退火工艺的基本原则

按退火时的组织变化，可将其分为回复退火及再结晶退火。前者一般作为半成品或制品的最终处理，以消除应力或保证材料的强度与塑性有更好的结合，多用于热处理不可强化合金。

再结晶退火又可分为完全退火、不完全退火及织构退火。完全再结晶退火应用最为广泛，可用作热变形后冷变形前坯料的预备退火、冷变形过程中的中间退火以及获得软制品的最终退火。不完全再结晶退火一般用作最终退火以得到特硬（H19）与 O 状态之间的各种半硬制品，可主要用于热处理不可强化的合金。织构退火的目的在于获得有利的再结晶织构。

在生产中往往将退火分为高温退火及低温退火。高温退火的目的在于使材料充分软化，低温退火则是为了消除应力或得到各种制品的半硬性质。这种分类仅具有温度及性能上意义，不能说明退火过程中组织变化的实质。因为有些合金在回复阶段即可基本软化，因而高温退火可能仍在回复阶段，而有些合金只有产生部分再结晶才能达到半硬状态，故为此目的的低温退火也属再结晶退火范畴。

退火工艺的主要参数为温度和时间，有些情况下加热速度和冷却速度也很重要。

退火材料的品质一般用力学性能衡量。因此，加热温度可根据力学性能和温度关系图(等时退火曲线)选择。有些材料在制造成品时需进行深拉或弯曲等加工,晶粒尺寸在这种情况下显得特别重要。因为晶粒粗大有时在一定范围内虽对力学性能无明显影响,但在冲、弯等加工时会使制品表面出现粗糙橘皮状,影响表面品质。此时,晶粒度就成为退火品质的重要标准之一。

在工业成批退火条件下,保温时间通常为 1 ~ 2 h。保温时间的影响不如退火温度的明显。故在选择退火规范时,主要根据 1 h 等温退火曲线选择退火温度,然后针对具体情况(炉型、装料量、堆料方式等)对保温时间作适当调整。

快速加热可使再结晶晶粒细化,所以对那些退火时晶粒易粗大的合金(3A21)最好采用快速加热的方式。

纯金属及单相合金退火后冷速对性能无重大影响,可不考虑冷却方式。对能产生淬火和时效强化的合金,高温退火后应控制冷却速度,总的要求是在冷却过程中使溶入基体的强化相能平衡析出,防止淬火效应,使其充分软化。

(2)退火工艺

铝及其合金的退火有高温退火及低温退火两大类。高温退火通常为完全再结晶退火,在半成品生产过程中,预备退火(坯料退火)、中间退火控制不如成品退火那么严格,坯料退火是为了消除热变形后的部分加工硬化及淬火效应。

低温退火主要用于纯铝及热处理不可强化铝合金,以稳定性能、消除应力、获得半硬制品。1×××系及5×××系合金的低温退火主要属于回复退火,3××××系等合金在低温退火时可能已发生部分再结晶。总之,经低温退火后,在保证合金高强度的同时具有一定的塑性,以便于随后成型时的弯折、卷边等操作。

铝及其合金半成品种类很多,生产工艺不一,同一种合金不同半成品的退火规范可能有所区别。

为提高生产率并获得高品质退火制品,目前愈来愈多地采用快速退火工艺。快速退火不仅用于铝合金,对其他合金亦同样适用。它的特点是加热速度快,高温下保温时间短,保温后可快速冷却。为满足这种工艺条件,首先装料不能多(一般板、带材是单张或数张,管、棒材是单根或数根,线材是单线或数线)。炉温应大大高于退火时金属所需达到的温度(如铝合金退火时,金属温度需400℃左右,炉温可取 600 ~ 700℃),只有这样才能使金属快速达到所需温度,并在高温下迅速完成再结晶过程。由于加热速度快、退火温度较高,且在高温下保温时间很短,因而晶粒细小,也不会产生淬火效应。由于装料少,加热也很均匀,基本上不会发生性能不均匀现象。实现这种工艺的方法一般采用连续式退火联合生产线,也可采用接触电加热、感应加热等。

2A11、2A12、6A02 等合金快速退火规范如图 4 - 17 所示。整个退火过程可分为四段,总退火时间在 20 ~ 30 min 以内。按此工艺设计的快速退火炉(联合生产线）生产能力可达 4 t/h，而普通退火炉只能生产 150 kg/h，生产效率提高 25 倍以上。

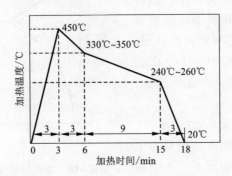

图 4 – 17　2A11、2A12、6A02 合金等快速退火规范示意图

4.3　淬火及时效

4.3.1　淬火（固溶处理）

4.3.1.1　淬火（固溶化）温度及冷却条件

固溶处理包含固溶化（高温相）和快速冷却（淬火）两个过程。固溶处理通常被称为淬火，是获得过饱和固溶体的必不可少的工序，而过饱和固溶体脱溶是热处理可强化铝合金进行强化热处理（淬火与时效）的基础。

淬火是将合金在高温下所具有的状态以过冷、过饱和状态固定至室温，或使基体转变成晶体结构与高温状态不同的亚稳状态的热处理形式。

合金能否淬火可由相图确定。若合金在相图上有多型性转变或固溶度改变，原则上这些合金可以淬火。但淬火要快冷，以抑制扩散型相变，这是淬火与基于固态相变的退火的区别。根据淬火时合金组织、结构变化的特点，可将淬火分为两类：无多型性转变合金的淬火和有多型性转变合金的淬火。两类合金淬火本质上有很大差别。

淬火后大多数合金得到亚稳定的过饱和固溶体。因为是亚稳定的，所以存在自发分解趋势。有些合金室温就可分解，但它们中的大多数需要加热到一定温度，增加原子热激活几率，分解才得以进行。这种室温保持或加热以使过饱和固溶体分解的热处理称为时效。前者被称为自然时效，后者被称为人工时效。

铝合金淬火时的典型二元相图示于图 4 – 18。成分为 C_0 的合金，室温平衡组织 $\alpha + \beta$。α 为基体固溶体，β 为第二相。合金加热至 T_q 以上时，β 相将溶于基体

而得到单相 α 固溶体, 这就是固溶化。如果合金自 T_q 温度以足够大的速度冷却下来, 合金元素原子的扩散和重新分配来不及进行, β 相就不可能形核和长大, α 固溶体就不可能析出 β 相, 因此这时合金的室温组织为成分 C_0 的 α 单相过饱和固溶体, 这就是淬火, 也可以称为固溶处理。

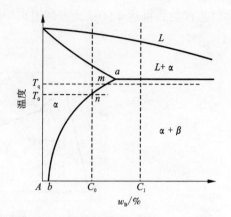

图 4 – 18　具有溶解度变化的二元系相图

4.3.1.2　淬火(固溶处理)组织

固溶处理后的组织不一定只为单相的过饱和固溶体。如图 4 – 18 中的 C_1 合金, 在低于共晶温度下的任何温度都含有 β 相。加热至 T_q 以上, 合金的组织为 m 点成分的 α 固溶体加 β 相。若自 T_q 淬火, α 固溶体中过剩 β 相来不及析出, 合金室温的组织仍与高温时的相同, 只是 α 固溶体成为过饱和的了(成分仍为 m)。

可见, 除成分与相图上固溶度曲线相交的合金能淬火外, 凡在不同温度下平衡相成分不同的合金原则上均可运用淬火工艺。

对淬火强化很敏感的合金, 加热的主要作用就是使强化组元在铝中最大限度地溶解。

固溶化加热的温度取决于合金的本性和强化相的溶解, 并且是按相图来选择的, 淬火时加热温度的上限应低于合金开始过烧的温度。而加热温度下限应能使强化组元尽可能多地固溶, 从而保证合金在淬火后能获得技术条件所规定的力学性能。

为了保证合金元素全部溶解而又不致引起过烧, 建议淬火前采用如图 4 – 19 所示的加热冷却方式。

在淬火温度下的保温时间主要由强化组元的溶解速度确定, 并取决于合金的本性、组织状态和加热条件。

材料或制品的预先热处理(退火、淬火、时效)对强化相在淬火加热时的溶解速度有重大的影响, 它加快了在重复加热时的溶解过程。因此在重新淬火时, 保温时间可以缩短。

预先退火使溶解过程减慢, 因而在以后淬火加热时需要更长的保温时间。冷却速度是根据制品状况和用途来选择的。

淬火时的冷却速度应当保证把溶解有最多合金元素的固溶体固定下来。淬火冷却的愈快, 工件的性能就愈好, 但是所形成的内应力也愈大。

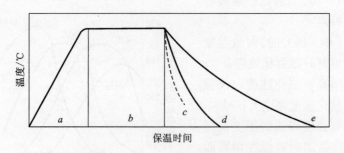

图 4 – 19　合金热处理规范示意图

a—加热时间；b—保温时间；c—淬火时的冷却；
d—合金在稳定化处理时的冷却；e—多相合金在均匀化时的冷却

　　淬火的冷却速度可以通过选用具有不同的热容量、导热性、蒸发潜热和黏滞性的冷却介质来改变。为此，可以采用水、油、熔盐、甘油及其他液体介质。

　　为了得到最小的热应力，制品可以在热介质(沸水、热油或熔盐)中冷却。应当指出，可以把淬火过程与在热介质中的长期保温结合起来，这样就把淬火与时效合二为一，可在热应力显著降低的情况下，保证制品具有很高的性能。这种过程通常称之为等温淬火。

　　近来，常常采用在 200 ~ 250℃ 的热介质(油、硝盐等)中保温若干小时的等温淬火。

4.3.1.3　合金淬火后性能的变化

　　淬火后合金性能的改变与相成分、合金原始组织及淬火状态组织特征、淬火条件、预先热处理等一系列因素有关，不同合金性能的变化大不相同。一些合金淬火后，强度提高，塑性降低，而另一些合金则相反，强度降低，塑性提高，还有一些合金强度与塑性均提高。此外，有很多合金淬火后性能变化不明显。

　　在基体不发生多型性转变的合金中，经淬火后，基本上未发现急剧强化及明显降低塑性的现象。变形铝合金淬火后最常见的情况是在保持高塑性的同时提高强度，其塑性可能与退火合金的塑性相差不大。

　　淬火对强度及塑性的影响，取决于固溶强化程度及过剩相对材料的影响。由于过剩相质点融入固溶体中，会造成晶格畸变，增大位错运动阻力，形成固溶强化。若过剩相质点对位错运动的阻滞不大，则过剩相溶解造成的固溶强化必然会超过过剩相溶解而造成软化，使合金强度提高。若过剩相溶解造成的软化超过基体的固溶强化，则合金强度降低。若过剩相属于硬而脆的大尺寸质点，它们的溶解也必然伴随塑性提高。

　　淬火后的时效过程使合金强化及软化，其特征可用不同温度下的等温时效曲

线说明(图4-20)。从这些曲线可
观察到下述特点:

①降低(如-18℃时)时效温度
可以阻碍或抑制时效强化效应;

②温度增高则强化速度以及强
化峰值后的软化速度亦增大;

③在具有强度峰值的温度范围
内,强度最高值随时效温度增高而
降低。

淬火及时效是一种综合热处理
工艺,用来提高铝合金的强度性能。
因此,一般是合金的最终处理,以
充分发挥材料的使用潜力。但有些

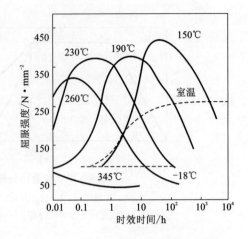

图4-20　Al-4.5Cu-0.5Mg-0.8Mn
合金的等温时效

合金(如含镁量较高的铝合金),固溶处理后由于抑制了β相的析出,可大大提高
塑性,因此可用淬火代替退火,作为冷变形前的软化措施。

4.3.1.4　淬火(固溶处理)工艺

淬火是将铝合金加热到一定温度并保温,使合金中一个或几个相溶解,形成
均匀固溶体,然后快速冷却将这种高温状态的固溶体固定下来,得到过饱和固溶
体,为时效做好准备。

(1)加热保温

1)加热温度

加热的目的是使合金中起强化
作用的溶质,如铜、镁、硅、锌等最
大限度地溶入铝固溶体中。因此,
在不发生局部熔化(过烧)及过热的
条件下,应尽可能提高加热温度,以
便时效时达到最大强化效果。图
4-21表示加热温度对2A12合金自
然时效及人工时效后拉伸性能的
影响。

加热温度的上限是合金的开始
熔化温度。有些合金含有少量共晶,
如2A12,溶质具有最大溶解度的温

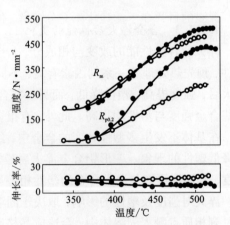

图4-21　固溶处理温度对2A12合金
时效板材拉伸性能的影响
○-○-○自然时效,●-●-●人工时效

度相当于共晶温度,为防止过烧,加热温度必须低于共晶温度,即必须低于具有
最大固溶度的温度。有些合金按其平衡状态不存在共晶组织,如7A04等,在选

择加热上限温度时,有相当大的余地,但也应该考虑其熔化的问题。

过烧是固溶化加热易于出现的缺陷。轻微过烧时,表面特征不明显,显微组织观察发现晶界稍变粗,并有少量球状易熔组成物,晶粒亦较大。反映在性能上,冲击韧度明显降低,腐蚀速度大为增加。严重过烧时,除晶界出现易熔物薄层、晶内出现球状易熔物外,粗大的晶粒晶界平直、严重氧化,三个晶粒的衔接点呈黑三角,有时出现沿晶界的裂纹。制品表面颜色发暗,有时甚至出现气泡等。

固溶化加热时,需要考虑的另一重要组织特征是晶粒尺寸。对变形铝合金来说,淬火前一般为冷加工(板材、线材等)或热加工(挤压制品、厚板)状态。淬火时的加热,除了发生强化相溶解外,也会发生再结晶或晶粒长大过程。热处理可强化铝合金的力学性能使其对晶粒尺寸相对不敏感,但过大的晶粒对性能的影响仍是不利的。因此对高温下晶粒长大倾向大的合金,如 6A02 等,应限制最高固溶化温度。

固溶化的加热速度也影响晶粒尺寸。因为第二相有利于再结晶形核,大的加热速度可以保证再结晶过程在第二相溶解前发生,因而提高形核率,获得细小再结晶晶粒。

很多铝合金挤压制品有挤压效应。在需要保持挤压效应时,固溶化温度亦应较低,以取下限为佳。

2)保温时间

保温的目的在于使强化相充分溶解,使组织充分转变到淬火需要的状态。保温时间长短主要取决于成分、原始组织及加热温度,例如 2A12 薄板在 500℃加热,保温 10 min 就足以使强化相溶解,自然时效后获得最高强度(410 N/mm^2);若在 480℃加热,则需保温 15 min,自然时效后的最高强度亦较低(400 N/mm^2)。

材料的预先处理与原始组织(包括强化相尺寸、分布状态等)对保温时间也有很大影响。通常,铸态合金中的第二相较粗大,溶解速率较小,所需的保温时间远比加工材料的长。就同一合金来说,变形程度大的比程度小的所需时间短。在已退火的合金中,强化相尺寸较已淬火 – 时效合金的粗大,故退火状态合金淬火加热保温时间较重新淬火的保温时间长得多。

保温时间还与装炉、制品厚度、加热方式等因素有关。装炉量愈多、制品愈厚,保温时间愈长。盐浴炉加热比气体介质加热(包括热风循环炉)速度快,时间短。

此外,铝合金板材表面往往覆盖有包铝层。固溶化加热时,铜和镁等组元会向包铝层扩散。为防止合金组元穿透包铝层降低耐蚀性,固溶化保温时间应短。根据同一理由,若包铝板材需重复淬火,保温时间一般应比第一次淬火的缩短一半。重复加热的次数以不穿透包铝层为原则。

（2）淬火

在铝合金热处理工艺中，可以认为淬火是最严格的一种操作。淬火的目的使合金快速冷却至某一较低温度（通常为室温），使在固溶化时形成的固溶体固定成室温下溶质和空位均呈过饱和状态的固溶体。

一般说来，采用最快的淬火速度可得到最高的强度以及强度和韧性的最佳组合，最快的淬火速度通常亦会提高腐蚀及应力腐蚀抗力。但淬火速度的影响是多方面的，因为冷却速度增加，制件翘曲、扭曲的程度以及制件中残余应力也会增大，显然这是对产品不利的因素。此外，制品厚度增加时，淬火的冷却速度必然会降低，从而可能达不到所需的最佳冷却速度，影响材料性能。可知，淬火条件及制品形状和尺寸对合金最终的性能均会带来影响。

1）临界温度范围

脱溶过程的动力学可用 TTT 图来分析。与其他降温时发生的固态相变类似，铝合金脱溶的等温动力学曲线呈"C"形。铝合金脱溶过程的 C 曲线是根据一定温度下脱溶出一定溶质（平衡相）以使强度下降一定数值（例如强度降为最高值的99.5%），或使腐蚀行为从点腐蚀改变成晶间腐蚀所需时间绘制的。图 4 - 22 及图 4 - 23 分别表示 2A12 自然时效后腐蚀行为及 7A09 人工时效后用屈服强度表示的 C 曲线。C 曲线鼻部附近是具有最快脱溶速率的温度范围，芬克（Fink）及威莱（Willey）称这一温度范围为临界温度范围。

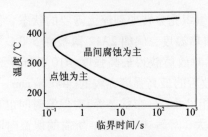

图 4 - 22　2A12 自然时效后
用晶间腐蚀表示的 C 曲线

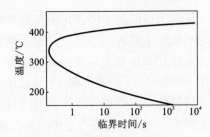

图 4 - 23　7A09 合金人工时效后
按屈服强度表示的 C 曲线

由于临界温度范围是合金自高温冷却固溶体最容易发生分解的温度区间，所以淬火条件对合金性能的影响，实际上是研究通过临界温度范围时的冷却速度对合金性能的影响。图 4 - 24 表示几种合金抗拉强度与平均冷却速度间的关系。

2）淬火因素分析

这种分析方法可用来估计淬火条件的影响并评价所采用的淬火冷却条件的合理性。进行这种分析需要提供合金的 C 曲线以及根据实测所得到的连续冷却的淬火曲线。

用淬火因素分析可预测合金的腐蚀行为及强度性能。

例如 2A12 合金，当脱溶相析出一定数量时，其腐蚀行为将由点腐蚀转为晶间腐蚀。因为自高温冷却时，平衡相将优先从晶间局部脱落，当晶间局部脱落相超过一定数量时，就会呈现明显的晶间腐蚀特征。为了评价所采用的淬火条件对 2A12 - T4 腐蚀行为的影响，可画出淬火曲线，再用图 4 - 22 的腐蚀模式为点腐蚀，淬火因素增到 1.0 以上时，则晶间腐蚀明显，腐蚀深度逐渐增加。合理的淬火规范应使合金淬火后晶间腐蚀敏感性小且变形最小。

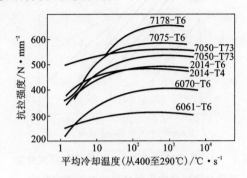

图 4 - 23　8 个合金抗拉强度
与淬火时的平均冷却速度间的关系

3）淬火时影响合金性能的其他因素

①制品尺寸和形状。淬火时的热交换是在制品表面进行的，因此冷却速度与制品比表面积（表面积/体积）有关。制品形状不同，比表面积变化很大，因此相应的冷却速度也有很大变化。

对于板材（厚板及薄板）以及与其相似的制品，平均冷却速度（在临界温度范围于制品中心或中平面处测得的冷却速度）与厚度呈如下关系：

$$\ln v_1 = \ln v_2 - k \ln t$$

式中：v_1 为厚度 t 时平均冷却速度；v_2 为厚度为 1 cm 时平均冷却速度；k 为常数。

图 4 - 24 表示厚度不同（1.6 ~ 200 mm）的型材淬入 5 种不同温度水中以及在静止空气中冷却时所测定的冷却速度。图 4 - 25 表示具有同样冷却速度的板材厚度和圆棒、方棒尺寸间用实验测定的关系。

淬火冷却速度影响合金力学性能。图 4 - 26 表示 7A09 - T6 板材平均拉伸性能与厚度的关系。从图中可见，当板材厚度 >25 mm 时，随厚度增大，抗拉强度及屈服强度呈直线降低。当板材厚度 <25 mm 时，强度性能随厚度增大而增高，主要原因是由于薄板易于发生再结晶过程。

②淬火介质。水是最广泛且最有效的淬火介质。为改变冷却速度可以采用不同的水温（图 4 - 24）。水中加入不同物质也可使冷却速度改变，例如加入盐及碱可使冷却速度提高，加入某些有机物（如聚二醇）可使冷却变得缓和。

除水外，根据合金的不同，可选择有机淬火介质及空气作为冷却介质，例如低合金化的 Al - Mg - Si 系合金对淬火速度的敏感性较小，薄壁型材可在流动空气中淬火。

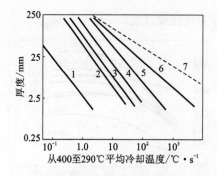

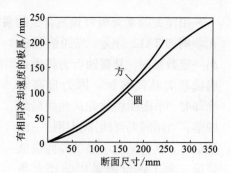

图 4-24　从固溶温度淬火时，厚度和淬火介质
和铝合金板材中平面处平均冷却速度影响

1—空冷；2—100℃水中冷；3—93℃水中冷；
4—82℃水中冷；5—65℃水中冷；6—24℃水中冷；
7—假定表面瞬间由 470℃冷至 100℃计算的最大值

图 4-25　圆棒及方棒与板材平均
冷却速度之间的关系

冷却速度在截面中心测定

③转移时间。从固溶炉转移至淬火介质中的时间与降低平均冷却速度所引起的作用类似。一般在工艺上对转移时间都有规定，Al-Cu-Mg 系合金不宜超过 30 s，Al-Zn-Mg-Cu 系合金不宜超过 15 s。允许的转移时间也可作为淬火曲线一部分通过淬火因素分析确定。

④其他。淬火冷却速度对制件的表面条件十分敏感，光洁的表面冷却速度较低，有氧化膜或锈斑以及表面涂无反射的涂层均可加快冷却速度（图 4-27）。表面粗糙有类似效果。

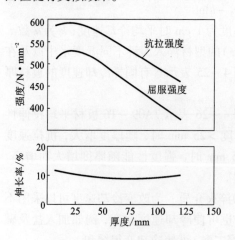

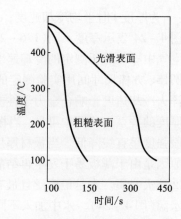

图 4-26　7A09-T6 厚板
平均拉伸性能与厚度的关系

图 4-27　表面条件对铝合金圆柱冷却的影响

直径 165 mm，长 216 mm，在 95℃水中淬火

复杂制品如模锻件进入淬火介质的方式可明显改变各点的相对冷却速度,因而影响力学性能及淬火残余应力。

此外,零件在料架上的放置、零件的间距、淬火介质体积、介质流动强弱和流动方向对冷却速度和冷却的均匀性均有一定影响。

4)残余应力

淬火残余应力来源于淬火造成的温度梯度,见第4章(即为第4章4.3.1.2节)。

4.3.2　时效

4.3.2.1　脱溶的一般序列及其特征

时效时第二相的脱溶符合固态相变的阶次规则,即在平衡脱溶相出现之前会出现一种或两种亚稳定结构。有些亚稳定结构在光学显微镜下观察不到,这也是时效现象最初使人迷惑不解的原因。通过 X 射线及电子显微镜研究证明,脱溶一般顺序如下:

$$\text{偏聚区或称 G·P 区}\underset{\text{预脱溶期}}{\longrightarrow}\text{过渡相(亚稳相)}\underset{\text{脱溶期}}{\longrightarrow}\text{平衡相} \qquad (4-4)$$

脱溶时之所以不直接沉淀平衡相,是由于平衡相一般与基体形成新的非共格界面,界面能大,而亚稳定的脱溶产物往往与基体完全或部分共格,界面能小。相变初期新相比表面大,因而界面能起决定性作用,界面能小的相,形核功小,容易形成。所以首先形成形核功最小的过渡结构,再演变成平衡稳定相。但是,脱溶过程极为复杂,并非所有合金的脱溶均按同一顺序进行。脱溶序列的复杂性表现在下列几方面:

①各个合金系脱溶序列不一定相同,例如 Al – Cu 系合金可能出现两种过渡相 θ'' 及 θ',而大部分合金系只存在一种过渡亚稳相,见表4 – 4。

表4 – 4　铝合金脱溶(析出)序列(过程)

合金系	脱溶序列	脱溶平衡相
Al – Ag	偏聚区(球状)$\rightarrow\gamma'$(片状)$\rightarrow$	$\gamma(Ag_2Al)$
Al – Cu	偏聚区(盘状)$\rightarrow\theta''$(盘状)$\rightarrow\theta'\rightarrow$	$\theta(CuAl_2)$
Al – Zn – Mg	偏聚区(球状)$\rightarrow\eta'$(片状)$\rightarrow$ $\searrow T'\rightarrow$	$\eta(MgZn_2)$ $T(Mg_3Zn_3Al_2)$
Al – Mg – Si	偏聚区(杆状)$\rightarrow\beta'\rightarrow$	$\beta(Mg_2Si)$
Al – Cu – Mg	偏聚区(杆状或球状)$\rightarrow S'\rightarrow$	$S(Al_2CuMg)$

②同系不同成分的合金,在同一温度下时效,可能有不同脱溶序列。过饱和

度大的合金更易出现 G·P 区或过渡相。

③同一成分的合金，时效温度不同，脱溶序列也不一样。一般，时效温度高，预脱溶阶段或过渡相可能不出现或出现的过渡结构较少。温度低时，则可能只停留在 G·P 区或过渡相阶段。

④合金在一定温度下时效时，由于多晶体各部位的能量条件不同，在同一时期可能出现不同的脱溶产物。例如，在晶内广泛出现 G·P 区或过渡相，而在晶界有可能出现平衡相。也就是说，偏聚区、过渡相及平衡相可在同一合金中同时出现。

关于②、③两点可作以下说明：

若 $A-B$ 系合金固态存在 α 及 β 两相，两相在某温度 T_1 时的自由能 - 成分关系曲线见图 4 - 28。由公切线定律可确定某一合金 (x_0) 在 T_1 时平衡的 α 及 β 相成分。作不同温度下的自由能 - 成分关系曲线，则由一系列的平衡 α 及 β 相成分可得 β 相在 α 相中的固溶度曲线。若此合金系可能出现过渡相及 G·P 区，则它们的自由能 - 成分关系曲线分别为 C_{GP} 和 G'_{β}。

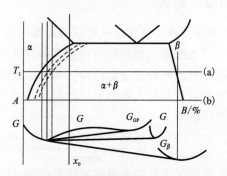

图 4 - 28　$A-B$ 系相图及 T_1 温度下的
自由能与成分的关系

G·P 区结构与基体的相同，所以其自由能曲线与基体自由能曲线连在一起。根据公切线定律同样可确定过渡相及 G·P 区在 α 相中的固溶度曲线。

根据不同脱溶产物的固溶度曲线(图 4 - 29)可知，在一定温度 (T_1) 下，C_1 合金只可能析出平衡相 β，C_2 合金可析过渡相及平衡相，C_3 合金则三种结构均可析出。在成分一定(如 C_3)时，温度低 (T_1) 时三种结构均可析出，温度稍高 (T_2) 只可能析出过渡相及平衡相，温度更高 (T_3) 则只能析出平衡相。采用自由能 - 成分图和亚稳定相图，只能说明脱溶时可能析出的产物。若要阐述不同结构脱溶产物的析出顺序，用 TTT 图更为清楚。

图 4 - 30、图 4 - 29 中之 C_3 合金过饱和固溶体分解的 TTT 图，T_{GP}、G'_{β} 及 G_{β} 分别为 G·P 区、过渡相及平衡相在 α 相中完全溶解的温度。由于 G·P 区的成分和结构与基体的相差甚小，故其形成孕育期较短，过渡相 β' 的孕育期稍长，平衡相孕育期更长。由图可见，低温 (T_1) 时效时，经 τ_{GP} 出现 G·P 区，达 τ'_{β} 时出现过渡相，平衡相经 τ_{β} 后才出现，故此时的脱溶序列为 G·P 区→β'→β。同样，中温 (T_2) 时，脱溶序列为→β'→β。高温 (T_3) 时将直接析出 β 相。因此，不同温度下可能的脱溶序列见表 4 - 5。

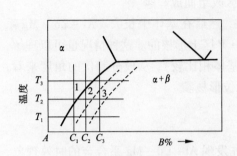

图 4 - 29 亚稳定相图

1—β 相固溶度曲线；2—过渡 β′ 相固溶度曲线；
3——G·P 区固溶度曲线

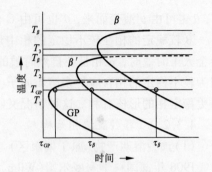

图 4 - 30 过饱和固溶体分解时，G·P 区、
过渡相 β′ 及平衡相 β 形成的 C 曲线示意图

表 4 - 5 同一成分合金不同温度下可能的脱溶序列

时效温度	驱动力			可能的脱溶序列
	ΔG_{GP}	$\Delta G_{\beta'}$	ΔG_{β}	
高	正 →	正 →	负	平衡相
中	正 →	负 →	更负	过渡相→平衡相
低	负 →	更负 →	最负	G·P 区→过渡相→平衡相

以上说明了合金中各种脱溶相可能出现的时间顺序（等温条件下）以及温度顺序（等时条件下）。各种脱溶相的相互关系有下列三种可能性：

①各种脱溶相均独立形核。在较稳定脱溶相形核时，较不稳定的脱溶相逐渐溶解，所偏聚的溶质逐渐转移至较稳定的脱溶相中。从前面的分析可知，在不同条件下，G·P 区、过渡相及平衡相都可能是首先观察到的脱溶产物，所以，至少可以证明，它们是能单独形核的。若在合金的某一微观

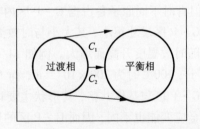

图 4 - 31 不同溶脱相在基体中形成的浓度差

区域存在一过渡相及一平衡相（图 4 - 31），根据图 4 - 29，与过渡相平衡的基体浓度将大于与平衡相平衡的基体浓度，因而在基体中就会形成某一组元的浓度梯度，造成箭头方向的溶质原子扩散流。溶质原子扩散破坏了两种脱溶相与基体间的浓度平衡关系。结果，过渡相不断溶解，平衡相不断长大。

②稳定性较小的脱溶相经晶格改组而转变成更稳定的脱溶相，这种情况通常只有在它们的结构相差不大时才可能出现。Al - Cu 系中的 GP 可以直接改组成

θ''，θ 也可由 θ' 演变而来，θ' 也可由 G·P 区改组而成。

③较稳定的相在较不稳定的相中形核，然后在基体中长大。Al – Zn – Mg 系合金人工时效时，η' 相是在自然时效的 G·P 区上形核的。这种情况也可以理解，因为较不稳定的相含有更多溶质原子（与基体相比较），从成分起伏的角度来看，对更稳定相的形核有利。这种情况又叫原位形核。

4.3.2.2　各种脱溶相结构

（1）预脱溶期产物（原子偏聚区）

1906 年德国科学家威尔姆（Wilm）首先发现 Al – Cu – Mg 系合金的时效现象，此后很多人就致力于时效本质的研究。1938 年 A. Guinier 和 G. D. Preston 各自独立地发现 Al – Cu 合金单晶经自然时效后在劳厄照片上出现异常衍射条纹。他们认为，这是因为在基体固溶体晶体的 $\{100\}$ 面上偏聚了一些铜原子，构成富铜的碟形薄片（约含 90% Cu），其厚度为 $(3 \sim 6) \times 10^{-10}$ m，直径为 $(40 \sim 80) \times 10^{-10}$ m。为纪念这两位发现者，称 Al – Cu 合金中这种"二维"溶质原子偏聚区为 G·P 区。现在，G·P 区已用来称呼所有合金中预脱溶的原子偏聚区。或者更确切地说，G·P 区是合金中用 X 射线衍射法测定出的原子偏聚区。

G·P 区晶格结构与基体的结构相同，因为富集了溶质原子而使原子间距有所改变。它们与基体完全共格，界面能小，但可能导致较大的共格应变，因而应变能较高。基于此种结构特征，一般认为 G·P 区不是一种真正的脱溶相。然而从热力学观点来看，也有人认为它们是一种亚稳定的脱溶相。例如，它们能长期稳定，可发生聚集长大，而且也有自身在固溶体中的固溶度曲线，这些都与一般的浓度起伏不同而与典型的脱溶相相似。在 G·P 区内部，通常异类原子任意分布，但有时不同原子各占据 G·P 区内特定的位置，成为一种晶格有序的小区。

G·P 区尺寸很小，其大小与时效温度有关。在一定的温度范围内，G·P 区尺寸随时效温度升高而增大。例如 Al – Cu 合金 G·P 区直径在室温时约为 50×10^{-10} m，100℃时为 200×10^{-10} m，而 150℃时约为 600×10^{-10} m。

G·P 区与基体共格，其形状主要取决于共格应变能。组元原子直径差不同的合金应变能也不同，因而 G·P 区的形状也不相同（表 4 – 6）。

表 4 – 6　不同系中 G·P 区的形状

G·P 区形状	系统	原子直径差/%
球形	Al – Ag	+ 0.7
	Al – Zn	– 1.9
	Al – Zn – Mg	+ 2.6
盘形	Al – Cu	– 11.8
杆（针）状	Al – Mg – Si	+ 2.5
	Al – Cu – Mg	– 6.5

　　为说明 G·P 区结构，1954 年 V. Gerold 设想了 Al – Cu 合金中 G·P 区的模型，此模型目前已广为采用。图 4 – 32 为 Gerold 设想的 G·P 区右半边（左半边相同）的横截面。图中所表示的晶面为（100）面，（001）及（010）面垂直于图面。当一层铜原子（黑点）集中在（001）面上时，附近的晶格必然发生畸变，两边近邻的铝原子层间距沿[001]晶向收缩。铜原子半径约为铝原子半径的 87%，所以可以认为，铜原子层最近邻的两原子层间距的收缩大约为 10%（即 $d_1 = 0.9d_0$，d_0 为原始间距）。次近邻各原子层间距亦将有不同程度的收缩，距铜原子层愈远，收缩也愈小。因为铜原子层边缘附近晶格畸变最大，所以应变能主要集中在这个部位。这是 Al – Cu 合金中 G·P 区造成强化的主要原因。Gerold 认为，铜原子层中不会夹有铝原子，否则近邻原子层的收缩会受阻或者使原子面变曲而需要更大的应变能。

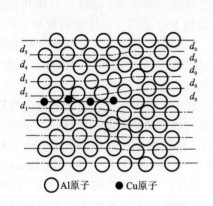

图 4 – 32　Al – Cu 合金 G·P 区模型

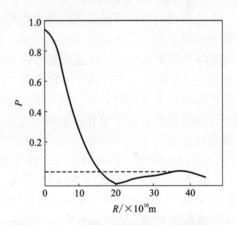

图 4 – 33　银原子在脱溶区中的分布
（Al—20% Ag）

　　Al – Ag 系合金低温（ < 100℃ ）短时时效后，在劳厄照片上发现正常斑点周围漫散的衍射，说明 G·P 区为球形，而且球的直径在时效过程中逐步增加。Guiner 等人研究 G·P 区中银原子的分布，图 4 – 33 是他们得到的结果。图中曲线表示距离某一银原子为 R 的结点上再找到另一个银原子的几率（P）。可以看到，在 $R = 0$ m 处，$P = 1$；在 $R = 20 \times 10^{-10}$ m 处 P 有一极小值，而后 P 又增加；在 $R = 36 \times 10^{-10}$ m 处达到平均浓度 0.05%（原子）。所以球的中部是含银量比平均值高很多的富银区，周围是一层比平均值低的贫银区，二者合称为 G·P 区。

　　以上实例说明 G·P 区结构也是复杂多样的。

　　G·P 区的形成机制可能有两种：

　　①Spinodal 分解　根据图 4 – 28 中自由能 – 成分关系曲线可知，G·P 区与基体的自由能曲线是连续的，曲线上必然存在两个旋点。成分处在旋点间的合金，

淬火后就可能以 Spinldal 分解方式析出 G·P 区。

②正常的形核 – 长大过程   在均匀的固溶体中，总存在着各种各样的成分起伏，也就是说，存在着各种尺度的溶质原子偏聚现象。浓度愈高，温度愈低，则偏聚现象愈明显。偏聚区在固溶处理(淬火)后就已存在，在随后时效时又大量产生。当偏聚区尺寸大到能克服形核功时，就会成为晶核而长大。

G·P 区的形成速度与空位浓度有关。增加空位浓度和延长空位寿命都会形成较大尺寸的 G·P 区。因空位浓度随时间延长而迅速减小，因此 G·P 区只在开始阶段形成得较迅速。从另一方面看，空位及空位群有较高能量，也是溶质原子富集的场所，因此也有利于 G·P 区形核。

空位在基体中有相对的均匀性，所以 G·P 区的形核和分布也相对均匀。

(2)过渡相(亚稳定相)

过渡相与基体可能有相同的晶格结构，也可能结构不同，往往与基体共格或部分共格并有一定的晶体学位向关系。由于结构上过渡相与基体差别较 G·P 区与基体差别更大一些，故过渡相形核功较 G·P 区的大得多。为降低应变能和界面能，过渡相往往在位错、小角界面、堆垛层错和空位团处不均匀形核。因此，它们的形核主要受材料中位错密度的影响。此外，过渡相亦可在 G·P 区中形核。

过渡相形状主要受界面能和应变能的综合影响。此外，扩散过程的方向性以及晶核长大的各向异性亦可使某些脱溶微粒具有各种奇怪的复杂形状。

Al – Cu 合金有两种过渡相，即 θ' 和 θ'' 相，它们的单位晶胞结构见图 4 – 34(c)及(d)。θ'' 质点厚度约 20×10^{-10} m，直径约 300×10^{-10} m，正方结构，$a = b = 4.04 \times 10^{-10}$ m，在这两个晶向上和铝晶格完全匹配。但 $c = 7.68 \times 10^{-10}$ m，比两个铝晶胞的长度(8.08×10^{-10} m)稍短一些。θ'' 相相当均匀地在基体中形核且与基体完全共格，具有 $\{100\}\theta'' \parallel \{100\}_a$ 的位向关系。由于 θ'' 相结构与基体的已有差别，因而与 G·P 区比较，在 θ'' 相周围会产生更大的共格应变(图 4 – 35)，因而导致更大的强化效应(图 4 – 36)。在透射电镜中，θ'' 相的形貌与 G·P 区的相似，但因共格应变大，在照片上可观察到更强的衍射效应。

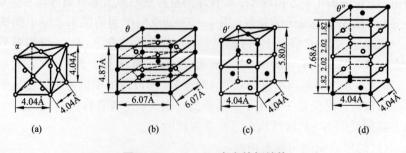

图 4 – 34   Al – Cu 合金的相结构
(a)Al；(b)θ；(c)θ'；(d)θ''

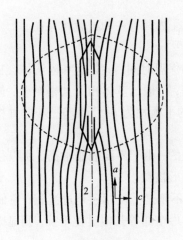

图 4 - 35　θ″相周围的弹性应变区

1—θ″相；2—基体

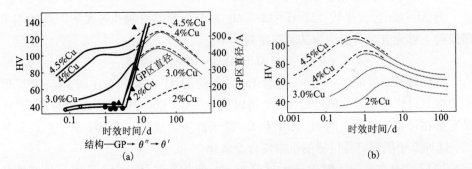

图 4 - 36　Al - Cu 合金 130℃(a)及 190℃(b)时效时硬度与时效时间和脱溶相结构关系

　　哈迪(H. K. Hqrdy)认为，θ″是由 G·P 区重排而成，因此称 θ″为 G·P(Ⅱ)区，而将 G·P 区称为 G·P(Ⅰ)区。目前，在有些文献中仍沿用这种名称。但是从电子显微图像比较来看，θ″相形核需经一定孕育期，并且一旦形成后就长大得很快。而 G·P 区形成几乎看不到孕育期，其长大速度却比 θ″的慢得多。因此，将 θ″相视为过渡相更为合理。

　　Al - Cu 合金第二种过渡相是 θ′相，这是该系合金第一种能在光学显微镜下观察到的脱溶产物，其尺寸达到 2×10^{-7} m 数量级。此相亦为正方结构，$a = b = 0.04 \times 10^{-10}$ m，$c = 5.8 \times 10^{-10}$ m，$\{100\}_{\theta'} // \{100\}_{\alpha}$，与基体部分共格。θ′相的成分可能为 $Cu_2Al_{3.6}$，与平衡相 θ 稍有差别。θ′对合金的强度和硬度也可能有一定贡献，但硬度和强度最大值发生在 θ″数量处于最大值之时，当 θ′数量增加，质点长大时，使共格应变降低，与此同时，θ″数量亦减少，因而 θ′的出现将逐渐使合金进入过时效状态(软化)。

在很多其他合金中,往往只有一种过渡相存在。

(3)平衡相

在更高温度或更长的保温时间后,过饱和固溶体会析出平衡相。平衡相成分与结构均已处于平衡状态,一般与基体相无共格结合,但亦有一定的晶体学位向关系。Al – Cu 合金析出的平衡相为 $\theta(CuAl_2)$,若非共格 θ 相出现时,合金软化而远离最高强度状态。

平衡相形核是不均匀的,由于界面能非常高,所以往往在晶界或其他较明显的晶格缺陷处形核以减小形核功。

对脱溶期产物来说,不管是平衡相还是过渡相,它们都易以片状或针状在基体的低指数面生成。若无再结晶等其他过程干扰,则显微组织将呈现脱溶相规则分布的魏氏组织形态。

4.3.2.3　主要变形铝合金系的脱溶过程

(1)Al – Cu – Mg 系合金

与 Al – Cu 合金比较,对 Al – Cu – Mg 系合金脱溶机制及各脱溶产物的细节研究得不够充分。目前认为其脱溶序列如下:

$$G \cdot P \text{区} \rightarrow S'(Al_2CuMg) \rightarrow S(Al_2CuMg) \qquad (4-5)$$

自然时效时形成 G·P 区。与含 Cu 量相同的 Al – Cu 合金比较,G·P 区形成速度与自然时效强化值均要大些,可以认为,Al – Cu – Mg 系合金中的 G·P 区是富集在 $\{110\}_\alpha$ 晶面上的 Mg 原子和 Cu 原子群所组成,Cu 和 Mg 原子形成某种偶,这种原子偶以钉扎位错的机制使合金强化。

2A12 合金在高温下时效产生过渡相 S',此相在基体 $\{021\}$ 晶面上与基体共格。平衡相 S 形成使共格性消失而导致过时效。

(2)Al – Mg – Si 系合金

Al – Mg – Si 系合金可发生自然时效强化,可以证明形成了 G·P 区。合金在 ≤200℃ 短时时效后,用 X 射线及电子衍射可证明存在着非常细小的针状 G·P 区,针的位向平行于基体 <001> 晶向,电子显微镜研究证明,G·P 区直径大约为 60×10^{-10} m,长 $(200 \sim 1\,000) \times 10^{-10}$ m。亦有研究证明,G·P 区开始为球状,在接近时效曲线最高强度处转变成针状。进一步时效时,G·P 区产生明显的三维长大,形成杆状 β' 质点,其结构相当于高度有序的 Mg_2Si。在更高温度下,过渡相 β' 将无扩散转变成平衡 $\beta(Mg_2Si)$ 相。

其脱溶序列可以表示为:

$$G \cdot P \text{区} \rightarrow \beta'(Mg_2Si) \rightarrow S(Mg_2Si) \qquad (4-6)$$

无论是 G·P 区还是过渡相阶段,都没有直接证据证明有共格应变产生。由此可以认为, 强化的原因是位错运动时与 G·P 区相遇, 需要增加能量以打断 Mg-Si 键。

在硅含量超过 Mg_2Si 比例的合金中, 在时效的极早阶段, 也发现有硅质点在晶界脱溶。

(3) Al-Zn-Mg 及 Al-Zn-Mg-Cu 系合金

以较快的速度淬火后, Al-Zn-Mg 合金在较低的温度(含室温)时效, 将形成近似球状的 G·P 区, 延长时效时间, G·P 区尺寸增大, 合金强度亦增加。在室温时效 25 a 后, G·P 区直径达 12×10^{-10} m, 屈服强度达到标准人工时效后屈服强度的 95%。这说明, 该系合金的自然时效速度较 Al-Cu-Mg 系合金的低得多。Zn/Mg 值较高的合金, 在高于室温的温度下长期时效可使 G·P 区转变成 η' (或称 M')过渡相。η' 相为六方结构, 基面与基体 $\{111\}$ 面部分共格, 但 c 轴方向与基体是非共格的。在人工时效达最高强度时, 脱溶产物为 G·P 区及部分 η' 相, 其中 G·P 区平均直径为 $(20 \sim 35) \times 10^{-10}$ m。

G·P 区含有 Zn 原子及 Mg 原子, 其结构尚未确定, 但根据 X 射线及电子衍射的某些变化, 可以证明, 在锌和镁的含量不同时, G·P 区结构有一定改变,

η' 或 M' 相可在相当宽广的成分范围内形成(图 4-37)。时间延长或温度升高, η' 转变成 $\eta(MgZn_2)$ 相。当成分处于平衡条件下有 $T(Mg_3Zn_3Al_2)$ 相存在的相区时, η' 相则被 T 相所取代。在 Zn/Mg 值较低的合金中, 在较高温度及较长时间时效时, 可能产生 T' 过渡相。所以, 脱溶序列如下:

$$\text{GP 相(球状)} \begin{array}{c} \nearrow \eta' \rightarrow \eta \\ \\ \searrow T' \rightarrow T \end{array} \qquad (4-7)$$

若将已低温时效的 Al-Zn-Mg 系合金在较高温度下进一步时效, 则小的 G·P 区溶解, 大的 G·P 区则长大并转变成 η' 相。若控制在较理想的温度, 大多数 G·P 区将长大并转变成 η' 过渡相, 使 η' 相能更均匀地分布, 达到更好的时效效果。这是 Al-Zn-Mg 系合金两阶段时效处理的原因。

向 Al-Zn-Mg 系合金中加入 Cu, 对该系合金的脱溶过程有影响。当 Cu $\leqslant$ 1% 时, 不改变该系合金的脱溶机制, 它的强化属于固溶强化。当 Cu 含量更高时, Cu 原子可进入 G·P 区, 提高 G·P 区稳定的温度范围; 在 η' 及 η 相中, Cu 原子及 Al 原子取代 Zn 原子, 形成与 $MgZn_2$ 同晶型的 MgAlCu 相。Cu 原子进入 η' 相可以提高合金的抗应力腐蚀开裂的抗力, 因此具有较大的实际意义。

(4) Al-Li 系合金

Al-Li 合金过饱和固溶体的脱溶序列为:

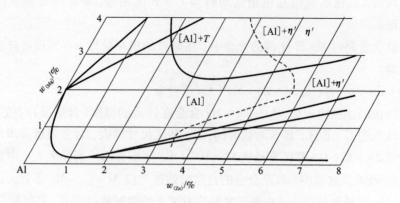

图 4 – 37　Al – Mg – Zn 合金中出现的相

虚线所分隔的区域表示合金固溶处理、淬火并于 120℃时效 24 h 后出现的相（[Al] = GP 结构）；
实线所分隔的区域是 175℃平衡的相区

$$\delta'(Al_3Li) \rightarrow \delta(AlLi)$$

δ' 相呈球状，与基体完全共格，属于 LI2 型（$AuCu_3$）超点阵结构，在合金强化中起主要作用。δ' 相的形成机制尚未完全确定，可能为 Spinodal 分解，亦可能按正常的形核 – 长大的方式形成。诺扎托（Nozato）等人指出，δ' 相形成之前尚有丛聚及短程有序阶段，这一阶段类似于 Al – Cu 合金脱溶时的 G·P 区阶段。

δ 相属于 B32 型（NaCl）超点阵结构，威廉姆斯（Williams）等人观察到围绕 δ 相有高密度错配位错及无沉淀带，说明 δ 与基体半共格。实用的 Al – Mg – Li 系合金的脱溶序列为：

$$\delta \nearrow\hspace{-1em} \begin{matrix} \delta \\ \\ Al_2MgLi \end{matrix} \qquad (4-8)$$

Mg 不溶入 δ' 相，在长时时效后 δ' 相可转变成 Al_2MgLi 相。Al_2MgLi 相与基体不共格，因此，其强化作用较 δ' 相的小。Al – Li – Cu 合金的脱溶序列如下：

$$过饱和固溶体 \begin{cases} \delta' \rightarrow \delta \\ G·P区 \rightarrow \theta'' \rightarrow \theta' \rightarrow \theta \\ T_1(Al_2CuLi) \end{cases} \qquad (4-9)$$

可见多元 Al – Li 合金的脱溶过程相当复杂，在 Al – Li – Cu 系合金中可同时发生 δ' 相及 Al – Cu 系合金中脱溶相的析出。若在 Al – Li – Cu 系中加入镁，则脱

溶时可析出 δ'、T_1、S' 及 Al_2MgLi 等相,合金的强化将取决于各相对强化的贡献。

4.3.2.4 脱溶相的分布

根据脱溶相的分布特征,铝合金的脱溶可分为普遍脱溶及局部脱溶。

(1)普遍脱溶

在固溶体基体中全面发生脱溶并析出均匀分布的脱溶相叫普遍脱溶。一般情况下,普遍脱溶对力学性能有利,使合金具有更高的疲劳强度,并减轻合金晶间腐蚀及应力腐蚀开裂的敏感性。

G·P 区属均匀形核,所以 G·P 区的形成具有普遍脱溶的性质。但普遍脱溶仅具有相对的意义,因为合金中存在大角度晶界、亚晶界以及位错等,有利于过渡相及平衡脱溶相的非均匀形核。因此,在大多数情况下,局部脱溶往往优先于普遍脱溶。

(2)局部脱溶

局部脱溶是指在普遍脱溶之前,较早地从晶界、滑移带、夹杂物分界面以及其他晶格缺陷处优先形核,使这些地区较早出现脱溶质点。

局部脱溶往往伴生无沉淀带(无脱溶相区),无沉淀带紧靠晶界及其他相界面。铝合金无沉淀带一般仅几分之一微米宽,所以只能用电镜鉴别。

可用两种机制解释无沉淀带产生的原因。

较早提出的是贫溶质机制。这种机制认为,晶界处脱溶较快,因而较早地析出脱溶相。脱溶相析出时吸收了附近的溶质原子,使周围基体溶质贫乏而无法再析出脱溶相,造成无沉淀带。事实上,经常观察到无沉淀带中部晶界上存在粗大的脱溶相,说明这种机制是有一定事实作依据的。但也存在"纯粹"的不含粗大脱溶相的无沉淀带,用这种机制就不能充分解释,因此又提出了贫空位机制。

贫空位机制认为,淬火获得的过饱和空位是不稳定的,在冷却、停放及随后的再加热时,空位容易滑入晶界及其他缺陷处,结果形成从晶内到晶界的空位浓度梯度。空位有利于脱溶相形核,有利于原子扩散,促进晶核扩散式生长。因此,当晶界附近空位浓度低于一定值时,脱溶相不易生存,在一定条件下就造成"贫空位的无沉淀带"。

一般认为,贫溶质机制及贫空位机制均会对形成无沉淀带作出贡献。高温时效以贫溶质机制为主,低温时效则主要为贫空位机制。

合金淬火后时效前的塑性变形可在金属中(包括晶界附近)造成大量位错,促进过饱和固溶体分解,因而可完全防

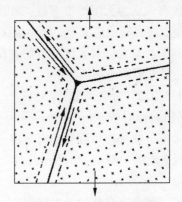

图 4 – 38　在应力作用下沿无沉淀带开始破裂的模型

止无沉淀带出现。不同合金所需变形量由实验确定。

多数人认为，无沉淀带是有害的，因为无沉淀带屈服强度较低，在应力作用下塑性变形容易集中在无沉淀带内，会引起晶间断裂(图4-38)。此外，发生了塑性变形的无沉淀带与其他部分比较呈阳极性，在应力下加速腐蚀，成为增强晶间断裂的原因。图4-39表示 Al-6% Zn-1.2% Mg 合金在450℃固溶处理，200℃分级时效后，再在120℃时效24 h后力学性能与无沉淀带宽的关系。无沉淀带宽度可通过改变分级淬火中断时间来调整。结果表明，无沉淀带宽度对强度影响较小，塑性则随带宽增加而降低。但应注意的是，在带宽增加时，晶界上优先脱溶的相数量和尺寸均增加，直到形成连续薄膜，所以并不能肯定塑性降低仅由于沉淀带加宽所造成。

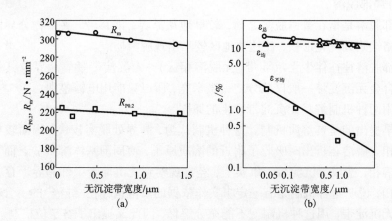

图4-39   Al-6Zn-1.2Mg 合金力学性能与无沉淀带宽的关系

也有人认为无沉淀带有益，原因是无沉淀带较软，应力在其中发生松弛。软区愈宽，应力松弛愈完全，因而裂纹愈难萌生和发展，这对力学性能特别是塑性是有利的。总之，对无沉淀带的利弊尚无定论，不过从力学性能和抗蚀性能方面看，还是希望缩小和消除它。

4.3.2.5 时效工艺

(1)自然时效

大部分热处理可强化铝合金淬火后均有自然时效反应。自然时效强化是 G·P 区所造成的。图4-40表示几种合金在室温、0℃及-18℃时效时拉伸性能的变化。Al-Cu 及 Al-Cu-Mg 系合金广泛采用自然时效。Al-Zn-Mg(Al-Zn-Mg-Cu)系合金自然时效时间很长，可以说是长期不断进行，由于这种不稳定性，故不在自然时效状态应用。

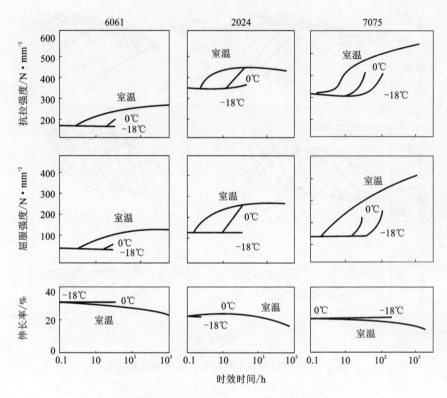

图 4 - 40　铝合金板材在室温、0℃及 - 18℃的时效特征

　　自然时效使合金强化并且降低塑性，所以矫直及成形必须在发生明显自然时效之前进行，如果工艺上不容许的话，则应在淬火后冷藏或采用回归处理使其性能恢复到新淬火状态。自然时效降低导电、导热性（图 4 - 41）。这是由于 G·P 区形成导致电子强烈散射之故。自然时效不产生过时效。

　　（2）人工时效

　　1）强度性能

　　图 4 - 42 表示 2014 及 6061 合金人工时效时力学性能的变化。从图中可见下列几个特征：

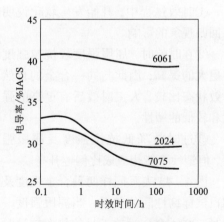

图 4 - 41　室温时效对淬火态铝合金板材电导率的影响

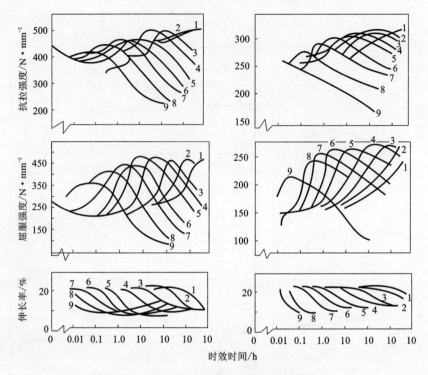

图4-42　两种铝合金板材在高温下的时效特征

1—107℃；2—120℃；3—135℃；4—150℃；5—177℃；
6—190℃；7—204℃；8—230℃；9—260℃

①时效过程中，开始发生软化说明了回归现象的影响。

②在时效时，屈服强度较抗拉强度有更大的提高，因此与同一合金的自然时效状态比较，人工时效后有更高的强度和较低的塑性。

③过时效降低抗拉强度及屈服强度，但塑性不能相应成比例地升高。

图4-43表示同样两种合金强度及切口试样韧性间的关系。当屈服强度一定时，2014合金时效不足的状态较过时效状态韧性更高。因此，可以认为，这类合金过时效状态得不到强度、塑性及韧性的最佳组合。

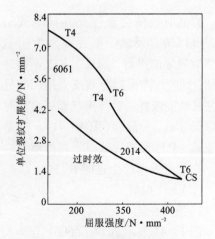

图4-43　人工时效对同样两种合金单位裂纹扩展能及屈服强度的影响

曲线上的箭头表示增加时效时间

2）抗蚀性

图 4 - 44 表示 2024 合金板材腐蚀电位及抗蚀性随时效温度及时间的变化。短时时效产生局部晶间脱溶以及与晶界毗邻的贫溶质和贫空位区造成晶间腐蚀敏感性。进一步时效使晶内普遍脱溶，降低晶内与晶间的电位差，因而消除了选择性腐蚀根源，改善了合金抗晶间腐蚀能力。

（3）Al – Zn – Mg(Al – Zn – Mg – Cu) 系合金时效

Al – Zn – Mg(Al – Zn – Mg – Cu) 系合金自然时效速度慢，即使时效若干年，也难以达到稳定状态。为获得更高的强度、较好的抗蚀性、较低的疲劳裂纹扩展速度以及性能的稳定性，该系合金均采用人工时效。图 4 - 45 表示 7075 合金淬火板材在 120 ~ 150℃温度范围内的时效曲线。由曲线可知，合金在 120℃时效有着最高的强度。

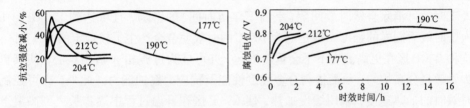

图 4 - 44　人工时效对 2024 - T3 板材腐蚀电位及抗蚀性的影响

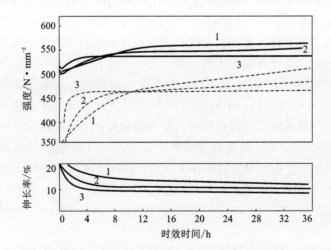

图 4 - 45　7075 合金板材在 120 ~ 150℃的时效

1—120℃；2—135℃；3—150℃

淬火后人工时效前在室温的停留对合金性能有一定影响（图4-46），停留时间4~30 h危害最大。这种现象产生的原因尚不明白，但显然与室温停留时产生的G·P区重新溶解（回归）有关。停留时间延长，G·P区将长大到人工时效温度下难以重溶的尺寸，因此室温停留的影响又重新减小。为消除室温停留的危害，可采用双级人工时效。例如，7A04型合金板材采用100℃/4 h + 160℃/8 h

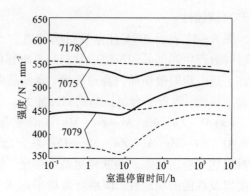

图4-46 淬火与人工时效间室温停留的时间对
7178、7075及7079合金人工时效后
抗拉强度（——）和屈服强度（---）的影响

人工时效可消除自然时效间隔（室温下停留时间）的影响，且可达到120℃/24 h人工时效后同样的强度。这是因为100℃的时效使合金产生了较稳定的G·P区，这种G·P区在更高温度下不会重新溶解，并可成为过渡相η'析出核心，使其更为弥散且分布均匀，从而提高合金强度性能及抗应力腐蚀能力。此外，亦可控制时效时的加热速度，采用缓慢加热，使G·P区在升温过程中逐步长大到高温下不重新溶解的尺寸，也可以消除室温停留的影响。

高锌、高镁的Al-Zn-Mg系合金存在严重的应力腐蚀开裂倾向，加入Cu、Cr、Mn、Zr等元素，除进一步提高力学性能外，还可提高抗应力腐蚀开裂的能力，但应力腐蚀抗力亦与热处理工艺有明显的关系。人工时效的合金具有较自然时效合金更高的抗应力腐蚀开裂的能力。为了进一步改善Al-Zn-Mg-Cu系合金的抗蚀性，20世纪60年代就发展了过时效工艺。过时效工艺采用双级规范：第一阶段在100~120℃保温1~24 h；第二阶段的温度和时间有多种选择，以满足不同的性能要求。低温阶段保温后生成大量高温稳定的G·P区，在高温阶段保温时，G·P区转变成η'相，最后转变成平衡$\eta(MgZn_2)$相，过时效处理虽然牺牲了一部分强度性能，但在有应力的条件下应用，则具有较人工时效状态更优良的综合性能。

4.3.3 回归

合金经时效后，会发生时效强化。若将经过低温时效的合金放在比较高的温度（但低于固溶处理温度）下短期加热并迅速冷却，那么它的硬度和强度将立即下降到与刚淬火时的差不多，其他性质的变化亦常常相似，这个现象叫回归。经过回归处理的合金，不论是保持在室温还是在较高温度下保温，它的硬度及其他性质的变化都如新淬火合金的，只是变化速度减慢。硬铝合金自然时效后在200~

250℃短时加热后迅速冷却，其性能变化如图 4–47 所示。回归后的合金又可重新发生自然时效。

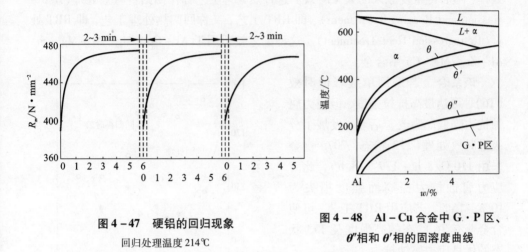

图 4–47　硬铝的回归现象

回归处理温度 214℃

图 4–48　Al–Cu 合金中 G·P 区、
θ″相和 θ′相的固溶度曲线

　　回归现象的原因可用亚稳定相图来说明。由图 4–48 中固溶度曲线可知，自然时效后合金一般只生成 G·P 区或 θ″相，当含有这些脱溶产物的合金加热到 θ″的固溶度曲线以上时，G·P 区和 θ″相都重新溶解，出现性能上的回归。若延长保温，合金将以 θ′相的形核–长大方式进行时效过程，使硬度和强度等指标又重新上升。

　　合金回归后再在同一温度时效时，时效速度比直接淬火后时效的要慢几个数量级，这是因为回归温度比淬火温度低得多，冷却后保留的过剩空位少，使扩散速度减小，时效速度下降。

　　回归现象在工业上有一定实际意义。例如零件的整形与修复，可利用回归处理恢复塑性。但应注意：

　　①回归处理的温度必须高于原先的时效温度，两者差别愈大，回归愈快、愈彻底。相反，如果两者相差很小，回归很难发生，甚至不发生。

　　②回归处理的加热时间一般很短，只要低温脱溶相完全溶解即可。如果时间过长，会出现对应于该温度下的脱溶相，使硬度重新升高或过时效，达不到回归效果。

　　③在回归过程中，仅预脱溶期的 G·P 区(Al–Cu 合金还包括 θ″相)重新溶解，脱溶期产物往往难以溶解。由于低温时效时不可避免地总有少量脱溶期产物在晶界等处析出，因此，即使在最有利的情况下合金也不可能完全回归到新淬火的状态，总有少量性质的变化是不可逆的。这样，既会造成力学性能一定损失，

又易使合金产生晶间腐蚀,因而有必要控制回归处理次数。

1974 年西纳(B. M. Cina)首次提出,对人工时效状态的铝合金也可进行回归处理,随后再重复原来的人工时效。这种热处理工艺称作回归再时效处理(Retrogression and Reaging Treaf ment),即 RRT 工艺,又称回归热处理工艺,即 RRT 处理(Retrogression Heat Treatment)。这种工艺较适用于 Al – Cu – Mg、Al – Mg – Si、Al – Zn – Mg – Cu 系合金。

该系合金若采用单级峰值时效(T6),可达最高抗拉强度,但应力腐蚀抗力降低。为改善后者,发展了分级过时效处理(T73 状态,7075 合金采用 110℃/8 h + 177℃/8 h),此时应力腐蚀抗力提高而强度损失为 10% ~ 15%,若应用 RRT 工艺,可使合金兼有 T6 状态的高强度及 T73 状态的优良应力腐蚀抗力。

7075 合金 RRT 工艺为,原始状态为 T6(120℃ 人工时效 24 h),240℃回归处理,随后按原 T6 工艺再进行人工时效。回归处理的时间对回归状态及回归再时效状态的性能

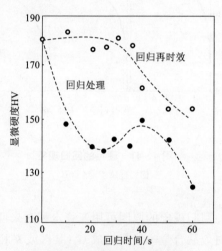

图 4 – 49 7075 – T651 合金的
显微硬度与回归处理时间的关系

有直接影响,如图 4 – 49 所示。从图可知,随着回归时间增加,回归状态的硬度迅速下降,大约 25 s 达到最低点,随后出现一个不大的峰值后又重新降低。经再时效处理,合金再度硬化,硬化效果随回归时间增加而逐渐下降,在回归时间为 30 s 内,硬度可回复到原 T6 状态的。

4.4 形变热处理

形变热处理是将塑性变形的形变强化与热处理时的相变强化相结合,使成形工艺与获得最终性能统一起来的一种综合方法。

塑性变形增加了金属中的缺陷(主要位错)密度并改变了各种晶体缺陷的分布。若在变形期间或变形之后合金发生相变,那么变形时缺陷组态及缺陷密度的变化对新相形核动力学及新相的分布影响很大。反之,新相的形成往往又对位错等缺陷的运动起钉扎、阻滞作用,使金属中的缺陷稳定。由此可见,形变热处理强化不能简单地视为形变强化及相变强化的叠加,也不是任何变形与热处理的组合,而是变形与相变既互相影响又互相促进的一种工艺。合理的形变热处理工艺

将有利于发挥材料潜力，是金属材料强韧化的一种重要方法。

变形时导入的位错，为降低能量往往通过滑移、攀移等运动组合成二维或三维的位错网络。因此，与常规热处理比较，形变热处理后金属的主要组织特征是具有高的位错密度以及由位错网络形成的亚结构（亚晶）。形变热处理所带来的形变强化的实质就是这种亚结构强化。

冷变形或热变形均可使合金获得亚结构。冷变形可使位错密度由 $10^6 \sim 10^8$ cm^{-2} 增加至 10^{12} cm^{-2}，形变量增加，出现位错缠结，随后出现胞状亚结构。低温加热（变形后时效）可能发生多边形化，产生更稳定的亚晶。铝合金在热变形过程中会发生动态回复及动态再结晶，在热变形终了后可能还会发生静态回复及静态和亚动态再结晶。为了得到亚结构，应创造一定的条件，使之在热变形过程中及过程终了后均无再结晶发生；结合有冷变形及热变形的热处理分别称为低温形变热处理及高温形变热处理，其工艺示意图见图 4 - 50。

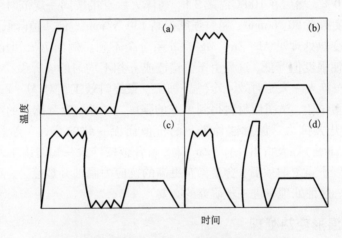

图 4 - 50　时效型合金形变热处理工艺示意图
(a)低温形变热处理；(b)高温形变热处理；
(c)综合形变热处理；(d)预形变热处理

4.4.1　低温形变热处理

低温形变热处理又称为形变时效。最广泛的处理方式有：
①淬火—冷（温）变形—人工时效；
②淬火—自然时效—冷变形—人工时效；
③淬火—人工时效—冷变形—人工时效。

冷变形造成位错网络，使脱溶相形核更为广泛和均匀，有利于提高合金的强度和塑性，有时也可提高抗蚀性。

　　冷变形对时效过程的影响规律较为复杂。它与淬火、变形和时效规程有关，也与合金本性有关。对同一种合金来说，与时效时沉淀相类型有关，简言之，主要依靠形成弥散过渡相而强化的合金，时效前冷变形会使合金强度提高。这类合金淬火后，经冷变形再加热到时效温度时，脱溶与回复过程同时发生。脱溶将因冷变形而加速，脱溶质点将因冷变形而更加弥散。与此同时，脱溶质点也阻碍多边化等回复过程。若多边化过程已发生，则因位错分布及密度的变化，脱溶相质点的分布及密度也会发生相应的改变。

　　低温形变热处理亦可采用温变形。在温变形时，动态回复进行得相当激烈，有利于提高形变热处理后材料组织的热稳定性。

　　低温形变热处理对 Al - Cu - Mg 系合金特别有效。例如，2A12 合金板材淬火后变形 20%，然后在 130℃ 时效 10 ~ 20 h，与常规热处理比较，抗拉强度可提高 60 N/mm^2，屈服强度可提高 100 N/mm^2，塑性尚好。2A11 合金板材淬火后在 150℃ 轧制 30%，然后在 100℃ 时效 3 h，与淬火后直接按同一规范时效的材料相比，抗拉强度提高 50 N/mm^2，屈服强度提高 130 N/mm^2，但 A 值降低 50%。

　　低温形变热处理对 Al - Zn - Mg - Cu 系合金不利。例如 7075 型的合金冷变形后时效可使强度值降低，这是由于位错造成 η 相不均匀形核所致。

　　目前，按淬火 - 人工时效 - 冷（温）加工 - 最终时效工艺对 Al - Zn - Mg 系合金进行了大量试验，试图使材料得到更好的强度、韧性、疲劳抗力的组合以及提高应力腐蚀开裂抗力。但对这种工艺的价值尚无一致的意见。苏联科拉切夫（В·А·Колачев）等人指出，Al - Zn - Mg 系合金按淬火 - 短时人工时效 - 冷变形在同一温度下重复时效后，合金具有更高的抗应力腐蚀开裂能力，且强度降低不多。因此，这种处理有进一步研究的必要。

4.4.2　高温形变热处理

　　高温形变热处理工艺为热变形后直接淬火与时效。因为合金塑性区与理想的淬火温度范围既可能相同也可能有别，因而其形变与淬火工艺可能形式如图 4 - 51 所示。总的要求是应自理想固溶处理温度下淬火冷却，其中图 4 - 51(f) 表示利用变形热将合金加热至淬火温度。

　　进行高温形变热处理必须要求所得到的组织满足以下三个基本条件：

　　①热变形终了的组织未再结晶（无动态再结晶）。

　　②热变形后可以防止再结晶（无静态再结晶）。

　　③固溶体必须是过饱和的。

　　若前两个条件不能满足而发生了再结晶，则高温形变热处理就不能实现。

　　进行高温形变热处理时，由于淬火状态下存在亚结构，时效时过饱和固溶体分解更为均匀（强化相沿亚晶界及亚晶内位错析出），因而使强度提高。另外，固

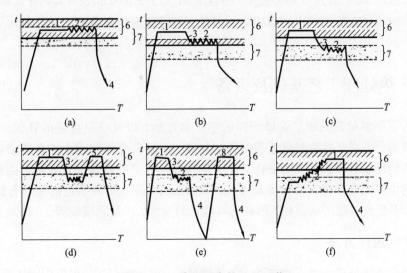

图 4-51　高温形变热处理工艺

1—淬火加热与保温；2—压力加工；3—冷至变形温度；4—快冷；
5—重新淬火加热短时保温；6—淬火加热温度范围；7—塑性区

溶体分解匀匀，晶粒碎化以及晶界弯折使合金经高温形变热处理后塑性不会降低。再有，因晶界呈锯齿状以及亚晶界被沉淀质点所钉扎，使合金具有更高的组织热稳定性，有利于提高合金的耐热强度。

4.4.3　预形变热处理

预形变热处理典型工艺如图 4-51(d)所示，即在淬火、时效之前预先进行热变形，将热变形及固溶处理分成两道工序。虽然这种工艺较高温形变热处理复杂，但由于变形与淬火加热分开，工艺条件易于控制，在生产中易于实现。实际上，这种工艺早已应用铝合金生产。例如，具有挤压效应的 2A12 型、7A04 型合金的挤压制品的生产，实质上就是预形变热处理工艺。

实现预形变热处理的基本条件是：

①热变形时无动态再结晶。

②热变形后无亚动态或静态再结晶。

③固溶处理时亦不发生再结晶。

保证了这些条件，就可达到亚结构强化目的。再通过随后的时效，实现亚结构强化与相变强化的有利结合。

比较起来，挤压最易产生组织强化效应，这与挤压时变形速度较小、变形温度较高(变形热不易放散)，从而易于建立稳定的多边化亚晶组织有关。例如，挤压的 2A12 棒材, 其强度和伸长率分别可由 $R_m \geqslant 372$ N/mm^2 及 $A \geqslant 14\%$ 提高至 $R_m \geqslant 421$ N/mm^2 以及 A 减小到 $\geqslant 10\%$。因此, 为得到更高强度制品, 可考虑采用挤压法。

4.5　热处理工艺基础及设备

为了使铝材及铝制品获得所需的组织和性能, 以及获得良好的环保、安全、卫生效果, 必须严格控制热处理过程中加热、保温和冷却过程中的各项参数, 确保输入的能量最少, 排放污染物又能满足当前最严格的环保法规要求。因此, 首先要确定正确的加热方法和冷却方式, 除保证热处理品质外还包括制品有良好的表面, 不受有害物污染, 不变形或尽可能低的变形, 以及无裂纹等。

4.5.1　加热方法

铝合金热处理主要采用电炉、气体燃料炉、液体燃料炉, 很少用固体燃料炉, 因为以煤等固体物质作燃料存在的缺点甚多, 应淘汰。

4.5.1.1　气体介质加热

气体介质加热方式是以气体为介质包围被加热的铝材或制品, 在热处理中广为应用, 燃料为天然气或煤气。采用气体介质(空气或保护性气体)加热时, 燃料或加热体产生的热量是通过对流和辐射传递的, 即被加热到高温的气体分子或燃烧产物的高能分子与铝表面接触, 将其能量(热)传递给温度较低的铝。在温度低于700℃时, 对流传热是主要的传热方式, 为强化和加速此时的传热过程, 应加强传热介质气体的对流。为此, 可对气体进行强制性循环, 合理地流经材料, 合理地装料, 等等。当前几乎所有铝材气体介质加热的热处理炉都设有强大的风机, 以进行强制性循环。

(1)气体燃料

天然气是最好的气体燃料, 如果没有天然气也可以用煤气。气体燃料优点: 往炉内供应天然气简便易行; 可以直接在炉内燃烧, 能有效地将热能传给被加热的材料与制品; 不需要过剩空气, 因为天然气与空气可混合得十分彻底, 所以能很快地燃烧; 不仅可利用烟气中的余热预热空气, 也可以预热天然气, 提高热效率。

天然气与空气混合愈好, 燃烧就愈快, 烧嘴有高压(> 10 000 N/m^2)和低压($\leqslant$ 10 000 N/m^2)之分。根据天然气与空气混合方式的不同, 可分为三种: 在送进烧嘴前混合的, 在烧嘴中混合的, 在通过烧嘴后混合的。

(2)液体燃料

液体燃料炉以重油为燃料, 为了燃烧完全, 必须降低重油黏滞性, 因此要对其预热，可通过装在油箱内的蒸汽蛇形管进行。虽然液体燃料比固体燃料优越得多，但仍比不上气体燃料或电。

理论上燃烧 1 kg 重油需要 10.84 m³ 空气，实际上为保证充分燃烧以及考虑漏气损失等因素，需供给 15 m³ 左右空气。油经低压喷嘴雾化后与空气混合再燃烧。

4.5.1.2　辐射管加热

有时热处理的整个过程要求被加热的材料或制品与炉气隔开，此时可采用辐射管加热，即气体燃料在辐射管内燃烧，使耐热管受热并辐射热量，从而加热材料。辐射管直径为 70 ~ 100 mm，壁厚 4 ~ 7 mm，安于炉膛侧墙上，彼此间距为直径的二三倍。在立式辐射管内，烧嘴或喷嘴由管的下端引入，而燃烧产物则由管的上端引入排气管。

4.5.1.3　电流加热

铝材或制品的最佳加热方式是电炉加热，但是究竟采用天然气还是电作为能源取决于加热成本及当地能源资源及运输条件。可是，如果是热处理过程本身的要求，如需要在电热盐浴槽或在低温炉内加热时，可以不考虑经济效果，采用电炉是必要的，合理的，也是最好的。因此，铝合金热处理炉多为电阻炉及感应炉。

电热元件或电阻元件是发热体，它可以是金属的（一般在 1 100 ℃ 以下），也可以是非金属的，如碳化硅、碳精或石墨，它们可在更高的温度下使用。

加拿大铝业公司（2008 年与力拓公司合并）铝带感应热处理系统与矫直机列组成一条联合生产线，生产效率高。感应加热装置的加热速度为传统的连续退火炉（continuous annealing line，CAL）的 3 倍，由于感应加热的升温速度快，退火后的晶粒细小均匀，例如感应退火加热到 450 ℃ 的 3003 合金 1 mm 板材的晶粒平均尺寸为 10 ~ 20 μm，而传统连续退火生产线完全退火的 1 mm 板材的晶粒尺寸为 50 ~ 70 μm。

4.5.2　加热气氛

除铝材的固溶处理与 Al – Mn 合金板材的快速完工退火可以在盐浴炉中进行外，其他热处理通常在介质为大气炉内进行，不必对气氛予以控制，在特殊情况下可采用燃料燃烧气体或在真空炉内进行。在大气气氛中加热时，气体不可避免地会与金属表面发生反应生成氧化物或进入其中，进入 Al 中的气体大都是 H。

H 在金属中的溶解度可用"正常溶解度"表示。所谓正常溶解度，在氢溶解于金属时放出热量的情况下，是指温度为 20 ℃、氢压为 0.1 μN/m² 的条件下，100 g 金属中深入的氢体积（cm³）。例如 H 在 Al 中的正常溶解度为 0.044 cm³/100 g。

Al 与 O 的亲和力大，易于生成氧化物（Al_2O_3），但其表面氧化膜致密，且具有高的电阻，可防止铝进一步氧化。由于氧化膜很薄，铝及其合金可在大气下或燃料炉中加热而不必采用保护性气氛，也不必清除表面氧化膜。

若铝及其合金采用煤气燃烧的反应气体作为加热介质,还可以改善铝合金制品的表面品质,得到更光洁的表面。但煤气燃烧反应气体应预先脱水、除硫,以防止吸氢和表面污染。

4.5.3 冷却介质

正确选择和合理使用冷却介质是保证铝材及铝制品热处理品质的关键条件之一。应注意以下几点:①保证制品所需的冷却速率,且冷却均匀,使材料获得所需的组织和性能;②尽量减少冷却产生的内应力,不变形或变形不超过允许限度,尤其不能开裂;③冷却介质与金属材料不发生或少发生有害的氧化、还原反应或其他物理化学反应,表面不被污染或少被污染;④操作方便,无毒,成本低,易回收处理,对环境友好。

冷却介质通常是液体或气体,它们的冷却能力在很大程度上取决于材料冷却过程中冷却介质是否改变聚合状态,而这又与它们的沸点高低有关。可将常用的冷却介质分为两大类。

(1)冷却过程中改变聚合状态的冷却介质

这是沸点低于被冷制品温度的冷却介质,属于这类介质的有:水、盐水溶液、碱水溶液、油、乳化液及液氮等。

金属制品在这类介质中的冷却过程大致分为三个阶段,如图 4–52(a)所示。

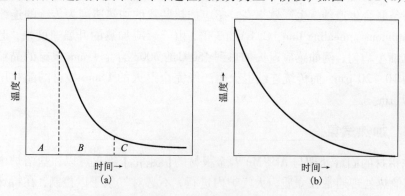

图 4–52 两类冷却介质的冷却特性曲线

第一阶段(A)为蒸气膜冷却阶段。高温材料刚浸入冷却介质时,材料周围的介质被加热而气化,形成一层相对稳定的蒸气膜,蒸气膜整个地包覆着材料,材料与介质被气膜隔开。由于气膜热阻大,因而材料冷却缓慢。

第二阶段(B)为沸腾冷却阶段。随着材料温度的降低,放出的热量不足以维持完整的蒸气膜,于是蒸气膜破坏,材料与介质直接接触而产生大量气泡(沸腾)。由于气化热很大,气泡可带走大量的热。因此这阶段的冷却速度很快。

第三阶段(C)为对流传热阶段。当材料温度降至介质沸点以下时，沸腾停止，此时材料依靠介质的对流传热冷却，冷却速度变慢。

(2)冷却过程中不改变聚合状态的冷却介质

这是一类沸点高于被冷材料温度的冷却介质，这类介质在整个冷却过程仅依靠本身的对流传热使制品冷却，其冷却速度随材料温度的降低而平滑地减小，冷却过程中无冷却速度的明显变化，如图 4 - 52(b)所示。空气及某些专用淬火介质如聚乙醇水溶液就属于这类介质之一，如 6063 合金挤压材的在线强风空冷淬火。

在各种热处理形式中，对冷却介质要求严格的是淬火，其他形式的热处理，如退火、时效等只要冷却介质符合前述的基本要求即可。

淬火时，在一定的温度范围内，金属的冷却速度必须大于临界淬火冷却速度，但在其他温度范围，特别是在较低的温度，则不应有大的冷却速度，以免产生过大的淬火应力而导致制品变形甚至开裂。例如，大多数铝合金淬火只要求在 500 ~ 300℃快速冷却，而在 200℃以下则希望较慢的冷速。

4.6　热处理规范

4.6.1　退火规范及工艺控制

铝合金厚板退火规范见表 4 - 7。

表 4 - 7　铝合金厚板退火规范

合金	状态	金属温度 /℃	保温时间 /h	冷却方式
1070A、1060、1050A、 1035、1200、8A06	O	320 ~ 380	1.5	出炉空冷
2A12、2024、2A06、 2219、2A14、2A11	O	360 ~ 380	2.0	以不大于 30℃/h 冷却速度冷却到 250℃以下出炉
3A21、3003、3004	O	400 ~ 500	1.5	出炉空冷
5A02、5052	O	340 ~ 380	1.5	出炉空冷
5A03	O	260 ~ 280	1.5	出炉空冷
5754、5083	O	310 ~ 320	2.0	出炉空冷
5A06	O	310 ~ 330	1.0	出炉空冷
6061、6063、6A02	O	380 ~ 400	1.5	出炉空冷
7A04、7A09、 7075、7475	O	360 ~ 395	1.0	以不大于 30℃/h 冷却速度冷却到 250℃以下出炉

续表 4 –7

合金	状态	金属温度/℃	保温时间/h	冷却方式
1100	H24	230~240	1.5	出炉空冷
3A21、3003	H24	280~320	1.0	出炉空冷
5052	H22	240~260	1.5	出炉空冷
5754	H22	240~250	1.5	出炉空冷
5754	H24	250~260	1.5	出炉空冷
5083	H321	120~140	2.0	出炉空冷

工艺控制如下：

①装炉前，冷炉要进行预热，预热定温应与板材退火第一次定温相同，达到定温后保持 30 min 方可装炉。

②查看仪表，测温热电偶接线是否牢固。测温料装炉前应处于室温。

③退火板材装炉时，料架与料垛应正确摆放在推料小车上，不得偏斜。

④测温板材料垛要均匀地放置在各加热区内。装一垛及多垛料时，都要用两只热电偶放于炉的高温点和低温点，其放置位置在料垛高度的 1/2 处，距端头 500 mm，插入深度不小于 300 mm，如果不同厚度板材搭配时，热电偶插在较厚的板垛上。

⑤热处理制度不同的退火板材，不能同炉退火；同炉内，料垛的高度差不大于 300 mm。板材退火料垛，最高不得超过 900 mm（包括底盘在内）。

⑥为保证退火料温度均匀，热处理工可在 ±10℃ 范围内调整仪表定温。

⑦热处理可强化铝合金板材退火料出炉时，出炉料板片上要盖上石棉布，以防止空气淬火影响板材成品性能。

⑧出炉后的热料不允许压料，待降至 100℃ 以下方可压料。

⑨退火过程中因故停电，退火半硬状态板材，停电不超过 1 h，可继续按原制度加热；停电超过 1 h，将料出炉冷到定温后重新装炉退火。在保温过程中因故停电，应补足保温时间。

4.6.2　固溶处理规范及工艺控制

厚板典型固溶处理温度见表 4 –8。

盐浴炉淬火和空气炉淬火的推荐固溶处理保温时间分别见表 4 –9 和表 4 –10。

表 4 – 8　厚板典型淬火温度

合金牌号	固溶处理温度/℃	过烧温度/℃	合金牌号	固溶处理温度/℃	过烧温度/℃
2A11	500 ± 2	514	6061	520 ~ 530	580
2024、2A12	498 ± 2	505	6063	525 ± 2	615
2017	498 ~ 505	510	6082	520 ~ 530	
2014、2A14	498 ~ 505	509	7075	465 ~ 475	525
2A06	505 ± 2	518	7475	475 ~ 485	
2A16	535 ± 2	545	7050	475 ~ 485	
2618	525 ~ 535	550	7022	460 ~ 480	
2219	530 ~ 540	543	7020	460 ~ 500	
2124	498 ± 2		7A04	470 ± 2	525
6A02	525 ± 2	565	7A09	470 ± 2	525

表 4 – 9　盐浴炉固溶处理保温时间

板材厚度/mm	6.1 ~ 10.0	10.1 ~ 20.0	20.1 ~ 40.0	40.1 ~ 50.0	50.1 ~ 60.0	60.1 ~ 70.0	70.1 ~ 80.0	80.1 ~ 90.0	90.1 ~ 105.0	106 ~ 120
保温时间/min	50 ~ 60	60 ~ 70	70 ~ 80	80 ~ 90	90 ~ 100	100 ~ 110	110 ~ 120	130 ~ 150	170 ~ 180	190 ~ 210

表 4 – 10　空气炉固溶处理保温时间

板材厚度/mm	6.1 ~ 12.7	12.8 ~ 25.4	25.5 ~ 38.1	38.2 ~ 50.8	50.9 ~ 63.5	63.6 ~ 76.2	76.3 ~ 88.9	89.0 ~ 101.6
保温时间/min	60 ~ 70	90 ~ 100	120 ~ 130	150 ~ 160	180 ~ 190	210 ~ 220	240 ~ 250	270 ~ 280

工艺控制如下：

①盐浴炉固溶处理时，液面应比板片的上边高 150 mm，加热器露出液面的高度不超过 350 mm，并根据液面的高度及时补充硝盐。

②换合金、改定温及补充硝盐时，盐浴温度达到定温后，必须保持 30 min 以上，并经测温合格后方可生产。盐浴炉温差 ±2℃。

③待盐浴炉固溶处理的板片料垛要三面整齐，以利于淬火生产。需盐浴处理的板片必须冷却到室温后方可装炉。

④淬火水槽水温不高于 30℃。清洗槽 HNO₃ 浓度为 3% ~ 16%；NaOH 浓度为 2% ~ 5%，温度为 30 ~ 50℃。

⑤盐浴处理板必须按批、按合金装炉，不同合金不允许在同一炉处理，同一

合金但包铝层厚度不同,也不能在同一炉内处理,如 2A12 与 2A12B 板材不可装在同一炉内。

⑥板片上有油膜,处理时必须上下多提升几次,使油膜在炉外燃烧完,然后再加入炉内淬火。带水的板片不允许加入炉内,淬火的板片不允许靠在加热元件上。

⑦对有严重弯曲板片,淬火前应进行矫直处理。

⑧板片加入炉内,达到定温后开始计算保温时间。

⑨淬火时转移时要快、准、稳。高锌的铝合金淬火转移时间不超过 25 s,其他合金淬火转移时间不超过 30 s。

⑩严禁有机物加入盐浴炉中,镁合金及 Mg 含量大于 10% 的铝合金,严禁在盐浴炉内进行热处理。

⑪为保证板材的表面品质和防火要求,必需每周清理一次料挂、横梁上的硝盐,天车一季度清理一次,房梁一年清理一次。

4.6.3　时效处理规范及工艺控制

厚板时效处理规范见表 4 – 11。

表 4 – 11　厚板的典型人工时效处理规范[①]

合金	固溶处理[②]		时效处理		
	温度[③]/℃	状态	温度[③]/℃	保温时间[④]/h	状态
2014[⑥]	495 ~ 505	T4	155 ~ 165	18	T62
		T451[⑤]	155 ~ 165	18	T657[①]
2024[⑥]	485 ~ 498	T351[⑤]	185 ~ 195	12	T851[⑤]
		T361[⑦]		8	T861[⑦]
		T42		9	T62
2219[⑥]	530 ~ 540	T31[⑦]	170 ~ 180	18	T81[⑦]
		T37[⑦]	170 ~ 180	18	T87[⑦]
		T351[⑤]	170 ~ 180	18	T851[⑤]
		T42	185 ~ 195	36	T62
6061[⑥]	515 ~ 550	T4[⑧]	155 ~ 165	18	T6[⑧]
		T42			T62
		T451[⑤]			T651[⑤]

续表 4 – 11

| 合金 | 固溶处理[②] | | 时效处理 | | |
	温度[③]/℃	状态	温度[③]/℃	保温时间[④]/h	状态
7075[⑥]	460 ~ 475[⑨]	W	115 ~ 125[⑩]	24	T62
		W51[⑤]	[⑪][⑫]	[⑪][⑫]	T351[⑤]
			115 ~ 125	24	T651[⑤]
			[⑪][⑫]	[⑪][⑫]	T7351[⑤]
7178	460 ~ 485	W	115 ~ 125	24	T6、T62
	460 ~ 485	W51[⑤]	115 ~ 125	24	T651[⑤]
	—	—	[⑭]	[⑭]	T7651[⑤][⑬]

注：①所列的时间与温度是各种类型、不同规格与不同加工工艺生产的产品的典型时间与温度，不完全是某一具体产品的最佳处理规范。②应尽量缩短产品转移时间，以便尽快从固溶热处理温度淬火。除另有说明外，淬火介质为室温水。在淬火过程中，槽中的水应保持一定的流速，使水温不超过 35℃。对某些产品可采用大容量高速喷水淬火。③尽快缩短升温时间。④保温时间从金属达到所列的最低温度时算起。⑤在固溶热处理与时效处理之间，为消除残余应力，施加了一定量的拉伸永久变形。⑥也适用于包铝的薄板与厚板。⑦在固溶热处理与时效处理之间，应进行一定量的冷加工。⑧仅适用于花纹板。⑨为了获得最佳均匀性，有时温度可高达 498℃。⑩也可采用双级时效：90 ~ 105℃，4 h；155 ~ 165℃，8 h。⑪进行双级时效处理，即先在 100 ~ 110℃：处理 6 ~ 8 h，然后对不同产品进行如下的第二次处理：薄板与厚板：160 ~ 170℃，24 ~ 30 h。⑫也可采用双级时效：100 ~ 110℃，6 ~ 8 h；随后以 15 ℃/h 的升温速度升至 165 ~ 175℃，保温 14 ~ 18 h。对于轧制与冷精拉的棒，也可在 170 ~ 180 ℃ 处理 10 h。⑬7075 及 7178 合金由任何状态时效到 T73（仅适用 7075 合金或 T76 状态系列时，应严格控制保温时间、温度与加热速度）。此外，将 T6 状态系列材料时效到 T73 或 T76 状态系列时，T6 状态的处理条件非常重要，而且对 T73 与 T76 状态材料的性能有影响。⑭双级时效：115 ~ 125℃，3 ~ 5 h，160 ~ 170℃，15 ~ 18 h。

工艺控制如下：

①装炉前，冷炉预热，预热定温应与时效第一次定温相同，达到定温后保持 30 min 方可装炉。

②待时效板片间要垫上厚度为 2 ~ 4 mm，宽度为 40 mm 的干燥、无灰尘的硬纸板，在料垛 1/2 处放两张废片，以备插热电偶。

③查看仪表与测温热电偶接线是否牢固。测温料装炉前应处于室温。

④装炉时，时效料架与料垛应正确摆放在推料小车上，不得偏斜，否则不准装炉。

⑤时效时板材料垛要均匀地放置在各加热区内。装一垛及多垛料时，都要用两只热电偶放于炉的高温点和低温点，放置位置在料垛高度的 1/2 处，距端头 500 mm，插入深度不小于 300 mm，如果不同厚度板材搭配时效时，热电偶插在较

厚的板垛上。保证电偶与板片接触良好。

⑥采用不同热处理规范的板材不能同炉时效；同炉内，料垛的高度差不大于300 mm。料垛高度不得超过900 mm（包括底盘在内）。

⑦同炉时效板材的厚度搭配。6×××系合金，同垛料板厚度之差小于等于20 mm，同炉料厚度之差小于等于30 mm。7×××系合金板厚不大于50 mm，同垛料板厚之差不得大于10 mm；板厚大于50 mm时同垛料板厚之差不大于15 mm；同炉料厚之差不大于20 mm。

⑧为保证时效料温度均匀，热处理工可在±10℃范围内调整仪表定温。

⑨出炉后的热料上面不允许压料，待降至100℃以下方可压料。

⑩热处理工应将时效产品的合金、状态、批号、装炉时间、时效日期及生产班组等填写在仪表记录纸上，并在生产卡片上认真记录装出炉时间、时效日期及班组等。记录本和仪表记录纸保存3年以上。

⑪热处理工必须坚守岗位，每隔30 min检查一次控制柜的盘前仪表及各控制开关是否运行正常和处在正确位置。

⑫时效过程中因故停电，在加热期间停电，应正常供电后继续加热；在保温期间停电，应出炉冷到定温，按原规范重新时效。

⑬时效完的料垛上，应用红蜡笔写上"时效完"字样，以示区分。时效料垛上不准压料。

⑭仪表工对测温用热电偶、仪器仪表，按检定周期及时送检，保证温控系统误差不高于±5℃，不合格的热电偶和仪器仪表严禁使用。

4.7　热处理炉

4.7.1　铸锭均匀化退火炉

铝合金铸锭均匀化退火炉是一种依靠对流方式加热铸锭的周期工作炉，一般铸锭表面的加热气体流速在10 m/s以上。常用铝合金铸锭均匀化退火炉按能源不同可分为电、气体或液体燃料加热的；按加热方式有间接加热和直接加热的；按结构形式有地坑式和台车式的。最近开始出现把均匀化退火和加工前的加热合二为一的连续均匀化加热炉。但不管是圆锭还是扁锭，将均匀化退火与加工前的预热合二为一，只适宜于处理均匀化退火加热时间短的合金，如1×××系、6×××系一部分合金，而2×××系及7×××系合金则必须先均匀化退火，经铣面后再进入推进式炉加热。

均匀化退火炉有地坑式、推进式和台车式的。台车式的一般由均匀化室、强制风冷室、承料台车三部分组成。加热方式通常采用气体或液体燃料的辐射管间接加热，也有采用电加热及火焰直接加热的。其冷却方式是把台车托出炉外，或把料盘装入强制风冷室里进行冷却。均匀化退火炉温度控制精度为 ±5℃。设备技术参数请参阅各生产企业技术资料。

4.7.2　退火炉

现代铝板、带、箔材热处理设备一般由装出料机构、炉体、电控系统、液压系统等组成，有的热处理设备还有保护性气体发生装置、抽真空装置等。

箱式铝板与带卷退火炉是目前使用最为广泛的，具有结构简单、使用可靠、配置灵活、投资少等特点。现代化台车式铝板、带材退火炉一般为焊接结构，在内外炉壳之间填充绝热材料，在炉顶或侧面安装一定数量的循环风机强制炉内热风循环，从而提高炉内气体温度的均匀性；炉门多采用气缸（油缸）或弹簧压紧，水冷耐热橡胶压条密封；配置有台车，供装出料之用。在多台炉子配置时往往采用复合料车装出料，同时配置一定数量的料台便于生产。根据所处理金属及其产品用途的不同，有的炉还装备有保护性气体系统或旁路冷却系统。

目前国内铝加工厂所选用的箱式铝板、带卷退火炉主要是国产设备，其技术性能、控制精度、热效率指标均接近国际水平。

盐浴炉主要用于铝板材的退火及固溶处理加热。盐浴炉采用电加热管加热，炉内填充硝盐，通过电加热管加热使硝盐处于熔融状态，铝板材放入熔融的硝盐中进行加热。由于硝盐的热容量大，升温快，适合处理 3××× 系合金板材，可防止出现粗大晶粒。但是硝盐对铝板材有一定的腐蚀性，同时，硝盐在生产中具有一定危险性，应少用。

4.7.3　固溶处理炉（淬火炉）

可热处理强化的铝合金材料都要经过固溶处理（淬火），以获得过饱和固溶体，为时效处理创造必要条件。铝材及制品淬火炉必须加热均匀，温度控制精确，最好能达到 ±1.5℃，加热炉形式分为立式与卧式的，还有辊底式的，带材可在气垫炉与感应加热生产线上进行淬火处理。

4.7.3.1　辊底式固溶 – 淬火炉

辊底式淬火炉主要用于铝合金板材的淬火，特别适用于厚板的淬火，以使在合金中起强化作用的溶质最大限度地溶入铝固溶体中，提高铝合金的强度。辊底式淬火炉为空气炉，可采用电加热、燃油加热或燃气加热。辊底式淬火炉对板材加热、保温后，通过辊道运送到淬火区淬火，辊底式淬火炉具有金属温度均匀一致（金属内部温差仅为 ±1.5℃）、转移时间短等特点。表 4 – 12 列出了辊底式淬火炉的主要技术参数，其结构组成如图 4 – 53、4 – 54 所示。

表4-12　某企业用辊底式固溶处理炉主要技术参数

制造企业	奥地利 EBNER 公司	制造企业	奥地利 EBNER 公司
形式	辊底式	最高炉温	600℃
用途	铝合金板材淬火		
加热方式	电加热	控温精度	≤ ±1.5℃
板材规格	(2 ~ 100 mm) × (1 000 ~ 1760 mm) × (2 000 ~ 8000 mm)	控温方式	计算机自动控制

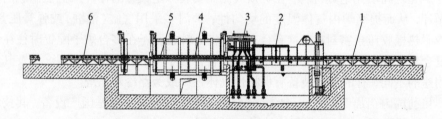

图4-53　辊底式固溶-淬火炉

1—装料辊道台；2—固溶处理区；3—前强冷淬火区；
4—后弱冷淬火区；5—干燥区；6—卸料辊道台

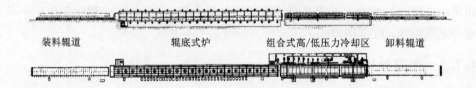

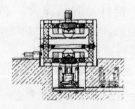

图4-54　辊底式固溶-淬火生产线结构三视示意图

辊底式淬火炉生产线由5部分组成：装料辊道台，固溶处理区，淬火区(前强冷区，后弱冷区)，干燥区，卸料辊道台。采用电加热，通过强大的风机使高温气流从炉顶及炉底的一排排喷嘴喷到被加热的板上，既能以最快的速度使板材升温，又能确保加热温度均匀一致。气流温度与流量可自动调控，因而板材的温度可自动调节。

板材在炉内保温一定时间后，立即以设定的速度进入强冷却区，即主淬火区。通过喷嘴把经过处理的既定温度的强大水流喷射到板的上下面，水的流速是可调的，因而可根据板的厚度与合金成分的不同调节淬火速度，一方面保证有必要的冷却速度，另一方面又能保证尽可能均匀的冷却，将板中的残余应力降到尽可能低的水平，确保板材不会发生不允许的变形与扭曲。板材在主淬火区降到一定温度后进入弱冷却区，使温度下降到设定的温度。板材降到设定温度后进入干燥区，表面受到强风吹扫，吹除水分和潮气。

辊底式淬火生产线采用以下关键技术：

(1)喷射加热技术

在加热炉内铝合金板由上下分布的空气喷嘴系统进行快速均匀地加热，高温气体喷射速度为 30~70 m/s，加热速率为 1 mm/min，喷射加热与其他加热相比，可以提高传热系数，达到快速升温目的。同时，均匀排列的喷嘴和精确的空气导流可以得到最小的温度偏差。为了达到最佳效果，要合理设计喷嘴的角度、排列、大小和多少；同时配置高温、高压、高效率风机，精确的循环系统以及特殊的密封系统。

(2)喷射冷却技术

为了使固溶热处理效果更好，卧式炉采用喷射冷却技术代替立式水槽淬火。主要特点是高压大流量喷水系统是喷射冷却的主体，移动式喷嘴可满足不同尺寸规格铝合金板淬火的要求；上下喷嘴与铝合金板之间的距离，水和铝合金板的接触点位置，上下喷水的一致性，喷嘴的形状、角度等是能否保证铝合金板快速冷却、冷却变形小的关键。

(3)传动技术

连续固溶热处理铝合金板的最关键技术就是在整个热处理过程中保证铝合金板不划伤，无压痕和镶嵌物，保持板的表面光滑。传动刷辊(图 4-55)既可保证板表面品质，又可保证板与辊之间有热空气流动，板任意点加热均匀。另外，分段传动时的变频调速、摆动传动、伺服同步传动等都是影响板表面品质的关键因素。

中国拥有世界上最多的现代化的自动化辊底式固溶-淬火生产线，到 2015 年可有 15 条，分布于东北轻合金有限责任公司、汇程铝业有限公司、忠旺集团天津铝板、带有限公司、南山轻合金有限公司、爱励铝业(镇江)有限公司、南南铝加工有限公司、西南铝业(集团)有限责任公司等。2015 年全球可有 37 条辊底式固溶-淬火生产线，中国占 40.5%。

美国铝业公司(Alcoa)达文波特(Davenport)轧制厂有 4 条这类生产线，是单个企业拥有最多的(图 4 - 56、图 4 - 57)。当今航空航天工业用的可热处理强化铝合金厚板的最大长度为 36 m、最大宽度为 3 600 mm、最大厚度约 150 mm。因此,固溶处理 - 淬火生产线的长度可以在 180 m 以下,炉膛尺寸也不会超过4 000 mm。大尺寸炉膛处理窄板时,可允许两片并排通过。

图 4 - 55　辊底式固溶处理 - 淬火线的不锈钢丝刷辊(EBNER 公司)

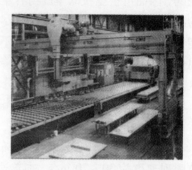

图 4 - 56　美国铝业公司达文波特轧制厂固溶处理 - 淬火生产线(HI-CON®)出料端(EBNER 公司)

东北轻合金有限责任公司(NELA)2002 年从艾伯纳公司引进的 HICON® 固溶处理 - 淬火生产线如图 4 - 58 所示,可处理 8 000 mm 长的厚板,是中国首条这类生产线,但也是世界上最小的辊底式固溶处理炉之一。中国正在建设一批这类生产线,都是世界上大、中型的。

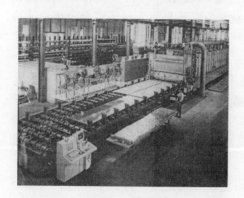

图 4 - 57　奥地利有色金属加工公司(AMAG)兰舍芬(Ranshofen)轧制厂的电加热固溶处理 - 淬火生产线,双片并行处理(EBNER 公司)

图 4 - 58　中国东北轻合金有限责任公司引进的首条铝合金厚板辊底式固溶处理 - 淬火生产线,2003 年投产

4.7.3.2　立式固溶处理 – 淬火炉

辊底式固溶处理 – 淬火生产线是卧式的，板片一块一块地从进料台自动地按预定程序与速度在辊道上通过固溶处理区、淬火区、干燥区达到卸料台，适合处理大批量板材，同时不适宜薄板生产，此时可用立式活底炉，上部为固溶处理炉，下部为淬火液（水或水 – 甘醇混合液）槽。德国科布伦茨轧制厂（属爱励国际，Aleris International）的 HICON® 活底立式见图 4 – 59，不但可处理板材，而且可处理铸件、锻件、成形薄板件及其他工件。

板材在炉内一张张地吊挂着（图 4 – 59 左上角小图），板片间有相当大的间隔，以便强对流热气流动，可快速均匀加热，淬火井内的水强制循环流动，循环速度大于 0.2 m/s，能很快地去除板片表面上形成的气泡，加速冷却，同时使冷却更均匀，降低变形。

辊底式 HICON® 卧式固溶处理 – 淬火生产线的生产率为 2 ~ 20 t/h，匡算生产能力时可按 8 t/h 估算，立式固溶处理 – 淬火炉的最大装料量一般不超过 12 t 净料。辊底式固溶处理 – 淬火生产线在处理 2 800 mm 宽 × 3 100 mm 长板时的生产率为 7.8 t/h。这类高技术热处理炉的设计与制造技术中国目前尚未完全掌握。

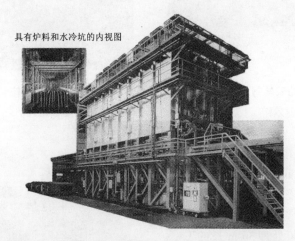

具有炉料和水冷坑的内视图

图 4 – 59　德国科布伦茨轧制厂的 HICON® 活底立式板材固溶处理 – 淬火炉（EBNER 公司）

4.7.3.3　退火 – 时效炉

在现代化的铝合金厚板生产企业中，板材的退火/时效往往在一条生产线上进行，可以成批处理，也可以处理单板，还可以处理光亮的镜面板。辊底式退火/时效生产线的设计原则与固溶处理 – 淬火生产线的相同，但没有淬火水系统，而是用气流将板材冷却到可以操作的温度（55℃）以下。通常，加热区采用燃气加热，而保温则采用电热方式。除了装卸料工序外，其他的工艺操作都是高度自动化的,而板材的装卸则采用真空吸盘装置。

气流冷却区分为几段,并采用艾伯纳(EBNER)专利技术设计与制造,既可以保证吸入的新空气最少,又可以达到最短的冷却时间,还可以保持板材的最佳平直度。高速循环气流风机的频率是可调的。

时效/退火温度及其他工艺参数都自动精密调控,单板处理时可保证温度差不大于±1.1℃,每一加热区/冷却区都有一台强大的轴流风机,用变频电机驱动,可以快速加热并以最合适的速度冷却,从而确保板材的各项性能均能满足 AMS 2770 及 Mil. spec. MIL – H – 6088G 标准要求。

典型的时效/退火生产线(炉)见图 4 – 60(装料量 60 t,安于德国科布伦茨轧制厂)、图 4 – 61(厚板退火炉,最大装炉量 90 t)。

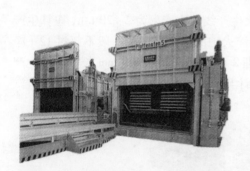

图 4 – 60　科布伦茨轧制厂的 60 t 的 HI-CON® 箱式板材时效炉

图 4 – 61　科布伦茨轧制厂的 90 t HI-CON® 箱式厚板退火炉

美国芝加哥市原雷诺兹金属公司(Reynolds Metals,2002 年被美国铝业公司收购)麦库克轧制厂(Mc-Cook)的 HICON® 铝合金厚板时效炉(图 4 – 62),可处理 36 m 长的飞机机翼铝合金厚板,温差≤1.5℃。

图 4 – 62　美国铝业公司麦库克轧制厂的 HICON® 厚板时效炉

第 5 章　铝合金厚板精整与预拉伸

精整是指铝合金板、带材经过轧制或热处理后，在制成半成品之前所进行的尺寸及表面品质等的加工修整，包括锯切、剪切、矫直、酸洗、检验、包装等工序。

铝合金厚板的典型精整工艺流程如下：

(1)非先进的淬火板精整工艺流程：热轧板→热轧机双列剪切边→剪切块片→盐浴炉固溶处理与淬火→酸洗→冷水洗→温水洗→卸板→压光→矫直→锯切(剪切)→成品检验→垛片→包装(涂油)→交货。

(2)先进的预拉伸板精整工艺流程：热轧板→剪切块片→装板→辊底式炉固溶处理与淬火→卸板→矫直→预拉伸→(时效)→锯切→成品检验→包装→交货。

(3)热轧板精整工艺流程：热轧板→剪切块片→矫直→锯切(剪切)→成品检验→包装→交货。

(4)退火板精整工艺流程：热轧板材→剪切块片→成品热处理→矫直→锯切(剪切)→成品检验→包装→交货。

5.1　锯切

铝合金板材在生产过程中不可避免地会产生裂边、预拉伸钳口压痕，同时为了向用户提供精确尺寸的成品板材，必须对其锯切。

锯是靠锯片上的刀齿来一层层地切断金属的。按照锯片的形式不同可分为圆盘锯和带锯两类。由于锯是断续地切割金属，所以其切口不光滑的。

常用的锯有摆动式锯、杠杆式锯、滑座式锯和带锯等。摆动式锯、杠杆式锯的行程小，锯切速度慢，一般不适用于板材的锯切。滑座式锯速度快、行程大，适用于锯切厚板。

5.1.1　圆盘锯的技术参数及锯切工艺

圆盘锯由机架、带有锯片的移动机构(滑座)、锯片、锯片传动装置和送进机构等组成，锯片由电动机直接带动。ϕ660 龙门圆盘锯的主要参数见表 5 - 1。

表 5 - 1　φ660 龙门圆盘锯的技术参数

项　目	参数	项　目	参数
最大锯切厚度/mm	180	锯头宽度方向工作行程/mm	3 060
最大锯切宽度/mm	2 000	锯头长度方向工作行程/mm	9 700
最大锯切长度/mm	9 000	锯头升降工作行程/mm	300
锯切速度/(m·min^{-1})	0.5 ~ 1.0	锯头最大旋转角度/(°)	98
锯片直径/mm	660	锯头转速/(r·min^{-1})	1 450
锯片厚度/mm	6 ~ 7	—	—

5.1.2　锯切操作

工艺操作程序：

①必须在室温下锯切，锯切时应保证充足的乳液润滑。

②垛板前，查看工序记录，并剔除不合格板。

③垛板时，及时清除板面上的铝屑，以免产生印痕。应在每张板上写上顺序号，并在侧边画上锯切标线，保证钳口压痕和缺陷部位被切除。

④成垛锯切时，应使用专用卡具卡紧，防止板片窜动。锯切淬火拉伸板时，应对称切掉钳口附近的死区，每侧锯掉钳口外 200 mm 以上。

⑤设备操作人员负责锯切定尺，并指定人员负责复查，确认无误后方可锯切。根据合金种类、厚度适当选择锯切速度，一般为 0.5 ~ 1.0 m/min。

⑥因板片边部缺陷在淬火/拉伸前需先切边的板材，在宽度余量允许的情况下，应留出二次锯切余量。

⑦因板材边部暗裂保证不了成品尺寸时，可按不合格品相关规定处理。

⑧按规定切取试样，切取试样条前，由试样工负责在板垛端面用记号笔画上倒"√"字，防止锯切后试样条滑落造成混号。

⑨锯切后的板材实物尺寸和外观品质应符合内控标准，生产工负责在料垛的端面注明合金、批号和板顺序号范围。

⑩不准锯切铝及铝合金板以外的废铝卷、废底盘、铸块等其他非铝合金材料，以保证设备精度。

⑪铝屑刮板机导路应畅通，除铝屑以外，不准存放其他物料，并要及时清除铝屑。

⑫锯切时，应适当控制锯切进给量，确保锯切端面光滑，无毛刺，锯切刀痕不超过 0.5 mm。

⑬锯切后，应擦净板上的乳液、碎屑等杂物。

⑭严禁锯切拉伸钳口咬入部分和没有经过拉伸且应力大的淬火板材。

⑮为保证设备精度和产品品质，禁止使用不符合规定的锯片和木方。

⑯锯片黏铝、掉齿或出现其他问题时，必须停机，及时处理，保证锯床处于良好工作状态。

⑰锯切结束，锯头应停放在横梁任一端头的最高位置。

5.1.3　带锯锯切

现在锯切多用带锯。圆盘锯的主要缺点：锯切口大，噪声高，不能锯切软合金，消耗功率大。带锯的主要优点：锯口小，仅相当于圆锯的 1/10，切屑少，金属损耗少；电机功率小，能耗低；圆盘锯的锯齿材料为硬质合金，换锯片与磨齿时间长，基建投资大，带锯磨损后作废钢处理，一甩了之，换一副带锯仅需 10 min。

5.2　剪切

5.2.1　剪切机基本类型和特点

剪切机是用于将板材剪切成规定尺寸的设备。根据刀片形状和配置方式及铝板情况，常用的剪切机有斜刀片式剪切机（铡刀剪）、圆盘式剪切机。两种剪切机刀片配置如图 5 – 1 所示。

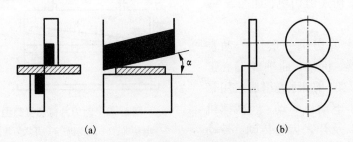

(a)　　　　　　　　　　　　　　　(b)

图 5 – 1　剪切机刀片配置图

(a)斜刀剪；(b)圆盘剪

5.2.1.1　斜刀片剪切机

这种剪切机主要用于剪切板材的头尾和边部，它的两个剪刃一个不动，另一个作上、下往复运动；一个剪刃呈水平，另一个呈 1°~4°倾斜，如图 5 – 1(a)所示。这样可在剪切板片时剪刃从板材一侧逐渐剪至另一侧，因而可以减少剪切力，并减少对材料的冲击。斜刃剪分为上刃剪和下刃剪，分别为上刃剪运动和下刃剪运动，常用上刃剪。斜刃剪只在板材不运动时才能进行剪切，缺点为：剪切时斜刃与铝板之间有相对滑动；由于为间断剪切，空程时间长，剪切速度慢，产量低。

5.2.1.2　圆盘式剪切机

圆盘式剪切机的两个刀片呈圆盘状，如图5－1(b)所示。这种剪切机常用来剪切铝板侧边，也可用于铝板纵向剖分成窄条。圆盘剪一般配有碎边机构。其特点是：

①一般剪切厚度限于25 mm以内。

②可连续纵向滚动剪切，速度快，产量高，品质好，特别适合于纵边剪切。

③适用于小批量生产，以及规格品种多，铝板宽度变换频繁，需要频繁调整侧边剪刃间的距离的铝板生产。

5.2.2　剪切机结构

5.2.2.1　斜刀片剪切机结构

斜刀片剪切机的种类较多，按刀片在机架上的位置可分为开式和闭式；按剪刃运动特点又可分为上切式和下切式；按上刀片运动轨迹又可分为垂直剪和摆动剪。中国使用最广泛的斜刀片剪切机是刀片垂直运动的上切式剪切机，如图5－2所示。

斜刀片剪切机一般由传动装置、离合器、机架、曲轴或偏心部分、上下刀架(剪床)等组成。用带飞轮的异步电动机驱动，经减速机或皮带轮以及开式齿轮传动，带动曲轴或偏心轴使上剪床沿着机架的滑道垂直往复运动完成剪切过程。

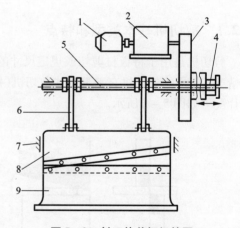

图5－2　斜刀片剪切机简图

1—电动机；2—减速机；3—开式齿轮传动；
4—离合器；5—曲轴；6—连杆；
7—滑道；8—上刀架；9—下刀架

刀架的动作由离合器控制，离合器有牙嵌式、摩擦片式的，用脚踏杠杆、气缸或电磁阀操纵。下剪床固定在机架上。上剪床除与曲轴连接外，尚有平衡装置，平衡方式有重锤和气缸式的。

这种剪切机适用性强，寿命较长，剪刃安装方便，对剪切铝板头尾和侧边都适用。但剪切尺寸精度不够，特别是由于间断剪切，回程时间较长，单位时间内的剪切次数不多，剪切效率不高。

5.2.2.2　圆盘式剪切机结构

圆盘剪主要由传动系统、机箱、机座、调整系统、剪刀片组成。图5-3为圆盘剪结构简图，图5-4为碎边剪结构简图。圆盘剪的每个刀片均固定在单独的轴上，左右各有一个机架箱，机架可以左右调整，以适应不同的剪切宽度。

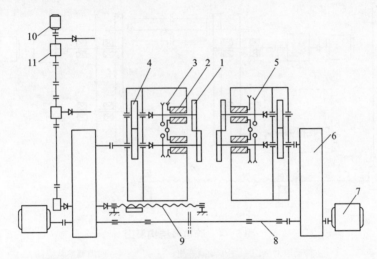

图5-3　圆盘剪结构简图

1—刀片；2—偏心套；3—驱动偏心套的蜗轮蜗杆；4—减速机构；5—刀片间隙调整机构；
6—主减速机；7，10—电动机；8—同步轴；9—传动丝杠；11—减速机

圆盘剪的调整系统包括左右机箱间距、上下剪刃重合量、上下剪刃侧间隙的调整等。

5.2.3　剪切断面各部分的名称

剪切断面各部分名称见图5-5。

5.2.3.1　塌肩

在刀刃咬入时，在刃口附近区域被压缩而产生塑性变形部分，称为塌肩。这样，板材边缘部分由原来的平面状态变成塌肩状，塌陷程度当然越小越好。除了特别硬的材料外，在剪切过程中总会出现一些塌肩。若希望减小塌肩，在不考虑刀刃品质的情况下，可将间隙调小些。

5.2.3.2　剪断面部分

剪断面是一边受到刀刃侧面的强压切入，一边进行相对滑动的部分。这部分断面十分整齐光亮，故又称为光亮面。当然，光亮面要多些，切口状态就显得美观，但所消耗的能量也大，一般认为切口上的剪断面占整个切口的1/3左右为最佳状态，而剪断面量大小和刀刃间隙的大小成反比。也就是间隙变大，光亮的剪断面变小；反之则剪断面变大。

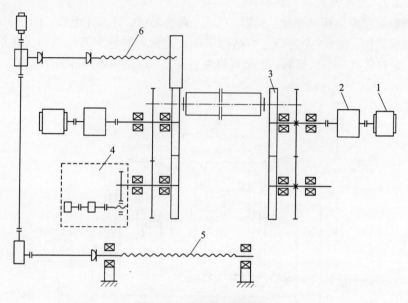

图 5 - 4　碎边剪结构简图
1—主传动电动机；2—主传动减速机；3—刀架；4—间隙调整系统；
5—机架横移丝杠；6—侧导板横移丝杠

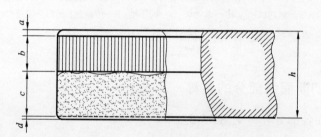

图 5 - 5　剪切断面示意图
a—塌肩；b—剪断面；c—破断面；d—毛刺；h—板材厚度

5.2.3.3　破断面部分

破断面是产生裂缝而断开的部分。剪断面与破断面的量成反比，剪断面增大，破断面则减小。

5.2.3.4　毛刺

铝合金有相当大的塑性，在剪切断面上沿刀刃作用力的方向，带出部分金属，填充于两刀刃的间隙之中，这些完全异于原体形态的部分，称为毛刺。因为刀刃之间总有间隙，故产生微小的毛刺不可避免。间隙越大，毛刺也越大；刀刃变钝，毛刺也随之增加。当间隙达到一定值后，毛刺使断面的直角度达不到要求，就成为不允许的缺陷。

5.2.4　剪刃调整和毛刺消除

5.2.4.1　剪刃调整

人们通常说的剪刃调整，是指水平间隙和重合量的设定值的改变。对于剪切作业，这方面调整是整个剪切作业的关键，它决定剪切断面是否良好以及剪切用力是否最小。

这里必须说明的是，对于不同剪切设备，即使是同一制造厂生产的相同型号设备，各台的设定值都不会一样，需要在实际生产中探索。其方法是：在特定的条件下，通过适当调整得到最佳剪切断面，这时的剪刃间隙调整值是最佳的，可作为以后实际生产中初步设定时的参考值，可通过观察剪切断面品质判断剪刃间隙调整是否合适。

（1）间隙合适

如图 5 – 6（a）所示：裂缝正好对接上。塌肩和毛刺都很小，剪断面约占整个断面的 15% ~35%（具体数值参考图 5 – 5），其余为暗灰色的破断面，很明显地表示出正确的剪切状态。这时，应及时记下各项调整后的数值。

（2）间隙偏大

如图 5 – 6（b）所示，裂缝无法对接上，铝板中心部分被强行拉断，剪切面十分粗糙，毛刺、塌肩十分严重。

（3）剪刃间隙偏小

如图 5 – 6（c）所示，裂缝的走向略有差异，使部分断面再次受剪刃侧面的强压入，即进行了二次剪断。因此，当剪断面上出现碎块状的二次剪断面时，就可以认为间隙偏小，应调大些，使二次剪断面消失。

调整剪刃间隙是一项很细致的工作，需在实际工作中不断总结经验。热轧铝板种类繁多，即使同一种铝板，也会因化学成分的差异和加工工艺的差异而不同。在调整间隙时，一定要考虑各方面的因素，作为初步设定值，在剪切≤6.0 mm 薄板时，间隙取板厚的 6% ~9%；剪切 >6.0 mm 厚板时，间隙取板厚的 10% ~15%。

当经过反复调整，剪刃间隙虽已达到最小限度，但还不能得到满意的剪切断面时，就应该考虑更换剪刃，否则，无法保证产品品质和设备安全。

5.2.4.2　毛刺的产生及消除

在铝板头尾沿整个剪切线向上或向下凸起的尖角称为毛刺。上毛刺一般发生在铝板尾部，下毛刺多发生在铝板头部。

毛刺产生的原因是上下剪刃的间隙过大，或剪刃剪切面以及上表面的尖角磨

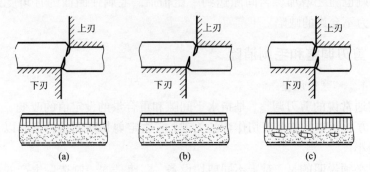

图 5 - 6　间隙与断面的关系

(a)间隙合适；(b)间隙偏大；(c)间隙偏小

损过大，其产生过程如图 5 - 7 所示。

毛刺消除措施：消除了造成剪刀间隙过大的各种因素，毛刺即可减小或消除。首先，应经常保持下剪床固定螺丝和抽出下剪床的螺丝的紧固，不松动；其次，上剪床的铜滑板保持足够的润滑油，防止磨损，一旦磨损立即加垫调整，使其保证与下剪床的距离不变；再次，上下剪刃接触面磨损到一定程度后立即更换。

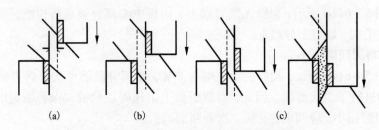

图 5 - 7　剪刃间隙过大产生毛刺示意图

(a)刀片压入金属；(b)金属滑移；(c)金属继续滑移，断裂后金属拉延形成毛刺

5.2.5　剪切工艺

工艺程序：

①首先按照剪切机使用规程对设备进行全面细致的检查。

②按生产卡片核对料、证、牌是否齐全，认真核对合金、状态、批号及规格，有问题时必须经相关人员处理后方可生产。

③根据板材厚度调整剪刃间隙。

④对于非成品尺寸剪切，必须留出试样及工艺要求的毛料尺寸。

⑤剪切过程出现毛刺、划伤等品质问题时必须及时处理。

⑥所用底盘必须平整，不准有尖锐凸起或异物，底盘的不平度不大于 30 mm。

⑦落片应平稳，不允许有砍伤等。

5.3　矫直

铝合金厚板在热轧、剪切、退火、淬火过程中，因温度、压下、辊形变化，工艺冷却控制不当所产生的纵向弯曲、横向弯曲、边缘波浪和内应力，造成不良的板形，可通过矫直工序消除。

铝合金厚板的精整矫直，根据设备配置情况及应用范围分为三种：辊式矫直、压平矫直和钳式拉伸矫直。

5.3.1　辊式矫直

5.3.1.1　辊式矫直原理

某一物体受到外力作用后，其形状会或多或少发生变化，这种情况称为变形。变形有两种：弹性变形、塑性变形。弹性变形就是外力消失后，物体能自动地恢复原有形状和尺寸的变形。塑性变形就是外力消失后，不能恢复原有的形状而保持变形后形状的变形。铝合金板材的应力 – 应变曲线如图 5 – 8 所示。

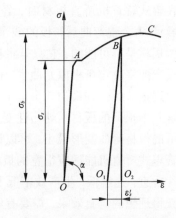

OA 段、O_1B 段为弹性变形，超过材料屈服点后的变形属于塑性变形。塑性变形时，材料的加载与卸载（弹

图 5 – 8　铝合金应力 – 应变曲线

复）过程是不同的。第一次加载后，应力与应变沿 OAB 曲线变化，并在 A 点超过屈服极限。当外负荷消除而卸载（弹复）时，应力、应变将沿直线 BO_1 变化，最终产生残余变形 OO_1。重复加载时，将沿 O_1BC 线变化。

显然，要把弯曲的板材矫直，就必须使铝材发生变形，铝板在矫直过程中弹性变形与塑性变形同时存在。

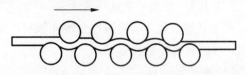

图 5 – 9　铝合金板辊矫直过程示意图

矫直过程如图 5 – 9 所示，当铝合金板进入矫直机时，矫直辊给予板材一定的压力，上排辊的压力和下排辊的

压力方向相反,因而使板材产生反复弯曲,然后逐渐平直。板材出矫直机后,即取消了压力,被矫的板材由不平变为平直。所以整个矫直过程就是弹性、塑性变形过程。

各个辊下板材的最大残余曲率见图 5 - 10。其中虚线表示板材原始曲率为 $-1/r_0$ 下凹的弯曲部分,它在通过第三辊时才产生弹塑性变形。

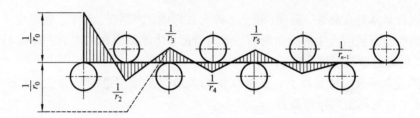

图 5 - 10　矫直时各辊下板材的最大残余曲率

由上述矫直过程可得出以下结论:

①在辊式矫直机矫直板材时,经各辊后的残余曲率是逐渐减小的。可以认为,经第 $n-1$ 个辊弯曲后,板的残余曲率趋近于零。欲在辊式矫直机上得到绝对平直的板材是不可能的,它只是将板的残余曲率逐渐减小,直至趋近于零。

②反弯曲率决定于板原始曲率,由于各个辊下的残余曲率逐渐减小,故其反弯曲率也逐渐减小。在最初几个辊上,反弯曲率较大,板材弯曲变形剧烈,可以认为在这几个辊下的板材是纯塑性变形。以后各辊的反弯曲率逐渐减小,在最后几个辊下的板材弯曲变形最小,可以认为是纯弹性变形。

尽管辊式矫直机能适应很宽的板材厚度范围,但它的缺点也很明显,主要是单张块片矫直,速度低,生产效率低下。

要获得理想的矫直效果,需要有经验丰富的优秀操作工人,特别要防止产生板材头尾的辊痕。受驱动方向连接轴径向尺寸所限,工作辊不可能太细,一台规格确定的辊式矫直机适用厚度范围小,因工作辊的辊径和中心距已固定,矫直板材厚度太大时所需压力不够,厚度太小时,板材所需弯曲应力不够。也就是说,一种规格的辊式矫直机对材料的最大、最小厚度和屈服强度均有限度要求。

5.3.1.2　辊式矫直机矫直方法

在辊式矫直机上,按照每个辊使板材产生的变形程度和最终消除残余曲率的办法,可以有多种矫直方案。

(1)小变形矫直

小变形矫直,就是每个辊采用的压下量刚好能矫直前面相邻辊处的最大残余弯曲,而使残余弯曲逐渐减小。由于板的最大原始曲率难以预先确定与测量,因而，小变形矫直方案只能在某些辊式矫直机上部分地实施。这种矫直方案的主要优点是板的总变形曲率较小，矫直所需的能量也少。

（2）大变形矫直

大变形矫直，就是前几个辊采用比小变形矫直大得多的压下量，使板材得到足够大的弯曲，以消除原始曲率的不均匀度，形成单值曲率，后面的辊接着采用小变形矫直。对于有加工硬化的板材，在采用大变形矫直时，由于材料硬化后的弹复曲率较大，故反复弯曲的次数应增多（增加辊数）或加大反弯曲率值。

采用大变形矫直可以用较少的辊获得更好的矫直。但若过分增大板材的变形程度，则会增加内部的残余应力，影响产品品质，增大矫直机的能量消耗。

对于上排工作辊整体平行调整的矫直机，矫直机上除第一个与最后一个辊外，其余各辊的压下量是相同的，使板材多次反复剧烈弯曲形成单值残余曲率；最后一个辊能单独调整，将此单值残余曲率矫平。适当减小第一个辊压下量，以便于板的咬入。

（3）斜度调整

上工作辊装入一个可竖直调整的机架中，入口侧和出口侧工作辊在竖直方向上可独立调整，这种改变上下工作辊间的相对位置（下工作辊固定）的调整方式称为"斜度调整"。斜度调整后沿着板材纵向材料的弯曲半径由小到大。斜度调整可以避免纵向矫直板材下垂、上翘等缺陷。斜度调整如图 5 - 11 所示。

（4）支撑调节

对支撑辊单组或多组进行位置垂直调节，使工作辊弯曲半径沿轴向发生改变，使带材横向弯曲半径不一致，变形不一致，弯曲半径小则变形程度大。支撑调节可矫直边部波浪、中间波浪等多种板形缺陷。支撑调节要使工作辊以一均衡并成比例地弯曲率支撑，相邻两组支撑间的垂直位置不能相差太大，否则容易导致工作辊断裂。支撑调节见图 5 - 12。

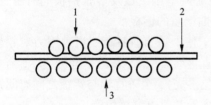

图 5 - 11　斜度调整示意图
1—上工作辊；2—板材；3—下工作辊

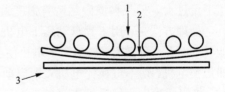

图 5 - 12　支撑调节示意图
1—支撑辊；2—工作辊；3—下工作辊

5.3.1.3　辊式矫直异常现象处理

（1）压下量过大

　　由于辊式矫直机工作辊布置形式不同，压下量过大所产生的现象及其观察、判断和处理方法也不同，图5-13为两种类型辊式矫直机简图。

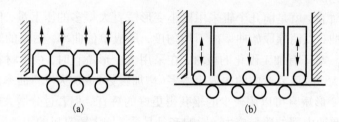

图5-13　两种类型的辊式矫直机简图
(a)每个上辊可单独调整；(b)带导向辊的上辊调整

　　采用图5-13(a)类型的矫直机时，若铝板端部向下弯曲，说明矫直机的压下量过大。

　　采用图5-13(b)类型的矫直机时，若压下量过大会产生两种现象：铝板的端部向上翘；铝板端部向下弯曲。产生第一种现象的原因是矫直机的导向辊抬得过高；第二种现象是由于导向辊过低。处理方法是迅速抬起上工作辊，重新调整压下量直至铝板平直为止。

　　(2)矫直辊两端间距不均

　　铝板经矫直机反复矫直后，一侧出现波浪(不属于轧制时造成)时，说明矫直机两端间距不均。处理方法是将一块平直的铝板输入矫直机内，然后用塞尺测量两侧的辊缝间距，根据测量结果调整一侧辊缝间距，使两端一致。

　　(3)矫直机辊压合

　　这种事故的现象是矫直机工作辊和压下指针不转动，铝板夹在矫直机内不能移动。

　　事故发生的原因多数为铝板进入矫直机时调整压下量及多张铝板同时矫直，压下量过大。另一种原因是矫直强度大、瓢曲严重的铝板。

　　处理方法是：用工具盘动压下电机对轮，使上矫直辊抬起，当稍用力对轮就能转动时，人员撤离，启动压下电机使上矫直辊继续抬高(若压下电机烧坏，需立即更换电机，切不可换完电机立即启动，以免再烧)，至矫直辊与铝板之间有间距时，将铝板输出。然后检查设备是否正常，无异常时可继续生产。

　　5.3.1.4　辊式矫直机

　　部分辊式矫直机的主要参数见表5-2。

表 5 - 2　辊式矫直机的主要参数

项目	不同辊数矫直机的主要参数			
	13 辊	小 11 辊	大 11 辊	9 辊
板材厚度/mm	4 ~ 10.5	5 ~ 12	12 ~ 25	75 ~ 300
板材宽度/mm	1 200 ~ 2 500	1 000 ~ 1 600	1 000 ~ 2 000	1 600
工作辊直径/mm	180	180	260	450
工作辊长度/mm	2 800	1 700	2 350	2 000
支撑辊个数	60	9	9	7
支撑辊直径/mm	210	190	295	450
支撑辊长度/mm	210	600	700	450

5.3.1.5　矫直工艺控制

工艺程序：

①工作前检查设备及运转、润滑、清洁等情况，矫直辊上不准有金属屑和其他脏物。如发现板片黏铝及其他脏物时，必须用清辊器清理干净，如矫直辊有问题时，应及时修理。

②将矫直机的上辊调整一定角度，使进口的上下辊间隙小于出口的上下辊间隙，而出口的间隙应等于板片的实际厚度或大于板片的实际厚度 0.5 ~ 1.0 mm。

③根据板厚调整矫直机压下量，在某些特殊情况时，矫直机的进口与出口压下量变化很大，可根据来料的波浪和合金的屈服强度实际确定。

④板片进入矫直机时不得有折角、折边，否则必须用木槌打平；板片上不允许有金属屑、硝石粉或其他脏物；在精平前板片表面不允许有明显的油迹；板片在进入矫直机时一定要对准中心线，不允许歪斜。

⑤在矫直过程中，如发现板片中部出现波浪，可抬升中间支撑辊，上升量决定于波浪大小，波浪越大上升越多。如板片两侧出现波浪时，可将中间支撑辊压下，或将两侧支撑辊上升，可根据板面波浪大小调整。如板片一边出现波浪时，可将有波浪一边支撑辊抬起或将没有波浪一边支撑辊压下。如果上下辊间隙在板片宽度方向不同时，可单独调整压下螺丝。

⑥不允许板片互相重叠通过矫直机，不允许同时矫直两张板片。

⑦矫直变断面板时，根据板片平均厚度，矫直辊要边走边压下。

⑧2A11 - T4、2A12 - T4 须在淬火后 4h 内矫直完，2A06 - T6、7A04 - T6、7A09 - T6 须在淬火后 6 h 内矫直，待人工时效的板材需在中间垫上硬纸板。

⑨当发现板片有黏铝或印痕时，必须立即清辊。

⑩如果发生板片缠辊或卡在工作辊与支撑辊之间，不允许强行通过，而应立即停车，抬起辊再退回板片，或找钳工处理。

⑪从矫直机退回板片时，必须抬起矫直机。

⑫停止生产时，一定要抬起支撑辊，不允许给工作辊加压。

5.3.2　滚平压光

欲获得表面光亮平直的板材，可采用平整机(压光机)压光，平整机工作轧辊的直径大，表面抛光，能起到平整和使表面光亮作用。

在平整机上平整板材时，一般压 3~7 道次，每道次的压下量很小，总的压下量不超过板材厚度的 2%。由于工作辊辊面粗糙度低、辊径较大、压力较小、前滑大，从而使板材平整、表面光亮。

5.3.2.1　平整机辊型

平整机的辊型很重要，尤其是在平整宽的板材时，不适当的辊型反而易引起板材产生波浪和不平度。平整机常用工作辊的辊型见表 5-3。

表 5-3　平整机轧辊的辊型

轧机形式	辊型凸度/mm	
	压光	冷作
750 mm ×1 700 mm 二辊可逆式	0.10 ~ 0.12	0.25 ~ 0.35
900 mm ×2 800 mm 二辊可逆式	0.08 ~ 0.15	0.25 ~ 0.35

平整机除了平整板材外，对于淬火后需进行冷作硬化的铝合金板片可以在平整机上进行冷作。板材的冷作硬化是在板材淬火后，先在平整机上矫平大的波浪，其平整量不大于 1%，板材在自然时效状态结束后，再在平整机上进行冷作硬化，冷作硬化总加工率为 4% ~8%。

为获得高品质表面板片，在冷作硬化轧制时，运输导路和轧辊均需擦拭干净，轧制中不给润滑剂。

5.3.2.2　平整机技术参数

平整机主要性能见表 5-4。

5.3.2.3　压光矫直工艺

生产程序：

①生产前认真清理运输皮带上的脏物，检查与清理轧辊表面；确保无问题后方可生产。

表 5-4 铝及铝合金平整机的主要技术参数

主要技术指标		轧机形式	
		1 700 mm 二辊可逆式	2 800 mm 二辊可逆式
工作辊直径/mm		750 ~ 700	900 ~ 860
板材尺寸	厚度/mm	4 ~ 12	4 ~ 12
	最大宽度/mm	1 500	2 500
	最大长度/mm	4 000	10 000
轧制速度/(m·s^{-1})		0.13 ~ 1.3	0.5 ~ 1.5
主传动电机功率/kW		126	320
最大轧制应力/MN		2.5	10
轧机质量/t		120	240

②压光工测量厚度,按厚度分配压光道次压下量,但总压下量不大于 2%,严格控制板材厚度偏差。

③板片通过压光机前,必须用压缩空气吹净板上的金属屑、灰尘、脏物。

④严禁折角或重叠的板进入压光机。

⑤板片送入矫直机时,一定要对准轧辊中心。

⑥压光变断面板材时,应正确选择轧制速度,防止改变板的楔形度。

⑦淬火后的板片应在 30 min 内完成压光。

⑧清辊时应切断前后皮带电源,用刀片或毛巾清辊时轧辊必须反转。

5.3.3 钳式拉伸矫直

当板材波浪和残余应力太大时,用辊式矫直机无法矫平,只能拉伸矫直。

拉伸矫直时,对板片的两端给予一定的拉力,使板片产生一定的塑性变形,消除或减小板片残余应力,使板片平整。拉伸变形量控制在 2% 左右,最大 4%,太小不易消除波浪和残余应力,太大易产生滑移线,并产生新的内应力,过大时还可能出现断片。

拉伸时拉力 P 的大小可用下式近似计算:

$$P = R_{P0.2} \times B \times H$$

式中:$R_{P0.2}$ 为与拉伸量相对应的板材屈服强度,N/mm^2;B 为板材宽度,mm;H 为板材厚度,mm。

5.3.3.1 拉伸机技术参数

$B \times H \leqslant 22\ 500$ mm^2 时,除冷作硬化板外,都可以进行拉伸矫直。

为防止拉断,拉伸前板材不允许有裂边、裂纹、边部毛刺等缺陷,部分板材拉伸机的主要技术参数见表5-5。

表5-5　部分板材拉伸机的主要技术参数

项目	主要技术参数			
	4 MN	10 MN	60 MN	120 MN
板材厚度/mm	0.5~7	4~12	5~150	10~250
板材宽度/mm	1 000~2 500	1 200~2 500	1 000~2 500	<4 000
板材长度/mm	4 160~10 300	—	5 000~20 000	9 000~27 000
最大拉伸速度/(m·s^{-1})	5~25	12	5	—
最大拉伸行程/mm	320	—	1 200	—
传动油泵压力/(N·mm^{-2})	20	86	20	—
油泵电机功率/kW	16	—	—	—
油泵电机转速/(r·min^{-1})	685	—	—	—

15 MN拉伸机的技术参数如表5-6所示。

表5-6　15 MN拉伸机的技术参数

项目	数据
板材长度/m	2.7~12.0
板材宽度/m	0.9~2.2
板材厚度/mm	3~60
夹钳最大开口度/mm	180
夹钳宽度/mm	2 300
液压缸行程/mm	1 750
外形尺寸/m	长25×宽3.1,高3.7
最大拉力/MN	15
单位宽度最大拉力/kN·mm^{-1}	9
可拉铝合金的最大屈服强度/N·mm^{-2}	500

截至2015年年底全世界投产的厚板预拉伸机约有55台,其中中国21台,占总数的38.2%,分布于东北轻合金有限责任公司(3台)、西南铝业(集团)有限责

任公司(2 台)、南山集团中厚板有限公司(3 台)、忠旺集团铝加工(天津)有限公司(3 台)、爱励(镇江)铝业有限公司(2 台)、南南铝加工有限公司(2 台)、汇程铝业有限公司(1 台)、其他企业 5 台；美国 13 台，占总数的 23.6%，日本、南非、俄罗斯、意大利、法国、德国、比利时、奥地利、英国等共 21 台，占 38.2%，为德国科布伦茨轧制厂、法国伊尔瓦尔轧制厂、意大利富西纳铝业有限公司、南非休内特铝业有限公司等拥有。目前，最大拉力为 136 MN 的拉伸机，在美国肯联铝业公司雷文斯伍德(Ravenswood)轧制厂。因为大多数铝合金厚板(厚度 >6 mm)都要预拉伸，所以拉伸机生产能力决定了企业厚板生产能力。

5.3.3.2　拉伸矫直工艺程序

①板片钳口夹持余量 200～500 mm。

②有裂边淬火板片，不允许在矫直机上矫直，但退火板有裂边时，可以在矫直机上矫直。

③板片在拉伸矫直前两端要平行，其四个角呈 90°。

④矫直机夹持板片时，应对准中心线，不允许歪斜。

⑤拉伸板片时不得开动皮带。产生纵向波浪时必须找钳工调整张力矫直机的夹持器，或清除钳口上的铝屑等脏物。

⑥板片在拉伸矫直前，可在大能力的辊式矫直机上预矫直，也可在轧机或用压光机给以小压下量轻微压光，消除横向瓢曲使板片较为平整。

5.4　残余应力及其控制

板材在淬火过程中由于表面层和中心层存在温度梯度，产生较大的内部残余应力，在进行机械加工时，会引起加工变形。铝合金板材进行拉伸处理的目的是通过纵向永久塑性变形，建立新的内部应力平衡系统，最大限度地消除淬火的残余应力，增加尺寸稳定性，改善加工性能。其方法是在淬火后时效处理前的规定时间内，对板材纵向进行拉伸处理，永久变形量为 1.5%～3.0%，经此过程生产的板材称为预拉伸板或简称拉伸板。

5.4.1　残余应力种类

残余应力又称内应力，是指外力去除后，仍留在材料或工件内部且平衡于其内部的应力。金属塑性变形过程中外力所做的功除大部分转化为热能外，由于金属内部变形不均匀及晶格畸变，还有一小部分(约占总变形功的 10%)保留在金属内部，形成残余应力。按其作用范围，可将它分为宏观应力、微观残余应力和晶格畸变应力。可见对材料的塑性加工(轧制、挤压、拉拔、锻造等)、热处理(固溶处理与淬火)、焊接与机械加工等都会促使残余应力产生。残余应力在工业中有时候有害有时候有利，但总的来说害多利少。因此对残余应力产生原因、分布形态等必须有所了解。通常，材料强度越高、弹性模量越大，加工温度越低，则残余应力趋高倾向也越大。

5.4.1.1 宏观残余应力(第一类内应力)

由于金属材料各部分变形不均匀而产生的宏观范围内自相平衡的残余应力称为宏观残余应力。宏观残余应力的弹性能只占整个内应力能量的很小一部分，即使变形量大也只有 0.1% 左右。当金属杆产生弯曲塑性变形[图 4-6(a)]，则杆中心上层部分的金属被拉伸，而下层部分则缩短。由于杆保持整体性，上层金属的伸长必然会受到下层金属的牵制，即下层金属对上层金属产生压应力；反之，下层金属的缩短也会受到上层金属的阻碍，即上层金属对下层金属产生拉应力。这种拉应力与压应力存在于金属整体范围内，相互平衡，故属宏观残余应力。图 4-6(b)为拉线时产生宏观残余应力示意图，由于拉制时外层金属塑性较中心部分的小，结果外层的受拉应力，而心层的受压应力。

虽然宏观残余应力仅占整个内应力的很小部分，但在多数情况下，会降低金属的强度和承载能力。当工件的工作应力与残余应力方向一致时，则相当于在工作应力之上再叠加一个应力，会明显降低工件的承载能力。此外，工件在加工和使用时会因应力松弛和重新分布而引起变形，即使工件的形状和尺寸发生变化。

残余应力的存在有时也会产生有利作用。若工件的工作应力为拉应力，而残余应力为压应力，则会明显提高工件的承载能力，特别能显著提高疲劳极限。所以生产中采用适当的工艺方法(喷丸处理、渗碳等)使工件表面产生残余压力，以提高工件的表面性能。

5.4.1.2 微观残余应力(第二类内应力)

金属材料都是多晶体组成的，由于各晶粒位相不同，使各晶粒或亚晶粒间的变形也不均匀，因而，产生于金属晶粒或亚晶粒间相互平衡的残余应力，称为微观残余应力。虽然这种内应力所占的比例不大，仅占全部内应力的 1%～2%，但在工件的某些局部区域有时内应力很大，以致使工件在不大的外力作用下产生显微裂纹，进而导致工件破裂。同时，它又使晶体处于高能状态，导致金属易于周围介质发生化学反应而降低抗蚀性。因此，它是金属产生应力腐蚀的重要原因。铝工件表面被碰伤后易发生腐蚀，这种残余应力起了很大作用。

5.4.1.3 晶格畸变应力(第三类内应力)

金属在冷塑性变形后内部产生了大量晶体缺陷(位错、空位、间隙原子)，使晶格中的一部分原子偏离平衡位置而造成晶格畸变，由这种晶格畸变而产生的残余应力称为晶格畸变应力。它的作用范围小，在几百个至几千个原子区内相互平衡，但却是存在于变形金属中最主要的残余应力，占总残余应力的 90% 以上。它增加了位错运动阻力，提高了材料的变形抗力，使金属的强度、硬度升高，同时使金属的塑性与抗蚀性下降。

　　在大多数情况下,残余应力是有害的,在生产中应设法避免与消除。厚铝板中存在的淬火残余应力如不消除,在以后的机械加工如飞机零部件的化铣时,会产生变形,以致无法加工下去。

5.4.2　残余应力的产生

　　残余应力是材料在变形过程中或铸件生产过程中的不均衡塑性变形,或是对它们进行机械加工、热处理及焊接等作业时所引进的。轧制板材时,若轧辊直径小,则在表层产生压缩残余应力,若轧辊直径大如平整 – 压光轧制时,则板材表层部分为拉伸应力而在中心部分为压缩应力。淬火板(2024 合金 25 mm 淬火板)的残余应力与铝加工率的关系见图 5 – 15(板材生产工艺:热轧—固溶处理—淬火—平整轧制—自然时效)。

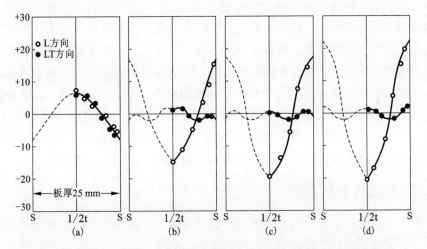

图 5 – 15　平整轧制对 2024 合金 25 mm 厚淬火板残余应力的影响
(a)淬火状态;(b)3% 冷加工率;(c)6% 冷加工率;(d)10% 冷加工率

　　轧制后板材沿厚度在轧制方向上表层残余着拉应力,内层金属残余着压应力,固溶处理时板材被加热到再结晶温度以上,轧制过程中所形成的残余内应力得以消除。将加热后的板材快速放入冷水槽中或喷水淬火,此时由于表面金属冷却得比内层的快,淬火初期表层金属剧冷、急剧收缩,基于板材的整体性,表层金属产生拉应力,内层金属产生压应力,随着板材的进一步冷却,最终使内层金属剧冷、急剧收缩,使应力重新分配,最后导致表层金属残余压应力,内层金属残余拉应力,与其轧制过程残余的内应力分布规律正好相反。

　　残余应力大小决定于材料性质、形状及热处理条件等。就材料性质来说,在一般情况下，热导率越高、热膨胀系数越小、弹性模量越低、高温强度越低，残余应力就越小。

此外，铸造、焊接等过程中都会引起残余应力，零件装配不当也会引发残余应力，甚至时效处理也会有残余应力，并引起尺寸的微小变化，在复合材料中由于材料性质的不同，不可避免地存在着残余应力。

5.4.3　残余应力的影响

厚板淬火残余应力的影响可分别区分为对机械加工时的影响与使用性能的影响。对有残余应力材料的一部分进行切削等会打破最初的残余应力平衡，以及由于尺寸方面的变化，会达到新的残余应力格局。例如对淬火厚板的一方面进行铣削加工，切削后的表面呈凹陷状；在延展性低的超硬铝中，若带残余应力特别高，在锯切加工过程中可能产生断裂。

残余应力对铝合金拉伸性能的影响很小，但对应力腐蚀开裂、疲劳特性及断裂韧度却有明显影响，拉伸应力有害，压缩应力有利，不管是应力腐蚀开裂还是疲劳裂纹都源于材料表面，所以对表面层的应力状态应特别注意。气缸在淬火后引进的内侧表面应力，板材角焊时端面产生的板厚方向残余应力，板材剪切后切断面上残留的板厚方向上的应力都是拉伸残留应力，成为应力腐蚀开裂的根源。

残余应力对疲劳强度影响甚大，焊接残余应力使焊件的疲劳强度显著下降。轧制5083合金厚板的表层存在着压缩残余应力，退火后此应力缓解，因此在作摆锤式冲击韧性试验时试样吸收的能量有所下降，即冲击韧性有所下降。

5.4.4　残余应力的测定

为了掌握与控制淬火板材及工件中的残余应力，必须熟练地了解残余应力的大小及其分布状态，很有必要了解残余应力的测定方法，以便有效地控制残余应力大小及分布形态。测定方法有两种：非破坏法，破坏法。前者的代表型为X射线衍射法与中子衍射法，在X射线法中，测出晶格常数变化，然后计算残余应力，不过X射线的透射深度仅2 mm左右，而中子可穿透≤60 mm厚的铝及铝合金试样；破坏法是采取剪切等手段，使应力释放，产生变形，然后利用变形测定仪测定变形量，再根据弹性大小计算残余应力值，萨奇（Sachs）法是此法的典型代表。

由应力种类的划分可知，第一类为大范围宏观应力，第二类为各个晶粒间的平均应力，在1个晶粒内的应力为第三类。残余应力的测定方法、测定原理、测定的应力种类及特征汇总见表5-7。

表 5-7　残余应力测定方法种类、原理及其特征

名称	原理	残余应力种类	特征
破坏法	采用剪切等方法切取试件,从变形变化过程进行逆算	第一类	适用于所有材料
挠度变形法	覆盖薄膜测定薄板的挠度	第一类	标准测定法
X 射线应力测定法	根据晶格常数变化测定其变形及应力	第一至三类	可测定表面应力、应力分布状态及局部地点应力
中子衍射法	根据晶格常数变化计算残余应力	第一、三类	可测定材料内部残余应力
超声波、声弹性法	超声波在材料中传播速度与残余应力大小有一定关系	第一、二、三类	可测定内部应力与平均应力,应剔除组织影响
磁力线法、贝克豪森(Bark-hausen)法	根据材料因变形引起的磁性变化推定残余应力大小	第一、二、三类	只能测定强磁体的主应力差,应剔除组织影响
拉曼(Raman)光谱法	测定拉曼散射光波长的偏移量	第一类	只限于测定陶瓷等材料极小范围($\phi 1 \sim 3\ \mu m$)内的应力
光弹性标本法	测定因应力而引起光折射率变化	第一类	适于测定光弹性体的应力,与标本对比

由表 5-7 介绍可知,除破坏法外,测定铝合金材料中残余应力的有效方法是 X 射线法与中子衍射法,特别是后者,能测定材料内部应力,但中子衍射仪只有美国能生产,目前也只有美国、日本与欧盟拥有它。

5.4.5　残余应力的减轻与消除

消除或减轻残余应力不外乎加热法与机械法。前者是采用单独加热或与热处理同时进行的措施如退火等,后者为拉伸、压缩、喷丸等。这些方法都得到了应用。

5.4.5.1　热影响残余应力的减轻

铝材及铝件中的残余应力大多是由热量或温度的剧烈变化引起的,因此首先应想方设法减少应力的形成,例如淬火残余应力大小就决定于淬火条件。图 5-16 表示淬火(固溶处理)温度对 5056 合金圆柱体(长 229 mm、直径 76 mm)淬火(水温 24℃)残余应力的影响,图 5-17 表示淬火冷却速度对 2014-T4 圆柱体(长 227 mm、直径 76 mm)轴向残余应力范围的影响。由图可见,降低淬火温度及淬火冷却速度均可使淬火残余应力下降,但通常不宜采取此类措施,因为会减少合金元素固溶量,加大强化相析出,从而降低材料强度和抗腐蚀性能。

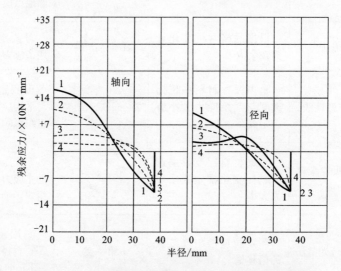

图 5-16　淬火温度对 5056 合金圆柱体残余应力的影响

1—482℃; 2—371℃; 3—315℃; 4—260℃

一般地,铝合金的淬火水温都在 38℃以下,但是在强度性能与抗腐蚀性能满足要求的条件下也可用乙二醇水溶液、强气流及喷水冷却,图 5-18 表示 7075-T6 厚板的淬火水温对其残余应力的影响。由图可见,在沸水中淬火几乎不存在残余应力。对断面较为复杂的锻件及铸件,为降低残余应力,可在 60~82℃的温水中淬火,对有些铸件甚至可在 66~100℃的水中淬火。聚二醇在水中的溶解度与温度有关,在高温中的溶解度降低,溶液的热导率下降,使残余应力降低。常采用的浓度为 12%~40%,决定于合金成分。

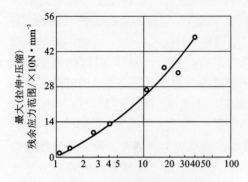

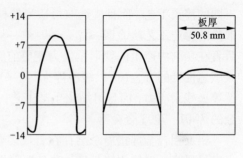

图 5－17   2014－T4 合金圆柱体的轴向
残余应力最大范围与中心平
均冷却速度的关系

图 5－18   淬火水温对 7075－T6 合金厚板
（50.8 mm）残余应力的影响
左：淬火水温 20℃；
中：淬火水温 65℃；右：淬火水温 100℃

断面尺寸对残余应力的影响见图 5－19，尺寸增大时残余应力也上升。因此，在锻件生产中可先进行粗加工，使断面减薄一些后再进行热处理，不过加工以后，有时反而会增大淬火的不均匀性，反而会使淬火残余应力上升，对此应予以注意。

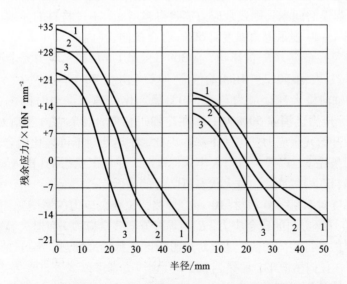

图 5－19   2024 合金圆柱体的淬火残余应力与断面尺寸的影响

1—$\phi 102 \times 305$ mm；2—$\phi 76 \times 229$ mm；3—$\phi 51 \times 152$ mm

　　由以上的分析可见，为了降低残余应力，不仅应根据材料及工件的不同采取不同的淬火工艺，而且应选取最适当的材料（合金）与合理的生产工艺。例如，将锻件的生产工艺从冷锻→淬火→时效→切削调整为淬火→冷锻→时效→切削，则后者在切削中产生的变形量仅为变更前的1/3。在选用合金材料时可优先使用淬火敏感性低的合金（可以缓冷淬火）或采用固溶处理温度低的合金，均可以大大降低淬火残余应力，而且可简化生产工艺，降低生产成本，如选用 Al – Zn – Mg 系合金的 7N01、7003 合金等。

　　铝及铝合金焊接后总会存在着或多或少的残余应力。通常，为了降低残余应力应尽量降低对接焊缝长度；在 T 形对焊时，横板端面上板厚方向的残应力是横板越薄、伸出得越长则残余应力越小；焊接时焊条横向摆动会增大残余应力，焊接层数增加也会增加残余应力；摩擦搅拌焊（FSW）产生的残余应力比其他任何熔焊法的都低，在批量生产焊件时，只要条件允许，应尽量选用 FSW 法；焊接时采用专门的夹具与工装也可以降低应力，减少工件变形。

5.4.5.2　热处理对残余应力的影响

　　残余应力的产生既然与材料的压力及加工热处理有关，当然也可以反其道而行之，用机械法（拉伸、压缩）或热处理法来减轻、消除或改变其分布形态。

　　（1）稳定化及退火处理

　　退火与稳定化处理是消除残余应力的有效措施（图 5 – 20、图 5 – 21），退火温度越高、保温时间越长则残余应力消除得越彻底，不过材料的强度也随之相应地下降。图 5 – 20 表示退火温度对 5056 合金拉伸管（内径 50 mm × 外径 64 mm）的力学性能及残余应力 R_t 的影响，在 300℃保温 1 h 后残余应力完全消除。

　　图 5 – 21 表示 5052 – H34 合金拉伸管（内径 70 mm × 外径 95 mm × 长 152 mm）的轴向最大残余应力与在 149℃稳定化处理与保温时间的关系，保温 15 h 后，残余应力已消除 50% 左右。在冷加工初期，残余应力急剧上升，反之，加热保温一开始残余应力就迅速下降。因此，在热处理不可强化铝合金中，在抗拉强度相同条件下，以残余应力大小为标准时，冷加工状态的（H1X）最高，稳定化处理状态（H3X）的次之，退火状态（H2X）的最低。

　　退火温度对 5083 – O 板材（10 mm）焊接部位残余应力的影响见图 5 – 22，图中 R_x 为垂直焊缝方向的残余应力，R_y 为焊缝方向残余应力，在退火温度保温 1 h，不管是对焊件进行整体加热，还是对热影响区进行局部加热，都可以使残余应力下降，同时在任何情况下，加热到 200℃残余应力都可以减少 50% 左右。

　　铝合金铸件往往要进行稳定化处理以防止尺寸变化，与此同时也可以消除残余应力，实际上稳定化处理就是指在 200℃进行过时效处理。不过稳定化处理时强度有所降低，为使强度不降低，可采取暖冷式淬火工艺。

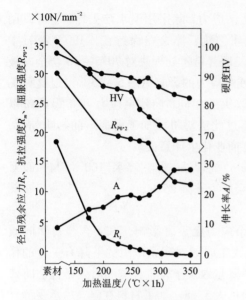

图 5 – 20　5056 合金拉伸管（外径 64 mm
　　　　　× 内径 56 mm）的径向残余应
　　　　　力 R_t 及力学性能与加热温度
　　　　　（保温 1 h）的关系

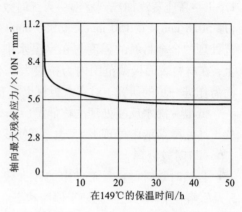

图 5 – 21　在 149℃ 的保温时间对 5052 –
　　　　　H34 拉伸管的最大轴向残余应
　　　　　力的影响

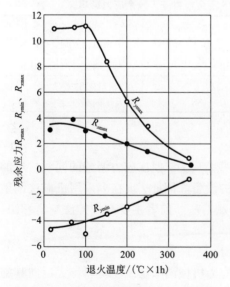

图 5 – 22　退火温度对 5083 – O 合金厚
　　　　　板（10 mm）对焊件的残余应
　　　　　力与退火温度的关系

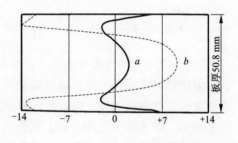

图 5 – 23　厄普希尔淬火法对 7075 – T6
　　　　　合金厚板残余应力的影响
　　　　（a）厄普希尔淬火法；
　　　　（b）常规淬火 – 人工时效工艺

　　锻件的形状往往相当复杂，为降低残余应力，除采用温水淬火外，也可以用厄普希尔淬火法（Uphill Quenching），其工艺为：淬火→保持在 -190℃ 液氮中 1.5 h→高速蒸汽加热到室温→人工时效。厄普希尔处理法对 7075 - T6 合金厚板（厚 50.8 mm × 宽 150 mm × 长 300 mm）残余应力的影响见图 5 - 23。经过这种工艺处理的合金材料的强度与在室温水中淬火的相同，而残余应力可降低 60% 以上，在材料表面极薄范围内为拉应力，不过此法对机械加工后变形的影响如何，尚需作进一步的研究，对宽大板材也没有商业化生产意义。

　　低温 - 沸水反复处理法称低温（subzero）处理法，即在沸水（100℃）与 -72℃ 的干冰乙醇溶液中处理 1 ~ 5 次，可使残余应力下降 25%。

　　（2）时效处理

　　自然时效对材料与工件中的淬火残余应力无显著影响，2024 合金自然时效 5 天后略有下降，之后就处于停滞状态。人工时效对残余应力的下降有一定的作用，可使残余应力下降 15% ~ 20%，但下降量取决于合金种类和时效条件。时效对 2014 及 7075 合金板材残余应力的影响见表 5 - 8。如果材料在淬火后承受静载荷，则有助于时效时残余应力释放；对焊接后的工件进行卡装对时效时残余应力缓解也有帮助。

表 5 - 8　人工时效对 2014 及 7075 合金板材淬火残余应力影响

合金	状态	残余应力/(N·mm^{-2})	时效制度
2014	T4 T6	160 130 ~ 140	自然时效 4 天 人工时效 171℃/10 h
7075	T4 T6	220 170 ~ 180	自然时效 7 天 人工时效 121℃/24 h

5.4.5.3　机械作用对残余应力的影响

　　采用热方法或热处理可以有效地调整残余应力，但在应力调整的同时材料的强度及抗蚀性有所下降，还需要添加必要的设备。因此，现在多采用机械法调整残余应力，此法可分为两大类：消除法与赋与法。前者主要有拉伸法与压缩法，后者通用的是喷丸法。在此仅阐述前者。

　　（1）残余应力的机械消除法

　　在工业生产中，广泛应用的淬火残余应力机械消除法是在材料淬火后向其施加一定量的拉伸或压缩，使其塑性变形，此法最适合于形状简单、断面均匀的板、棒等。拉伸残余应力消除机制可用应力 - 应变曲线（S - S 曲线）解释（见图 5 - 24）。在 S - S 坐标上，淬火板材表面的最大应力为 OS，而中心部分的最大拉应力为 OC。向板材施加 1% 拉伸塑性变形时，表面应力为 IS，而中心部分的为

IC, 板材断面上的应力分布状态为 IS – IC – IS 曲线。负载去掉后, 板材发生弹性
收缩, 在 S – S 曲线上, 表面部分应力为 2S, 而中心的为 2C, 断面上的应力分布
形态呈 2S – 2C – 2S 曲线, 可明确看出残余应力的释放。施加压缩力残余应力的
缓释与此相反, 机制相同。

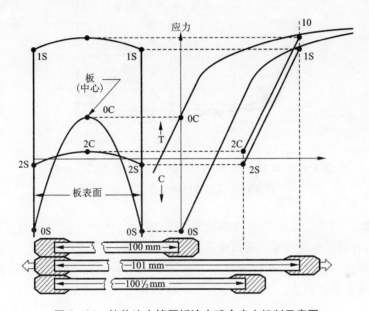

图 5 – 24　拉伸法去掉厚板淬火残余应力机制示意图

　　用拉伸法消除残余应力后的轧制板材与挤压材的状态代号为 TX51。拉伸量
对 2014 – T6 及 7075 – T6 合金板材淬火残余应力的影响见图 5 – 25。由图可见,
永久变形量为 0.5% 时, 残余应力的释除可达 75% ~ 80%, 再增加拉伸量, 残余
应力的下降非常缓慢, 即使永久变形量到达 3.5%, 板材中仍保留有 1% ~ 22% 的
残余应力。因此, 拉伸变形量为 1% ~ 3%。

　　如果要求板材等有更严格的平直度, 在拉伸矫后还可以进一步对局部进行弯
曲等冷加工矫平, 不过此时在接受冷加工矫平部分还会产生新的残余应力。所
以, 对残余应力有严格要求的厚板等在拉伸后不应作进一步的弯曲矫平(辊矫),
这意味着在拉伸矫直后不再行弯曲矫平的材料(厚板等)的状态代号为 TX510, 而
拉伸矫平后还可以作进一步的弯曲矫平的材料(厚板等)的状态代号为 TX511。

　　锻件在压缩法消除应力后的状态用 TX52 表示。采用压缩法消除厚板的淬火
残余应力时, 纵向与横向残余应力的释放量有较大差别, 横向释放量比纵向的小
得多。冷压缩变形量对 2014 – T6 及 7075 – T6 铝合金厚板(50.8 mm 厚)残余应
力的影响见图 5 – 26。由图可见, 压缩永久变形量为 1% 左右时, 大部分残余应力

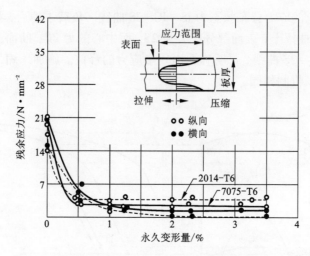

图 5 - 25　2014 - T6 及 7075 - T6 合金厚板(44.5 mm 厚)
中的淬火残余应力与拉伸永久变形量的关系

都得到消除。因此,采用压缩法消除厚板的残余应力时,永久变形量为 1% ~
5%。采用合适的专用压床,可以生产高品质的低残余应力的厚板。锻件可以在
专用模具中进行矫正,以消除残余应力。图 5 - 27 表示 7079 自由锻件在压缩缓
释应力后残余分布形态。

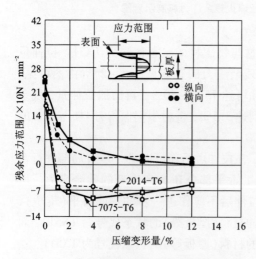

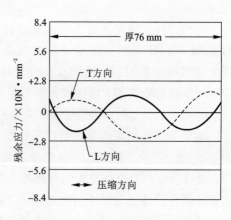

图 5 - 26　冷压缩对 2014 - T6 及 7075 - T6
铝合金厚板(50.8 mm 厚)残余应
力的影响

图 5 - 27　7079 合金自由锻件经压缩矫
正后残余应力的分布情况

辊式矫直也是常有的消除断面形状简单而又长的铝板、棒、管中残余应力的有效机械法之一，其矫直与降低残余应力的进程如图 5-28 所示，在曲率半径逐

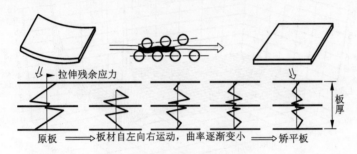

⇓⟵拉伸残余应力

原板 ⟹ 板材自左向右运动，曲率逐渐变小 ⟹ 矫平板

板厚

图 5-28　厚板辊式矫平示意图

渐减小的同时在相反方向反复地进行弯曲，最后获得平整的板材。不过与拉伸法相比，其消除残余应力的效果较小，而且不易控制残余应力量。图 5-29 表示淬火后直接辊矫的 7N01-T4 合金厚板(25 mm厚)中的残余应力的分布状况。

实践证明，拉伸或压缩矫直对 2014 合金的强度性能几乎没有影响，对其自然时效后的状态以 T451 表示，而人工时效后的状态以 T651 表示，可是拉伸或压缩矫直对 2024、2219 型合金的强度性能则有一些影响，它们在拉伸矫直后进行自然时效及人工时效的状态分别用 T351 及 T851 表示。

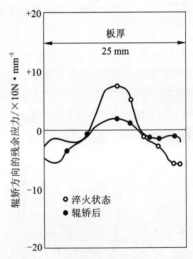

○ 淬火状态
● 辊矫后

图 5-29　辊矫对 7N01-T4 合金厚板 (25 mm 厚) 残余应力的影响(淬火-辊矫)

5.4.6　均匀及非均匀拉伸变形

5.4.6.1　均匀拉伸变形的应力

拉伸均匀变形的条件：钳口咬入部分为均匀咬合、夹持状态完全一致，且牢固，形成理想刚端。计算结果表明，在钳口咬合的刚端附近区域和距宽度两侧边附近区域内，存在着不均匀变形区，其他区域为均匀变形区(应力消除区)，如图 5-30 所示。若在生产过程中，将此不均匀变形区域作为成品交货，则在随后机械加工中可能发生变形，影响最终使用性能，甚至加工不下去，因此在成品锯切时，必须将此区域作为几何废料切掉。

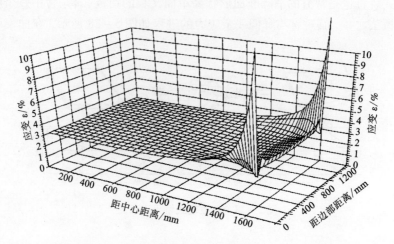

图 5－30　7075 合金淬火板均匀拉伸时长度方向上的应变

5.4.6.2　非均匀变形拉伸的应力分析

拉伸非均匀变形的假定条件，假设钳口中的一组钳口松开，其他各组为均匀牢固夹持。计算结果表明，其不均匀变形的区域可能延伸至距刚端 1 m 处（见图 5－31），应力值也明显增大，因此，钳口咬合夹持质量对于板材拉伸后残余应力分布有重要影响，必须严格控制。

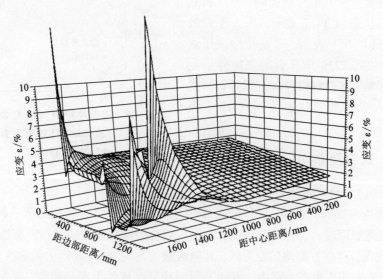

图 5－31　7075 合金淬火板非均匀拉伸时长度方向的应变

5.4.7　坯料尺寸

确定原则：坯料尺寸 = 成品尺寸 + 几何废料。几何废料包括板材两端钳口咬合区、咬合区附近和两侧边的不均匀变形区。根据生产实践、理论分析与实际测试结果，一般将板材长度两端各预留 400 mm，即钳口夹持区域为 200 ~ 250 mm，不均匀变形区为 150 ~ 200 mm 作为几何废料；宽度两边各预留 30 ~ 50 mm 作为几何废料。

5.4.8　品质控制

5.4.8.1　间隔时间

淬火至拉伸的间隔时间是拉伸板材生产工艺的参数之一。对自然时效倾向大的铝合金板材，淬火后时效强化速度快，其结果会大大增加拉伸作业难度，同时对残余应力的消除也有一定的影响。实际生产中一般控制在 2 ~ 4 h。对自然时效倾向不敏感的时间可适当延长。

5.4.8.2　平直度品质标准

对拉伸板平直度的规定见表 5 - 9。

表 5 - 9　拉伸板平直度标准

标准名称	厚度/mm	长度方向平直度/mm（不大于）	宽度方向平直度/mm（不大于）
美国 ASTM B209—1995	6.3 ~ ≤80.0	5/2 000 长度之内	4/(1 000 ~ 1 500) 宽度之内
	80.0 ~ ≤160.0	3.5/2 000 长度之内	3/(1 000 ~ 1 500) 宽度之内
欧共体 EN 485 - 3—1994	6.0 ~ ≤50.0	成品长度×0.2%	成品宽度×0.4%
	50.0 ~ ≤100.0	成品长度×0.2%	成品宽度×0.4%
中国 Q/Q 141—1996	6.5 ~ 25.0	2/1 000 长度之内	4/1 000 宽度之内

5.4.8.3　影响平直度的因素

主要影响因素：

（1）钳口夹持质量对拉伸品质起着决定性的作用，钳口的均匀夹持使板材纵向每一个单元都被拉伸到等量长度，从而实现均匀拉伸，起到了对板材的矫直作用。

（2）拉伸机机架的刚度与预变形补偿的影响：由于板材拉伸机的两个拉力缸等量安置在两侧，对于横截面越大的板材，在拉伸过程中机架产生的变形也越大。因此，拉伸机机架应保持更大的刚度，设计与制造中应考虑机架预变形补偿，以克服和补偿拉伸过程中机架产生的变形。

(3)拉伸前板材尺寸的不规则性和应力分布的不均匀性，拉伸过程中有效地控制平稳的速度，使各个变形单元得以充分均匀地变形，是满足均匀拉伸的重要条件之一。

(4)实践证明，长度相对小一些，宽度相对大一些的板材，其横向展平效果要好得多。生产中应选择宽、长比大一些的工艺方案。

(5)对淬火后变形较大的板材，应利用辊式矫直机初步矫平，而后在拉伸机上进行最终的精矫平。

(6)由于拉伸机的主要作用是消除板材的残余应力，以纵向小变形量的塑性变形过程为主，因而对纵向有更好的矫直作用，对横向平直度的改善能力非常有限。

5.4.8.4　拉伸板缺陷及产生原因

(1)拉伸量超标

根据不同合金、不同规格板材的拉伸回弹量特性，设定合适的预拉伸量。对强度高、合金化程度高的板材，拉伸后(4 天左右)约有 1/1000 的自然回弹量，生产中必须加以考虑。根据马英义、谢延翠对 45 MN 拉伸机多年来的生产经验提出如下计算公式，这是中国工程技术人员提出的首个此类计算式，但是否适用于其他拉伸力的拉伸机，尚有待证实：

$$拉伸设定量 = K \cdot C \cdot \left(\frac{拉伸坯料实际长度 - 钳口长}{1000} + \frac{厚度 \times 宽度}{25 \times 1000} \right)$$

式中：K 为材料的弹性系数，$K = 0.6 \sim 1.0$；C 为淬火 – 拉伸间隔时间系数，$1.0 \sim 1.5$。

采用上式得出的拉伸设定量，基本可以满足拉伸工艺要求的 1.5% ~3.0% 的永久变形量。

(2)应力消除不当

通常是由于各个钳口夹持不均匀；拉伸前板材局部波浪过大，有限的拉伸量不足以消除该区域的残余应力；拉伸速度不平稳，产生新的不均匀应力分布；锯切工序对拉伸板的两端头和两侧边切除的尺寸过小。因此，保持良好的热轧板形、规范的拉伸过程和正确选择锯切尺寸是取得良好拉伸结果的重要条件。

(3)断片

通常是熔体质量不好，内部夹渣、疏松严重等导致拉伸断片；热轧道次加工率分配不合理，使厚板表面层和心部的变形不均匀，导致心部残留严重的铸态过渡夹层从而可引起拉伸断片；尤其是热轧板边部缺陷(开裂、裂纹和夹渣等)引起拉伸断片。

(4)拉伸滑移线

由于拉伸量过大；拉伸前的压光矫直时压光量过大；淬火—拉伸—淬火—拉伸的多次重复生产。

5.5　酸洗

铝合金板材表面品质要求高，常常要进行酸洗，尤其是经过盐浴炉淬火后的板材，都要进行酸洗，洗净表面残留的硝盐残迹和脏物。

酸洗是在板材淬火后进行，其工艺流程为：酸洗→冷水洗→温水洗。先将板材放在浓度约为 6% HNO_3 的槽中酸洗，而后在冷水槽中冲洗。在用温水洗净时，水温不宜过高，应在 40℃ 以下，否则易引起板材时效。

5.6　成品检验

成品检验是板材生产的最后一道工序。根据国家标准、行业标准、企业标准及技术条件、技术协议等规定，对产品的尺寸、表面、力学性能、工艺性能等做全面的检查和验收，保证把优质产品提供给用户。

5.6.1　尺寸和表面检查

经过多道工序加工的板材，不可避免地产生了各种各样的缺陷和废品。为此，首先根据有关标准检验板材的尺寸精度和表面品质。

板材的尺寸偏差用千分尺、千分表、钢卷尺等测量工具检查。对板材的厚度、宽度和长度等尺寸进行逐张检查或抽样检查。尺寸偏差超过标准规定的为废品。

成品板材的表面应光洁，边缘不允许有毛刺、裂边、折角、磕边。表面缺陷必须符合标准规定，必须符合有关标准或技术条件的规定，应光洁、无擦伤、划伤等。

在盐浴槽中淬火的板材，除了用肉眼检查板材上有无残留的硝盐痕迹外，必要时可利用 0.5% 二苯胺浓硫酸液滴在板片上进行检查，如果液滴经过一定时间后变成深蓝色，就说明此处有硝盐痕迹存在。

检查板材表面品质和平直度的方法是把受检板材放在检查平台上，先用肉眼检查板材表面有无超出标准规定的缺陷，再检查板材与平台之间的间隙，不超过标准规定范围的则为合格成品。

在检查合格的板材一面端头上打以合金牌号、状态代号、厚度、批号、顺序号及合格检印等。

5.6.2 组织及性能检查

为了检验成品板材力学性能、内部组织、工艺性能等，须对生产的每批产品按标准和工艺规定的项目切取一定数量的试样进行试验，以确保板材品质符合产品标准，满足用户使用要求。

根据合金状态不同，每批板材分别抽取试样 2%、5%、10%，重要产品取 100% 做力学性能检查。当力学性能试验有一个试样的结果不合格时，应从该不合格试样的板材上重新切取双倍数量的试样重复试验。如果重复试验仍有一个试样不合格时，该张板材报废。供方可对不合格试样所代表的板材区间逐张复验，合格的交货，不合格的作废。

对重要用途的淬火板材，还应取样作金相检查，发现过烧时全批板材作废。有些产品按照技术标准的有关规定还要进行包铝层的检查、晶粒尺寸的检查、板材的分层检查及内部缺陷的超声波探伤检查等。按标准要求，检查合格者方可验收交货。

5.7 涂油、包装、标志、运输与储存

5.7.1 涂油

铝合金板材在潮湿空气、水分或其他电解质的作用下，表面易遭受腐蚀，严重时将成为废品。为了防止板材在长距离运输和长时间储存过程中遭受腐蚀，有些板材在发货之前，应在板材的两面涂上防锈油。

铝合金板材常用的防锈油有 FA101、7005 等，防锈油品质应符合 SH/T 0692 标准。根据产品特点及气温适当调整防锈油黏度，含水率不大于 0.03%。对防锈油的主要要求是所含的水分和杂质应符合有关标准规定；油的酸、碱度应合适，对板材表面无腐蚀作用；本身化学性能稳定，在长期存放过程中不变质、不失效；当油脂挥发时，不产生对人体或环境有害的气体等。

在使用过程中，每天应从油箱内取样分析油的含水量，并定期对油箱中的油液取样进行全面分析。当发现所含杂质、酸、碱度及含水量不符合技术标准和操作规程规定时，应及时更换，以保证油的品质和防腐效果。

当油中的水量超过规定时，可将油液加热到 110~120℃ 后取样分析，证明油中水分完全蒸发后方可使用。

在现代化的铝合金板材加工厂中，板材的涂油在专用的二辊式涂油机上进行。板材两面的油层应当涂满，油膜应均匀一致，不过厚，也不过薄。当发现板材个别部位未涂上油时，应及时调整涂油辊间隙或换辊。

5.7.1.1　手工涂油法

用软质材料(毛刷、泡沫等)将油直接涂刷在板片上,此法的涂油量较多,且不均匀,刷涂用油极易污染,一般只刷涂片材的单面。

5.7.1.2　连续涂油法

(1)辊涂法

辊涂法设备简单,但油层不均匀,且油层厚度不易控制,特别是要求涂油量较少时更难以控制。其示意图如图 5 – 32 所示。

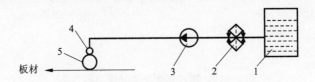

图 5 – 32　辊涂法示意图

1—带有加热器的油箱;2—过滤器;3—油泵;4—上有间距约 10 mm、
孔径为 1.5 ~ 2.0 mm 小孔的钢管;5—带有螺纹的聚氨酯辊

(2)静电涂油法

静电涂油装置比辊涂法的复杂,特别是对涂油头的加工要求很高,但涂油均匀,其计量泵转速可自动随设备运行速度的变化而改变,从而实现自动控制(图 5 – 33)。

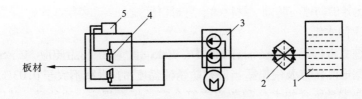

图 5 – 33　静电涂油法示意图

1—带有恒温加热器的油箱;2—过滤器;3—计量油泵;4—涂油头;5—高压电源

5.7.2　厚板包装

5.7.2.1　包装材料

包装材料种类繁多,包装方法不同,所采用的包装材料也不同,一般有:木材、纸、化工材料、竹制品、钢材等。所有包装材料应符合环保要求,并可回收、再生或降解处理。与铝材直接接触的包装材料的水溶性应呈中性或弱酸性,纸的含水率≤10%,木材含水率≤20%。保护膜用胶应与铝材表面状态相匹配,不得发生化学反应及胶转移现象。

包装铝加工材的包装材料有以下几类。

（1）防潮材料

1）聚乙烯薄膜

根据制造方法及性质可分为高压法聚乙烯薄膜及中低压法聚乙烯薄膜，一般为筒状或薄膜状。薄膜的颜色原则上是自然色，必须材质均匀，膜面无气泡、不匀、折痕、针孔等缺陷，不允许有 0.6 mm 以上的黑点和杂质以及 2 mm 以上的晶点和僵块，膜面之间无黏结。存放和使用应在 50℃ 以下。其物理力学性能应符合表 5-10 的规定。

2）聚乙烯加工纸

表 5-10　聚乙烯薄膜的物理力学性能

名　称	指　标	
	厚度小于 0.05 mm 的	厚度不小于 0.05 mm 的
拉伸强度（纵、横向）/N·mm^{-2}	≥0.1	≥0.1
断裂伸长率（纵、横向）/%	≥0.14	≥0.25
直角撕裂强度（纵、横向）/N·mm^{-2}	≥0.04	≥0.04

聚乙烯加工纸是将聚乙烯薄膜（一般为 0.01~0.07 mm）复合在各种纸上而成，具有优异的防水、防潮、耐化学、热封口性能。

3）沥青防水纸

在各种克重（30~75 g/m^2）的两层牛皮纸间黏附沥青层（40~80 g/m^2）而成，价格便宜，是具有防水、防潮、气密性、耐化学性的柔软包装材料。

4）自黏膜

包装用自黏膜是由 C6 或 C8 材料按一定比例制成的一种延伸可达 370% 以上的材料，其外表面有一层黏性物质，它主要用于自动包装机列上，包在卷的内层起防水和防潮作用。为保持其密封性，在使用时要求其伸长率达到 150%~250% 以上仍具有弹性。具体技术指标为：抗拉强度不小于 20 N/mm^2，直角撕裂强度不小于 12 N/mm^2，自黏性不小于 1.5×10^{-2} N/mm^2。

（2）包装箱

包装箱主要用于板材（质量 300~3 000 kg）的包装，包装箱材料有原木材、胶合板、竹席板、钢钉、金属材料等。包装箱可用木材制造，也可用金属或其他材料，应有足够强度，不能因其损坏而使产品受到损坏。

包装箱的尺寸应能满足产品要求，保证产品在箱内无窜动或挤压。采用集装箱发运时,应考虑与其尺寸匹配。包装箱加强带的距离除能满足包装箱的坚固性要求外,还应满足吊车、叉车的作业要求。制作木质包装箱时,钉子应呈迈步行排列,钉帽打憋,钉尖盘倒,不得有冒钉、漏钉现象,吊运位置宜钉起吊保护铁角。制作金属包装箱应焊(铆)接牢固,不得有漏焊(铆);焊(铆)疤要打磨,不得损伤铝材。各种包装箱应规整、清洁、干燥。

1)木材

常用的包装木材主要是松、冷杉、铁杉等针叶树,其含水率原则上要求控制在 20% 以下,但对于成箱后还会继续干燥的外部用材,其含水率可控制在 24% 以下。木材不能有下列缺陷:

①板材和扁方材的木节或群生节在板宽方向的直径超过板宽的 1/3,或钉钉子部位及两端有节者。

②方材的木节或群生节在材宽方向的直径超过材宽的 1/3,且贯通两面者。

③用作应力构件木材的钝棱带有的树皮大小超过厚度的 1/2,以及在材宽方向上超过 2 cm 者。

④板材上有 1.2 cm 以上的木节孔、虫眼、死节、漏节等缺陷者,但已修补的除外。

⑤有裂纹、腐朽、变形等缺陷者,但已修补的除外。

⑥制作出口包装箱的木材应进行化学熏蒸处理、高温热处理或其他处理,且木材上不允许有残留树皮。

2)胶合板

根据使用部位的受力情况可选用三层、五层及更多层数的胶合板。

3)铁钉

根据需要确定钉的长度。

4)护棱

护棱(连接铁皮)的材质与钢带的相同,根据需要可用经防锈处理的护棱。

5)钢带

钢带分为 16 mm、19 mm、32 mm 三种,并根据需要作防锈处理。

6)竹席板

竹席板主要用来制作国内包装箱的侧壁和顶板,它是由竹席和乳胶热压成的,具有防水、防潮性能,并有一定的强度。

(3)纸制品

1)原纸

包装用原纸主要有牛皮纸或新闻纸(用作防止片间表面损伤的衬纸),它们的主要技术指标如表 5-11、表 5-12。

表 5 – 11 牛皮纸主要技术指标

技术指标		规定		允许误差
		一号	二号	
定量/(g·m⁻²)		60	60	±5%
		70	70	
		80	80	
		90	90	
耐破强度 /(N·mm⁻²) (不低于)	60 g/m²	0.19(1.9)	0.15(1.5)	—
	70 g/m²	0.23(2.3)	0.19(1.9)	
	80 g/m²	0.26(2.6)	0.23(2.3)	
	90 g/m²	0.30(3.1)	0.25(2.6)	
纵向撕裂强度 /(N·mm⁻²) (不低于)	60 g/m²	52	37	—
	70 g/m²	64	50	
	80 g/m²	75	60	
	90 g/m²	84	70	
水分/%		7	7	+3
pH(不大于)		7	7	—

注：纸面应平整，不允许有褶子、皱纹、残缺、斑点、裂口、孔眼等缺陷。

表 5 – 12 新闻纸主要技术指标

技术指标	规定			
	A	B	C	D
定量/(g·m⁻²)	45 ± 1.5	49 ± 2.0	51 ± 2.0	
横幅(1562 mm)定量/% 变异系数(不大于)	2.5	3.0		
裂断长：				
卷筒纸纵向/m	3 200	2 900	2 700	2 500
平板纸纵横平均/m(不小于)	—	—	1 900	1 700
横向撕裂强度/(N·mm⁻²)(不小于)	230	200	—	—
尘埃度(0.5~4.0 mm)/个·m⁻²(不多于)	72	100	140	200
其中1.5~4.0 mm(不多于)	4	8	12	20
大于4.0 mm	不许有	不许有	不许有	不许有
交货水分/%	6.0~10.0			
pH(不大于)	7			

注：纸面不允许有褶子、洞眼、疙瘩、气斑、裂口等外观缺陷。

2）纸板

纸板由牛皮纸、乳胶经黏合干燥而成，其表面刷有一层防潮油，要求其厚度为 3～5 mm，湿度不大于 15%，表面无孔洞、起层、霉斑、翘曲，气泡直径不大于 10 mm，戳穿强度不小于 10 N/mm^2，耐磨强度不小于 2 N/mm^2。

3）纸护角

纸护角的制作方法与纸板的相同，其尺寸为 50 mm×80 mm，纸护角应洁净、干燥，没有分层及损坏，纸护角的长度应与板材尺寸相适应。

5.7.2.2　包装方法

铝加工材的包装方法很多，由于产品规格、运输方式及运输距离不同，所选择的包装方式也不同，厚板材包装方法有下扣式、普通箱式、夹板式、保护角式以及简易式或裸件式。

（1）下扣式、普通箱式、夹板式及保护角式包装方法

下扣式、普通箱式、夹板式及保护角式包装见图 5－34 至图 5－37。包装时，应首先在包装箱底部铺一层塑料薄膜，接着铺一层中性或弱酸性防潮纸或其他防潮材料，然后将扳材按下述方法之一装入包装箱内：

①涂油与板间垫纸后装箱。

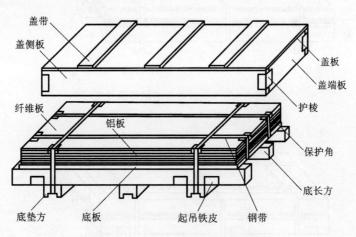

图 5－34　下扣式包装结构示意图

②涂油，板间不垫纸装箱。

③不涂油，板间垫纸或垫泡沫塑料片后装箱。

④不涂油，不垫纸装箱。

⑤表面贴膜后装箱。

装好后，再将已铺好的包装材料按规则包好，接头处用黏胶带密封好，上面

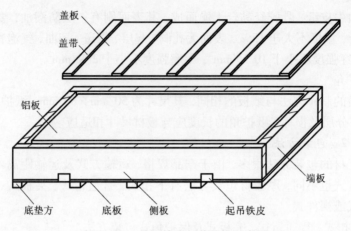

图 5 – 35　普通箱式包装结构示意图

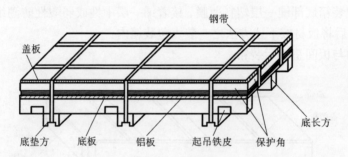

图 5 – 36　夹板式包装结构示意图

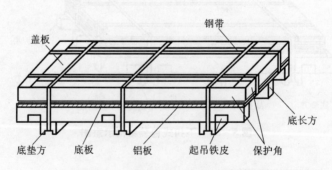

图 5 – 37　保护角式包装结构示意图

覆盖一层塑料薄膜,外用黏胶带固定好,然后加盖(加保护角),用钢带捆紧。

(2)简易式或裸件式包装方法

简易式或裸件式包装结构如图 5 – 38 所示。具体的包装方法是:

①简易式包装时，在板材外包一层中性或弱酸性防潮纸或其他防潮材料，一层塑料薄膜，封口后放在底垫方上，然后用钢带捆紧。

②裸件式包装时，将板材直接放在底垫方上，然后用钢带捆紧。

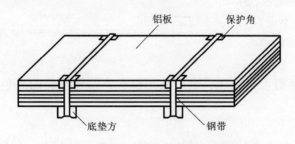

图 5 - 38　简易式或裸件式包装结构示意图

5.7.2.3　包装工艺

工艺程序：

①包装箱尺寸和成品尺寸相匹配，箱比料宽不大于 20 mm，箱比料长不大于 30 mm。托盘护角包装的，护角下边缘距托盘不超过 30 mm。

②箱长 2.5 m 及以下者，吊挂处设在端头；箱长 2.5 m 以上者，吊挂处设在内侧。

③厚板包装时必须采用吸盘吊装箱，且板间垫纸，铺纸放置整齐，四周不破损。

④用吸盘吊吊运板时必须有专人扶吊，吊盘尽量放在板材的重心位置，放正、摆平，将板片轻轻放入箱内，以免板片磕碰伤及划伤。

⑤钉子呈迈步行排列，钉帽打靠，钉尖盘倒，不得冒钉、漏钉。

⑥包装板片的数量、质量应准确。

⑦包装箱标牌字迹应工整、清晰、准确。

5.7.3　包装标志

5.7.3.1　收发货标志

（1）标志内容

产品的产地、到货地、收货单位、包装编号、质量（国内产品注明净质量，出口产品还须注明毛质量、生产日期及其他注意标志等）。

（2）标志色彩

收发货标志原则上全部是黑色，且所用的墨水必须耐摩擦，并不产生渗润、褪色、剥落等缺陷，一般多用油性材料。

（3）标志位置

标志位于板材包装箱的两对称侧面靠上顶边位置。

（4）注意事项

①除了收发货标志、注意标志之外，其他一切标志都不得记入。

②旧标志必须完全清除。

③广告标志不得影响必要标志的醒目。

5.7.3.2　指示标志

（1）色彩

指示标志原则上是黑色，也可使用红色，如与包装的底色相同也可采用反色。

（2）方法

指示标志可用刷涂、印模、描绘、印刷、标签等法标示。但用运输过程中不产生渗润、磨损、磨破、褪色、剥落等缺陷的材料。

（3）位置

指示标志标示在包装表面易见位置：

①方向标志原则上标示在包装侧面或端面近于上方的角落处，并要标示两处以上。

②位置标志通常相对地标示在起吊位置处。

5.7.3.3　装箱单

装箱单是由卖方发运到买方的包装货物的明细表。它除了向买方通知内装货物的详情外，同时还是进出口报关、银行贷款批准及其他贸易业务处理所依据的文件，它的主要内容有生产日期、发货单编号、合同或订货单编号、合金及状态、规格、技术标准、质量等。

5.7.4　运输

①铝及铝合金加工产品可采用火车、汽车、轮船、飞机等交通工具运输。

②装运产品的火车车厢、汽车车厢、船舱和集装箱应清洁、干燥、无污染物。

③严禁铝及铝合金加工产品同化学活性物质及潮湿材料装在同一车厢、船舱、集装箱内。

④敞车运输时必须盖好篷布，以保证包装箱不被水浸。

⑤产品在车站、码头中转时，应堆放在库房内。短暂露天堆放时，必须用篷布盖好，下面要用木方垫好，垫高不小于 100 mm。

⑥产品在车站码头中转或终点装卸时，应采用合适的装卸方式，并注意轻吊轻放，以防损坏包装箱（件），而导致产品损伤。

5.7.5　储存

①包装后的产品按合金、规格、用户、批次垛放好，放到指定区域。

②需方收到产品后，应立即检查包装箱有无破损或进水现象，如遇包装箱破损或进水，应立即组织开箱检查并妥善处理受损产品。属于外观品质及尺寸偏差的异议，应在收到产品之日起一个月内提出，属于其他性能的异议，应在收到产品之日起三个月内提出。如需仲裁，仲裁取样应由供需双方共同进行。

③经复验合格的产品应及时保管在清洁、干燥、无腐蚀性气氛，防止雨雪侵入的库房内。

④涂油产品的防腐期按产品标准规定，标准未规定时，防腐期为一年。若在运输、储存期间，被水浸，应立即开箱检查并作防腐处理，以防腐蚀。需长期储存时，未涂油的产品应涂油，涂油产品超过防腐期应重新涂油。

⑤不允许露天存放板材，若必须短暂露天存放，须用篷布盖好。

⑥不允许将裸板直接置于地面上，下面垫以高度不小于 100 mm 的木方。

第6章　厚板生产工艺、实测性能及缺陷分析

　　所有的铸锭热轧厚板都在热轧生产线上由热粗轧机完成；也可在热轧生产线上设置专门的兼用的中轧机；也可在热轧生产线外另建一条独立的热轧生产线，对于薄的厚板(light gauge plate)还需要进行冷轧，以获得所需要的性能与表面质量。总之，厚度大于 12 mm 的厚板可由热粗轧机一次完成。特厚板只进行拉伸矫直，薄一些的可进行辊矫。拉伸矫直除使厚板达到所需的平直度外，还用于消除淬火残余应力与获得所需要的性能。厚板生产工艺流程见图 6-1。

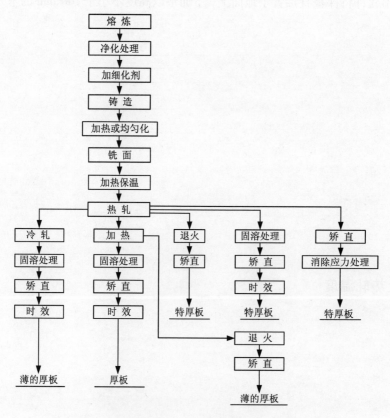

图6-1　热处理不可强化合金厚板生产工艺流程示意图

　　热处理可强化的 2×××系及 7×××系合金扁锭中存在着巨大的铸造应力，在铸造、吊装、存放、搬运过程中可能炸裂，应特别注意安全，必要先进行均匀化处理，消除内应力与组织均匀化后，方可进行锯切与铣削。

　　铝的熔盐电解法发明人之一霍尔先生 1888 年在美国匹兹堡市创建了世界首家铝电解厂——匹兹堡冶金公司。1893 年用所提取的铝浇于铁模内，成为扁锭，以二辊轧机轧成板材——厚板与薄板。因此，可以认为铝板的生产始于 19 世纪 90 年代初期的匹兹堡冶金公司。该公司 1907 年改名为美国铝业公司（Aluminum of America），于 2000 年改为美铝公司（Alcoa Inc.）。美铝公司对开发厚板铝合金的贡献最大，诸如 2024、7075、7055 等合金都是该公司发明的。它是全球可生产宽度等于或大于 4 000 mm 的特厚、特宽、特长的铝合金板材的唯一企业，它的铝合金厚板生产能力最大，提供给航空航天器的铝合金厚板最多。

6.1　厚板铝合金的化学成分及热处理规范

　　原则上凡是可用于轧制板、带材的铝合金都可以轧制厚板，2013 年在美国铝业协会注册的变形铝合金有 452 个，而用于板、带材生产的有 275 个，而其中，常用于轧制厚板的不过 26 个，仅占变形铝合金总数的 5.8%，占板、带材铝合金总数的 9.5%。

　　典型厚板铝合金的化学成分见表 6-1，而一些厚板合金的固溶处理及时效处理规范见表 4-11，表 6-2 列举了一些合金的退火规范。

6.2　热轧及生产工艺

　　热轧是为了充分利用其高温塑性，以便在一定的温度范围将轧件轧到所需的最薄厚度，并获得所要求的力学性能。热轧通常分为粗轧与精轧，也可把 285~380℃的轧制称为温轧。

6.2.1　热轧温度

　　热轧温度 T 可由合金的固相线温度 $T_固$ 确定，它们具有如下的关系：
$$T = (0.65 \sim 0.95)T_固$$
　　热轧终了温度应保证产品具有所需要的性能与组织，温度过高会使晶粒粗大，不能获得所需要的性能，若过低会引起加工硬化，增加能耗，导致晶粒大小不均，性能不符合要求。一些铝及铝合金在四辊轧机上的轧制温度见表 6-3（铸锭厚度 400 mm，宽度 1 060~1 540 mm）。

表 6-1 典型厚板铝合金的化学成分，质量分数（%）

牌号	Si	Fe	Cu	Mn	Mg	Cr	Zn	Ti	Ga	V	其他		Al
											每个	合计	
1060	0.25	0.35	0.05	0.03	0.03	—	0.05	0.03	—	0.05	0.03	—	99.6
1070	0.2	0.25	0.04	0.03	0.03	—	0.04	0.03	—	0.05	0.03	—	99.7
1200	1.00(Si+Fe)		0.05	0.05	—	—	0.1	0.05	—	—	0.05	0.15	99.2
1198	0.01	0.006	0.006	0.006	—	—	0.01	0.006	0.006	0.005	0.003	—	99.98
1199	0.006	0.006	0.006	0.002	0.006	—	0.006	0.002	0.005	0.005	0.002	—	99.99
2014	0.50~1.2	0.7	3.9~5.0	0.40~1.2	0.20~0.8	0.1	0.25	0.15	—	—	0.5	0.15	其余
2017	0.20~0.8	0.7	3.5~4.5	0.40~1.0	0.40~0.8	0.1	0.25	0.15	—	—	0.5	0.15	其余
2214	0.50~1.2	0.3	3.9~5.0	0.40~1.2	0.20~0.8	0.1	0.25	0.15	—	—	0.5	0.15	其余
2219	0.2	0.3	5.8~6.8	0.20~0.40	0.02	—	0.1	0.02~0.10	0.05~0.15	(0.10~0.25)Zr	0.5	0.15	其余
2024	0.5	0.5	3.8~4.9	0.30~0.9	1.2~1.8	0.1	0.25	0.15	—	—	0.5	0.15	其余
2324	0.1	0.12	3.8~4.4	0.30~0.9	1.2~1.8	0.1	0.25	0.15	—	—	0.5	0.15	其余
2424	0.1	0.12	3.8~4.4	0.30~0.6	1.2~1.6	—	0.2	0.1	—	—	0.5	0.15	其余
2524	0.06	0.12	4.0~4.5	0.45~0.7	1.2~1.6	0.05	0.1	0.1	—	—	0.5	0.15	其余
3003	0.6	0.7	0.05~0.20	1.0~1.5	—	—	0.1	—	—	—	0.5	0.15	其余
3104	0.6	0.8	0.05~0.25	0.8~1.4	0.8~1.3	—	0.25	—	0.05	0.05	0.5	0.15	其余
5052	0.25	0.4	0.1	0.1	2.2~2.8	0.15~0.35	0.1	0.1	—	—	0.5	0.15	其余
5754	0.4	0.4	0.1	0.5	2.6~3.6	0.3	0.2	0.15	—	(0.10~0.6)(Mn+Cr)	0.5	0.15	其余
5083	0.4	0.4	0.1	0.40~1.0	4.0~4.9	0.05~0.25	0.25	0.15	—	—	0.5	0.15	其余
5086	0.4	0.5	0.1	0.20~0.7	3.5~4.5	0.05~0.25	0.25	0.15	—	—	0.5	0.15	其余
6061	0.40~0.8	0.7	0.15~0.40	0.15	0.6~1.2	0.04~0.35	0.25	0.15	—	—	0.5	0.15	其余
6082	0.7~1.3	0.5	0.1	0.40~1.0	0.6~1.2	0.25	0.2	0.1	—	—	0.5	0.15	其余
7150	0.12	0.15	1.9~2.5	0.1	2.0~2.7	0.04	5.9~6.9	0.06	—	(0.08~0.15)Zr	0.5	0.15	其余
7055	0.1	0.15	2.0~2.6	0.05	1.8~2.3	0.04	7.6~8.4	0.06	—	(0.08~0.25)Zr	0.5	0.15	其余
7075	0.4	0.5	1.2~2.0	0.3	2.1~2.9	0.18~0.28	5.1~6.1	0.2	—	—	0.5	0.15	其余
7178	0.4	0.5	1.6~2.4	0.3	2.4~3.1	0.18~0.28	6.3~7.3	0.2	—	—	0.5	0.15	其余
7085	0.06	0.08	1.3~2.0	0.04	1.2~1.8	0.04	7.0~8.0	0.06	—	(0.08~0.15)Zr	0.5	0.15	其余
7040[①]	0.1	0.13	1.5~2.3	0.04	1.7~2.4	0.04	5.7~6.7	0.06	—	(0.05~0.15)Zr	0.5	0.15	其余

注：①普基铝业公司（2002年被加拿大铝业兼并）发明的一种新合金，用于加工厚 100~228 mm 的厚板及锻件。

表 6-2　厚板铝合金的退火规范

牌号	金属温度/℃	保温时间/h	材料状态
1060	345	①	O
2014	415②	2~3	O
2017	415②	2~3	O
2219	415②	2~3	O
2024	415②	2~3	O
3003	415②	①	O
3104	345	①	O
5052	345	①	O
5754	345	①	O
5083	345	①	O
5086	345	①	O
6061	415②	2~3	O
7075	415③	2~3	O
7178	415③	2~3	O

注：①材料在炉内时间不必长于将其各部分加热到退火温度所需的时间，不控制冷却速度。②从退火温度冷却到260℃时，降温速度以30℃/h为宜，以免产生固溶处理效应。200℃以下的冷却速度不予控制。③可以不控制冷却速度冷却到205℃或以下，然后再加热4 h达到230℃。在345℃退火后，不控制冷却速度。

表 6-3　4 辊可逆式热轧机轧制时铸锭的轧制温度

合金及状态	铸锭温度/℃	
	范围	最佳
1×××-H1n、H2n	420~480	450
1×××-O、F	480~520	500
1A50、7A01	420~480	450
5052	480~500	490
5052R	450~470	460
5083	450~470	460
2101	450~460	460
3003	480~520	500
5082、5182	480~520	490
3004	490~510	500
5120、7A19-O、T4、T5	410~500	450

6.2.2 热轧速度

热轧速度是影响热轧变形速度的重要因素之一，即对金属塑性有着重大影响。因此，在确定轧制速度时，除应考虑生产效率外，还应有利于提高塑性。一般原则是，应在轧制稳定阶段提高速度，而在开始与抛出阶段降低速度。

6.2.3 轧制率

大多数铝及铝合金的热轧总加工率可大于90%。高温塑性范围宽、热脆性小的铝合金总加工率可大；供冷轧用的坯料，热轧总加工率应含足够的冷变形率，以便控制材料性能与表面品质。总之，热轧总加工率应大到能完全破坏铸造组织，通常，此加工率大于75%，就能消除铸造组织。

轧制开始阶段，道次加工率应小，对于有包铝板的锭坯应小于10%；在中间道次，由于轧件加工性能改善，可显著加大道次加工率，可达45%～50%；在最后轧制阶段，道次加工率又应减小，最后两道次轧件温度较低，变形抗力较大，加工率应保持板、带有良好的板形和严格的厚度偏差，有满足用户要求的表面品质，但也可以采用大的加工率，例如轧制1×××合金，最后一道次的加工率可高达60%或更大。

6.2.4 轧制率系统

轧制率系统主要是根据轧机参数、锭坯规格、合金种类、产品规格、工厂管理与技术水平确定的，即使在相同规格的轧机上轧制相同规格同一合金的产品，轧制率系统也会因企业不同而有所差异，甚至同一企业不同的主操纵手也可能采用稍有不同的轧制率系统。

6.2.4.1 两辊轧机的轧制率系统

几乎全世界的二辊单机架热轧机都用于轧制1×××系、3×××系及其他的软合金民用产品。在 $\phi720$ mm×1 500 mm 的 2 辊热轧机上（最大轧制力6 000 kN，主电机功率1 500 kW)轧制1060合金的参考轧制率系统见表6-4。

6.2.4.2 2 000 mm 可逆式单机架单卷取四辊轧机的轧制率系统

2 000 mm级4辊轧机是全球最多的，东北轻合金有限责任公司在轧制力19 600 kN、主电机功率3 600 kW的四辊可逆式单机架单卷取的 $\phi700$ mm/1 250 mm×2 000 mm 轧机上轧制1×××系及3×××系7 mm厚板及带坯的参考轧制率系统见表6-5及表6-6。

表 6 – 4　在 ϕ720 mm × 1 500 mm 2 辊可逆式热轧上
轧制 7 mm 厚的 1060 合金板、带的参考轧制率系统

道次	厚度/mm		压下量 Δh /mm	轧制率 ε /%
	H	h		
1	250	230	20	8
2	230	200	30	13.04
3	200	170	30	15
4	170	140	30	17.65
5	140	110	30	27.27
6	110	85	25	22.73
7	85	60	25	29.41
8	60	43	17	28.33
9	43	28	15	34.88
10	28	18	10	35.71
11	18	12	6	33.33
12	12	9.5	2.5	20.83
13	9.5	7	2.5	26.32
总轧制率/%				97.2

注：锭坯尺寸/mm：250 × 1 250 × 2 400。

表 6 – 5　1 × × × 系合金的热轧参考轧制率系统

道次	厚度/mm		压下量 Δh /mm	轧制率 ε /%
	H	h		
1	300	280	20	6.67
2	280	255	25	8.93
3	255	230	25	9.8
4	230	200	30	13.04
5	200	170	30	15
6	170	140	30	17.65
7	140	115	25	17.86
8	115	90	25	21.74
9	90	65	25	27.78
10	65	45	20	30.77
11	45	30	15	33.33
12	30	18	12	40
13	18	7	11	61.1
总加工率/%				97.67

表6-6　3×××系合金的热轧参考轧制率系统

道次	厚度/mm		压下量 Δh /mm	轧制率 ε /%
	H	h		
1	290	275	15	5.17
2	275	255	20	7.27
3	255	230	25	9.8
4	230	200	30	13.04
5	200	170	30	15
6	170	140	30	17.65
7	140	115	25	17.86
8	115	95	25	21.74
9	90	65	25	27.78
10	65	45	20	30.77
11	49	30	15	33.33
12	30	18	12	40
13	18	7	11	61.1
总加工率/%				97.59

　　1100 铝合金属于 1××× 系工业纯铝，具有密度小、导电性好、导热性好、抗腐性能高特点，是不可热处理强化铝合金，铁、硅是其主要杂质元素，应根据不同用途加以控制，加工硬化是其唯一的强化方式。该系合金主要应用于化工产品、食品工业装置与贮存容器、深拉或旋压凹形器皿、焊接零部件、热交换器、印刷版等，某公司生产 1100 - H112 与 3003 - H14 合金厚板的生产工艺过程见表 6-7 及表 6-8。

表6-7　10 mm×1 200×5 000 mm 1100 - H112 合金厚板生产工艺

序号	工序名称	设备名称	工艺条件及工艺参数
1	熔炼	煤气炉	熔炼温度：700 ~ 750℃
2	铸造	半连续铸造机	铸造温度：685 ~ 710℃；铸造速度：60 ~ 65 mm/min；水压：0.08 ~ 0.15 N/mm²；铸锭尺寸：300 mm × 1 260 mm × 2 500 mm
3	铣面	双面铣床	每面铣 10 mm
4	表面清洗	料架	用航空汽油擦净表面

续表 6 - 7

序号	工序名称	设备名称	工艺条件及工艺参数
5	加热	推进式加热炉	定温 520℃，加热 10 ~ 12 h，金属温度 480 ~ 520℃
6	热轧	ϕ700/1 250 mm × 2 000 mm 4 辊可逆式热轧机	轧制 13 道次，板材厚度 10.0 mm，开轧温度 480 ~ 510℃，终轧温度 380℃，乳液润滑
7	剪切	40 mm 液压剪	剪切长度 5 120 mm
8	矫直	11 辊矫直机	料冷却到室温后矫直
9	锯切	锯床	锯切成品尺寸，并切取力学性能检测试样
10	检验	检验台	按相应标准检验表面、尺寸等
11	包装	人工	垫纸、木箱包装

　　3003 合金属 Al – Mn 系，主要合金元素是锰，$w(Mn) = 1.0\% \sim 1.5\%$，由于易产生晶内偏析，为显著提高合金的再结晶温度，铸锭要进行均匀化处理，以减少晶内偏析。铁、硅属于杂质，应控制 $w(Mn + Fe) < 1.85\%$。铜能提高抗拉强度与抗蚀性，使点腐蚀转变为均匀腐蚀，锌能提高合金的焊接性能。该合金具有良好的抗蚀性，强度较低，塑性高，成形性能优良，可焊性能良好，主要用于压力罐、储存箱、化工设备、飞机油箱、热交换器等。

表 6 - 8　8 mm × 1 200 mm × 4 000 mm 3003 - H14 合金厚板生产工艺

序号	工序名称	设备名称	工艺条件及工艺参数
1	熔炼	煤气炉	熔炼温度：720 ~ 760℃
2	铸造	半连续铸造机	铸造温度：710 ~ 720℃；铸造速度：55 ~ 60 mm/min；水压：0.08 ~ 0.15 N/mm²；铸锭尺寸：300 mm × 1 280 mm × 2 500 mm
3	均匀化	电阻炉	495℃/19 h
4	铣面	铣床	每面铣 5 mm
5	表面清洗	清洗架	用航空汽油擦净表面
6	加热	推进式加热炉	加热温度 480 ~ 520℃，时间 10 ~ 12 h，

续表 6 – 8

序号	工序名称	设备名称	工艺条件及工艺参数
7	热轧	$\phi700/1\,250\ mm \times 2\,000\ mm$ 4 辊可逆式热轧机	轧制 13 道次，板材厚度 11.0 mm，开轧温度 480～510℃，终轧温度 380℃，乳液润滑
8	中断	尾部下切剪	剪切长度 3000 mm
9	中间退火	箱式退火炉	400～450℃，加热时间 6～8 h
10	冷轧	$\phi700\ mm \times 1\,700\ mm$ 2 辊不可逆式冷轧机	轧制 4 道次，板材厚度 8.0 mm，轧制油润滑
11	矫直	11 辊矫直机	检查矫直板材表面状况
12	锯切	锯床	锯切成品尺寸，并切取力学性能检测试样
13	检验	检验台	按相应标准检验表面、尺寸等
14	包装	人工	垫纸、木箱包装

6.2.4.3　四辊可逆式单机架双卷取热粗—精轧机的轧制率系统

本节提供在一台 $\phi930\ mm/(1\,500\ mm \times 2\,250\ mm)$ 现代化的 4 辊可逆式单机架双卷取热粗 - 精轧机轧制几种典型合金的轧制率系统，可供制订这类轧机轧制率系统时参考。

(1)轧机的基本参数

轧机的基本参数见表 6 – 9。

表 6 – 9　轧机的基本参数

项　目	数　据
工作辊直径/mm	930(870 报废)
工作辊辊面宽度/mm	2 250
支承辊直径/mm	1 500
支承辊辊面宽度/mm	2 500
轧制速度(最大直径时)/(m·min^{-1})	0/100/200
主电机功率/kW	2 ×7 000
最大轧制力/kN	40 000

续表 6 – 9

项　目	数　据
乳液最大流量/(L·min⁻¹)	约 10 900
立式滚边机(立辊):	
直径/mm	965
辊面宽度/mm	760
立轧速度(最大直径时)/(m·min⁻¹)	0/90/230
电机功率/kW	2×1 400
总轧制力/kN	7 500
乳液最大流量/(L·min⁻¹)	500
卷取机:	
型式	全宽度 4 扇形块膨胀轴式
最大卷取速度/(m·min⁻¹)	225
张力/kN	250/25
电机功率/kW	2×150

（2）轧制率系统

按表 6 – 10、6 – 11、6 – 12、6 – 13、6 – 14 的轧制率系统分别生产 1145、3003、5182、5083 合金带坯时，可保证产品的尺寸偏差、板形、平直度达到如下要求：

纵向厚度偏差：产品厚度 2.0 ~ 5.0 mm，±10%。产品厚度 5.1 ~ 9.0 mm，±0.80%。板形（横向）偏差，目标板形的 ±0.30%。

目标板形对硬合金为 1.0%，对软合金为 0.8%。

平直度（flatness）在恒速与恒张力条件下轧制时，沿带材长度无可见的边部波浪或中间波浪。

1）锭坯及产品基本尺寸

所轧制的锭坯及产品（厚板及带卷）的基本尺寸如表 6 – 15 所示。该轧机设计为可轧制全部变形铝合金即 1×××至 8×××系合金。

表 6 - 10 1145 合金的轧制率系统(锭坯尺寸 600 mm × 2 040 mm × 5 145 mm)

道次	出口厚度/mm	轧制率/%	长度/m	轧制速度/(m·min⁻¹)	轧制时间/s	辅助时间/s	咬入温度/℃	力矩/(kN·m)	电机功率/kW	轧制力/kN
1	560.00	6.7	6	140	2.4	8.0	500	1 340.0	7 178	7 020
2	510.00	8.9	6	160	2.3	8.0	499	1 627.0	9 900	7 620
3	460.00	9.8	7	180	2.2	8.0	498	1 629.0	11 154	7 630
4	410.00	10.9	8	180	2.5	8.0	498	1 578.0	10 813	7 430
5	360.00	12.2	9	180	2.9	8.0	497	1 515.0	10 392	7 240
6	310.00	13.9	10	180	3.3	8.0	496	1 452.0	9 974	7 060
7	260.00	16.1	12	180	4.0	8.0	495	1 390.0	9 560	6 890
8	210.00	19.2	15	180	4.9	8.0	493	1 329.0	9 153	6 760
9	160.00	23.8	19	180	6.4	90.0	491	1 272.0	8 777	6 680
10	110.00	31.3	28	180	9.4	8.0	485	1 429.0	9 819	7 840
11	64.00	41.8	48	180	16.1	90.0	482	1 585.0	10 861	9 630
12	32.00	50.0	96	190	30.5	30.0	470	1 376.0	9 990	10 700
13	14.00	56.3	220	200	66.1	30.0	452	1 034.0	7 128	11 570
14	6.50	56.6	475	200	142.5	30.0	427	609	4 788	11 230
15	3.00	53.8	1029	200	308.7	30.0	378	522	4 194	15 120

注:1. 总轧制时间 16 min 16 s;2. 终卷温度 338℃。

表 6-11 1145 合金的轧制率系统（锭坯尺寸 600 mm × 2 040 mm × 5 145 mm）

道次	出口厚度 /mm	轧制率 /%	长度 /m	轧制速度 /(m·min⁻¹)	轧制时间 /s	辅助时间 /s	咬入温度 /℃	力矩 /(kN·m)	电机功率 /kW	轧制力 /kN
1	560.00	6.7	6	140	2.4	8.0	500	1 340	7 178	7 020
2	510.00	8.9	6	160	2.3	8.0	499	1 627	9 900	7 620
3	460.00	9.8	7	180	2.2	8.0	498	1 629	11 154	7 630
4	410.00	10.9	8	180	2.5	8.0	498	1 578	10 813	7 430
5	360.00	12.2	9	180	2.9	8.0	497	1 515	10 392	7 240
6	310.00	13.9	10	180	3.3	8.0	496	1 452	9 974	7 060
7	260.00	16.1	12	180	4.0	8.0	495	1 390	9 560	6 890
8	210.00	19.2	15	180	4.9	8.0	493	1 329	9 153	6 760
9	160.00	23.8	19	180	6.4	90.0	491	1 272	8 777	6 680
10	110.00	31.3	28	180	9.4	8.0	485	1 429	9 819	7 840
11	64.00	40.0	47	180	15.6	90.0	482	1 492	10 237	9 210
12	34.00	48.5	91	190	28.7	30.0	470	1 355	9 842	10 460
13	18.00	47.1	172	200	51.5	30.0	451	839	5 680	9 610
14	12.50	33.3	257	200	77.2	30.0	429	366	2 756	6 870
15	9.00	25.0	343	200	102.9	30.0	396	229	2 042	6 070

注：1. 总轧制时间 11 min 28 s；2. 终卷温度 338℃。

表 6－12　3003 合金的轧制率系统(锭坯尺寸 600 mm×2 000 mm×5 200 mm)

道次	出口厚度/mm	轧制率/%	长度/m	轧制速度/(m·min⁻¹)	轧制时间/s	辅助时间/s	咬入温度/℃	力矩/(kN·m)	电机功率/kW	轧制力/kN
1	560.00	5.8	6	100	3.3	8.0	500	3 033	11 393	16 980
2	520.00	8.0	6	100	3.6	8.0	501	3 615	13 548	17 850
3	475.00	8.7	7	105	3.8	8.0	501	3 529	13 888	17 420
4	430.00	9.5	7	105	4.1	8.0	501	3 408	13 418	16 830
5	385.00	10.5	8	110	4.4	8.0	502	3 296	13 604	16 390
6	340.00	11.7	9	110	5.0	8.0	502	3 136	12 952	15 810
7	295.00	13.2	11	115	5.5	8.0	502	3 002	12 971	15 380
8	250.00	15.3	12	120	6.2	8.0	503	2 864	12 921	14 960
9	205.00	18.0	15	125	7.3	8.0	503	2 722	12 802	14 550
10	160.00	22.0	20	130	9.0	8.0	503	2 578	12 620	14 190
11	125.00	21.9	25	140	10.7	90.0	502	2 020	10 702	12 810
12	95.00	24.0	33	140	14.1	8.0	496	1 870	9 921	13 130
13	73.00	23.2	43	150	17.1	8.0	493	1 453	8 315	12 100
14	54.50	26.0	58	150	23.1	8.0	489	1 382	7 925	12 760
15	38.00	29.6	82	150	32.8	90.0	482	13 260	7 613	13 820
16	25.00	34.2	125	150	49.9	30.0	462	13 750	7 886	16 590
17	13.50	46.0	231	150	92.4	30.0	437	15 580	8 257	21 520
18	6.50	51.9	480	160	180.0	30.0	436	11 870	7 242	22 580
19	3.00	53.8	1 040	160	390.0	30.0	421	9 370	5 828	27 160

注：1. 总轧制时间 20 min 6 s；2. 终卷温度 386℃。

表 6 – 13 5182 合金的轧制率系统(锭坯尺寸 600 mm×1 800 mm×5 200 mm)

道次	出口厚度 /mm	轧制率 /%	长度 /m	轧制速度 /(m·min⁻¹)	轧制时间 /s	辅助时间 /s	咬入温度 /℃	力矩 /(kN·m)	电机功率 /kW	轧制力 /kN
1	580.00	3.3	5	100	3.2	8.0	500	2 748	10 337	20 350
2	555.00	4.3	6	100	3.4	8.0	501	3 252	12 201	21 540
3	525.00	5.4	6	100	3.6	8.0	502	3 706	13 884	22 410
4	495.00	5.7	6	100	3.8	8.0	503	3 606	13 514	21 810
5	464.00	6.3	7	100	4.0	8.0	504	3 608	13 522	21 470
6	432.00	6.9	7	100	4.3	8.0	505	3 604	13 507	21 110
7	399.00	7.6	8	100	4.7	8.0	506	3 595	13 471	20 720
8	365.00	8.5	9	100	5.1	8.0	507	3 579	13 414	20 330
9	329.00	9.9	9	100	5.7	8.0	509	3 605	13 511	20 150
10	291.00	11.6	11	100	6.4	8.0	510	3 604	13 505	19 940
11	251.00	13.7	12	100	7.5	8.0	512	3 583	13 427	19 710
12	210.00	16.3	15	100	8.9	8.0	513	3 470	13 010	19 280
13	175.00	16.7	18	100	10.7	8.0	515	2 855	10 735	17 390
14	140.00	20	22	100	13.4	8.0	515	2 729	10 267	17 070
15	105.00	25	30	100	17.8	90.0	516	2 850	10 716	18 460
16	80.00	23.8	39	110	21.3	8.0	510	2 232	9 271	17 360
17	58.00	27.5	54	110	29.3	8.0	509	2 170	9 020	18 600
18	42.00	27.6	74	120	37.1	8.0	506	1 738	7 919	17 880
19	28.00	33.3	111	120	55.7	90.0	500	1 760	8 016	20 240
20	18.00	35.7	173	120	86.7	30.0	472	1 652	7 536	23 390
21	11.00	38.9	120	120	141.8	30.0	417	17 530	7 576	31 090
22	5.75	47.7	120	120	271.3	30.0	437	15 110	6 912	33 320
23	3.00	47.8	120	120	520.0	30.0	437	11 090	5 125	35 850

注：1. 总轧制时间 28 min 22 s；2. 终卷温度 403℃。

表 6 - 14   5083 合金的轧制率系统 (锭坯尺寸 600 mm × 1 800 mm × 5 200 mm)

道次	出口厚度 /mm	轧制率 /%	长度 /m	轧制速度 /(m·min⁻¹)	轧制时间 /s	辅助时间 /s	咬入温度 /℃	力矩 /(kN·m)	电机功率 /kW	轧制力 /kN
1	585.00	2.5	5	100	3.2	8.0	500	28 610	10 756	24 470
2	564.00	3.6	6	100	3.3	8.0	501	36 390	13 635	26 300
3	542.00	3.9	6	100	3.3	8.0	502	36 830	13 799	26 010
4	520.00	4.1	6	100	3.6	8.0	503	35 920	13 460	25 360
5	498.00	4.2	6	100	3.8	8.0	504	35 020	13 129	24 730
6	476.00	4.4	7	100	3.9	8.0	505	34 150	12 806	24 120
7	454.00	4.6	7	100	4.1	8.0	506	33 300	12 491	23 520
8	431.00	5.1	7	100	4.3	8.0	507	33 640	12 617	23 230
9	407.00	5.6	8	100	4.6	8.0	508	33 900	12 712	22 920
10	382.00	6.1	8	100	4.9	8.0	509	34 070	12 776	22 570
11	356.00	6.8	9	100	5.3	8.0	510	34 160	12 811	22 190
12	329.00	7.6	9	100	5.7	8.0	511	34 180	12 818	21 790
13	301.00	8.5	10	100	6.2	8.0	512	33 840	12 691	21 370
14	272.00	9.6	11	100	6.9	8.0	513	33 280	12 483	20 930
15	242.00	11	13	100	7.7	8.0	515	32 640	12 246	20 490
16	211.00	12.8	15	100	8.9	8.0	516	31 900	11 975	20 060
17	180.00	14.7	17	100	10.4	8.0	517	30 280	11 374	19 400
18	149.00	17.2	21	100	12.6	8.0	518	28 710	10 792	18 810
19	118.00	20.8	26	100	15.9	90.0	518	27 880	10 486	18 790
20	95.00	19.5	33	100	19.7	8.0	512	21 550	8 144	17 030
21	75.00	21.1	42	100	25.0	270.0	510	19 940	7 546	17 260

注: 总轧制时间 11 min 15 s。

表6-15　所轧制的锭坯及产品(厚板及带卷)的基本尺寸

锭坯(经过铣面与锯头)	
最大质量/t	17
最大密度/(kg·mm^{-1})	8.4
宽度/mm	1 040~2 040
最大厚度/mm	600
最大长度/mm	5 200
厚板:	
宽度/mm	1 040~2 000
厚度/mm	40~100
长度/mm	2 000~10 000
供冷轧用的带坯卷:	
最大宽度/mm	2 040(未切边)
	2 000(切边的)
厚度/mm	2.5~9
最大质量/t	16.2(未切边)
	15.9(切边的)
最大密度/(kg·mm^{-1})	8.1
内径/mm	610
外径/mm	1 200~2 050

2)轧制率系统

锭坯的开轧温度均为500℃(中部表面温度)。1145合金的轧制率系统见表6-11,3003合金的见表6-12,5182及5083合金的分别见表6-13及表6-14。其他合金的轧制率系统可参照所提供的系统制订。

6.2.4.4　生产率计算

计算生产率时采用的条件为:生产的最少时间为6 000 h,即除了星期日、节假日、年度检修时间与常规维保养时间外,生产时间按250天计算;生产时间除正式轧制周期外,另加30 s从加热炉把锭坯装上辊道时间。

(1)轧制3 mm厚的1145合金带卷生产率的计算

可逆式热轧机的产出率(成品率)按90%计算,效率按75%计算,利用率(utilisation)按85%计算。

生产周期 = 16.27 min(表 6 - 11) + 0.5 min = 16.77 min。

锭坯质量 = 0.6 × 2.04 × 5.145 × 2.7 = 17(t)。

于是,生产率 = 17.0 × 0.90 × 0.75 × 0.85 × 60/16.77 = 35.97 (t/h)。

(2)轧制 9 mm 厚的 1145 合金带卷生产率的计算

产出率按 90%,效率按 75%,利用率按 85% 计算。

生产周期 = 11.47 min(表 6 - 11) + 0.5 min = 11.97 min。

锭坯质量 = 0.6 × 2.04 × 5.145 × 2.7 = 17.00(t)。

生产率 = 17.60 × 0.90 × 0.72 × 0.85 × 60/11.97 = 48.89(t/h)。

(3)其他材料生产率的计算

同理,我们可计算得:

3 mm 厚的 5182 合金带卷的生产率为 18.08 t/h。

75 mm 厚的 5083 合金热轧厚板的生产率为 44.42 t/h。

3 mm 厚的 3003 合金带卷的生产率为 26.85 t/h。

(4)总产量

根据以上的计算与市场调查分析确定 ϕ930/(1 500 mm × 2 250 mm)双卷取热轧机的产品结构为:

1145 合金 3 mm 带卷占 15%;5182 合金 3 mm 带卷占 15%;1145 合金 9 mm 带卷占 25%;5083 合金 75 mm 厚板占 5%;3003 合金 3 mm 带卷占 40%。

从而可以确定该轧机在年工作时间 6 000 h 时的设计总产量约 180 kt/a,见表 6 - 16。

表 6 - 16　　ϕ930/1 500 mm × 2 250 mm 双卷取热粗 - 精轧机的设计生产能力

合金	锭坯尺寸 /mm	产品厚度 /mm	产品宽度 /mm	产量 /(t·h^{-1})	结构 /%	运转时间 /h	年产量 /t
1145	600 × 2 040 × 5 145	3.0	1 940	35.97	15	744.6	26 783
1145	600 × 2 040 × 5 145	9.0	1 940	48.89	25	913.0	44 637
3003	600 × 2 000 × 5 200	3.0	1 900	26.85	40	660.0	71 421
5182	600 × 1 800 × 5 200	3.0	1 700	18.08	15	481.4	26 684
5083	600 × 1 800 × 5 200	75.0	1 800	44.42	5	201.0	8 928
总计	—	—	—	—	—	6 000	178 553

注:锭坯都经过铣面。

6.2.4.5 2A12 - T451 合金预拉伸板生产工艺

2A12 是 Al - Cu - Mg 硬铝合金,主要成分 $w(Cu) = 3.8\% \sim 4.0\%$、$w(Mg) = 1.2\% \sim 1.8\%$、$w(Mn) = 0.3\% \sim 0.9\%$。它是可热处理强化铝合金,经固溶处理、自然时效后具有高的强度,但其耐腐性能和可焊接性能较差。该合金具有良好的加工性能,2A12 - T451 铝合金拉伸板材的生产工艺过程见表6 - 17。

表 6 - 17 20 mm × 1 200 mm × 3 800 mm 2A12 - T451 铝合金板材生产工艺

序号	工序名称	设备名称	工艺条件及工艺参数
1	熔炼	煤气炉	熔炼温度: 700 ~ 750℃
2	铸造	半连续铸造机	铸造温度: 690 ~ 710℃;铸造速度: 60 ~ 65 mm/min;水压: 0.08 ~ 0.15 N/mm²
3	均匀化	电阻炉	495℃/19 h
4	锯切	圆盘锯	锯切成 255 mm × 1 260 mm × 1 500 mm 铸块
5	铣面	铣床	每面铣 15 mm
6	蚀洗	蚀洗槽	碱洗→冷水洗→酸洗→冷水洗→热水洗→擦干
7	包铝	人工	1A50 包铝板尺寸: (2.6 ~ 3.0) mm × 1 170 mm × 1400 mm
8	加热	双膛链式加热炉	加热温度 400 ~ 430℃,时间 6 ~ 8 h
9	热轧	$\phi700/(1\ 250\ mm \times 2\ 000\ mm)$ 4 辊可逆式热轧机	轧制 19 道次,板材厚度 20.80 mm,开轧温度 400 ~ 420℃,终轧温度 350℃,乳液润滑
10	剪切	40 mm 液压剪	剪切长度 3 800 mm
11	淬火	盐浴炉	盐浴制度;(498 ±2)℃/70 min,水淬
12	矫直	11 辊矫直机	淬火后 6 h 内矫直完
13	预拉伸	45 MN 预拉伸机	拉伸量 1.5% ~ 2.5%
14	锯切	锯床	锯切成品尺寸,并切取力学性能检测、高倍试样
15	检验	检验台	按相应标准检验表面、尺寸等
16	包装	人工	垫纸、木箱

6.2.4.6　4004 - F 合金真空钎焊包铝板生产工艺

4004 合金属于 Al - Si 系，主要成分：$w(Si) = 9.0\% \sim 10.5\%$、$w(Mg) = 1.0\% \sim 2.0\%$，是不可热处理强化铝合金，硅对合金的润湿性、流动性和熔蚀性有影响，镁是金属活化剂、吸气剂。该合金熔点低，熔体流动性好，容易补缩，主要用于铝合金的钎焊板材料，4004 - F 铝合金真空钎焊包覆层厚板生产工艺见表 6 - 18。

6.2.4.7　5083 - H321 合金厚板生产工艺

5083 合金属于 Al - Mg 系，主要成分：$w(Mg) = 4.0\% \sim 4.9\%$、$w(Mn) = 0.40\% \sim 1.0\%$、$w(Cr) = 0.05\% \sim 0.25\%$，它是不可热处理强化铝合金，该合金板材强度高，塑性好，具有较强的抗蚀能力，且易于加工，综合性能优良。该合金厚板主要用于制造模具、船板、轻轨列车外壳、钻井平台、压力容器、矿石轨道列车车厢等，5083 - H321 铝合金厚板生产工艺见表 6 - 19。

表 6 - 18　40 mm × 1 320 mm × 3 800 mm 4004 - F 铝合金真空钎焊包铝板材的工艺

序号	工序名称	设备名称	工艺条件及工艺参数
1	熔炼	煤气炉	熔炼温度：740 ~ 770℃
2	铸造	半连续铸造机	铸造温度：670 ~ 680℃；铸造速度：50 ~ 55 mm/min；水压：0.08 ~ 0.15 N/mm²；铸锭尺寸：300 mm × 1 380 mm × 3 800 mm
3	均匀化	电阻炉	500 ~ 515℃/12 h
4	铣面	铣床	每面铣 10 mm
5	加热	推进式加热炉	加热温度 430 ~ 480℃，时间 12 ~ 20 h
6	热轧	ϕ700/1 250 mm × 2 000 mm 4 辊可逆式热轧机	轧制 15 道次，板材厚度 40.0 mm，开轧温度 430 ~ 460℃，终轧温度 340℃，乳液润滑
7	剪切	40 mm 液压剪	剪切长度 3 800 mm
8	矫直	11 辊矫直机	检查矫直板材表面状况
9	锯切	锯床	锯切成品尺寸
10	检验	人工	按相应标准检验表面、尺寸等
11	交货	人工	存放到指定区域

表 6-19 8 mm×1 200 mm×4 000 mm 5083-H321 合金厚板工艺

序号	工序名称	设备名称	工艺条件及工艺参数
1	熔炼	煤气炉	熔炼温度：700~750℃
2	铸造	半连续铸造机	铸造温度：690~710℃；铸造速度：55~60 mm/min；水压：0.08~0.15 N/mm²
3	均匀化	电阻炉	460~470℃/26 h
4	锯切	圆盘锯	锯切成 255 mm×1 280 mm×1 500 mm 铸块
5	铣面	铣床	每面铣 6 mm
6	表面清洗	清洗架	用航空汽油擦净表面
7	加热	双膛链式加热炉	加热温度 450~480℃，时间 5~8 h
8	热轧	φ700/(1 250 mm×2 000 mm) 4 辊可逆式热轧机	轧制 25 道次，板材厚度 10.0 mm，开轧温度 450~470℃，终轧温度 340℃，乳液润滑
9	中断	40 mm 液压剪	剪切长度 3 000 mm
10	中间退火	箱式炉	金属温度 300~350℃，加热时间 6~8 h
11	冷轧	φ700 mm×1 700 mm 2 辊不可逆式冷轧机	轧制 6 道次，板材厚度 8.1 mm，轧制油润滑
12	稳定化	箱式炉	金属温度 120~140℃，保温时间 1.5~2.5 h
13	矫直	11 辊矫直机	检查矫直板材表面状况
14	拉伸矫直	45 MN 预拉伸机	拉伸量不大于 1.5%
15	锯切	锯床	锯切成品尺寸，并切取力学性能检测试样
16	检验	检验台	按相应标准检验表面、尺寸等
17	包装	人工	垫纸、木箱

5A06 合金属于 Al-Mg 系，主要成分：$w(Mg)=5.8\%~6.3\%$、$w(Mn)=0.5\%~0.8\%$，它是不可热处理强化铝合金，具有更高的强度、良好的耐蚀性和可焊性等特点，是 Al-Mg 系合金中的典型合金。不同状态的 5A06 合金板材是航空、航天、船舶、导弹、汽车制造、制罐工业等领域的主要材料。5A06-H34 铝合金航天用厚板生产工艺见表 6-20。

表 6 – 20　9 mm × 1 200 mm × 4 000 mm 5A06 – H34 航天用铝合金厚板生产工艺

序号	工序名称	设备名称	工艺条件及工艺参数
1	熔炼	煤气炉	熔炼温度：700 ~ 750℃
2	铸造	半连续铸造机	铸造温度：690 ~ 710℃；铸造速度：55 ~ 60 mm/min；水压：0.08 ~ 0.15 N/mm²
3	均匀化	电阻炉	460 ~ 470℃/26 h
4	锯切	圆盘锯	锯切成 255 mm × 1 280 mm × 1 500 mm 铸块
5	铣面	铣床	每面铣 6 mm
6	表面清洗	清洗架	用航空汽油擦净表面
7	工艺包铝	人工	1A50 包铝板尺寸：(2.6 ~ 3.0) mm × 1 350 mm × 1 300 mm
8	加热	双膛链式加热炉	加热温度 430 ~ 470℃，时间 5 ~ 8 h
9	热轧	φ700/1 250 mm × 2 000 mm 4 辊可逆式热轧机	轧制 25 道次，板材厚度 12.0 mm，开轧温度 430 ~ 460℃，终轧温度 340℃，乳液润滑
10	中断	尾部下切剪	剪切长度 3 450 mm
11	中间退火	箱式炉	金属温度 300 ~ 350℃，加热时间 6 ~ 8 h
12	冷轧	φ700/1 250 mm × 2 000 mm 4 辊可逆式热轧机	轧制 3 道次，板材厚度 9.0 mm
13	稳定化	箱式炉	金属温度 95 ~ 105℃，保温时间 1.5 ~ 2.5 h
14	矫直	11 辊矫直机	检查矫直板材表面状况
15	拉伸矫直	45 MN 预拉伸机	拉伸量不大于 1.5%
16	锯切	锯床	锯切成品尺寸，并切取力学性能检测试样
17	检验	检验台	按相应标准检验表面、尺寸等
18	包装	人工	垫纸、木箱

6.2.4.8　6061 – T6 铝合金厚板生产工艺

6061 合金属于 Al – Mg – Si 系，主要成分：$w(Mg) = 0.8\% \sim 1.2\%$、$w(Si) = 0.4\% \sim 0.8\%$。它是可热处理强化铝合金，具有中等强度、耐蚀性高、无应力腐蚀破裂倾向、可焊性能良好、成形性和工艺性能良好等优点。由于具有良好的综合性能，该系合金广泛用于制造中等强度且塑性和抗蚀性要求高的飞机零件、大型结构件等。6061 – T6 合金厚板生产工艺见表 6 – 21。

表 6 – 21　15 mm × 1 200 mm × 4 000 mm 6061 – T6 合金厚板工艺

序号	工序名称	设备名称	工艺条件及工艺参数
1	熔炼	煤气炉	熔炼温度：700 ~ 750℃
2	铸造	半连续铸造机	铸造温度：700 ~ 710℃；铸造速度：50 ~ 55 mm/min；水压：0.08 ~ 0.15 N/mm²；铸锭尺寸：300 mm × 1 260 mm × 1 500 mm
3	铣面	铣床	每面铣 10 mm
4	蚀洗	蚀洗槽	碱洗→冷水洗→酸洗→冷水洗→热水洗→擦干
5	加热	双膛链式加热炉	加热温度 400 ~ 440℃，时间 5 ~ 8 h
6	热轧	ϕ700/1 250 mm × 2 000 mm 4 辊可逆式热轧机	轧制 17 道次，板材厚度 20.50 mm，开轧温度 400 ~ 420℃，终轧温度 350℃，乳液润滑
7	剪切	40 mm 液压剪	剪切长度 4120 mm
8	淬火	盐浴炉	盐浴制度：(525 ± 2)℃/60 min，水淬
9	矫直	11 辊矫直机	淬火后 6 h 内矫直完
10	时效	箱式时效炉	时效温度 165 ~ 175℃，保温时间 10 h
11	锯切	锯床	锯切成品尺寸，并切取力学性能检测试样
12	检验	检验台	按相应标准检验表面、尺寸等
13	包装	人工	垫纸、木箱

6.2.4.9　7075 – T7651 合金预拉伸板生产工艺

7075 属于 Al – Zn – Mg – Cu 系合金，主要成分：$w(Zn) = 5.1\% ~ 6.1\%$、$w(Mg) = 2.1\% ~ 2.9\%$、$w(Cu) = 1.2\% ~ 2.0\%$。它是可热处理强化合金，经固溶、T76 双级时效处理后，具有良好的加工性能、断裂韧性和抗应力腐蚀性能，主要应用于飞机的框架、整体壁板、起落架、蒙皮等。7075 – T7651 合金厚板生产工艺见表 6 – 22。

6.2.4.10　2A11 – H234 铝合金菱形花纹板生产工艺

2A11 是 Al – Cu – Mg 系合金，主要成分：$w(Cu) = 3.8\% \sim 4.0\%$、$w(Mg) = 1.2\% \sim 1.8\%$、$w(Mn) = 0.3\% \sim 0.9\%$。它是可热处理强化合金，其耐腐性能和可焊性能较差。该合金花纹板主要应用于建筑、车辆、船舶等防滑用铝合金单面花纹板，具有良好的加工性能，2A11 – H234 合金菱形花纹板材生产工艺见表 6 – 23。

表 6 – 22　20 mm × 1 200 mm × 3 000 mm 7075 – T7651 合金预拉伸厚板工艺

序号	工序名称	设备名称	工艺条件及工艺参数
1	熔炼	煤气炉	熔炼温度：700 ~ 750℃
2	铸造	半连续铸造机	铸造温度：705 ~ 715℃；铸造速度：55 ~ 60 mm/min；水压：0.08 ~ 0.15 N/mm²
3	均匀化	电阻炉	450 ~ 460℃/41 h
4	锯切	圆盘锯	锯切成 300 mm × 1 280 mm × 1 200 mm 铸块
5	铣面	铣床	每面铣 15 mm
6	表面清洗	清洗架	用航空汽油擦净表面
7	加热	双膛链式加热炉	加热温度 370 ~ 410℃，时间 4 ~ 8 h
8	热轧	φ700/1 250 mm × 2 000 mm 4 辊可逆式热轧机	轧制 29 道次，板材厚度 20.50 mm，开轧温度 400 ~ 420℃，终轧温度 350℃，乳液润滑
9	剪切	40 mm 液压剪	剪切长度 3 800 mm
10	淬火	盐浴炉	盐浴制度：(498 ± 2)℃/70 min，水淬
11	矫直	11 辊矫直机	淬火后 4 h 内矫直完
12	预拉伸	45 MN 预拉伸机	拉伸量 1.5% ~ 2.5%
13	人工时效	箱式时效炉	双级人工时效制度：一级时效温度 115 ~ 125℃，保温时间 5 h；二级时效温度 160 ~ 170℃，保温时间 18 h
14	锯切	锯床	锯切成品尺寸，并切取力学性能检测试样
15	检验	检验台	按相应标准检验表面、尺寸等
16	包装	人工	垫纸、木箱

表 6 – 23　6 mm × 1 200 mm × 4 000 mm 2A11 – H234 合金菱形花纹板材生产工艺

序号	工序名称	设备名称	工艺条件及工艺参数
1	熔炼	煤气炉	熔炼温度：700 ~ 750℃
2	铸造	半连续铸造机	铸造温度：690 ~ 710℃；铸造速度：60 ~ 65 mm/min；水压：0.08 ~ 0.15 N/mm²
3	均匀化	电阻炉	490 ~ 500℃/19 h
4	锯切	圆盘锯	锯切成 255 mm × 1 260 mm × 1 500 mm 铸块
5	铣面	铣床	每面铣 15 mm
6	蚀洗	蚀洗槽	碱洗→冷水洗→酸洗→冷水洗→热水洗→擦干
7	包铝	人工	1A50 包铝板尺寸：(13.5 ~ 14.0)mm × 1 300 mm × 1300 mm
8	加热	双膛链式加热炉	加热温度 390 ~ 430℃，时间 4.5 ~ 6 h
9	热轧	ϕ700/1 250 mm × 2 000 mm 4 辊可逆式热轧机	轧制 23 道次，板材厚度 8.0 mm，开轧温度 400 ~ 420℃，终轧温度 350℃，乳液润滑
10	剪切	40 mm 液压剪	剪切长度 3 420 mm
11	冷轧	ϕ700 × 1 700 mm 2 辊不可逆式冷轧机	轧制 4 道次，板材厚度 7.2 mm，轧制油润滑
12	中间退火	箱式炉	中间退火金属温度 360 ~ 380℃，加热时间 6 ~ 8h
13	轧制花纹	ϕ700/1 250 mm × 2 000 mm 4 辊可逆式热轧机	热轧机下辊为花纹辊，热轧 1 道次
14	清洗	清洗机列	检查清洗效果
15	去应力退火	箱式炉	200℃/2 h
16	矫直	11 辊矫直机	矫直中检查板材表面状况
17	锯切	锯床	锯切成品尺寸
18	检验	检验台	按相应标准检查验收
19	包装	人工	木箱

6.3　铝合金厚板实测力学性能

一些铝合金厚板实测力学性能如表6–24所示。一些铝合金厚板实测硬度与电导率见表6–25。

表6–24　部分铝合金厚板实测力学性能

合金	状态	厚度/mm	$R_m/\text{N} \cdot \text{mm}^{-2}$	$R_{P0.2}/\text{N} \cdot \text{mm}^{-2}$	$A/\%$
1050	H112	10.1~29.0	84~85	78~81	40~46
		30.0~49.0	80~81	57~59	48~50
1060	H112	7.0~10.0	77~108	48~98	29~55
		10.1~29.0	75~95	37~91	31~60
1070	H18	5.0~6.9	129~133	123~128	10~12
2A11	T451	10.1~29.0	289~393	253~265	22~23
2017	T451	10.1~29.0	395~439	258~332	13~23
		30.0~49.0	408~435	285~349	17~20
		50.0~79.0	396~418	264~337	16~23
		80.0~120.0	403~418	259~343	12~17
2A12	H112	14	304~315	198~202	10~12.7
		16	315~317	198~202	11.9~13.6
		20	298~301	189~192	14.5~15.5
		22	259~262	170~172	14.3~14.8
		25	276~286	169~180	13.4~14.2
		30	265~267	164~168	14.6~15.9
		35	268~273	161~163	14.4~14.6
	T451	6.0~6.9	427~454	284~356	14~18
		7.0~10.0	436~481	312~373	12.5~20
		10.1~25.0	433~483	283~346	10~25
		25.0~40.0	436~453	297~385	14~17

续表 6 – 24

合金	状态	厚度/mm	$R_m/\text{N} \cdot \text{mm}^{-2}$	$R_{P0.2}/\text{N} \cdot \text{mm}^{-2}$	$A/\%$
2024	T451	12.5 ~ 25.0	466 ~ 477	350 ~ 360	15 ~ 19
		26.0 ~ 40.0	434 ~ 466	295 ~ 317	12 ~ 20
		50.0 ~ 80.0	420 ~ 466	298 ~ 350	13 ~ 22
		80 ~ 119.0	384 ~ 472	278 ~ 316	11 ~ 18
2A16	T6	10.1 ~ 29.0	434 ~ 438	307 ~ 312	15
		30.0 ~ 49.0	435 ~ 438	342 ~ 348	11 ~ 14
		50.0 ~ 79.0	430	346	9
2219	T4	7.0 ~ 10.0	427 ~ 473	330 ~ 417	9 ~ 16
		10.0 ~ 24.0	437 ~ 447	363 ~ 375	11 ~ 13
		25.0 ~ 49.0	433 ~ 457	373 ~ 403	11 ~ 14
2014	T4	5.0 ~ 6.0	410 ~ 415	290 ~ 292	17 ~ 23
2A14	O	5.0 ~ 6.9	151 ~ 158	—	15 ~ 18
	T4	5.0 ~ 6.9	396 ~ 419	293 ~ 321	14 ~ 18
	T451	10.1 ~ 29.0	460 ~ 501	400 ~ 462	6 ~ 11
	T651	10.0 ~ 15.0	465 ~ 475	368 ~ 430	8 ~ 14
		30.0 ~ 49.0	470 ~ 486	447 ~ 453	11 ~ 12
		80.0 ~ 120.0	540	267	8
3A21	H112	7.0 ~ 10.0	113	—	27 ~ 28
		10.1 ~ 29.0	135 ~ 141	—	30 ~ 35
		30.0 ~ 49.0	128 ~ 130	—	33 ~ 35
3003	O	5.0 ~ 6.9	116 ~ 124	37 ~ 74	26 ~ 32
5052	O	5.0 ~ 6.9	186 ~ 197	78 ~ 155	24 ~ 30
		7.01 ~ 0.0	178 ~ 214	82 ~ 119	30 ~ 34
	H112	5.0 ~ 6.0	118 ~ 199	110	28 ~ 29
		6.0 ~ 12.5	195 ~ 237	110 ~ 192	17 ~ 34
		13.0 ~ 29.0	175 ~ 216	78 ~ 156	19 ~ 36
		30.0 ~ 40.0	181 ~ 205	97 ~ 141	23 ~ 37
		40.0 ~ 80.0	179 ~ 180	—	26 ~ 30
	H22	5.0 ~ 6.0	224 ~ 230	150 ~ 169	18 ~ 19

续表 6-24

合金	状态	厚度/mm	$R_m/\text{N}\cdot\text{mm}^{-2}$	$R_{P0.2}/\text{N}\cdot\text{mm}^{-2}$	$A/\%$
5A02	O	5.0~6.9	188~190	—	27~33
	H112	7.0~10.0	180~192	—	29~33
		10.1~25.0	175~201	—	24~33
		26.0~49.0	182~193	—	29~30
5754	O	5.0~6.9	208~248	85~151	19~29
		7.0~10.0	205~242	79~164	19~34
		10.1~29.0	192~221	87~155	18~34
		30.0~49.0	240	179~200	17~22
		50.0~79.0	207	129	27
5A03	H112	5.0~6.0	221~226	96~99	24~28
		10.1~29.0	203	127~132	27~29
	H112	5.0~6.9	215~224	95~108	25~28
		7.0~10.0	202~222	91~137	23~26
		10.1~25.0	192~220	95~155	18~27
5083	O	5.0~6.0	285~309	133~183	17~27
		10.1~29.0	276~326	148~218	17~29
		30.0~50.0	276~307	147~206	19~26
		80~120	281~296	160~196	21~22
	H112	5.0~5.9	288~302	135~166	18~24
		6.0~10.0	296~322	128~209	19~26
		10.1~29.0	283~309	156~196	17~28
		30.0~40.0	280~284	143~152	24~27
5A05	H112	5.0~6.9	293~298	139~156	23~28
		7.0~10.0	285~392	126~189	24~32
		10.1~25.0	276~294	127~195	21~32
		36.0~49.0	263~280	128~163	26~29
180	YS	7.0~10.0	330~342	230~242	13
	H112	30.0~49.0	327~330	166~171	256~260
		50.0~79.0	307	157	25

续表 6 – 24

合金	状态	厚度/mm	$R_m/\text{N}\cdot\text{mm}^{-2}$	$R_{p0.2}/\text{N}\cdot\text{mm}^{-2}$	$A/\%$
5A06	O	5.0 ~ 6.9	328 ~ 440	161 ~ 275	18 ~ 24
		10.1 ~ 29.0	334 ~ 337	161 ~ 168	21 ~ 26
	H112	7.0 ~ 10.0	334 ~ 338	166 ~ 177	27 ~ 28
		10.1 ~ 24.0	334 ~ 362	162 ~ 246	19 ~ 30
		25.0 ~ 50.0	327 ~ 340	174 ~ 200	23 ~ 25
	H24	5.0 ~ 13.0	380 ~ 415	295 ~ 305	16
		10.1 ~ 15	375 ~ 400	290 ~ 320	8 ~ 13
6061	H112	8	145 ~ 149	83 ~ 85	23 ~ 24.2
		10	150 ~ 152	100 ~ 102	24.8 ~ 26.6
		16	157 ~ 160	89 ~ 94	25.3 ~ 28.8
		25	145 ~ 147	90 ~ 92	23 ~ 25
		31	142 ~ 145	88 ~ 91	23.7 ~ 25.1
		38	142 ~ 145	90 ~ 92	22.4 ~ 23.5
6061	T651	6.1 ~ 10.0	294 ~ 320	244 ~ 294	14 ~ 20
		10.1 ~ 29	294 ~ 316	249 ~ 300	10 ~ 16
		30.0 ~ 40.0	291 ~ 333	249 ~ 318	9 ~ 16
		41.0 ~ 80.0	308 ~ 318	248 ~ 288	8 ~ 16
6063	T6	10.1 ~ 29	298 ~ 302	262 ~ 268	19 ~ 21
6082	H112	20	155 ~ 157	106 ~ 108	18.8 ~ 20.4
		25	156 ~ 158	102 ~ 104	18.2 ~ 18.9
		30	170 ~ 174	122 ~ 140	15.7 ~ 17.1
		35	148 ~ 152	81 ~ 87	24.2 ~ 24.9
	T651	6.1 ~ 12.5	321 ~ 335	291 ~ 315	16 ~ 18
		12.6 ~ 29.0	315 ~ 368	295 ~ 343	11 ~ 17
		30.0 ~ 40.0	336 ~ 349	287 ~ 317	10 ~ 16
		40.0 ~ 79.0	323 ~ 360	277 ~ 331	8 ~ 14
		80.0 ~ 100.0	348 ~ 382	317 ~ 356	9 ~ 12

续表 6 – 24

合金	状态	厚度/mm	$R_m/\text{N} \cdot \text{mm}^{-2}$	$R_{P0.2}/\text{N} \cdot \text{mm}^{-2}$	$A/\%$
6A02	T4	10.1 ~ 25.0	227 ~ 290	—	22 ~ 28
	T6	5.0 ~ 6.9	325 ~ 353	—	12 ~ 16
		50.0 ~ 79.0	367 ~ 368	—	7
7075	H112	16	320 ~ 340	200 ~ 212	11.5 ~ 12.8
		20	300 ~ 305	170 ~ 175	11.8 ~ 12.6
		22	294 ~ 298	158 ~ 161	12.8 ~ 13.6
		25	264 ~ 273	155 ~ 146	13.5 ~ 14.8
		35	258 ~ 264	151 ~ 154	13.8 ~ 14.9
	T651	6.1 ~ 10.0	554 ~ 587	513 ~ 557	10 ~ 14
		10.1 ~ 25.0	540 ~ 593	470 ~ 557	6 ~ 12
		26.0 ~ 49.0	531 ~ 592	470 ~ 570	5 ~ 10
		50.0 ~ 79.0	550 ~ 592	495 ~ 577	4 ~ 9
		80.0 ~ 119.0	551 ~ 580	501 ~ 550	4 ~ 8
	T7351	50.0 ~ 79.0	455 ~ 505	365 ~ 425	8 ~ 11
7A04	O	5.0 ~ 6.9	202 ~ 215	—	13 ~ 16
	T651	6.0 ~ 6.9	555 ~ 595	479 ~ 545	9 ~ 12
		7.0 ~ 10.0	597 ~ 646	555 ~ 630	7 ~ 10
		10.1 ~ 29.0	560 ~ 617	470 ~ 583	6 ~ 10
		80.0 ~ 120.0	580 ~ 603	512 ~ 592	4 ~ 7
7A09	T651	7.0 ~ 10.0	585	526	12
		30.0 ~ 49.0	564 ~ 568	516 ~ 529	11 ~ 12
7475	T7351	14.0 ~ 17.0	516 ~ 551	446 ~ 493	9 ~ 16
		25	504 ~ 518	426 ~ 452	11 ~ 15
7020	T651	7.0 ~ 10.0	390 ~ 423	290 ~ 396	16 ~ 18
		10.1 ~ 29.0	387 ~ 442	356 ~ 396	13 ~ 19
		30.0 ~ 49.0	376 ~ 405	331 ~ 397	12 ~ 25
7N01	T451	16.0	401 ~ 455	328 ~ 410	14 ~ 20
		22.0	369 ~ 397	299 ~ 308	18 ~ 20

续表 6 - 24

合金	状态	厚度/mm	$R_m/N \cdot mm^{-2}$	$R_{P0.2}/N \cdot mm^{-2}$	$A/\%$
7B04	T651	7.0 ~ 10.5	538 ~ 563	481 ~ 533	9 ~ 12
		11 ~ 29.0	533 ~ 557	517 ~ 542	7 ~ 9
		50 ~ 79	522 ~ 602	448 ~ 551	9 ~ 13
	T7451	7.0 ~ 10.0	485 ~ 495	417 ~ 457	8 ~ 13
		10.1 ~ 29.0	529 ~ 549	446 ~ 476	9 ~ 10
		40.0 ~ 50.0	490 ~ 560	433 ~ 460	10 ~ 12
		51.0 ~ 60.0	509 ~ 531	436 ~ 465	8 ~ 13

表 6 - 25　一些铝合金厚板实测硬度与电导率

合金状态	厚度/mm	硬度(HB)	电导率/MS·m^{-1}
1060 – H112	10	—	35.68 ~ 36.4
	12	—	36.12 ~ 36.25
	18	—	35.84 ~ 36.37
2A12 – T4	8	138 ~ 141	17.43 ~ 17.5
	10	143	17.41 ~ 17.73
	12	143 ~ 144	17.23 ~ 17.26
	16	137 ~ 143	17.18 ~ 17.2
2017 – T451	21	—	19.69 ~ 19.92
	30	—	20.0 ~ 20.11
2A12 – O	4.5	73.1 ~ 76.2	28.87 ~ 31.47
2A12 – T451	6	118 ~ 132	17.21 ~ 17.28
	31	143 ~ 146	17.45 ~ 17.56
	50	127 ~ 128	17.29 ~ 17.31
	71	140 ~ 144	17.31 ~ 17.34
2A12 – H112	10	—	28.72 ~ 29.17
	12	—	27.22 ~ 27.47
	16	—	28.57 ~ 28.72
	20	58.3 ~ 60.1	30.61 ~ 30.72
	25	59.4 ~ 62.1	—
	35	55.4 ~ 56.1	—

续表 6 – 25

合金状态	厚度/mm	硬度（HB）	电导率/MS·m^{-1}
2A14 – T651	13	143 ~ 148	22.61 ~ 22.65
2A14 – T6	6	144 ~ 146	—
2A14 – T4	8	—	21.15 ~ 21.37
	13	112 ~ 114	22.78 ~ 22.86
	15	—	22.32 ~ 22.77
2219 – T4	6.0	90.7 ~ 91.7	—
	12.0	81.3 ~ 91.7	—
2219 – T6	6.0	124 ~ 129	—
2017A – T451	15.0	114	—
	21.0	120 ~ 121	19.69 ~ 19.92
	30.0	118 ~ 122	20 ~ 21
	45.0	127 ~ 134	—
	50.0	121 ~ 126	—
3A21 – O	12.0	38.9 ~ 40.2	28.68 ~ 28.84
3A21 – H18	5.0	109.8 ~ 115	—
3003 – O	5.0	32.4 ~ 33.9	28.71 ~ 28.73
5052 – H112	10	—	21.88 ~ 21.91
	11	—	20.07 ~ 20.08
	17.5	—	20.52 ~ 20.54
	20	—	21.83 ~ 21.86
	40	—	21.33 ~ 21.34
	55	—	20.99 ~ 21.02
5754 – O	10.0	60.4	19.82
	20.0	61.8 ~ 63.0	—
5754 – H112	18.0	58.3 ~ 66.5	—
5083 – O	12.0	87.2	16.69 ~ 16.76
	15.0	80.4 ~ 81.7	—
	21.0	77.5 ~ 78.2	16.51 ~ 16.53
	45.0	78.3 ~ 78.7	16.87 ~ 16.94
	55.0	77.1 ~ 80.8	—
	60.0	76.7 ~ 81.7	16.73 ~ 16.75
	72.0	79.6 ~ 79.8	16.78 ~ 16.86

续表 6 – 25

合金状态	厚度/mm	硬度(HB)	电导率/MS·m^{-1}
5083 – H321	8.0	99 ~ 100	—
5052 – H112	11.0	53.1 ~ 55.4	20.07 ~ 20.08
	17.5	51.8 ~ 53.4	20.52 ~ 20.54
5A02 – H112	10.0	65.5 ~ 66.1	19.82 ~ 19.83
	20.0	55.1 ~ 56.8	21.83 ~ 21.86
	40.0	55.5 ~ 56.8	21.33 ~ 21.34
	55.0	49.7 ~ 54.4	20.99 ~ 21.02
5A06 – O	16.0	89.7 ~ 92.3	—
5A06 – H24	9.0	120 ~ 122	—
5A06 – H112	6.0	82.1 ~ 83.6	—
	10.0	84.9 ~ 87.7	—
	12.0	86.3 ~ 87.7	14.74 ~ 14.85
	18.0	86.3 ~ 87.7	—
	20.0	90.7 ~ 91.7	—
	25.0	85.3 ~ 85.8	—
	29.0	87.2 ~ 90.7	—
	50.0	89.7 ~ 94.4	—
	76.0	86.3 ~ 88.2	—
6005A – H112	14.0	37.1 ~ 38.9	—
6005A – T651	10.0	82.1 ~ 86.3	—
6082 – T6	35.0	101 ~ 103	26.24 ~ 26.34
6082 – T651	10.0	98.9 ~ 99.1	25.81 ~ 25.96
	12.0	100 ~ 101	—
	50.0	98.9 ~ 101	—
	80.0	98.3 ~ 101	25.74 ~ 25.82
6082 – H112	28.0	44.4 ~ 46.7	—
6063 – H112	14.0	—	30.55 ~ 30.61
	18.0	—	30.69 ~ 30.75

续表 6 – 25

合金状态	厚度/mm	硬度(HB)	电导率/MS·m^{-1}
6063 – T6	14.0	84.9 ~ 86.8	29.70 ~ 29.80
6061 – T4	6.5	65.8 ~ 67.2	23.87 ~ 23.95
6061 – O	6.5	30.1 ~ 30.8	28.63 ~ 28.65
6061 – H112	40.0	41.7 ~ 44.4	—
6061 – T6	8.0	98.3 ~ 102.0	—
6061 – T651	12.5	87.7 ~ 92.3	
	13.0	96.1 ~ 96.6	26.22 ~ 26.31
	16.0	94.4 ~ 96.6	—
	20.0	98.3 ~ 98.9	26.21 ~ 26.33
	27.0	97.7 ~ 98.9	25.70 ~ 25.88
	40.0	95.5 ~ 96.6	26.52 ~ 26.54
	82.0	94.4 ~ 94.6	25.68 ~ 25.89
7075 – T651	10.0	172 ~ 175	17.66 ~ 17.89
	15.0	172 ~ 177	18.58 ~ 18.63
	20.5	173 ~ 175	—
	29.0	178 ~ 179	19.1 ~ 19.33
	80.0	169 ~ 170	18.32 ~ 18.52
7075 – H112	20.0	80.8 ~ 83.5	—
7020 – H112	14.0	81.3 ~ 85.8	—
7A04 – T651	20.0	186 ~ 189	17.36 ~ 17.41
7A09 – T651	6.4	187 ~ 198	17.93 ~ 18.15
7A52 – T651	40.0	115 ~ 117	18.22 ~ 18.24
7050 – FS	7.0	130 ~ 132	26.06 ~ 26.28
7B04 – T74	8.0	162 ~ 167	21.13 ~ 21.75
	10.0	160 ~ 167	21.42 ~ 21.47

6.4　厚板生产中的缺陷，产生原因及预防措施

铝及铝合金厚板在生产中总会出现一些缺陷，根据它们对产品品质的影响和标准规定，可将其分为三类：

(1) 不允许有的缺陷。这类缺陷的产生意味着产品的绝对报废，包括使组织不致密、破坏晶粒间结合力的贯穿气孔、夹杂物、过烧等；破坏产品抗蚀性能的腐蚀、扩散、白斑、包铝层错动、硝盐痕、滑移线等；破坏产品整体结构的裂边、裂纹、收缩孔等和不符合使用要求或标准要求的力学性能、尺寸精度等废品。

(2) 允许有的缺陷。这类缺陷在标准中有具体规定或可以归类到某种已有规定的缺陷里，它们虽然降低了产品的综合性能，但只要符合标准要求仍可使用。例如对面积和深度做了规定的缺陷：表面气泡、波浪、擦划伤、乳液痕、凹陷、压过划痕、印痕、黏伤、横波、起皮等；允许存在的轻微缺陷：压折、非金属压入、金属压入、松枝花纹等；符合标样的缺陷：小黑点、折伤等。

(3) 其他缺陷。标准中没有明确规定和虽有规定但不具体的，把它们归入这一类，如侧弯、油痕、水痕、表面不亮、花纹等缺陷。

6.4.1　尺寸精度和形状缺陷

铝合金厚板的尺寸精度和形状缺陷见表 6 - 26。

表 6 - 26　铝合金厚板的尺寸精度和形状缺陷

名称	定义和特征	起因和防止措施
过薄	厚度小于标准规定的允许最小值，影响使用	压下量调整不合理；压下指示器误差大；测微器调整不当；辊型控制不正确
过厚	厚度超过标准规定的允许最大值，影响使用	压下量调整不合理；压下指示器误差大；测微器调整不当；辊型控制不正确
过窄	宽度小于标准规定的允许最小值，影响使用	热压圆盘剪调节时没有很好考虑冷缩量；锯切量错尺
过短	长度小于标准规定的允许最小值，影响使用	热轧剪切长度控制不当；厚板机列定尺剪切时没能很好考虑冷收缩量；锯切量错尺
包铝层厚度不符	包铝层厚度不符合标准要求，直接影响耐蚀性和可焊性能	热轧焊合轧制时压下量过大；包铝板厚度用错

续表 6 – 26

名称	定义和特征	起因和防止措施
不平度 （波浪翘曲）	不平直、呈凸凹状态的总称，或指产品凸凹的程度。一般为轧制方向，由波高、波间距和波数决定	轧制时板横方向伸展不均匀；后续工序若出现板材横向温度分布不均匀，产生歪曲现象，也会影响不平度
边部波浪	边部凹凸不平的总称。板边部反复起波浪，影响使用	轧制时边部比中心部伸展大；改变轧辊初期凸度，增强冷却，增大轧辊挠度，可改善边部波浪
中间波浪	中心部凹凸不平状态的总称或程度。板材中心部反复起波浪，影响使用	轧制时中心部的伸展比边部的大；改变轧辊凸度，加强冷却，减小轧辊挠度，可以改变中间波浪
1/4 处波浪 （二肋波浪）	沿横向到距板边部距离为1/4板宽处附近凹凸不平的总称及程度或稍微接近边部的凹凸程度，影响使用	由轧制引起的轧辊变形和不恰当的轧辊热凸度的组合，从横边部到中间部的伸展扩大而引起的；有效组合轧辊初凸度，控制轧辊不同区域的冷却程度可改善
复合波浪 （复合波）	边部和中间同时起波浪。边部和中间部同时反复起波浪，影响使用	轧辊初凸度过大，热凸度增大，中间迅速起波浪，若以减少轧辊弯曲来修改时，便易出现边部波浪；可采取加强轧辊中间部冷却，改变轧辊弯曲力等措施
局部凹陷或单边波浪 （圈闭凹陷）	板材横向特定位置上出现的凹凸状。在横向特定位置反复出现，波间距较小，影响使用	润滑管局部堵塞，轧辊局部受热凸起，发展成局部凹陷；调整润滑系统按要求润滑
侧边弯曲 （镰刀弯）	轧制时变形不均，板片在水平面上向一边弯曲	轧辊辊型不正确；轧制时板材不对中；乳液喷嘴堵塞，轧辊冷却不均；来料板片两边厚度不同；轧制或压光时两边变形不均匀
短周期瓢曲 （局部波浪）	轧制时板材上出现的短周期凹凸。板材的任意位置、任意方向上在500 mm之间的短周期的波峰和波后之差超标，不能使用	润滑和冷却不均匀；轧辊辊型控制不当
纵向弯曲	将板放在平台上，其前后边部向上翘起状态的总称，或指这时的翘曲程度超标，不能使用	矫直条件和工艺不适当；板厚变形分布不对称，内应力分布不均衡、不平衡
横向弯曲	将板放在平台上，其横向边部翘起状态的总称，或指这时的翘曲程度超标	板横向厚度变形不均，不对称，内应力不平衡

6.4.2　表面缺陷

铝合金厚板表面缺陷见表6-27。

表6-27　表面缺陷

名称	定义和特征	起因和预防措施
表面气泡	表面不规则的条状或圆形空腔凸包,共边缘圆滑,上下不对称。对材料力学性能和抗腐蚀性能有影响	铸锭含气量高,组织疏松,应加强熔体净化处理; 铸块表面不平处有脏物,装炉前未清洗; 铸块与包铝板有蚀洗残留物; 铸块加热温度过高或时间过长引起表面氧化; 焊合轧制时,乳液流到包铝板下面; 应注意环境控制,精炼净化处理和铸锭铣面厚度
贯穿气孔	气泡贯穿板材厚度,其上下对称,呈圆形或条形凸包,破坏组织致密性和降低力学性能,属绝对废品	铸锭内的集中气泡,轧制后残留在板片上; 应加强铝熔体搅拌、精炼、除气、净化处理,改善熔铸工艺
铸块开裂	热轧时铸块端头或边部开裂,彻底清除后才能使用	硬合金浇口没有完全切掉; 铸块本身有纵向或横向裂纹,未消除掉; 热轧时压下量过大; 铸块加热温度过高或过低
表面裂纹	表面与轧制方向呈直角的裂口	铸块表面品质差; 铸块加热温度过高; 道次压下量过大
起皮	表面局部起层。成层较薄,破裂翻起	铸块表面平整度差或铣面不彻底; 加热时间长,表面严重氧化
裂边	边部破裂,严重时呈锯齿状,板材的整体结构破坏	铸块均火不充分,铸锭浇口未完全切掉; 在高镁合金中,铸块中的钠含量过高; 热轧温度过低,压下率控制不当; 热轧辊边量太小,包铝板放得不正、不均,使一边包铝不全

表 6 – 27

名称	定义和特征	起因和预防措施
黑皮	铸块侧面部分表层组织残留在板材表面里面的杂质。在板横向两边以数十毫米的宽度沿轧向平行出现，影响外观	热轧时，要选定与横方向变形一致的铸块侧面断面形状； 进行铸块侧面的铣（刨）面； 切边充分
非金属压入	非金属杂物压入板表面，呈明显点状或条状黑黄色。它破坏板材表面的连续性，降低板材抗蚀性能	轧制工序设备条件不清洁，加工过程中脏物掉在板面上，经过轧制而形成； 工艺润滑剂喷射压力低，板材表面上黏附的非金属脏物冲洗不掉；乳液更换不及时，铝粉冲洗不净及乳液槽洗刷不干净； 板坯表面有擦划伤
金属压入	金属屑或金属碎片压入板表面，压入物刮掉后呈不规则凹陷。它破坏板材表面的连续性，对材料的抗蚀性有影响	加工过程中金属屑落到板面上，轧制后造成；热轧时辊边道次少，裂边的金属掉在板面上； 圆盘剪切边质量不好，产生的毛刺掉在板坯上，经轧制压入； 压缩空气没有吹净板表面的金属屑； 轧辊黏铝后，其黏铝又被压在板坯上； 导尺夹得过紧，刮下来的碎屑掉在板面上
组织条纹	由铸块组织不均匀或粗大晶粒引起的与轧向平行的筋状（带状）条纹。经阳极氧化处理后或酸洗后明显。酸洗深度增加可能发生宽度变化或消失	力求凝固、冷却等铸造条件的合理化和适当的晶粒细化，以防止铸块的晶粒组织不均匀； 进行合理的铸块铣面
分层	在板材端部或边部的截面中心产生与轧制平行的层裂。前后端部出现的称为夹层、裂层，在 Al – Mg 铝合金出现较多。板材边部出现的称为分层，在横向轧制中常见	铸块形状不合适； 铸块加热不均匀或压下量过大； 铸块浇口的切除多些（防止夹层）； 在高镁合金中，减少铸块中的钠含量（（防止夹层）； 材料边部要多切除些（防止分层）； 进行适当的齐边轧制（防止分层）
夹杂分层	横截面上产生与板材表面平行的条状裂纹，沿轧制方向延伸，分布无规律	铸锭含非金属夹杂； 铸块含气量高、疏松严重

表 6 – 27

名称	定义和特征	起因和预防措施
压折	压光机压过板片皱折处，使该部分板片呈亮道花纹。它破坏板材的致密性，压折部位不易焊合紧密，对材料综合性能有影响	辊型不正确，板材不均匀变形；压光前板片波浪太大，或压光量过大，速度快；压光时送入不正，容易产生压折；板片两边厚度差大，易产生压折
划伤	因尖锐物体(如板角、金属屑或设备上的尖锐物等)与板面接触，在相对滑动时所造成的呈单条状分布的伤痕。造成氧化膜、包铝层连续性破坏，降低抗蚀性和力学性能	热轧机辊道、导板黏铝，使热轧板划伤；冷轧机导板、压平辊等有突山尖角或黏铝；精整机列加工中的划伤；板片相互重合移动时造成划伤；成品包装过程中，金属碎屑被带到涂油辊内或涂油辊毡绒被磨损，铁片露出以及板片抬放不当；都可能造成划伤
擦伤	棱状物与板面或板面与板面接触后发生相对滑动或错动而在板材表面所造成的呈束状(或成组)分布的伤痕。它破坏氧化膜和包铝层，降低抗腐蚀性能	板材在加工过程中与导路设备接触时，产生相对摩擦而造成的；精整验收和包装不当
包铝层错动	热轧时包铝板偏移或横向摆动，沿板材表面边部形成较整齐的暗带，经热处理后暗带呈暗黄色条状痕迹，严重影响抗蚀性能	包铝板没有放正；热压时铸块送料不正；焊合轧制压下量太小，包铝板没有焊合上；焊合轧制时两边压下量不均；侧边包铝的铸块辊边量太大；切边时剪切宽度不均，使一边切得太少
碰伤(凹陷)	板材表面或端面受到其他物体碰撞后形成不光滑的单个或多个凹坑，它对表面的破坏性很大	板材在搬运及停放过程中被碰撞；退火料架不干净，有金属屑或突出物；板材退火后上面压有重物
黏伤	因板间压力过大造成板面上出现的较大面积有一定深度同一位置的点、片状或条状痕迹。破坏板面氧化膜或包铝层，降低抗蚀性能	热轧辊、辊道黏铝，热状态下板垛上压有重物；退火时板片之间在某点上相互黏结

表 6 – 27

名称	定义和特征	起因和预防措施
黏铝	轧辊与板材表面润滑不良而引起板材表面粗糙的黏伤	热轧温度过高； 轧制工艺不当，道次压下量大且轧速过高； 工艺润滑剂性能差
折伤	板材弯折后表面形成的局部不规则的凸起皱纹或马蹄印迹	板片在搬运或翻转时受力不均，多辊矫直时送料不正；
揉擦伤	淬火时相邻板片互相摩擦留下的痕迹，表面呈不规则的圆弧状条纹，降低抗蚀性能	淬火后板片弯曲太大，淬火装料量太多，板间间距小； 卸板或吊运时板片相互错动
压过划痕	上道工序产生的擦伤、划伤，经下道次轧制后呈擦伤条纹，但表面较光滑，有隐蔽性，降低综合性能	轧制工序中产生的划伤、黏伤，退火与搬运过程中的擦伤又经轧制而造成
运送伤痕	在搬运过程中，铝板表面互相接触，并因振动而长时间互相摩擦引起的伤痕，呈黑色	按规范包装； 运送时防止捆点松散，防止板片错动
腐蚀	板材表面与周围介质接触产生化学或电化学反应，金属表面失去光泽，引起表面组织破坏。腐蚀呈片状或点状，白色，严重时有粉末产生，降低抗蚀性和综合性能	生产过程中板材表面残留有酸、碱或水迹； 板材接触的火油、乳液、包装油等辅助材料含有水分或呈碱性； 包装不密封； 运输过程中，防腐层被破坏
铜扩散	热处理时，包铝板材基体金属中的铜原于扩散到包铝层形成的黄褐色斑点。对抗腐蚀性有害	不正确的热处理制度，温度过高或时间太长； 重复热处理次数太多，热处理没备不正常； 热轧时滚边操作不当，包铝层太薄
乳液痕	板材表面上残留呈乳白色或黑色的点状、条状或片状乳液痕迹。影响表面粗糙度，降低抗蚀性	热轧时乳液没有吹净； 热轧温度过高，乳液烧结； 乳液黏度过大轧制时乳液黏结在板片上
硝盐痕	盐浴淬火时，硝盐残留在板材表面，呈不规则白色斑块，严重降低抗蚀性	淬火后洗涤不净； 压光前擦得不干净； 板片表面留有硝盐痕

表 6 – 27

名称	定义和特征	起因和预防措施
油痕	冷轧后残留在板面的轧制油，经高温退火烧结在板面，呈褐黄色或红色斑迹，影响美观	板片上残存润滑油，经退火后造成板材表面有烧结痕迹； 退火工艺不当
水痕	残留在淬火板面上的水痕，经压光印在板面上，呈现浅白色或浅黑色痕迹，影响美观	水质不好，水未擦干净
表面不亮	板面发暗，不美观	轧制温度过高； 轧辊、压光辊、矫直辊表面粗糙度不够； 润滑液性能不好，太脏； 板材材质不一样
亮带	板材表面由于粗糙度不均而产生宽、窄不一的亮印	轧辊研磨质量差； 工艺润滑不良； 先轧窄料后轧宽料
小黑点（条）	板材表面的不规则的黑点（条），降低抗蚀性，不美观	乳液润滑不良； 乳液不清洁； 乳液稳定性不好； 板材表面有擦划伤； 金属中有夹杂； 7×××系合金轧制时，产生大量的铝粉并压入金属，进一步轧制时产生小黑条
暗道	由窄板改轧宽板时，在宽板上出现的平行轧向的光泽度偏差。在铝板的两面连续出现，影响美观	由接触轧制材料边部的工作辊上的黏附物转印到铝板上引起的； 从宽幅到窄幅，改变轧制顺序； 更换轧辊
走刀痕	磨辊时砂轮磨痕转印在铝板表面上的痕迹，影响美观	适当控制砂轮速度、进给量及轧辊磨削加工条件，以防止砂轮的走刀痕残留在轧辊上； 砂轮修整时，进行砂轮的削边
振痕	与轧向呈直角，有细微间距出现的直线状的光泽斑纹。由轧辊引起的称压延振痕，由矫直辊引起的称矫直振痕。有手感，硬合金常见	合理安排道次程序，以防压下量过大； 适当控制轧制速度； 防止轧制润滑不当； 减少轧机振动

表 6 – 27

名称	定义和特征	起因和预防措施
人字纹	与轧向呈一定角度出现薄棱状的光泽不良。在板横向易出现。在 Al – Mg 合金中比较常见	适当安排轧制道次压下率；适当控制前、后张力；防止工艺油的润滑不良
印痕(辊印)	轧辊或矫直辊上带有伤痕、痕迹、色块，经轧制或矫直复制到铝板表面。印痕呈周期性分布	轧辊及板材表面黏有金属屑或脏物，板材通过生产机列后在板材表面印下黏附物的痕迹；其他工艺设备(压光机、矫直机、给料辊、导辊)表面有缺陷或黏附脏物时，在板材表面易产生印痕；包装涂油辊压得太紧，且油中有杂质时产生板材的印痕缺陷
横波	垂直轧制方向横贯板材表面的波纹	轧制过程中工作辊颤动；轧制过程中停机，或调整压下量较快；精整时多辊矫直机在较大压下量的情况下矫直时停车
毛刺	经剪切、锯切板材边缘存在有大小不等的细短或尖而薄的金属刺	剪切时刀刃不锋利，剪刃润滑不良，剪刃间隙及重叠量调整不当；锯切时锯片或板材颤动
收缩口	铸块热轧时，边部产生暗裂，外部看不出来，锯切后发现	铸锭熔体质量不好，多在浇注口部位产生，尤其是硬合金
滑移线	在拉伸板材表面与拉伸方向呈45°角的暗色条纹。影响板材美观，严重时影响综合性能	拉伸量过大
松树枝状花纹	板材在轧制过程中由于变形不均产生的滑移线。表面呈有规律的松树枝状花纹，严重时板材表面凸凹不平，有明显色差，但仍十分光滑。它主要影响表面美观，严重时也影响产品的综合性能	压下量过大；轧制时润滑不好造成板材各部分金属流动不均匀
花纹缺陷	由于花纹板的花纹不全，花纹受损，筋高不够造成的缺陷。这不但影响使用也影响美观	它主要由于轧制花纹板的轧辊花纹受到损伤，轧辊上的花纹被铝屑或其他脏物填充；毛料厚度不够使轧制填充不充分；设备机械损伤花纹板或铸块本身质量造成花纹损伤

6.4.3　组织与性能缺陷

主要组织与性能缺陷见表 6 – 28。

表 6 – 28　主要组织与性能缺陷

缺陷名称	定义和特征	起因和预防措施
力学性能不合格	产品常温力学性能超标	铸锭的化学成分不符合技术标准；未正确执行热处理制度；热处理设备不正常；试验室热处理制度或试验方法不正确；试样规格和表面不符合要求等
过烧	铸块或板材在热处理时，金属温度达到或超过低熔点共晶温度，使晶界局部粗，晶内低熔点共晶物形成液相球，晶界交叉处呈三角形等。破坏晶粒间结合度，降低综合性能，属绝对废品	炉子各区温度不均；热处理设备或仪表失灵；加热或热处理制度不合理，或执行不严；装料时放置不正
铸造夹杂物	板片中央有块状金屑或非金属物质，贯穿整个厚度，破坏板材整体结构	铸造时混入了金属或非金属物质，轧制过程中形成这种组织缺陷

第7章 世界典型铝合金厚板生产工业概要

凡是有铸锭热轧机的企业都可以生产铝合金厚板，但是要生产航空级铝合金厚板则必须有辊底式固溶处理炉、时效处理炉、预拉伸机、超声探伤生产线、精密锯床、辊矫机、平板压力床等。铝合金厚板的生产能力见表 7 – 1。

表 7 –1　全球航空级铝合金厚板的生产能力

国家	企业	轧机	生产能力 /$(kt·a^{-1})$
美国	美国铝业公司达文波特轧制厂	1(5588 mm) + 1(4 064 mm) + 1(3 658 mm) + 5(2 540 mm)式热连轧生产线 1 条, 3 658 mm 变断面轧机 1 台	125
美国	凯撒铝及化学公司特雷特伍德轧制厂	1(3352 mm) + 1(3 352 mm) + 5(2 052 mm)式热连轧生产线 1 条	70
美国	肯联铝业公司雷文斯伍德铝业公司(轧制厂)	1(4267 mm) + 1(4 267 mm) + 1(2 794 mm) + 5(2 032 mm)式热连轧线 1 条	45
德国	爱励国际科布伦茨轧制厂	1(4064 mm) + 1(3 250mm)式热粗 – 精轧生产线 1 条	60
法国	肯联铝业公司伊苏瓦尔铝业公司	1(3404 mm) + 3(2 840 mm)式热连轧线 1 条	60
南非	休内特轧制产品有限公司	2500 mm(1 +1)式热粗 – 精轧生产线 1 条	20
罗马尼亚	阿尔罗铝轧制公司(Alro S. A.)	ϕ1 000/(1 800 mm ×3 200 mm)4 辊可逆式阿申巴赫热轧机 1 台	15
比利时	爱励国际杜菲尔轧制厂	1(3800 mm) + 3(2 490 mm)式热连轧线 1 条	15

续表 7 – 1

国家	企业	轧机	生产能力 /(kt·a⁻¹)
俄罗斯	卡缅斯克·乌拉尔斯基铝加工厂(KUMZ)	φ500/(1 370 mm × 2 840 mm)4 辊可逆式热轧机 1 台	10
	贝拉亚·卡利特娃冶金产品联合体(属美国铝业公司)	2 800 mm 4 辊可逆式热轧机 1 台	20
意大利	美国铝业公司富西纳铝业有限公司	φ940/(1 420 mm × 3 200 mm)4 辊可逆式热轧机 1 台, 1966 年投产	12
日本①	古河斯凯铝业公司福井轧制厂	1(4 320 mm) + 4(2 850 mm)式热连轧线 1 条	15
	古河斯凯铝业公司日光轧制厂	1(1 830 mm) + 3(1 830 mm)式热连轧线 1 条	10
	神户钢铁公司真冈轧制厂	1(3 900 mm) + 4(2 900 mm)式热连轧线 1 条	15
	住友轻合金公司名古屋轧制厂	1(3 300 mm) + 4(2 286 mm)式热连轧线 1 条	12
印度	印度铝业有限公司	1 800 mm 4 辊可逆式热轧机 1 台	2
奥地利	有色金属加工有限公司(AMAG)	1(2 150 mm) + 1(1 830mm)式热粗 – 精轧线 1 条	20
英国	美国铝业公司基茨格林铝业有限公司	3 760 mm 4 辊可逆式热轧机 1 台	20
中国	中铝西南铝业(集团)有限责任公司	2 800 mm(1 + 4)式热粗 – 精轧生产线 1 条, 2 000 mm(1 + 1)式热连轧线 1 条, 4 300 mm 专用厚板 4 辊可逆式单机架热轧线 1 条	85
	中铝东北轻合金有限责任公司	2 000 mm 4 辊可逆式热轧机 1 台, 2 100 mm(1 + 1)式热粗 – 精轧生产线 1 条, 3 950 mm 专用厚板 4 辊可逆式单机架热轧线 1 条	80
	爱励铝业(镇江)有限公司	4 100 mm 4 辊可逆式单机架热轧机 1 台(2012 – 12 – 21 轧出第一块厚板), 厚板专业厂	35
	精美铝业有限公司①	3 100 mm 4 辊可逆式单机架厚板专用热轧机 1 台	10
	一龙铝业有限公司等①	1 台 1 300 mm 4 辊可逆式单机架厚板专用热轧机	15

续表 7 – 1

国家	企业	轧机	生产能力/(kt·a^{-1})
中国	顺虎铝业有限公司①	1 500 mm 2 辊可逆式热轧机 1 台，板长≤8 m	15
	万航铝业有限公司①	2010 年成立，专业厚板企业	15
	同人铝业有限公司	1(4 500 mm) + 1(3 300 mm)式热轧线 1 条，2 600 mm(1 +4)式热轧线 1 条	80，2016 年投产
	天津忠旺铝业有限公司	铝平轧产品生产能 3 000 kt/a，2012 年全部投产	150
	南山集团 20 万 t 项目	1(5 600 mm) + 1(4 100 mm) +5(3 000 mm)式热带轧线 1 条	80，2016 年建成
	大连汇程铝业有限公司	外商独资，分期建设，目标产能 200 kt/a，一期有 60 MN 拉伸机 1 台	18，2013 年一期投产
	南南铝加工有限公司	1(4 100 mm) + 1(3 100 mm)式热轧线 1 条，有亚洲首条铸造厚板生产线	80，2013 年投产
	大力神铝业有限公司	1(3 300 mm) + 1(2 800 mm)式热轧线 1 条	20，2014 年投产
	齐星铝业有限公司	(1 +1)式热轧线 1 条	20，2013 年投产
总计			776

注：①几乎全为通用机械工程厚板。

7.1 国外的厚板生产工业

北美洲的厚板工业全部在美国，同时集中在美国铝业公司(Alcoa)、凯撒铝及化学公司(Kaiser Aluminium & Chemical Co.)、肯联铝业公司(Constilleum)。在 2015 年前美国是全世界产量最大、品种最齐全、规格最大、研究力量最强的铝及铝合金厚板生产者。

7.1.1　美国达文波特轧制厂厚板生产概要

美国铝业公司达文波特轧制厂是世界最大的厚板生产企业，厚板系统于 1972 年建成投产，拥有世界上最大的铝板、带热轧生产线，它开创了铝板、带热轧的多项世界之最：

①最大的四辊可逆式粗轧机，$\phi 1\ 105$ mm/（2 134 mm×5 588 mm）。

②机架数最多的热轧生产线，共有 8 台轧机，其中 1 台 5 588 mm 四辊可逆式粗轧机，2 台中轧机（1 台 4 064 mm 4 辊可逆式的、1 台 3 658 mm 4 辊可逆式的），5 台 2 540 mm 的 5 机架精连轧机列。

③全世界首条全计算机控制的热连轧生产线。

④可生产最大宽度 5 334 mm 与长 33.5 m 的厚板。

⑤最大的 3 658 mm 的 4 辊变断面轧机，可生产 5 080 mm 长的斜率为 2.1% 的变断面厚板。

⑥输出辊道长 207 m。

⑦有 1 台 3.75 MN 的换辊吊车。

⑧最先进、最大与最完善的厚板精整车间，包括固溶处理生产线、预拉伸机与矫直机等。

⑨全球最大的轧辊磨床。

⑩可生产国民经济各个部门用的所有变形铝合金板、带材（84 种合金），品种之多（2 400 多种规格），范围之广，前所未有。

7.1.1.1　5 588 mm 四辊可逆式粗轧机

5 588 mm 四辊可逆式粗轧机的一般特性见表 7 - 2。

表 7 - 2　5 588 mm 四辊可逆式粗轧机的一般特性

参数	一般特性
高度/m	相当 6 层楼房高，其中地坪上高 11.582，地坪下深 6.706
质量/t	9 072
牌坊（两个）	高 9.812 m，每个的质量约 650 t，联合工程 - 铸造公司铸造（United Engineering and Foundry Co.）
工作辊（两根）	直径 1105 mm，总长 9 245 mm，每根的质量约 80 t。共有 3 组，分别由贝斯勒姆钢铁公司（Bethlehem Steel Corp.）、美国钢铁公司（U. S. Steel Corp.）、米德瓦卡 - 赫潘斯塔尔公司（Midvale-Heppenstall Co.）锻造。由两台各 2 984 kW 的威斯汀豪斯电气公司（Westinghouse Electric Corporation）电机拖动

续表 7 – 2

参数	一般特性
支撑辊(两根)	直径 2 134 mm,总长 13.106 m,带轴承每根的质量 350 t,联合工程 – 铸造公司生产
锭坯质量/t	max 22.68
控制系统	由系统工程实验室(Systems Engineering Labortories)840 – A 型在线式计算机系统控制,可由自动操作转换为手动操作
产品最大宽度/mm	5 334
最大开口度/mm	660,产品最薄厚度 9.5
轧制速度/(m·min^{-1})	max 120

7.1.1.2　中轧机及精轧机列

热轧生产线上有 2 台中轧机与一组五机架精轧机列,它们的基本技术参数见表 7 – 3。

表 7 – 3　中轧机及精轧机列的基本技术参数

参数	中轧机		精轧机列
	M1	M2	
工作辊直径/mm	950	880	533
支撑辊直径/mm	1 524	1 499	1 422
辊面宽度/mm	4 064	3 658	2 540
电机功率/kW	3 680	3 680	F1、F2 各 2 944 F3 ~ F5 各 2 208
轧制速度/(m·min^{-1})	max 180	max 180	300/420
产品厚度/mm	20 ~ 200	20 ~ 200	2 ~ 6(卷)
质量/t	10 ~ 20	10 ~ 20	10 ~ 20

两台中轧机一般不参与带卷连轧,是为了生产厚板与为变断面轧机提供坯料而设置的。如果需要,可将其中的 1 台或 2 台与粗 – 精轧机组成连轧生产线。

7.1.1.3　生产工艺

达文波特厂热轧生产线产品可分为 3 大类:2 ~ 6 mm 厚的带卷,厚板,变断面厚板。这 3 类产品的生产工艺流程见示意图 7 – 1。

5 588 mm 4 辊可逆式粗轧机可轧制宽 5 486 mm 的特宽板,比目前其他企业可生产的最宽板材还宽 1 219 mm。所生产的变断面厚板特别适合于焊接液化天然气(LNG)贮罐,由于采用计算机控制,这种厚板尺寸极为精密。

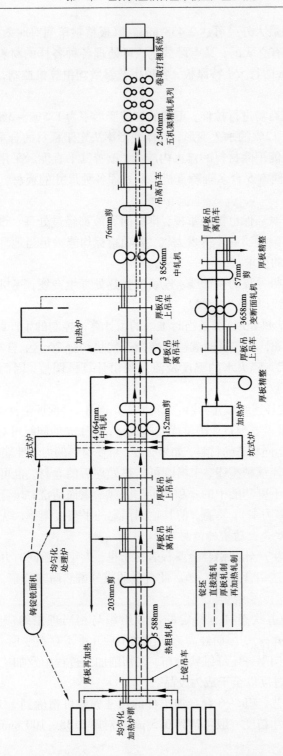

图7-1　达文波特厂热轧生产线生产各类产品的工艺流程示意图

所生产的带卷的最大外径可达 2 438 mm。厚板精整车间有时效炉、退火炉、固溶处理生产线，既有立式的，又有卧式的，可处理各种各样的材料，可处理长40.5 m、宽5 334 mm 的特大、特厚板，各项工艺参数均由算机控制，板材连续通过固溶处理炉。

厚板在淬火处理后需进行拉伸，正常的拉伸变形率为 1.5% ~ 3%，但该厂的拉伸机可使厚板发生 12% 的永久变形，具体变形率决定于板材的合金牌号、厚度及宽度。通过拉伸可能消除材料的淬火内应力，改善其平直度。采用多辊矫直机也可矫平板材，该车间有 5 台多辊矫直机，可处理各种尺寸的板材。该厂有 5 台厚板预拉伸矫直机。

达文波特轧制厂对环保也极为重视，排放的乳液都经过处理，热轧机上设有强大蒸汽抽吸系统。经过滤后才排入大气，各项指标均能满足当地环保部门最严格的环保法规、条例的要求。

该厂还有 3 条值得一提的生产线：连续气垫热处理生产线；飞机蒙皮板连续压光线；连续纵横剪线（精整生产线）。

第一条（连续气垫热处理）线是当时唯一的由计算机控制的生产线，气垫热处理炉的总长度为 107 m，入口端辊道衬有橡胶。气垫炉分 20 区，自动控制温度，可保证温度偏差 ±3℃，淬火水的温度及流量均由计算机调控，因而材料的力学性能既稳定又均匀一致。

第二条（飞机蒙皮板连续压光）线可成卷地压光带材，可保证带材表面的高品质与均匀性，为航空工业及其他行业提供优质的板材；在压光的同时可对材料施加一定的冷加工量，生产不同状态的材料；如果必要，可使材料的力学性能有所提高。

第三条生产线是连续精整线，来料既可是热处理后的卷材，也可是压光后的带卷。该生产线具有下列功能中的一项或同时几项：表面清洗；拉弯矫直以消除内应力（以消除内应力为主）；矫直，使其达到预定的平整度偏差；纵剪或横剪。

7.1.1.4 Mic – 6 合金精密铸造厚板

美国铝业公司以生产轧制铝合金厚板著称于世，近年来还同时开发出了有竞争力的生产厚板的铸造铝合金 Mic – 6。此合金的成分虽然尚未公布，但根据其性能可判断是一种 7×××系合金。

由于此合金在铸造状态具有特定的冶金组织与相当理想的应力释放性能（Stress relieving properties），因而经高速切削加工后几乎不存在变形、扭曲，而轧制产品组织沿轧制方向呈一定纤维状分布，在切削加工过程中及加工后总会存在变形，有的甚至扭曲过度以至于成为废品。

采用适当切削工艺，Mic – 6 合金加工件的尺寸偏差可精确到 1/1 000。精加工后工件两大面的尺寸精度一般可达到 0.5 μm，对厚 6.35 ~ 100 mm 的厚度精度可达到 ±0.38 mm。

对厚 6.35~15.88 mm 的板，平直度偏差可小于 0.38 mm，而 19~100 mm 的板的平直度偏差可小于 0.127 mm(0.055″)。

可根据厚度需求采用常规半连续法一块一块地铸造 Mic-6 合金厚板，当然也可用连续法铸造。铝熔体应经过严格的净化与过滤处理，炉外处理可采用 SNIF 法或其他有效净化与除气法。在铸造过程中，熔体的温度梯度应稳定，以保持厚板两大面的热传输处于平衡状态。

Mic-6 合金的典型性能见表 7-4，厚板的表面状态尺寸偏差见表 7-5，偏差由激光仪监控。

表 7-4　Mic-6 合金厚板的典型性能

项目	数据
抗拉强度/(N·mm^{-2})	166
屈服强度/(N·mm^{-2})	105
伸长率/%	3
布氏硬度(HB)	65
20℃~100℃的平均线膨胀系数/(m·K)$^{-1}$	23.6×10^{-6}
20℃~200℃的平均线膨胀系数/(m·K)$^{-1}$	24.5×10^{-6}
热导率/[W·(m·K)$^{-1}$]	142
电导率/% IACS	36
弹性模量/(GN·mm^{-2})	71
标准厚板尺寸/mm：	
厚度	6~100
宽度	1 212~1 572
长度	2 412、3 012、3 612
非标准厚板尺寸/mm	根据用户需求生产

表 7-5　Mic-6 合金厚板的尺寸偏差及平直度偏差

项目	数值或状态
表面(两大面)	0.50 μm
侧面状态：	
横侧面	机加的
长侧面	锯切的
机加(切削加工)厚板尺寸偏差：	
长度/mm	+13, -0
宽度/mm	+7, -0
厚度(厚 6.35~152.4 mm)	±0.127
平直度偏差：	
≤19 mm 厚板	0.127
6.35~15.88 mm	0.381

美铝供应的各种 Mic - 6 铸造铝合金厚板都加工到严格符合尺寸偏差,并是热稳定的。由于这种厚板拥有这些特性,所以在许多工业部门获得了广泛的应用,主要应用:飞机制造工具、汽车制造工具、数控铣平台(CNC routing tables),芯片印刷机(chip printers)、电路印刷机(circuit printers)、介电体(dielectrics),电子产品(electronics)、食品机械、铸造模(foundry patters)、致热与致冷模板(heating and coolng patters)、指示牌(盘)、医疗仪表、包装机械与模型、制药吸盘(vacuum chucks)。目前可供应的最大板厚为 100 mm。

综上,Mic - 6 合金铸造厚板大都应用于高技术制造领域,可见它是一类技术含量高、附加值高的合金产品。

7.1.2　肯联铝业公司雷文斯伍德轧制厂厚板生产概要

雷文斯伍德轧制厂原属加拿大铝业公司(Alcan Rolled Products Ravenswood)的工程产品部,加铝于 2008 年与力奥挺托公司合并,改名为力拓(Rito) - 加铝公司,但仍以加铝名义生产与经营销售各种铝材,2010 年力拓 - 加铝公司剥离工程产品部,成立美国肯联铝业公司(Constellium)。

雷文斯伍德轧制厂始建于 1956 年,原是凯撒铝及化学公司的一个分公司,该厂热轧板带生产能力 450 kt/a,冷轧带材生产能力 273 kt/a,热处理厚板生产能力 23 kt/a。

7.1.2.1　典型厚板产品

主要生产航空航天用的、通用工程用的、模具及真空室用的铝合金厚板。

厚板尺寸:

热处理可强化合金的厚度:

最大 152.4 mm:2012、2024、2124、2219、7475 合金;

最大 203.2 mm:7075、7075 - T6。

最大 228.6 mm:6065 - T651。

热处理不可强化合金的尺寸(F 及 O 状态):

最大厚度 254 mm,最大长度 33 m(小截面的),最大宽度 3 810 mm,大截面厚板的最大长度 16 m。

该厂约 80% 厚板销往航空航天工业。

7.1.2.2　热轧生产线

(1 + 1 + 1 + 5)式热连轧线 1957 年建成,这 3 台 4 辊可逆式热粗中轧机有 2 台是威恩公司的,另 1 台是 2 794 mm 洛伊公司(Loewy)的,装有奥地利联合钢铁公司(VAI)的新型 Level I 控制系统。

热连轧生产线为 4267 mm,都是 4 辊的,粗轧机于 2001 年经过现代化技术改造，装有新型的 Leve Ⅰ及Ⅱ控制系统、轧辊冷却系统、滚边机驱动装置、液压动力装置、HGC(液压辊缝控制)；5 机架连轧机列也于 2001 年进行了现代化技术改造，除有与粗轧机相同的先进控制系统外，还有 AGC 与 Mill Master(轧机主导系统)。

热轧锭坯的典型厚度有 3 种：406 mm，482 mm，610 mm。

推进式加热炉可装锭坯数：406 mm 的 30 块，482 mm 的 25 块，610 mm 的 20 块。

加热好的锭坯被送至首台 4 267 mm 热粗轧机生产厚板。

4 267 mm 热粗轧机的尺寸规格为 $\phi965/(1\ 524\ mm \times 4\ 267\ mm)$，装有威斯汀豪斯(西屋)电气公司的控制系统，主电机功率 7 360 kW(10 000 HP)，最大轧制速度 190 m/min，来料锭坯最大厚度 711 mm，出料板厚度 100~255 mm。

经 4276 mm 热粗轧机轧到规定厚度的板坯被送入 2 794 mm 热中轧机，轧至约 25.4 mm，然后经长约 427 m 的热轧线送入 5 机架热连轧机列。这台热轧机规格 $\phi965/(1\ 499\ mm \times 2\ 794\ mm)$，主电机功率 4 416 kW，来料最大厚度 152 mm，出料厚度 8~50 mm，带卷最大宽度 2720 mm。

1957 年投产的 3 658 mm 4 辊可逆式热轧机是联合公司制造的，规格为 $\phi660/(1\ 488\ mm \times 3\ 658\ mm)$，用于轧制厚板，来料厚度 38 mm，出料厚度 3.2 mm，产品供航空航天工业用，由 1 台 4 232 kW 的电机拖动，装有威斯汀豪斯电气公司的控制系统。

7.1.2.3　厚板精整车间

公司于 1990 年投资 US $ 28M 对厚板精整系统的热处理、拉伸、搬运设施进行了改扩建，使可热处理航空厚板的生产能力翻了一番，从 11.25 kt/a 上升到 22.5 kt/a，使厚板的尺寸增大到 36.6 m 长、3.65 m 宽、228.6 mm 厚。

车间内有 1 台全球最大的厚板预拉伸机，拉伸力 136 MN，可以生产其他企业无法提供的特大航空级铝合金厚板，厚板的最大尺寸：厚 228.6 mm，宽 3 810 mm。不可热处理强化合金厚板经拉伸后会更加平直，而固溶处理与淬火后的厚板经拉伸后不但平直，而且可使板中的淬火残余应力下降 88% 以上，在以后的机械加工时不会发生变形，加工出尺寸精密的零部件。

136 MN 拉伸机的基本技术参数如表 7-6 所示。

厚板固溶处理炉。厚板精整车间有 1 台全自动化的铝合金厚板固溶处理生产线，加热、保温、淬火喷水量与速度等参数的调控全由计算机控制，因而淬火后的板材具有最小的变形，并有最大的强度与可成形性，可处理板材的最大尺寸：

厚度(mm)，228.6(9″)；宽度(mm)，3 810(150″)；长度(m)，36.6(1 440″)。

表7-6　136 MN 拉伸机的基本技术参数

项目	数据
最大拉伸力/MN	136
可拉厚板尺寸：	
最大宽度/mm	3 810
最大厚度/mm	228.6
最长长度/m	19.8
最短长度/m	5.2
夹口长度/mm	457
夹钳开口度/mm	228.6 × 4 064
最大移动速度/m·min^{-1}	6.1
最大拉伸行程/m	1.22
最大操作行程/m	5.76
液压系统最大压力/N·mm^{-2}	41.4
液压泵传动电机功率/kW	368

超声探伤线。厚板精整车间有1台全盘计算机化超声探伤仪。能准确地检查出厚板内部缺陷如气孔、裂缝等，能确保材料的品质。板材搬运采用真空吸盘机，可探伤的厚板尺寸：

厚度(mm)，6～200；宽度(mm)，254～3 960；长度(mm)，1 500～36 000。

5轴靠模铣床。此机床可将3 962 mm 宽的厚板加工成用户所需的特异形状、结构与尺寸，能充分满足用户的要求，而且在产品斜度与表面品质方面也有很高的精度，还能对各种尺寸厚板(最大达36.6 m 长、1 520 mm 宽)进行精密锯切。

2000年，1台阿卢库特国际公司(Alu-Cut International, Inc.)的大生产能力的高效厚板锯床投产。

2006年该厂与特拉斯特金属材料公司(Trstar Metals)签订了一份为制造F-35型战机提供铝合金特厚板(heavy gauge aluminum plate)的长期合同，成为这种厚板的主要生产者。特里斯特金属材料公司是美国军工材料的主要供应商。

7.1.3　凯撒铝业公司特伦特伍德轧制厂厚板生产概要

特伦特伍德轧制厂(Trentwood)于第二次世界大战期间的1942年在华盛顿州斯波坎(Spokancm)市建成投产，是为生产飞机铝板而建的，是战争产物，二战胜利后停产。亨利·J·凯撒从政府购得此厂，并陆续进行了改扩建。目前，该厂是美国西部最大的铝板、带轧制厂。有熔炼铸造车间，对外采购原铝锭，熔炼温度730～780℃，熔体经精炼、除气、净化处理后铸成锭，锭的最大尺寸762 mm(厚) × 1 728 mm(宽) × 6 020 mm(长)，质量21.4 t。冷轧板、带生产能力285 kt/a，其中可热处理合金的生产能力 180 kt/a；厚板生产能力 70 kt/a。

2005 年 10 月 31 日凯撒铝业公司投资 0.75 亿美元对特伦特伍德轧制厂厚板系统进行为期 3 年的改扩建，增加拉伸矫直机、2 台辊底式固溶热处理炉、1 条超声波探伤线及其他辅助设备。1 台热处理炉已于 2006 年第 4 季度全面投产，另 1 台于 2007 年中期投入运转，它们都由德国奥托容克公司（Otto Junker）提供。原有的 1 台拉伸机可拉伸 75～100 mm 厚板，新拉伸机可矫直 200～300 mm 特厚板。稍后，凯撒公司又于 2006 年 8 月 1 日宣布追加 0.3 亿美元投资，主要是再增加 1 台辊底式固溶处理炉，于 2007 年中期投产。改扩建计划全部完成后，公司的厚板生产能力翻了一番。

7.1.3.1　典型厚板产品

（1）精密厚板

合金：6961 - T651。

厚度：6.35～76.2 mm。

宽度：＜1 727 mm。

（2）可热处理厚板

合金：2014、2014A、2024、2124、2219、6061、7075、7175、7475、7050。

厚度：6.35～101.6 mm。

宽度（决定于厚度）：

6 ×××合金，305～2 451 mm，2 ×××/7 ×××合金，305～2 146 mm。

长度（决定于厚度）：1 524～9 780 mm。

（3）花纹薄板及厚板

合金：6061。

厚度：3.2 mm、3.96 mm、4.77 mm、6.35 mm、9.52 mm、12.7 mm。

宽度：914～1 537 mm。

长度：1 830～7 620 mm。

（4）通用合金厚板

合金：5052、5083、5086。

最大厚度：7.6 mm。

最大宽度：1 727 mm。

7.1.3.2　热轧车间

该车间有 1 台扁铸表面铣床，1985 年投产 39 台坑式斯威德尔公司均匀化退火炉（swindell soaking pit furnace），1994 年由戴维国际公司（Davy International）对其中的 4 台作了现代化技术改造，以天然气作燃料。1 台斯威德尔公司推进式加热炉投产，价值 US＄4M，可装 580 t 扁锭。1985 年 1 条（1＋1＋5）式热连轧线建成。

1978 年 1 台四辊可逆式威恩联合公司的热粗轧机投产，其基本技术参数如表 7 - 7 所示。

表 7 - 7　基本技术参数

项目	数据
工作辊直径/mm	914
支撑辊直径/mm	1 372
辊面宽度/mm	3 353
锭坯最大厚度/mm	711
产品厚度/mm	76 ~ 203
产品最大宽度/mm	3 048
主电机功率/kW	2 × 3 680

威恩联合公司 4 辊可逆式热中轧机 1 台, 其基本技术参数如表 7 - 8 所示。

表 7 - 8　基本技术参数

项目	数据
工作辊直径/mm	686
支撑辊直径/mm	1 372
辊面宽度/mm	2 845
出料最大厚度/mm	51

戴维麦基公司/日立公司(Hitachi)的 4/6 辊 5 机架热(温)连轧机列 1 条,
1984 年投产。后 3 个机架为日本日立公司的 6 辊轧机。轧机的技术参数如表
7 - 9所示。

表 7 - 9　轧机技术参数

项目	数据
工作辊直径/mm	735
支撑辊直径/mm	1 370
辊面宽度/mm	2 030
最高速度/(m·min⁻¹)	335
产品厚度/mm	
来料最大	51
出料	1. 27 ~ 7.6

凯撒铝业公司通过一系列的改扩建项目, 使它赢得了大批长期铝板带特别是
铝厚板的订单。该公司的厚板预拉伸也是 136 MN 的:
(1)特轻喷气飞机铝材直接供货商。
(2)第五代战机 F - 35 闪电 II 型机铝合金厚板供应商。
(3)为多种雷西旺(Raytheon)飞机提供铝合金板材。
(4)波音统一防务系统(IDS)与凯撒铝业公司签订长期板带合同。

(5)民用航运大发展,凯撒铝业公司获得波音与空客民用飞机铝材订单。

7.1.4　德国科布伦茨轧制厂航空航天铝合金厚板生产工艺与装备

德国科布伦茨(Koblenz)轧制厂——全球主要的高精铝板、带企业之一,属爱励国际(Aleris),板、带产量约 150 kt/a,是一个名副其实的高精铝板、带轧制企业。

科布伦茨轧制厂航空航天厚板典型生产工艺:原料→熔炼→铸造→铸锭均匀化→铸锭铣面→加热→热轧→剪切→冷轧→固溶热处理→淬火→预拉伸→超声波探伤→人工时效→涡流电导率检测→锯切→精锯切。

7.1.4.1　熔炼铸造及铸锭处理

航空工业用铝合金多为 2×××、6×××、7××× 系合金,其熔铸工艺特点是:

合金中铜、镁、锰含量高,镁在熔炼过程中易烧损,铜、锰在熔体中易分布不均匀,锌,铜易偏析;杂质铁、硅含量要严格控制;因为氢严重影响材料的应力腐蚀性能,熔体中的含氢量要严格控制;碱性金属含量要严格限制;合金的结晶范围较宽,不平衡共晶致脆的裂纹倾向较大,7××× 系合金尤为突出。

根据上述特点,为了提高铝熔体成分的均匀性,降低烧损,同时控制杂质含量,目前在熔铝炉内增加了电磁搅拌装置。电磁搅拌装置是由变压器、变频器、控制单元、感应线圈、循环冷却水系统组成。变压器主要是将变频器产生的谐波与电网隔离。循环冷却水系统保护感应线圈正常工作。通过变频器产生的低频电源通过电磁线圈产生行波交流磁场,次交流磁场穿过线圈前方的不锈钢和耐火材料进入熔池,在熔池内的感应电流和磁场共同作用下产生电磁力,推动熔池内铝熔体流动。采用电磁搅拌装置的优点是:可确保熔体成分均匀,同时因为是非接触式搅拌故避免了采用铁质搅拌工具对铝熔体的污染,从而能有效地抑制铁杂质含量;感应器置于铝熔炉底部,搅拌时熔体表面的氧化膜不易破坏可减少烧损,金属实收率可提高 0.5% ~1.5%,熔体吸气量也减少;熔炼时间可缩短 20%,生产率可提高 10% ~25%,燃料消耗减少 10% ~15%;可以使铝熔体温差降到 5℃ 左右,降低了铝熔体表面温度,炉渣可减少 20% ~50%,从而使扒渣时间减少 20% ~50%。

该厂的熔炼炉配有电磁搅拌装置。有四条熔铸生产线,每条线由一台熔炼炉、一台保温炉和铸造系统组成。熔炼炉为圆形倾动式,可由顶部一次性加料。圆形倾动炉在转炉时铝熔体流动更为平衡,也更为洁净,可完全排干,换炉生产灵活方便。

为了更有效地控制合金成分和限制杂质含量,对所有航空铝合金均通过计算机对成分进行优化配料。熔体在保温炉内进行净化处理和成分调整。该厂采用SNIF 在线除气和陶瓷过滤装置。可将熔体中氢含量由 0.25 mL/100 g Al 降到0.1 mL/100 g Al。

该厂采用液压半连续直冷铸造工艺,一条熔铸生产线最多可同时铸造 8 块10 t的扁锭,最大铸锭质量可达 25 t。铸造过程中采用计算机控制各种工艺参数,如熔体水平、流量、温度、冷却水流量与压力、铸造温度,以控制逆偏析而获得良好的冶金组织。

在铸造航空硬合金时采用一种自行研发的铸造工艺：当铸造过程稳定后将结晶器上移，缩短液面和结晶器底沿的距离，因降低金属液面高度减少了通过结晶器冷却壁的排热，铸锭提早进入直接水冷区。这样

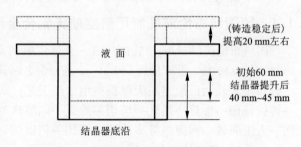

图 7 – 2　科布伦茨轧制厂的铸造工艺示意图

有效地减少了壳层厚度，铸出的铸锭表面品质更好（图 7 – 2）。

为满足航天工业和汽车工业对高附加值铝材的需求，2005 年该厂又进行了技术改造，在这次技术改造中，铸造车间安装一个新的铸造台，用于生产航空用超宽铝扁锭（最大尺寸可达 2 800 mm 宽，500 mm 厚）。相应配套一台 7 m 长的均热炉，该炉设计装炉量为 190 t，由艾伯纳（Ebner）公司提供。此外，美国瓦格斯塔夫（Wagstaff）公司结合科布伦茨轧制厂自己研发的铸造自动化技术，为其提供并安装了 13 套用于结晶器液位控制的 Selcom DeltaLine™型差异式激光传感器。

7.1.4.2　轧制

科布伦茨轧制厂有 11 台坑式加热炉，这种炉具有使用灵活、占用空间较少等优点，所以生产厚板等的工厂还是多用坑式加热炉预热与均匀化处理为好。

对于大部分厚度 12 mm 以上航空用厚板可直接由热粗轧机轧出成品；厚度小于 12 mm 的板材一般由热粗轧机或由冷轧机轧制成成品，其原因如下：

厚度小于 12 mm 的板材如果由热粗轧机进行成品轧制，则不利于发挥粗轧机的效率；板形、尺寸偏差难于保证，特别是产品的厚度精度难以保证；对于宽度 2 800 mm 以上的超宽板材，热轧过程中易出现塌腰，下表面与辊道摩擦，会出现擦划伤，表面品质无法保证。

热粗轧机的主要技术参数如表 7 – 10 所示。

表 7 – 10　热粗轧机的主要技术参数

项目	数据
型式	单机架 4 辊可逆式蛇形轧制热粗轧机
支撑辊辊面宽度/mm	4 064
最大开口度/mm	800
最大轧制速度/m·min^{-1}	160
最大轧制力/kN	6 500
主电机功率/kW	2 × 4 000
产品厚度/mm	5 ~ 250

7.1.4.3　热处理

航空铝合金厚板热处理工艺特点：

$2 \times \times \times$ 系合金的过烧敏感性大，特别是航空上应用最为广乏的 2024 型合金中，由于有熔点为 507℃ 的 $(\alpha + \theta + S)$ 共晶，淬火温度（490 ~ 501℃）与共晶点温度十分接近，最易产生过烧，因此固溶加热温度必须严格控制。为了保证板材淬火后的性能均一，厚板表面、中心温差要尽可能地小；航空铝合金对淬火转移时间敏感，易发生所谓"延迟淬火"，由此不能获得最佳力学性能，使材料晶间腐蚀加剧；通常 $2 \times \times \times$ 系合金的淬火转移时间应小于 20 s，$7 \times \times \times$ 系合金的淬火转移时间应小于 15 s。

传统的固溶处理主要是通过盐浴炉来进行，从盐浴炉到淬火水槽之间的转移用天车吊料，由于转移时间过长，一般在十几秒以上，使硬铝合金晶间腐蚀加重，严重影响产品的耐腐蚀性能；其板材在以后的加工中变形大，性能不稳定，无法生产出高品质的产品。此外盐浴炉内的盐浴剂是强氧化剂，除对环境有污染外，也给安全生产带来一定的隐患。

因为传统淬火方式存在诸多不足，20 世纪 70 年代末，国外开发了专用航空铝合金厚板的热风循环辊底式固溶热处理/淬火技术，其优点是：

处理的厚板规格范围大，加热速度快，保温时间短，生产效率高，操作安全；热处理温度控制准确（奥地利艾伯纳公司生产的 Hicon 辊底炉在保温阶段可将温差控制在 ±1℃ 以内）；淬火转移时间短，"延迟淬火"效应小，板材在加热炉中加热（固溶处理）后立即进入喷淋区；现今的辊底炉技术可将该时间控制在 13 s 以内；更快、更均匀的冷却速率，用大流量的去离子冷却水对板材上下表面同时进行喷淋冷却（淬火），使板材具有细小、均匀的强化组织，性能稳定；同时由于厚板表面和中心的冷却速率接近，淬火后翘曲变形小，板形好；板材表面无划伤；安全可靠；洁净、环保，低污染排放。

现在，辊底炉技术已普遍为航空用铝合金厚板生产厂所采用。科布伦茨轧制厂分别于 1983 年和 1999 年由艾伯纳公司建造了 2 台辊底式淬火炉，可对最大规格为 250 mm × 3 800 mm × 24 000 mm 的厚板进行在线热处理。

除辊底式固溶处理炉外，还有 1 台艾伯纳公司的立式"Hicon"型活底式（drop-bottom）固溶处理炉，1993 年投产，可处理薄板与厚板，也可处理钣金件，装炉量 12 t，淬火水槽位于炉下。

科布伦茨轧制厂有 8 台退火炉，其中带卷退火炉 4 台，艾伯纳中间退火炉 1 台，1993 年投产；艾伯纳完全退火炉 2 台，1993 年投产，艾伯纳厚板连续退火炉 1 台，1997 年投产；2005 年又扩建了 1 台 110 t 的板材退火炉。

中间退火炉的炉膛尺寸：8700 mm × 4 140 mm × 3 100 mm，最大装料量 30 t，有装料机 1 台。

带卷完全退火炉的炉膛尺寸：8 000 mm × 2 800 mm × 2 400 mm，最大装料量60 t，装料机 1 台。此炉用于分切后的产品带卷退火，带卷宽度 25 ~ 1 500 mm、直径 500 ~ 2 000 mm，工艺气氛（process atmosphere）。

连续式厚板退火炉是艾伯纳公司生产的，用于厚板中间及完工退火，其基本技术参数如表 7 – 11 所示。

表 7 – 11　基本技术参数

项目	数据
温度范围/℃	100 ~ 540
可处理厚板最大长度/m	25
最大宽度/mm	3 600
现行处理能力/(t·h^{-1})	3

如果在现行的退火生产线上加长保温区与冷却区，生产能力可提高 1 倍，达到 6 t/h。

7.1.4.4　预拉伸

航空用铝合金厚板在淬火后内部存在很大的内应力，它来源于淬火造成的温度梯度。一般板材越厚温度梯度越大，这种残余应力就越高。残存的内应力如果不及时消除，经过一定时间后板材会发生严重的翘曲，使板材报废。不仅如此，这种残余应力会增加厚板机加工时变形，同时会使板材应力腐蚀及疲劳破裂敏感性增加，降低部件的使用寿命，极大地影响飞机飞行的安全性。因此有效地消除板材内部的残余应力是航空用铝合金厚板生产的重要环节。

单纯使用辊式矫直机对板材进行矫直，虽然可以消除部分内应力，从外表看来平直度也较好，但是如果对这样的板材进行机加工，改变了板材内部应力的分布，则又会发生翘曲现象。目前最好的办法是使用预拉伸机对板材进行微量预拉伸（1% ~ 3% 变形量）。其原理是，板材在淬火后表面产生压应力，而心部则呈拉应力状态，同时板材表面层因为相对冷却稍快，晶粒细小、屈服极限较高，而在芯部则较低；预拉伸时在均匀的外拉力作用下，厚板芯部产生附加的拉应力，这种拉应力和原有的残余拉应力相叠加，屈服强度较小的板材芯部率先产生塑性变形，从而达到完全消除板材内部应力的目的。

科布伦茨轧制厂有 3 台拉伸机，其中最大的一台为 80 MN，可拉伸的最大厚板截面尺寸为 220 mm × 1 600 mm；对于超出拉伸机能力的厚板，该厂有一台 300 MN 冷锻压机（压平机），通过压缩减小板材的残余应力。

拉伸机的技术参数见表 7 – 12。

表 7 - 12　厚板拉伸机的技术参数

拉伸力 /MN	可拉板的最大长度 /m	可拉板的最大宽度 /m	可拉板的最大厚度 /mm	投产年度
32	12.6	3.56	80	1964
38	12.6	3.56	80	1967
80[①]	24.4	3.66	175	1982

注：①可拉板最大截面积 248 000 mm²。

7.1.4.5　超声波探伤、涡流电导率检测

航空用的铝合金厚板大都需要 A 级探伤，而传统的手工超声波探伤的，探伤精度低，漏检率比较高。因此国外现代化工厂多采用最先进的水浸式多通道全幅面探伤机进行自动、无盲点、高精度探伤。

科布伦茨轧制厂有两条水浸式探伤线，1982 年及 1997 年各建 1 条，槽长 50 m，配有 5 台扫描桥，可同时对厚板进行无损探伤。

对于需要进行人工时效的厚板，在时效处理后通常要进行涡流电导率检测，目的是进行热处理状态识别和过程的均匀性检测。电导率测量仪 1998 年投入检测，是由德国埃克斯佩特工程公司(Expert Engineering)生产的。

7.1.4.6　成品锯切与精加工

目前在国外航空铝合金厚板成品生产已不单纯是简单的锯切，通常还可以进行初步的机加工，按照客户的需求进行量身裁剪已成为趋势。

科布伦茨轧制厂设有两个厚板锯切中心，采用先进的带锯锯切厚板，优点是锯口小，金属损耗少。另有两台数控机加锯床，可加工带吊运孔、弧形或其他形状的航空用铝合金厚板产品。数控机加锯床技术参数见表 7 - 13。

表 7 - 13　数控机加锯床技术参数　　　　　　　　　　mm

参数	CNC-Centre 1	CNC-Centre 2
最大长度	6 000	1 400
最小长度	1 000	340
最大宽度	3 000	1 250
最小宽度	1 000	340
最大厚度	380	320
最小厚度	8	4

1999 年增建了 1 台扇形锯，可锯的厚板尺寸：长度 1 000 ~ 6 000 mm，宽度 1 000 ~ 3 000 mm，厚度 8 ~ 380 mm。

2002 年锯切中心建成投产，是为锯切飞机结构超大型壁板用铝合金薄板而建

设的，可锯切薄板的最大尺寸：16 m(长) ×3 600 mm(宽)。

7.1.4.7　冷轧车间

冷轧车间有 2 台单机架不可逆式冷轧机，一台 4 辊的，铁本公司生产(Tippins)，1982 年投产；另 1 台 6 辊德马克公司(MDS)的，1993 年投产。

4 辊轧机的技术参数如表 7 – 14 所示。

表 7 – 14　4 辊轧机的技术参数

项目	数据
工作辊直径/mm	635
支撑辊直径/mm	1 473
辊面宽度/mm	3 760
主传动电机功率/kW	1 650
最大速度/(m·min^{-1})	900
产品最薄厚度/mm	0.2

6 辊轧机的技术参数如表 7 – 15 所示。

表 7 – 15　6 辊轧机的技术参数

项目	数据
工作辊直径/mm	450
中间辊直径/mm	510
支撑辊直径/mm	1 150
辊面宽度/mm	1 850
中间辊移动距离/mm	400
主传动电机功率/kW	AC, 4 000
轧制速度/(m·min^{-1})	0 ~ 800/1 000
轧制力/kN	16 000/19 000
卷取电机功率/kW	DC, 2 × 1 000
开卷电机功率/kW	DC, 1 000
来料带材厚度/mm	0.30 ~ 8.5
出料带材厚度/mm	0.20 ~ 6.5
带卷最大质量(含套筒)/t	11
带卷最大直径/mm	2 000
带卷宽度/mm	800 ~ 1 650
带材最大张力/kN	100
控制装备	AGC、AFC

6 辊冷轧机的电气及控制设备均由 ABB 公司提供，轧制油喷淋系统由瑞士劳纳公司（Lauener）生产。高架仓库长 81 m，可储带卷 342 个，水平移动速度 120 m/min，带卷进或出库速度最多 40 卷/h。轧制油由阿申巴赫自动平板过滤器（Achenbach Superstack）滤净返回洁油箱，可回收 90% 的轧制油重新使用，烟气经净化过滤系统处理后排入大气。

7.1.5　肯联铝业公司伊苏瓦尔轧制厂厚板生产概要

法国伊苏瓦尔轧制厂（Issoire）现属美国肯联铝业公司，是 2011 年从力拓 - 加铝公司剥离出来的。离克莱蒙德·菲拉德市（Clermond-Ferrand）约 30 km，该市为一历史名城。建于 1938 年—1949 年，是中央航空工业集团（SCAL）为支持法国航空工业的发展而组建的。20 世纪 50 年代末，SCAL 公司并入普基集团，2003 年加拿大铝业公司（Alcan）收购普基集团铝部的资产与业务，从此伊苏瓦尔轧制厂成为加拿大铝业公司所属的一个生产单位。2007 年加铝被力拓公司（Rio Tinto）收购。

经过改扩建的伊苏瓦尔轧制厂成功研发一批制造大飞机用的高强度高韧性的耐损伤的铝合金，铸造车间生产的高合金化大铸锭品质上乘，无裂纹，无夹杂，完全能满足 A 级超声波探伤要求，为生产优质厚板提供了优良的锭坯。厚板系统经过改扩建后，可生产尺寸精密的、平整的、内应力极低的、淬火应力与拉伸应力平衡的用来制造巨型壁板的厚板与特厚板，同时还建成了一个机械加工中心，可向用户提供经过预加工的材料甚至成品零件，这不但大大提高了材料的附加值，而且留下了边角废料与切屑，加强了材料的循环利用。

7.1.5.1　产品结构与在 A380 客机上的应用

伊苏瓦尔轧制厂可提供 36 m 长的 7×××系合金厚板，如 7449 - T76511 厚板、7040 - T7451 厚板、2027 厚板等。

伊苏瓦尔轧制厂还可为锻造厂提供各种锻件用的坯料，所生产厚板不但用于航空工业，还在轨道交通、船舶舰艇、通用机械与工模具制造业中获得广泛的应用，总生产能力 70 kt/a，薄板生产能力 50 kt/a。产品涵盖了所有的变形铝合金及新型的 Al - Li 合金（表 7 - 16），除了能满足 A380 飞机生产所需的所有铝合金的各种状态铝材外，还能生产满足欧洲、美洲军民飞机、军工产品、航天器所需的铝材。

表 7 - 16　伊苏瓦尔轧制厂的航空结构铝材

合金状态	厚板	薄板	大型材	小型材
7449 - T6	√	—	—	—
7449 - T79	√	—	√	—
7449 - T76	√	—	—	—
7056 - T76	√	—	—	—

续表 7 – 16

合金状态	厚板	薄板	大型材	小型材
2024A – T3	√	—	—	—
2027 – T3	√	—	√	√
7040 – T74	√	—	—	—
7140 – T74	√	—	—	—
7040 – T76	√	—	—	—
7140 – T76	√	—	—	—
2056 – T3	—	√	—	—
6056 – T78	—	√	—	√
6056 – T6	—	—	—	√
6156 – T6	—	√	—	—
2024HS	—	—	—	√
2349 – T6	—	—	—	√
2349 – T76	—	—	—	√
2196 – T8	—	—	√	—
2098 – T8	—	√	—	—
2198 – T8	—	√	—	—
2050 – T8	√	—	—	—
2297 – T8	√	—	—	—
2195 – T8	√	—	√	√

注:"√"为可生产的产品。

该厂生产的主要合金:2024、2027、2056、2098、2198、2050、2297、2195、5×××、6156、7050、7475、7349、7056、7040、7140、7449。

伊苏瓦尔轧制厂的航空用厚板典型生产工艺流程:原料→熔炼→铸造→铸锭均匀化→铸锭铣面→加热→热轧→剪切→冷轧(12 mm 以上的不冷轧)→固溶热处理→淬火→预拉伸→超声波探伤→人工时效→涡流电导率检测→锯切→精锯切。生产的 2×××系及 7×××系铝合金航空厚板的厚度为 6.35 mm ~ 152.4 mm,非航空厚板及模具厚板的最大厚度可达 254 mm,最大宽度 3 048 mm,而制造机翼厚板的最大长度为 36 m,是专为 A380 飞机生产的。

7.1.5.2　铸造车间

可铸最大质量 15 t、截面尺寸 380 mm×1 422 mm ~ 550 mm×2 642 mm 的优质铸锭,在技术与品质控制方面得到加拿大铝业公司法国沃雷普(Vorppel)研发中心的大力支持。

熔铸车间有 3 台 40 t、2 台 60 t 熔炼炉,采用人工扒渣,熔炼保温炉 5 台 35 t 的,铸造能力 200 kt/a,不宜直接装炉的废料通过专设的废料回收系统处理,原料 50% 实现自动存储。有铣床两台, 其中卧式单面铣床 1 台(美国英格苏尔公司提供), 最大可铣铸锭规格为 8 000 mm×3 200 mm×640 mm, 每面铣削厚度一次最大为 15 mm。均热炉 5 台 70 t 的, 配以组合式加料车。装料区无天车, 组合式加料车开到另一区用天车吊料。锯床 3 台。

熔铸车间有 6 台现代化的自动控制的液压内导式铸造机, 熔体除气净化装置有 IRMA、Alpur 或 SNIF, 晶粒细化剂采用 Tibor 丝与 Ticar 丝, 除了能生产传统的 7050、2024 和 7475 铝合金锭外, 还成功地铸出了加拿大铝业公司研发的难于铸造的 7040、7449、7056、2027 和 6156 铝合金锭, 它们用于制造 A380 飞机的上翼桁梁、机身下结构厚板及桁梁、主骨架与连接件、翼梁、机身下壳板、翼盒及纵横肋, 等等。

在生产中所有的扁锭及圆锭都经过铣面与车皮, 厚板、薄板在锯切、剪切与铣削加工过程中会产生大量的边角废料与切屑。有些航空零件的切削加工量甚至高达 96% 以上, 所以有些飞机零件制造厂还会大量地回收加工废料, 因为要充分有效地利用这些资源, 降低生产成本。伊苏瓦尔轧制厂在改扩时就充分考虑了这一点, 设有切屑重熔中心, 装备有干燥除油系统、感应重熔炉与重熔切屑熔体铸造机, 既全部"消化"了这些废料, 又能确保所有铸锭的品质达到航空级标准。

铝合金在铸造与凝固过程中会产生严重的晶内(枝晶)偏析与大的内应力。在机械加工与热轧之前必须进行均匀化退火以消除这种偏析与内应力, 从而改善热变形性能与半成品的性能。伊苏瓦尔轧制厂采用坑式均热、加热炉, 每炉能装 12 ~ 24 块铸锭, 锭最长 4 m, 铸锭在炉内自由放置, 采用专用吊具取放, 可防止铸锭倾倒。炉内温度偏差可保持在 ±3℃。坑式炉具有使用灵活、占用空间较少的优点。

7.1.5.3　热轧车间

伊苏瓦尔轧制厂有一条(1 + 3)式热连轧生产线, 热粗轧机辊面宽度 3 300 mm, 精轧机列的为 2 800 mm, 其厚板热粗轧机并不先进, 仅能生产厚 12 mm 以上的热轧板, 轧制力较小, 单电机传动; 带有厚度 AGC 自动控制系统; 无立辊, 无弯辊系统。但操作与工艺参数控制都实现了计算机自动控制, 粗轧机的技术参数: 支撑辊 ϕ1 400 mm×3 300 mm; 工作辊 ϕ700 mm×3 300 mm, 1964 年投产; 铸锭: 最大 550 mm×3 100 mm×8 000 mm, 最大质量 15 t, 最大轧制速度 180 m/min; 主电机功率 4 500 kW; 最大轧制力 30 MN; 产品最薄厚度 12 mm; 产品最大宽度 3 048 mm。

热轧前, 将均匀化后经铣面的铸锭在坑式电炉内加热到热轧温度; 热轧后的厚板冷却到室温后切边与锯切头尾, 然后进行固溶热处理。

3 300 mm 热轧机用于轧制厚板, 还有 1 台 2 845 mm 可逆式热轧机与其后的 3 机架热连轧线轧制热轧带卷。热轧厚板生产能力 60 kt/a, 热轧带卷生产能力 55 kt/a。

2 845 mm 热粗轧机的技术参数如表 7 – 17 所示。

3 机架塞西姆公司（Secim）热连轧线 1973 年投产。1997 年经克瓦纳公司（Kvaerner）改造，装有 DSR 动态板形辊，以控制板形。机列的技术参数如表 7 – 18所示。

表 7 – 17　2 845 mm 热粗轧机的技术参数

项目	数据
工作辊直径/mm	711
支撑辊直径/mm	1 371
辊面宽度/mm	2 845
可轧锭坯宽度/mm	800 ~ 2 730
锭坯最大厚度/mm	510
带坯厚度/mm	14
控制设备	VAI AGC
投产年度	2004

表 7 – 18　机列的技术参数

项目	数据
工作辊直径/mm	710
支撑辊直径/mm	2 840
辊面宽度/mm	2 840
可轧带材宽度/mm	800 ~ 2 730
来料厚度/mm	20
产品最薄厚度/mm	2.5

7.1.5.4　精整车间

（1）固溶处理与淬火

航空 2×××、6××× 系及 7××× 系铝合金板材都要经过固溶处理与淬火，其特点是：2××× 系硬铝合金的过烧敏感性大，特别是航空上应用最为广泛的 2024 型合金中由于有熔点为 507℃ 的 $(\alpha + \theta + S)$ 共晶，淬火温度（490℃ ~ 501℃）与共晶点温度十分接近，是最易产生过烧的合金，因此固溶加热温度必须严格控制；为了保证板材淬火后的性能均一性，厚板表面、中心温差要尽可能地小；航空铝合金对淬火转移时间敏感，易发生所谓"延迟淬火"，由此不能获得最佳力学性能，使材料晶间腐蚀加剧；通常 2××× 系合金的淬火转移时间要短于 20 s，7××× 系合金的淬火转移时间短于 15 s。

传统固溶处理多在盐浴炉中进行，从盐浴炉到淬火水槽之间的转移用天车吊料，由于转移时间长，一般在十几秒以上，可使硬铝合金晶间腐蚀加重，严重影响到产品的耐腐蚀性能；同时板材由于冷却不均匀，热应力大，变形大，性能不稳定，无法生产出高品质的产品。此外盐浴剂是强氧化剂，除对环境有污染外，也给安全生产带来一定的隐患。

由于传统固溶－淬火处理存在以上不足，20 世纪 70 年代末，开发了专用于航空用铝合金厚板的热风循环辊底式固溶热处理/淬火技术，其优点是：处理的厚板规格范围较大，加热速度快，保温时间短，生产效率高，操作安全；热处理温度控制准确（奥地利 Ebner 公司生产的 Hicon 辊底炉在保温阶段可将温差控制在 $\pm 1℃$ 以内）；淬火转移时间短，"延迟淬火"效应小，板材在加热炉中加热（固溶处理）后立即进入喷淋区；现今的辊底炉技术可将该时间控制在 13 s 以内；更快、更均匀的冷却速率，用大流量的去离子冷却水对板材上下表面同时进行喷淋冷却（淬火），使板材具有细小、均匀的强化组织，性能稳定；同时由于厚板表面和中心的冷却速率接近，淬火后翘曲变形小，板形能满足当前最严格的要求，冶金组织达到 AMS 2772 标准；板材表面无划伤；洁净、环保，低污染排放。

现在，辊底炉技术已普遍为航空用铝合金厚板生产厂所采用。伊苏瓦尔轧制厂有两条辊底式炉热处理生产线，均由德国奥托容克（Otto Junker）公司于 20 世纪 90 年代末提供，长 100 m、宽 3.5 m，可处理的板材规格为（4 000 ~ 36 000）mm ×（700 ~ 3 200）mm ×（6 ~ 250）mm；炉前带毛刷辊；电加热。还有 1 台 1990 年安装的立式固溶热处理炉与 1 条卧式气垫固溶处理线。

（2）拉伸矫直

航空铝合金厚板在淬火后内部存在很大的内应力，它来源于淬火造成的温度梯度。通常，板材越厚温度梯度越大，这种残余应力就越高。残存的内应力如果不及时消除，经过一定时间后板材会发生严重的翘曲，使板材报废。不仅如此，这种残余应力会增加厚板机加工时变形，对现代化的高速加工中心来说尤显重要，同时会使板材应力腐蚀及疲劳破裂敏感性增加，降低部件的使用寿命，极大地影响飞机飞行安全。因此有效地消除板材内部的残余应力是航空用铝合金厚板生产的重要环节。

单纯使用矫直机对板材进行矫直，虽然可以消除部分内应力，外表看来平直度也较好，但是如果对这样的板材进行机加工，会改变板材内部应力的分布，则又会发生翘曲。目前最佳措施是用预拉伸机对板材进行微量预拉伸（1% ~ 3% 变形量），其原理是，板材在淬火后表面产生压应力，而芯部则呈拉应力状态，同时板材表面层因为相对冷却稍快，晶粒细小、屈服极限较高，而在芯部则较低；预拉伸时在均匀的外拉力作用下，厚板芯部产生附加的拉应力，这种拉应力和原有的残余拉应力相叠加，屈服强度较小的板材芯部率先产生塑性变形，从而达到完全消除板材内部应力的目的。

伊苏瓦尔厂有两台拉伸机，一台 61 MN 的，1980 年投产，另一台 50 MN 的，2001

年投产。后者可拉伸厚板规格范围为(6～250)mm×(700～3 200)mm×(4 000～15 000)mm；前者可拉伸36 m长的，这是A380客机制造机翼所需的最长厚板。该车间还有2条拉弯矫直生产线，一条为非标准的，另一条用于矫直汽车带材。

（3）时效

大部分厚板在预拉伸后需要进行人工时效处理。伊苏瓦尔轧制厂有8台时效炉，温度偏差可小到±2℃，时效后的材料性能可满足AMS 2772及AMS 2750标准的要求，并可通过空客公司、波音公司、埃布拉公司(Embraer)与美国海军航空开发中心装备部(NADCAP)的认证。

（4）超声探伤、锯切与机械加工

航空用的铝合金厚板大都需要A级探伤，而传统的手工超声波探伤精度低，漏检率比较高。因此现代化工厂多采用最先进的水浸式多通道全幅面探伤机，进行自动、无盲点、高精度探伤。

伊苏瓦尔轧制厂有两条水浸式探伤线(长72 m、宽12 m)，配有5台扫描桥，可同时对厚板进行无损探伤。

该厂还为美国航天飞机外槽(Space Shuttle's External Tank)的液氧槽生产了一批2195 - T84 Al - Li合金厚板，为航天器Space X Falcon 9提供了制造整流罩用的2195合金厚板。从1984年秋开始用沃雷普研发中心(Voreppe Research Center)的2 t炉生产Al - Li合金，1988年在厂内建了1台大的Al - Li合金熔炼炉。该厂可以生产厚38.5 mm、宽1 000 mm、长3 600 mm的2091 - T851合金厚板，有包铝层的薄板，8090及2091合金挤压材，8090合金冷拉管，2091合金精密锻件。

对人工时效后的厚板还要进行涡流电导率检测，目的是进行热处理状态识别和过程的均匀性检测。

在厚板精整车间的旁边有一个机械加工车间，当前铝加工厂对航空厚板不单是进行简单的裁切，而是可向飞机制造厂提供近成品尺寸的零部件，甚至成品零件，这是好处诸多的发展趋势。伊苏瓦尔轧制厂有一个拥有成套现代化的先进的机械加工设备的中心，如数控锯床与铣床。锯床可加工带吊运孔、弧形或其他形状的航空铝合金厚板产品。

深加工车间还有一条特殊的多功能飞机机翼蒙皮(wing skin)与结构件铣削生产线(Forest-Line Milling Machine)，1990年投产，可将以上工件铣削成净成品尺寸，可铣削的表面长达38 m，2000年加长的，1990年建成时为21.4 m，可同时加工两个机翼蒙皮。

移动龙门架上装有CNC(计算机数字控制)3轴双杆(3 - axis twin spindle)切削头，用于特形铣(routing)、表面铣、钻孔、攻丝

可加工件尺寸：

最大长度：21 400 mm。

最大宽度：3 050 mm。

最大厚度：155 mm。

1990 年投产的还有纵剪线、横剪线、锯切线等；1991 年又建成 1 条巴乔芬 + 美尔（Bachofen + Meier）涂层线，可处理 2 600 mm 宽的带材。

7.1.6　奥地利金属公司轧制公司厚板生产概要

奥地利金属公司（Austria Metal AG，AMAG）所属的轧制公司（AMAG Rolling GmbH）位于奥地利兰绍芬市（Ranshofen），是世界颇有名气的高精铝板、带企业之一，成立于 1949 年。

AMAG 轧制产品公司的产品广泛，应用于各个产业部门，但主要是航空工业、汽车工业、机械工程制造业等，78% 的产品出口，出口到欧洲的约占 70%，该公司是世界最大的花纹板生产者。

主要产品：航空级厚度 ≤60 mm 的板材，汽车板材（shate），圆片，铝箔带坯，花纹板，辊轧成形板，建筑模板（stucco），热交换器材料，抛光板，钎焊板，等等。

生产的合金几乎涵盖 1×××～8××× 系的各种合金，主要有：1050、1070、1080、1085、1200、1350、1050A；2014、2014A、2017、2017A、2024、2219、2618A；3003、3004、3103；4345、4045；5005、5049、5050、5052、5083、5086、5182、5251、5754；6082、6061、6016、6181、6009、6111；7020、7075、7475；8011；以及自行研发的 TITANAL。

热轧车间有 2 台艾伯纳公司（Ebner）Hicon 型推进扁锭加热炉，1 条（1 +1）式热粗 - 精轧生产线，粗轧机克虏伯二辊轧机（krupp 2 - high hot mill，克虏伯集团的机械工程板块即现在西马克集团公司）。加热炉可装 10 块最大长度 7.5 m 的扁锭。

可逆式 2 辊热粗轧机 1979 年投产，基本技术参数如表 7 - 19 所示。

表 7 - 19　基本技术参数

项目	数据
轧辊直径/mm	914
辊面宽度/mm	2 150
主电机功率/kW	$2 \times 1\,650$
最大轧制速度/(m·min^{-1})	280
轧制力/MN	18
最终产品厚度/mm	1.5～25
带卷最大质量/t	11
带卷最大直径/mm	2150
投产年度	1979

　　1999 年对厚板生产系统作了改扩建，从此可以生产更长更厚的厚板。1973
年建了一条硬合金淬火生产线，2006 年停产，因为新建了一条固溶处理生产线，
可处理 2×××、6××× 及 7××× 合金带材，艾伯纳公司提供的，有气垫炉、
水/气淬火段与带视屏系统的控制中心，其他设备均由奥地利联合钢铁公司提供。
　　生产线的技术参数如表 7 – 20 所示。

表 7 – 20　生产线技术参数

项目	数据
可处理带材厚度/mm	0.3 ~ 6.35
可处理带材宽度/mm	900 ~ 1 700
在 540 + 0/ – 3℃ 加热时加热到固溶处理温度时间	<1 min/mm
带材前进拉力/(N·mm^{-2})	1.0 ~ 5
总投资/ATS	26 M

　　2003 年 1 台艾伯纳公司的辊底式厚板固溶处理炉建成投产，电加热，分为 4
区，炉的有效使用宽度 3200 mm，窄板可同时并排处理两块，其他基本参数如
表 7 – 21 所示。
　　公司生产的板材包括中板(thick sheet) 与沙特板(shate)、厚板(plate)。所用
的合金有：1050A、5052、5754、5086、5083、6061、6062、2017A、7020、7075。

表 7 – 21　基本参数

项目	数据
处理温度/℃	200 ~ 580
板材最大厚度/mm	80
板材最薄厚度/mm	2
板材最大长度/m	16.6

　　板材规格：标准宽度 1 000、1 020 ~ 1 250、1 270 ~ 1 500、1520 mm；标准长度
2 000、2 020 ~ 2 500、2 520 ~ 3 000、3 020 mm；厚度≤65 mm；决定于合金种类及
材料状态。
　　如果需要，也可以供应其他规格厚板。

7.1.7　南非休内特铝板带公司厚板生产概要

休内特铝板、带公司（HULETT Aluminium Rolled Products（PTY）Ltd.），是休内特铝业公司（HULETT Aluminium（pty）Ltd.）的子公司，创建于 1946 年。公司的主导产品之一，生产的厚板合金：1050、1100、5052、5083、6061、7075、2024。

新车间 1999 年建成，有 2 台各 65 t 的瑞士麦茨 – 高奇公司（Maerz-Gautschi）的可倾动的圆形熔炼炉，2 台各 70 t 的矩形静置炉，可倾动，它们都以天然气为燃料。新车间有 2 台半连续铸造机，每次可铸 5 块扁锭，总质量 70 t，最大长度 7 m，铸造台 5 × 2.5 m，扁锭横截面 430 × 2 200 mm。

7.1.7.1　热轧

热轧部分有新老车间。

老车间有 1 台二辊可逆式阿申巴赫热轧机，1969 年投产，基本技术参数如表 7 – 22 所示。

表 7 – 22　基本技术参数

项目	数据
轧辊直径/mm	920
辊面宽度/mm	2 150
最大轧制速度/(m·min^{-1})	300
锭坯厚度/mm	490
产品厚度/mm	6 ~ 7
带卷最大宽度/mm	18 00
主传动电机功率/kW	4 500

新车间有艾伯纳公司的推进式加热炉 3 台，1999 年投产；铣面机 1 台，1998 年建成；4 辊德马克公司(2009 年并入西马克集团)的(1 + 1)式热粗 – 精轧线 1 条，1999 年投产；艾伯纳公司辊底式固溶处理炉 1 台，1998 年投产；厚板预拉伸机 1 台。

加热炉兼扁锭均匀化与热轧扁锭的加热，装炉、加热、保温、冷却与出炉等工艺过程都是全自动化的，由 Siemens Simatic S7 – 400 PLC 自动控制。每台炉分 5 区，配有 36 个天然气高速烧嘴，每个的燃烧速度为 80 m³/s，提供热量 210 × 10⁴ kJ/h，向每台炉提供的热能为 63 MkJ/h。炉的技术参数如表 7 – 23 所示。

表 7 – 23　炉的技术参数

项目	数据
铸锭最大厚度/mm	630
铸锭最大宽度/mm	2 200
铸锭最大长度/mm	6 000
铸锭最大质量/t	22.62
炉的装锭量/t	565.5

　　铣面机组由铣面机、铣屑收集、处理、分选、贮存与打包等部分组成,基本技术参数如表 7 – 24 所示。

表 7 – 24　基本技术参数

项目	数据
可铣锭的最大质量/t	25
可铣锭的宽度/mm	900 ~ 2 200
可铣锭的长度/mm	2 700 ~ 6 000
可铣锭的厚度/mm	400 ~ 700
刀盘数	1
主电机功率/kW	1 200
最大铣面速度/$(r \cdot min^{-1})$	1 489
粗铣刀数/把	24
铣削速度(cutting speed)/$(m \cdot min^{-1})$	3 046
铣削深度/表面切削量/mm	max 28
生产率/块 $\cdot h^{-1}$	6
表面品质/μm RT	5
铣屑破碎机最大生产率/$(t \cdot h^{-1})$	30
风机最大生产能力/$(m^3 \cdot h^{-1})$	115 000

　　1 条 2 450 mm 4 辊热粗 – 精轧生产线是德马克公司(Demag,2009 年并入西马克集团)设计制造的,由 1 台可逆式热粗轧机、1 台重型剪、1 台厚板堆垛机、1 台轻型剪、1 台可逆式热精轧机、2 台卷取机、1 台轻厚板堆垛机组成。1999 年投产,总投资 80 M 南非兰特(Rand),生产线组成见示意图 7 – 13。

　　4 辊可逆式热粗轧机的技术参数如表 7 – 24 所示。

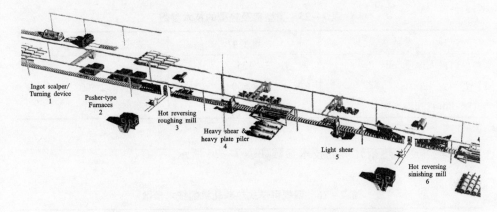

图 7 – 13　休内特铝业公司的(1 + 1)式热粗 – 精线示意图

1—铣面机组；2—推进式锭坯加热炉；3—可逆式热粗轧机；4—重型剪及厚板吊下机；

5—轻型剪；6—可逆式热精轧机；7—轻型厚板吊下机(light plate piler)

表 7 – 24　4 辊可逆式热粗轧机的技术参数

项目	数据
工作辊直径/mm	870 ~ 930
支撑辊直径/mm	1 400 ~ 1 500
工作辊传动电机功率/kW	2 × 3 700
轧制力/kN	45 000
轧制速度/(m·min^{-1})	0 ~ 90/180
锭坯厚度/mm	480 ~ 630
锭坯宽度/mm	900 ~ 2 200
锭坯长度/mm	2 700 ~ 5 700
锭坯质量/t	21.5
辊缝粗调	电机械式
粗调速度/mm·s^{-1}	40
辊缝精调	液压缸
可生产厚板规格：	
厚度(重型剪)/mm	15 ~ 135
厚度(轻型剪)/mm	4.5 ~ 15
宽度/mm	900 ~ 2 250
长度/mm	4.0 ~ 8.0/15

重型剪及轻型剪的技术参数见表 7 – 25。

表 7 – 25　重型剪及轻型的技术参数

参数	重型剪	轻型剪
可剪最大厚度/mm	135	40
剪切力/kN	7 500	2 500
驱动电机功率/kW	630	200

四辊可逆式热精轧机的技术参数如表 7 – 26 所示。

表 7 – 26　四辊可逆式热精轧机的技术参数

项目	数据
工作辊直径/mm	660 ~ 710
支撑辊直径/mm	1 400 ~ 1 500
工作辊传动电机功率/kW	1 ×6 000
轧制速度/(m·min^{-1})	0 ~ 120/330
卷取带材厚度/mm	2 ~ 18
切边带卷宽度/mm	850 ~ 2 200
带卷外径/mm	2 150
带卷最大质量/t	20. 250

热轧生产线的装机水平达到了当前的最高的级别，所有的电气及电子设备都是德国 ABB 工业技术公司(Industrietechnik)投供的，热轧线的技术特点：

①装有先进的 AGC，采用光学厚度控制技术；

②板形控制、平直度控制、厚度控制、轧机调定(mill set-up)与适应采用 Mannesma Maras levels 1 及 2，这是一种基于工艺过程控制系统的智能模型(intelligent model)；

③不管是在轧制过程中还是在卷取时都采用闭环控制材料温度，这在生产敏感合金产品如罐料时显得特别重要；

④所用的机械执行器都很有效；

⑤烟气处理系统与轧制冷却液过滤系统都强大有效；

⑥装有 MannesmannRoCoCo-Rolling Condition Control(轧制状态控制)系统可以自动调控振动、温度与监测转矩、故障诊断与预防；

⑦辊道用 388 台 AC 电机传动，总装机功率 3 200 kW。

4)厚板精整系统

1 台艾伯纳 HICON 型辊底式厚板固溶处理炉 1998 年投产，2005 年作了较大现代化技术改扩建，使生产能力提高了一倍，非工作时间缩短，电加热，采用最先进的电子控制系统 SiemensSimatic S7 – 400 PLC，因而除了装卸板外，其他生产过程都达到了高度自动化。可处理厚板尺寸：

最大长度：16.3 m。

最大宽度：3 200 mm。

最大厚度：52 mm。

厚板预拉伸可处理的厚板规格：

厚度：0.9 ~ 38 mm。

宽度：500 ~ 1 900 mm。

长度：1.9 ~ 10 m。

1998 年，一条自动化板材包装生产线投产，可处理规格如下的板材：

长度：2 000 ~ 8 000 mm。

宽度：1 000 ~ 2 500 mm。

厚度：2.0 ~ 200 mm。

单块最大质量：1.2 t。

可从一垛板上吸取一块块板进行单板包装、定位、检测尺寸、标志、称重等操作。这种机械化自动包装不但可节省劳动力，而且使人们从重体力劳动中解放，包装质量也大有提高，更能满足运输要求。

7.1.8　英国基茨格林铝业公司厚板生产概要

基茨格林铝业公司（Kitts Green），现属美国铝业公司欧洲轧制产品公司（Alcoa European Mill Products），创建于 1938 年，1960 年被美国凯撒铝及化学公司（Kaiser Aluninum & Chemical Corp.）收购，1977 年转让给英国加拿大铝业公司（British Alcan Aluminium），1996 年又成为英国铝业公司的子公司，2000 年被美国铝业公司兼并，生产能力 27 kt/a。

现在，基茨格林铝业公司是一个很有特色的铝平轧产品加工厂，尽管它的生产能力并不大，却是英国唯一的厚板生产企业，也是欧洲（不含俄罗斯）仅有的两家可以商业化生产 Al – Li 合金的板材轧制厂之一。公司的产品主要销往航空航天工业、国防军工产业、工模具与通用工程部门。

7.1.8.1　典型厚板产品

基茨格林铝业公司的产品大都是供航天航空器、兵器、国防工业等部门用的厚板、薄板、锻坯、超塑性薄板等，因此生产的合金多是可热处理强化的 2 × × × 系、6 × × × 系、7 × × × 系高强度及超强度合金，如 2014A、2024、6061、6082、7010、7017、7039、7020、7018、7075、8090、8091 合金，当然还有不可热处理强化的 5083 合金。

5083 – H115 是一种高韧性的装甲厚板合金；7010 合金用于生产空客公司飞机结构板材；7017 合金是一种装甲厚板材料，具有很强的抗穿透能力；7039 也是一种高强度装甲合金，用于轧制厚板，它的抗拉强度超过 500 N/mm²；7020 为中等强度的装甲厚板合金，可用于制造运兵车与战车某些部位的装甲；7018 合金也是一种装甲厚板合金，但是它的生产工艺比 5083 – H115 合金的简单一些，因而更有成本竞争力，是 5083 合金的良好代用品；7075 型合金是应用最广超高强度的航空航天材料之一，在航空器制造上的用量仅次于 2024 型合金的；Al – Li 合金（Lithal）8090、8091 更是该公司有特色的高附加值的板材产品材料。

7.1.8.2　工艺装备

（1）熔铸车间

原料为重熔铝锭、合金元素锭与本厂工艺废料，后者一般不超过 30%。有英都托塞公司（Inductotherm）的熔炼 – 保温炉两组，各 25 t。

25 t 洛马 – 曼公司（Loman-Mann）的半连续铸造机 1 台，1985 年投产，可铸 5 500 mm 长的锭，铸造速度 300 mm/min。

有 2 台 5.5 t 英都托塞公司的可倾动的 Al – Li 合金熔炼炉，功率 1 750kW，频率 500 Hz。之所以选用此频率，是因为它对铝熔体有很好的搅拌作用。Al – Li 合金半连续铸造机 1 台。

扁锭铣面机 1 台，由于高强度及超高强度铝合金锭表面存在严重的偏析层，因此每大面的铣屑量深达 20 mm，铣面后对每块锭逐一进行超声探伤检验。

此外，还有数量足够的坑式铸锭均匀化退火炉组。

（2）热轧车间

有 1 台 4 辊洛威可逆式热轧机，1998 年装上了 KS 2100 控制系统，1999 年又装上了一套新的计算机系统，对热轧过程的各项工艺参数进行全方位的自动控制，其基本技术参数如表 7 – 27 所示。

表 7 – 27　基本技术参数

项目	数据
工作辊直径/mm	965
支撑辊直径/mm	1 525
辊面宽度/mm	3 760
主传动电机功率/kW	2 208
锭坯厚度/mm	500
产品最薄厚度/mm	6.35
产品最大宽度/mm	3 556

热轧线上装有立辊滚边轧机，厚板剪切机，真空吸盘卸板机。

有 3 台洛威公司的厚板预拉伸机，其中最大者为 60 MN，1957 年投产，可拉伸厚板的最大宽度 3 040 mm，最大长度 12.6 m，1988 年被 MDH 公司全盘用现代化技术改造。

公司有 2 台辊底式厚板固溶处理炉，1 台 2000 年投产，由德国奥托容克公司（Otto Junker）提供，另 1 台的技术参数如表 7 - 28 所示。

表 7 - 28　辊底式厚板固溶处理炉技术参数

项目	数据
生产线总长/m	150
淬火水最大流量/(L·min^{-1})	490 000
独立加热区/个	16
可处理厚板厚度/mm	12 ~ 220
可处理厚板最大宽度/mm	3 600
可处理厚板最大长度/mm	23

辊矫机 1 台：可矫板材最大厚度 25 mm，工作辊 9 个，支撑辊（back up roll）273 个。

退火/时效炉 2 台，其中 1 台 1982 年投产。

超声探伤设备 1 套。

厚板带锯 2 台，1 台为 Ty - Sa - Man 公司的，可锯板的最大尺寸：长 22 m、宽 3.6 m。另 1 台为 1998 年投产，特厚板锯，西班牙达诺巴尔公司（Danobal）生产，技术参数如表 7 - 29 所示。

表 7 - 29　西班牙达诺巴尔公司（Danobal）的厚板带锯技术参数

项目	数据
板坯最大厚度/mm	550
可锯板最大厚度/mm	250
可锯板最大长度/mm	8 000
可锯板最大宽度/mm	2 500
控制方式	计算机数字控制（CNC）

1998 年又增建一套 CNC 机加中心，可加工板的最大尺寸：长：20 m，宽 3.5 m。

7.1.9 意大利富西纳轧制厂厚板生产概要

意大利富西纳轧制厂(Fusina Plant)属美国铝业公司在意大利的阿卢米克斯铝业公司(ALUMIX S. P. A.)管辖的 5 个企业之一,建于 1926 年,原属 LLL 公司(Lavorazione Leghe Leggere S. P. A.),生产的合金有 1×××、3×××、5×××、6×××、7×××、8×××系合金。可供应的薄板最大宽度 2 300 mm,厚板可供应的宽度达 2 700 mm,最大厚度 130 mm。生产能力 140 kt/a。

50 mm 以下的厚板都经过拉伸,供航空工业及国防兵器工业用,厚度 50~130 mm 的厚板不经拉伸,因预拉伸机的拉力不够,供通用工程用。

7.1.9.1 熔铸车间

有熔炼 – 保温静置炉 4 组,8 台,容量各 30 t;半连续铸造机 3 台;铣面机组 1 台,1991 年投产;洛马(Loma)锭坯锯床 1 台,1991 年投产。这台新铣面机的生产能力比原有铣面机的大一倍,达到 300 kt/a,可生产成品 200 kt/a。锯床高度自动化,可锯切质量达 25 t、尺寸为 7 000 mm×2 400 mm×630 mm 的锭,锭的装卸与称重均自动进行。

7.1.9.2 热轧车间

热轧车间有 2 台艾伯纳公司的推进式锭坯加热炉,1991 年投产,老的加热炉已拆除。

4 辊可逆式热轧机 1 台,1966 年投产,英诺赛迪·布莱·诺克斯公司(Innocenti Blaw Knox,IBK)制造的,1991 年经阿申巴赫公司升级改造,装上了 AGC,在进料端装上新的卷取机,从而成为单机架双卷取热轧机,轧制速度提高了 70%。轧机的基本技术参数如表 7-30 所示。

表 7-30 轧机的基本技术参数

项目	数据
工作辊直径/mm	940
支撑辊直径/mm	1 420
辊面宽度/mm	3 200
主电机功率/kW	4 048
最大轧制速度/(m·min^{-1})	220
剪切机可剪厚板最大厚度/mm	150
产品最薄厚度/mm	5
可轧锭坯最大尺寸/mm	650(厚)×2 250(宽)×6 000

7.1.9.3 其他装备

富西纳铝业公司有2台厚板预拉伸机,1台12 MN的,由MDH公司提供;另1台是达涅利设计制造的。还有2台4辊不可逆式冷轧机、2台4辊不可逆式铝箔轧机,以及其他配套齐全的精整设备。

7.1.10 俄罗斯美铝贝拉亚卡利特瓦铝业有限公司厚板生产概要

贝拉亚卡利特瓦冶金产品公司(Belaya Kalitwa Metallurgical Production Association, BKMPA)创建于1954年,是一个综合性的铝加工厂,有轧制、挤压、锻造部,属苏联航空工业部。2005年轧制部分为美国铝业公司收购,改名为美铝贝拉亚卡利特瓦铝业有限公司(Alcoa Belaya Kalitva)。

生产的为1×××、2×××、3×××、5×××及7×××系合金板、带。

7.1.10.1 典型厚板尺寸

厚板尺寸:

厚度,11 ~ 120 mm。

宽度,1 000 ~ 3 000 mm。

长度,2 000 ~ 27 500 mm。

厚度大于30 mm的厚板不剪切交货,最大可能质量9 t。

带卷尺寸:厚度0.5 ~ 6.5 mm,宽度1 000 ~ 2 000 mm,内径750 mm。

7.1.10.2 主要装备

从2006年起,美国铝业公司投资 \$ 37 M 改扩建热处理系统,引进1台艾伯纳公司厚板固溶处理炉,提高了产量,改善了品质。

熔铸车间有10台燃气熔炼保温炉,7台感应电炉,容量14.5 ~ 22.5 t,真空度1.0 mm Hg柱,氩气精炼,Alpur过滤净化系统,扁锭生产能力150 kt/a,其中约40%是用电磁法(EMC)铸造的。扁锭尺寸:厚度215 ~ 450 mm,宽度940 ~ 2 140 mm,长度≤7 000 mm,最大质量12 t/块。半连续铸造机2台。

热轧车间有新克拉马托尔机器制造厂(NKMZ)的4辊可逆式热轧机1台,技术参数如表7 - 31所示。

精整车间有60 MN的厚板预拉伸机1台,辊底式固溶处理炉1台,盐浴固溶处理槽2台,超声探伤线1条。

公司产品的25%出口,主要出口到德国、挪威、意大利、美国、波兰、土耳其。

表 7 – 31　4 辊可逆式热轧机技术参数

项目	数据
工作辊直径/mm	650
支撑辊直径/mm	1 400
辊面宽度/mm	2 800
主电机功率/kW	6 400
最大轧制速度/(m·min⁻¹)	240
可轧锭坯最大宽度/mm	2 540
入口锭坯最大厚度/mm	400
产品最薄厚度/mm	4
生产能力/(kt·a⁻¹)	热轧厚板 45，热轧带卷 210

7.1.11　俄罗斯卡缅斯克 – 乌拉尔斯基铝加工厂厚板生产概要

卡缅斯克 – 乌拉尔斯基铝加工厂（Kamensk-Uralsky Aluminium Works, KUMZ）属俄罗斯联合铝业公司（United Company Rusal），创建于 1944 年，原属苏联航空工业部，起初是一个锻造厂，专为飞机制造提供自由锻件与模锻件，板、带及挤压部分是 20 世纪 70 年代建设的，有 1 台 120 MN 的挤压机，2000 年成为俄罗斯联合铝业公司的一员，此后联合公司投资 US＄7.8 M，对热轧机作了现代化技术改造。

7.1.11.1　产品结构及可生产的合金

该厂是俄罗斯第二大综合性铝加工企业，可生产几乎所有的铝及铝合金半成品，不但生产铝材，而且生产镁材，还可生产顶尖产品，如铝 – 锂合金、钻探管等，平轧产品生产能力 200kt/a，产品的 60% ~ 70% 出口，主要市场是欧洲与美国。

可生产的合金：2014、2017A、2024、5052、5754、5083、5086、6082、6061、7075，Al – Li 合金（1420、1441、1460 等），镁合金。热轧厚板尺寸：宽 1 000 ~ 2500 mm、长 2 000 ~ 10 000 mm、厚 10 ~ 200 mm。

7.1.11.2　主要装备

（1）熔铸车间

熔铸车间建筑面积 56 000 m²。有熔炼炉 8 台，其中 7 t 的电炉 4 台，15 t、30 t、40 t 的燃气炉各 1 台，20 t 的感应电炉 1 台。20 t 的真空保温静置电炉 1 台、40 t 的燃气保温静置炉 1 台。采用 Ar – Cl 混合气体精炼熔体，真空除气，玻璃丝布与泡沫板过滤熔体。采用电磁法铸造扁锭，还有石墨模热顶铸造机。

Al－Li 合金在 10 t 感应炉内于氩气保护下熔炼，然后在氩气保护下注入真空搅拌炉（vacuum-mixer）内（实际上是 1 台搅拌器），以除去氢气，在氩气保护下铸造。

铸造的扁锭尺寸/mm：

常规合金　　　　　　厚 225～400×宽 950～1 700×长 2 500～5 200

Al－Li 合金　　　　　厚 225～400×宽 950～1 600×长 2 500～4 500

（2）热轧车间

有铣面机 1 台，4 辊单机架单卷取可逆式热轧机 1 台，新克拉马托尔机器制造厂设计制造，2008 年经奥地利钢铁联合公司改造，装上了 AGC，规格为 φ500/（1 370 mm×2 840 mm），可轧锭坯规格：宽 1 000～2 600 mm，厚 450 mm，产品厚度 6～120 mm。

（3）冷轧车间

冷轧车间有 4 台 4 辊冷轧机，其中 1 680 mm 的 2 台，1 560 mm 的 1 台，它们都是可逆式的；2 800 mm 的 1 台，不可逆式的，2009 年投产。

（4）精整装备

10 MN 预拉伸机 1 台，纵剪线 1 条，2000 年投产，乌拉尔重型机器制造厂制造，参数分别如表 7－32 所示。

表 7－32　10 MN 预拉伸机技术参数

项目	数据
可拉板材厚度/mm	4～16
可拉板材最大宽度/mm	2 500
可拉板材长度/mm	2 000～10 000
拉伸最大速度/(m·min^{-1})	630
最大行程/mm	600
纵剪线一条	
带材厚度/mm	0.8～3.0
带材宽度/mm	1 200～1 500
剪切后带卷宽度/mm	300～1 500
剪切速度/(m·s^{-1})	0.5～3.0

艾伯纳公司的半连续固溶处理炉 1 台，电加热，2007 年投产。卡缅斯克－乌拉尔斯基铝加工厂是一个综合性高精铝生产企业，除可以生产 Al－Li 合金外，还生产含钪的铝合金与冷冻设备复合板材等。

7.1.12　罗马尼亚阿卢罗铝业公司厚板生产概要

阿卢罗铝业公司(Alro S. A.)位于罗马尼亚斯拉迪纳市(Slatina),成立于1965年,原是一个国有企业,2002年成为私有企业。热轧厚板生产能力15 kt/a,热轧带卷生产能力40 kt/a。

熔铸车间有特莫亨特公司(Temo-Hunter)20 t的熔炼炉3台,10 t保温静置炉3台,1971年投产;扁铸铸造机1台。

扁锭加热炉1台,1台单机架单卷取4辊可逆式热轧机 ϕ1 000 × 1 300/3 200 mm,1974年投产,2007年经阿申巴赫公司改造,装有AGC,扁锭最大厚度500 mm,产品最薄厚度6 mm。

精整车间有法塔亨特拉弯矫直生产线1条,2006年投产,可处理带材最大宽度1550 mm;1 MN的MDH的厚板预拉伸机1台,厚板宽度500~1 500 mm,长度2~12 m。奥托容克公司的连续热处理线1条,2006年投产,2008年投产1台法塔亨特公司的2台退火炉,2007年1台塞科/瓦威克公司的厚板时效炉投产。

产品市场为建筑工业、航空航天工业与机械工程工业。

7.1.13　日本古河－斯凯铝业公司福井轧制厂厚板生产概要

福井轧制厂(Fukui)是日本古河电气公司的古河铝业公司(Furukawa Aluminium Co., Ltd.)的生产企业,创建于1921年。2009年古河铝业公司与斯凯(Sky)铝业公司合并,成为古河－斯凯铝业公司,是日本最大的铝平轧产品企业。2013年10月与住友轻金属公司合并,组成日本联合铝业公司(日铝全综,UACJ)。

福井轧制厂占地面积850000 m²,产品为1×××合金铝箔、PS与CTP带材、3×××合金罐料(can stock)、3004合金罐身料(can body stock)、5×××合金(罐盖及拉环料)、7×××合金工程材料(engineering)。

2012年有员工1 712名,生产能力300 kt/a,产品供国内需求,出口量约10%。

7.1.13.1　熔铸车间

熔炼炉6台,容量40 t的2台,65 t的2台,75 t的1台,80 t的1台。保温静置炉6台,70 t的2台,40、65、90、120 t的各1台。半连续铸造机2台,扁锭生产能力480 kt/a。

7.1.13.2　热轧车间

(1 +4)式热连轧线1条,热轧厚板生产能力60kt/a,热轧带卷生产能力350 kt/a。

热粗轧机为4 320 mm 4辊可逆式的,是全球第二大的,比中国西南铝业(集团)有限责任公司的4 300 mm厚板热轧机略大一些,比美国铝业公司达文波特轧制厂的5 588 mm热粗轧机则小得多。4 320 mm热粗轧机的技术参数如表7－33

所示,装有 AGC,三菱重工业公司(Mitsubishi HI)制造。

表 7 – 33 4 320 mm 热粗轧机的技术参数

项目	数据
工作辊直径/mm	965
支撑辊直径/mm	1 930
辊面宽度/mm	4 320
主电机功率/kW	2 × 3 750
最大轧制力/MN	40
最大轧制速度/(m·min^{-1})	180
可轧锭坯最大宽度/mm	640
出料厚度/mm	38 ~ 200
厚板最大长度/mm	20 000
厚板最大宽度/mm	4 070
厚板最大质量/t	32

4 辊 4 机架热连轧生产线石川岛播磨重工业公司(IHI)制造,1983 年投产,1997 年经过改造,基本技术参数如表 7 – 34 所示,装有质量流控制模测厚仪。

表 7 – 34 4 辊 4 机架热连轧生产线基本技术参数

项目	数据
工作辊直径/mm	725
支撑辊直径/mm	1 530
辊面宽度/mm	2 850
主电机功率/kW	3 × 3 750, 5 000
F4 的轧制速度/(m·min^{-1})	360
带卷最大直径/mm	2 540
带卷内径/mm	610
带卷宽度/mm	750 ~ 2 600
带卷最大质量/t	32
来料厚度/mm	38
产品厚度/mm	2.5 ~ 12

7.1.13.3 冷轧车间

冷轧车间有两台日立公司的不可逆式冷轧机,1 台 6 辊的,1 台 4 辊的,总生产能力 150kt/a,分别于 1983 年及 1988 年投产,1998 年都经技术改造,都装有 AGC 及 AFC,其技术参数见表 7 - 35。

表 7 - 35　福井轧制厂冷轧机的技术参数

参数	6 辊冷轧机	4 辊冷轧机
工作辊直径/mm	585	470
中间辊直径/mm	510	—
支撑辊直径/mm	1 300	1 300
辊面宽度/mm	2 750	1750
主电机功率/kW	2 × 2 750	2 × 2 750
最大轧制力/kN	18 000	18 000
轧制速度/(m·min^{-1})	0 ~ 730/1 650	1 800
带卷最大直径/mm	2 540	2 500
带卷内径/mm	610	610
带卷宽度/mm	750 ~ 2 650	750 ~ 1 700
带卷最大质量/t	32	32
来料厚度/mm	0.2 ~ 10	0.15 ~ 6
产品厚度/mm	0.15 ~ 7	0.08 ~ 4

7.1.13.4　精整车间

纵剪生产线 2 条,拉弯矫直线 2 条,厚板辊矫机 1 台;三井公司的厚板预拉伸机 1 台,拉伸力 56 MN,1983 年投产,可拉厚板最大长度 22 m。连续退火炉生产线 2 条,1996 年投产。

工厂生产的厚板有 3 种:标准厚板 A5052,高精度厚板 5052,2009 年开发出一种商品名称为"Fus Plate"的厚板,其平直度比标准厚板的还精 50%,而残余应力又比标准厚板的小 50%,可是其价格却比高精度厚板的低。

7.1.14　日本神户钢铁公司真冈轧制厂厚板生产概要

日本神户钢铁公司真冈铝板、带轧制厂是一个很有特色的铝板、带现代化轧制厂,装备精良,工艺先进。

真冈轧制厂的主导产品为罐身料(约占总产量的 50%)、计算机硬磁盘基片、ABS 板(auto body sheet)、厚板等。

神户钢铁公司真冈轧制厂是日本最大的铝合金厚板生产企业,占全国总产量的 45% 左右,以通用厚板为主,几乎不生产航空级的 2×××系及 7×××系合金板,以生产高精度(high precision)铝厚板著称。

7.1.14.1 精密切削高精度厚板 ALHIGHCE® – Ⅲ 及 ALJADE® – Ⅱ

这两种厚板在厚度和平直度偏差精度方面都达到了很高的水平,板厚偏差相当于 JIS(日本工业标准)的 1/10,可谓顶尖水平,平直度小于 0.2 mm/m,残余应力几乎全部消涂,可大大提高切削加工表面精度与成材率,所有板材都经过热处理与逐张严格的品质检验。但 ALJAE® – Ⅱ 厚板的平直度 <0.4 mm/m。

这两种厚板的应用领域为:半导体制造装置、液晶制造设备、太阳能电池板制造系统、机器人、医疗器械、光学设备等。板的厚度 4~50 mm,宽度(mm)×长度(mm)有 3 种:1 000×2 000,1 250×2 500,1 525×3 050。

ALHIGHCE® – Ⅲ 合金板的抗拉强度 200 N/mm^2,屈服强度 115 N/mm^2,伸长率 25%。它的成分与性能与 5052 合金的相当,在 H112 状态应用。板材的尺寸偏差见表 7 – 36 至表 7 – 40。

表 7 – 36 ALHIGHCE® – Ⅲ 等厚板的尺寸偏差(mm)

板厚	4、5、6	8、10、12	15、16	18	20、22	25	30、32、35	40、45	50
ALHIGH CE®-Ⅲ	±0.04	±0.05	±0.08	±0.09	±0.10	±0.12	±0.15	±0.20	±0.25
ALJADE®-Ⅱ	±0.08	±0.10	±0.15	±0.20		±0.30		±0.04	±0.05
JIS偏差	±0.35	±0.45	±0.50、±0.60	±0.70	±0.80		±0.90	±1.0	±1.1	±1.3

7.1.14.2 高精高强度厚板 ALHIGHCE® –83 及 ALJADE® –83

这两种厚板的特点是:抗拉强度高,为 5052 合金厚板的 1.5 倍,在热处理不可强化的变形铝合金中是强度最高的,它们的化学成分与 5083 合金的相同,抗拉强度为 300 N/mm^2,屈服强度为 150 N/mm^2,伸长率 20%,在退火状态下应用(O);厚度偏差小,ALHIGHCE® –83 板的为 ±(0.06~0.20)mm,ALJADE® –83 板的为 ±(0.08~0.50)mm,仅相当于 JIS 标准规定值的 1/6~1/5:平直度优秀,ALHIGHCE® –83 板的 <0.4 mm/m,ALJADE® –83 板的有两种:4~20 mm 厚的为 <0.8 mm/m,板厚大于或等于 50 mm 的为 1.2 mm/m(表 7 – 14 至表 7 – 17)。

ALHIGHCE® –83 板的尺寸:厚 4~30 mm,宽(mm)×长(mm):1 000×2 000,1 250×2 500,1 525×3 050;ALJADE® –83 板的尺寸:厚 4~50 mm,宽 1 525 mm,长 3 050 mm。

这两种厚板的内部残应力甚低,尺寸偏差小,平直度优秀,表面品质高,切削加工的变形量很小,成材率高。它们是加工半导体装置、液晶设备、太阳能系统、机器人、医疗器械、光学仪器等零部件的良好材料。

表 7-37   ALJAE® - Ⅱ 高精、高强厚板的尺寸偏差   单位：mm

板厚	4	5	6	8	10	12	15	20	25	30	35	40	45	50
ALJADE®-Ⅱ	±0.08			±0.10			±0.15	±0.20	±0.30			±0.40		±0.50
JIS偏差	±0.35	±0.45	±0.50		±0.60		±0.70	±0.80	±0.90		±1.0	±1.1		±1.3

表 7-38   铝合金厚板的力学性能

传统合金及状态	合金	抗拉强度 /(N·mm⁻²)	屈服强度 /(N·mm⁻²)	伸长率 /%
5083-O	ALHIGHCE®-83	300	150	20
5052-H112	ALHIGHCE®-Ⅲ	200	115	25
6061-T651	6061 板	310	275	12

表 7-39   ALHIGHCE® -83 合金高精高强厚板的尺寸偏差   单位：mm

板厚	4、5、6	8、10、12	15	20	25、30
ALHIGHCE®-83	±0.06	±0.09	±0.12	±0.15	±0.20
JIS 偏差	±0.35	±0.45~0.60	±0.70	±0.80	±0.90 ±1.0

表 7-40   ALJADE® -83 合金高精高强厚板的尺寸偏差   单位：mm

板厚	4	5	6	8、10、12	13、15、16、20	22、25、30	35、40、45、50
ALJADE®	±0.08	±0.10	±0.12	±0.16	±0.30	±0.40	±0.50
JIS 偏差	±0.35		±0.45	±0.60	±0.70	±0.80	±0.90 ±1.0 ±1.1 ±1.3

7.1.14.3   特厚特宽 5052 合金板

神户钢铁公司真冈轧制厂可生产特宽及特厚的 5052 - H112 合金板，其尺寸及其偏差如下：

厚度，20 ~ 520 mm。

宽度，1 000 ~ 3 620 mm。

长度，1 000 ~ 5 000 mm。

它们的宽度允许偏差 + (2 ~ 5) mm，长度允许偏差 + (5 ~ 15) mm。此外还生产：厚 20 ~ 100 mm、宽 1 530 ~ 2 520 mm、长 2 000 ~ 3 200 mm 的普通 5052 - H112 合金板材；以及高精级的厚 20 ~ 50 mm、宽 1 530 ~ 2 520 mm、长 2 000 ~ 3 050 mm 的 5052 - H112 合金板材。

7.2   中国的铝厚板生产工业

夫止 2014 年年底中国投产的铝厚板生产能力 393 kt/a，可生产的企业 11 家，占世界总勇重力势能 42.1%（393/934 kt/a），还有五六个项目在建，它们的合计生产能力约 400 kt/a，预计 2020 年中国铝铝厚板的生产能力可达 793 kt/a，占那时全球总生产能力的 60% 弱。中国已民成为名副其实的铝厚板生产大国，但还不是强国，跻射世界强国之林还有一段相当长的路要点，可能要到 2025 年或 2030 年。主要在创新与设备设计及制造如辊底式固溶处理炉、超声控伤生产线，以及自动化监控装备与液压设备等，中子残余应力测定仪也没有。

7.2.1　铝厚板工业发展历程

7.2.1.1　厚板建设与生产起步阶段

中国铝厚析生产始于 1956 年 11 月 5 日哈尔滨铝加工厂的建成投产，有 1 台从苏联引进的 2000 mm 四辊可瘦长式热轧机，可生产厚度 <600 mm，宽度 ≤1500 mm，长度 <15 m 的还可热处理强化合金厚板，而热处理可强化合金厚板的长度还不到 6 m，因受固溶处理盐浴炉长度限制。1970 年本南铝加工厂（现名西南铝业（集团）有限责任公司）建成投产，有 1 台国产的 2800 mm4 辊可逆热男性机，1 台 60 MN 的国产厚板预拉伸机，但没有设入运行，从此中国可以生产宽 ≤2600 mm、厚 ≤60mm、长 ≤6 m 的厚板。

7.2.1.2　开始向现代化厚板生产前进阶段

1984 年以前中国铝合金厚板生产装备与工艺都不能满足国民经济建设与发展需要。为解决此问题，1984 年东北轻合金有限责任公司从美国加拿大铝业公司奥斯威戈轧制厂（Oswego works）由于产品结构调整停产的 1 台二手 45MN 的厚板预拉伸机，从此中国有了可投入运行的有实用价值的铝厚板邓位伸机，可以生产厚 ≤60 mm、宽 ≤1500 mm 的航空级预位伸板。2002 年该公司从奥地利埃伯内工业炉公司（Enbner）引进 1 台辊底式固溶 处理炉，用于处理航空航天铝合金厚板，不但是中国首台这类炉，也是亚洲第一台，其技术参数见表 7 –41。

表 7 –41　中国首台厚板辊底式固溶处理炉技术参数

制造企业	埃伯公司	制造企业	埃伯纳公司
型式	HICON® 辊底式	炉内最高温度	600℃
用途	铝合金厚板固溶处理		
加热方式	电加热	控温精度	≤ ±1.5℃
板材规格	厚（2 ~ 100 mm）×宽（1 000 ~ 1 760 mm）×长（2 ~ 8 m）	控温方式	计算机监控

辊底式固溶处理炉采用电热空气加热，还有吊持式加热的，前者是当前最先进的，工艺过程简单，加热快与均匀，冷却强度大也均匀，因而处理后的板材有良好综合性能，但与盐浴炉相比，加热速度慢一些，生产效率较低。

辊式固溶处理炉由 5 部分组成：装板辊道台，固溶处理区，前强冷淬火与弱冷淬火区，干燥区，卸料辊道台。辊底式固溶处理炉艾伯纳公司设在中国江苏省的艾伯纳工业炉（太仓）有限公司可以制造与组装，但设计工作全由外方承担与把持，关键零部件也从国外进口，截止 2014 年 12 月中国共有引进的辊底式固溶处理炉 13 台，最大 的可处理长 40 m 的制造特大民机机翼有物厚板（实际需要长度约 36 m），最不的可处理 8 m 长的板材。

2001 年东北轻合金有限责任公司从洛伊公司（LO1）引进一条 25 t 熔炼炉—保温炉组（国产）与硬合金液压内导式铸造机生产线，为生产航空航天级硬合金厚板奠定了基础，从此中国迈过了现代化侣合金厚板生产的门槛，跻身世界铝合金厚板生产国之林。

2005 年东北轻合金有限责任公司投资近 30 亿元扯开了 3950 mm 厚板系统建设序幕。

2011 年西南铝业（集团）有限责任公司的 4300 mm 厚板专业线建成。主要装备有：精密铸锭带锯、铣床、推进式铸锭加热炉、4 辊可逆式 4300 mm 热轧机、辊底式固溶处理炉、120 MN 拉伸矫直机、50 t 时交炉、超声波探伤等。该项目由中国铝业公司投资 10 亿元建设，可生产最大宽度达 4000 mm 的各种铝合金厚板，同时以硬 合金厚板为主，是厚板宽度仅次于美国铝业公司达文波特轧制厂（Davenport）的第二大厚板生产企业。厚板的设计生产能力 50 kt/a。项目建成后，不仅能满足航空航天、国防军工的对高强度、高韧性铝合金厚板及超厚板的近切需求，彻底改变材料全部依赖进口的局面，还将极大地促进铝合金厚板在国民经济各部门的应用与扩大出口，对提升中国铝加工业的整体水平将超相当大的作用。

西南铝业（集团）有限责任公司还有 1 条（1+1）式 2 800 mm 热粗精轧生产线与 1 条（1+4）式 2 000 mm 热连轧生产线，前者可用于生产一些宽度≤2 500 mm 的厚板，后者不用于生产厚板。

爱励铝业（镇江）有限公司是一家外商独资 企业，属爱励国际（Aleris International）。2010 年 10 月 18 日双方签约，2011 年 1 月 18 日开工建设，2012 年 12 月 21 日第一块热轧厚板下线，但全线贯通，形成批量生产能力则要到 2014 年年底或甚至更晚一些。

爱励铝业（镇江）有限公司的建设在中国航空级铝合金厚板生产与发展征程中具有里程碑意义，据中国商用飞机有限责任公司的规划，制造大飞机所用铝材的国产化率可更大一引起。爱励国际是世界有名航空铝板带生产者，空客公司用的铝板带约有 40% 该公司供应的，还向波音飞机公司及其他航空器制造者提供铝板材。爱励国际管理，可获得他们的支持，可学到技术与管理经验，产品可借助爱励国际销售平台销往全球的航空航天器制造企业。

南南铝加工有限公司 2011 年启动 200kt/a 铝板、带建设项目，除板、带项目外，还包括大工业型材项目，已于 2013 年全部建成设产。200 k/a 铝板带项止有熔铸车间、热轧车间、冷轧车间、精整车间等。热轧车间也就是厚板车间，2011 年 2 月 2 日举行了热轧车间主体结构开工立柱仪式，有一长热粗（4 100 mm）- 精（3 100mm）轧（1 + 1）式生产线，4 100mm 热粗轧机及厚板生产工艺是按照爱励国际科布伦茨轧制厂的结构与模式建设的，或者可以说是其翻版，设备由西马克公司提供。

7.2.1.3　在向着世界铝合金厚板强国迈进

截止 2014 年，中国航空级铝合金厚板生产能力已达 280kt/a，超过美国的 240kt/a 的 17%，名列世界第一大国，圆了铝合金厚板生产能力大国梦，但要成为产量大国可能要到 2020 年以后，因为产量决定于市场，中国国内市场有限，出口难度也很大。从 2015 年起，中国一方面在继续扩大生产能力项目建设，另方面在加大投入，加强研发与创新，但要成为世界依靠的铝合金厚板生产强国，呆能要到 2030 年以后。

中国现在在建的铝合金项目至少有 5 个，总生产能力不下 450kt/a。有的可于 2018 年投产，如山东南山集团的 1（5600 mm）+ 1（4100mm）+ 5（3000 mm）式项目，建成后将是世界最大的铝合金厚板项目，可生产最大宽度 5400 mm 的造船用的 5083 合金厚板。

7.2.2　铝合金厚板生产能力

铝合金厚板从生产工艺分可分为铸锭热轧厚板与铸造 厚板。铸造厚板量甚少，在工业发达国家仅占厚板总量的 3%，在中国则占 10% 左右。按用途可分为航空航天级厚板与通用厚板，后者指航空航天器用的厚板以外，其他各行各业用的厚板。航空航天器结构用的厚板都是用铸定轧制的，加工成形用模具也可用铸造厚板制造。

轧制厚板生产能力不决定于轧机生产能力，而决定于敌平机的（预拉伸机、辊敌机、压平机）生产能力，如果是匡算航空航天器用厚板的生产能力，则可按固溶处理炉的通过能力计算，因为它们用的厚板的 95% 。以上是用热处理可台化合金轧制的。

7.2.3　铸造铝合金厚板

铸造铝合金厚板大都 用于制造各种各样的塑料、荀胶等制造模具与大型进化论扰形模具。轧制厚板的厚度通常不能大于 250 mm，否则当前的常元规工艺不能使其铸造组织全部变成热轧组织，不能获咋最佳的力学性能，而当前的技术可以铸得厚达 1200 mm 的锭，然后将其锯成一块块所需厚度的板材。铸造铝合金厚板是用变形铝合金或专用铝合金如美国铝业公司的 Mic - 6 合金、德国亚利美克期金属加工公司（Alimes Metall Handelsgesell Schoft GmbH）R ACP6000 合金铸造。铸造厚板锭坯在铸造完后需进行长时间的均匀化退火，铸造厚板的最大优点是其厚度不受限制，可充分满足用户对产品的需求。

中国广西南南铝加工有限公司开中国铸造铝合金精密铸造板与铸造块的先河，率先在中国建成了第一个铸造板项目，2013 年投产，所有设备成套从国外引进，生产出了完全合格的 AMP 精铸铝板产品系列和 GA 精铸铝块产品系列，前者可是 6 面锯切的或是机加工的，后者是 6 面锯切的。

不管是铸造板还是铸块都是用 5083 合金生产的，都经过均匀化退火处理与应力释放处理，AMP 精铸板的两大面经过铣削并贴保护膜，最大表面粗糙度为 R_a 0.4 μm，铸块为 6 面锯块的，最大 R_a 为 30 μm。它们的力学性能及物理性能见表 7 - 42，产品尺寸及其偏差见表 7 - 43。

表 7 - 42 铸造板及块的力学性能及物理性能

性　能	AMP50 精密铣面铸造板	GA50S 精密锯切铸块
抗拉强度 R_m/N·mm^{-2}	225 ~ 280	225 ~ 280
屈服强度 $R_{p0.2}$/N·mm^{-2}	110 ~ 135	110 ~ 135
伸长率 A/%	10 ~ 16	10 ~ 16
硬度（HB）	65 ~ 75	65 ~ 75
密度/kg·m^{-3}	2 660	2 660
弹性模量 E/GN·mm^{-2}	70	70
电导率 $\rho/m \cdot (\Omega \cdot mm^2)^{-1}$	16 ~ 19	16 ~ 19
线膨胀系数 $\alpha/ \times 10^{-6} \cdot K^{-1}$	24.2	24.2
热导率/W·(m·K)$^{-1}$	110 ~ 140	110 ~ 140

AMP50 精密铣面铸造板及精密锯切铸块具有优秀的尺寸稳定性、切削加工性能和可抛光性能，良好的抗腐蚀性能，并有良好的可焊性能，但装饰性氧化性能不佳。

表 7 – 43 AMP50 精密铣面铸造板及 GA50S 精密锯切铸块的产品尺寸及偏差

技术参数	AMP50 精密铣面铸造板	GA50S 精密锯切铸块
厚度/mm	5 ~ 250	6 ~ 1 000
最大宽度/mm	2 670	50 ~ 2 670
最大长度/mm	6 000	150 ~ 6 000
厚度偏差/mm	±0.12	−0 +3
宽度偏差/mm	±6	−0/ +6
长度偏差/mm	±6	−0/ +6
平面度/mm	0.13 ~ 0.80*	最大铸块尺寸**：650 ×2 670 ×1 000 mm 1 000 ×1 750 ×6 000 mm

注：* 按产品厚度及形状不同而异；＊＊ 厚×宽×长。

铸造厚板及铸块是一类高技术产品，广泛地应用于工装板、设备工作台、医疗器械、机加工夹具、电脑和电子装备配件、各种夹具、分度工作台、模具冷却板和加热板、模具、工业机器人和印刷器械零部件、真空吸盘、食品器械器件与模具、包装器械、半导体器件、汽车模具、热成形模、塑料与橡胶产品模等。

参考文献

[1] 周家荣.铝合金熔铸生产技术问答[M].北京：冶金工业出版社，2008：231 – 265
[2] 王祝堂.世界铝板带箔轧制工业[M].长沙：中南大学出版社，2010：285
[3] 钟利，马英义，谢延翠.铝合金中厚板生产技术[M].北京：冶金工业出版社，2009：102 – 125
[4] [日]轻金属协会编.新版アルミニウム技术便览[M].カロス出版，1996：434
[5] 彭大署.金属塑性加工原理[M].长沙：中南大学出版社，2004：135 – 160.
[6] 王玉秀，周东海.铝锂合金[M].长沙：中南大学出版社，1993：185 – 187.
[7] 彭志辉.中小型铝加工厂铝板、带、箔材生产[M].长沙：中南大学出版社，2005：142 – 200.
[8] 王廷溥，齐克敏.金属塑性加工学——轧制理论与工艺[M].北京：冶金工业出版社，2005：19 – 34，44 – 46，249 – 253.
[9] 钟利，马英义，谢延翠.铝合金中厚板生产技术[M].北京：冶金工业出版社，2009：170 – 194.
[10] 王祝堂，田荣璋.铝合金及其加工手册（第 3 版）[M].长沙：中南大学出版社，2005，495 – 508.
[11] [日]轻金属协会编.新版アルミニウム技术便览[M].カロス出版，1996：430 – 441，

464 – 467，479 – 482.

[12] Geoffrey Boothroyd. Hot Deformation and Processing of Aluminum Alloys [M]. CRC Press, 2011：7.

[13] 李学潮. 铝合金材料组织与金相图谱[M]. 北京：冶金工业出版社，2010：150、211、337、342.

[14] 钟利，马英义，谢延翠. 铝合金中厚板生产技术[M]. 北京：冶金工业出版社，2009：94 – 99，135 – 145.

[15] 王祝堂. 变形铝合金热处理工艺[M]. 长沙：中南大学出版社，2011：26 – 64.

[16] 王祝堂，田荣璋. 铝合金及其加工手册（第 3 版）[M]. 长沙：中南大学出版社，2005：139 – 174.

[17] 钟利，马英义，谢延翠. 铝合金中厚板生产技术[M]. 北京：冶金工业出版社，222 – 223，232 – 233，253 – 254.

[18] 钟利，马英义，谢延翠. 铝合金中厚板生产技术[M]. 北京：冶金工业出版社，2009：255 – 292.

[19] 王祝堂，田荣璋. 铝合金及其加工手册（第 3 版）[M]. 长沙：中南大学出版社，2005：526 – 528.

[20] [日]轻金属协会编. 新版アルミニウム技术便览. カロス出版，1996：905 – 918.

[21] [日]竹内，田中，平田. 轻金属[J]. 1970，20：7. および，1971，21：80.

[22] Hill H N. Metal Progress [J]. Aug, 1961：92.

[23] Metals Handbook, ASM, 1964, 2：271.

[24] [日]平，平冈，山内. 机械学会论文集，1963，29：1181.

[25] Barker R S and Sutton J G. Aluminum [M]. ASM, 1967, 3：355.

[26] GB/T 3199—2007《铝及铝合金加工产品包装、标志、运输、贮存》.

[27] 王祝堂. 世界铝板带箔轧制工业[M]. 长沙：中南大学出版社，2010：35 – 54.

[28] 钟利，马英义，谢延翠. 铝合金中厚板生产技术[M]. 北京：冶金工业出版社，2009：293 – 302，323 – 342.

[29] 王祝堂. 世界铝板带箔轧制工业[M]. 长沙：中南大学出版社，2010：218 – 233，262 – 269，352 – 375.

[30] B. Rìeth, Meerbusch. Neue Kapazìtäten für Platten material, Aluminium walzwerke [J]. Aluminium, 82. Jahrgang 2006, 10：944 – 953.

[31] Alcan Engineered Products to stand Alone [J]. LMA, 2010(10)：19 – 21.

[32] 陈冬一，刘洋，王祝堂. 加铝伊苏尔轧制厂：全球最大综合性航空铝材企业[J]. 轻合金加工技术，2009，37(6)：1 – 5，7.

[33] 江志邦，宋殿臣，关云华. 世界先进的航空用铝合金厚板生产技术[J]. 轻合金加工技术，2009，33(4)：1 – 7，20.

中航工业航材院铝合金研究所

中航工业航材院铝合金研究所成立于1956年，是我国唯一面向航空用高性能铝合金、镁合金及其工艺研究开发、工程应用、中试和小批生产的基地，是我国航空铝、镁合金及其工艺研究的归口单位，负责建立和完善我国航空铝合金和镁合金材料及技术体系，解决航空产品研制和生产过程中的材料、制造和工艺等问题，并为我国航天、核工业、兵器、电子和船舶等其他军工行业提供高性能铝合金、镁合金材料研发、技术支持和批量生产等服务。

中航工业航材院铝合金研究所成立以来共新研材料100余项，新工艺30余项，编制各类手册45本，制定、修订GJB、HB等标准60多项，获得5项国家发明奖，67项部级以上科技进步奖，近五年的科研经费超过6.5亿元。现设有变形铝合金及工艺、铝锂合金及工艺、铸造铝合金及工艺、快凝铝合金及工艺等专业方向，下设北京市先进铝合金材料及应用工程技术研究中心、精密小锻件生产部、大规格锻件生产部、铝合金铸造生产部、支臂锻件生产部、挤压分厂及院控股子公司——核兴航材有限责任公司等生产机构；主要产品涵盖高性能铝合金精密锻件、大规格铝合金自由锻件/模锻件、高性能铝合金管/棒/型材、中间合金、预制锭、铝合金精密铸件、大规格铝合金砂铸件、粉末铝合金以及镁合金等。

7050管材

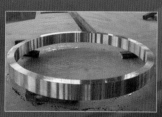

1m～3m，2xxx，5xxx，7xxx系列
铝合金方框、锻环类锻件

2xxx，5xxx，7xxx系列
铝合金自由锻件

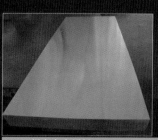

7050铝合金中厚板（18～200mm）

所辖变形铝合金及工艺专业组承担或参与了国内所有航空变形铝合金的研制和应用研究工作，成功研制出数十种高强铝合金、中强铝合金、耐热铝合金、耐蚀铝合金等第三代、第四代高性能铝合金，并拥有发明权。

铝锂合金及工艺专业组是国内唯一一个从事铝锂合金研发和应用研究的专业组，处于国内领先地位，成功仿制和研制了8090、2090、5A90、2A97、2A66等第二代和第三代高强高模量铝锂合金、中强高韧铝锂合金，并拥有合金的发明权。

2A14大规格棒材
Φ230mm、Φ300mm、Φ320mm、Φ350mm

ZL114A，I类铸件，Φ500mm×350mm×3mm
三层复杂曲面结构，内含封闭型腔

ZL205A，I类铸件
Φ2000mm×850mm，壁厚25mm

铸造铝合金及工艺专业组成立以来不仅成功研制了多种Al-Si系列和Al-Cu系列高强高韧铸造铝合金，并拥有包括ZL205A、ZL210A等合金在内的多项发明权，而且具备复杂薄壁铸件、精密树脂砂型铸件、低压/真空吸铸/调压成形、数值仿真优化分析和数字化制造、可溶型芯成形技术、石膏型精密铸型等技术能力，可实现大型构件以铸代锻，各项技术国内领先。

快凝铝合金及工艺专业是我国最早开展超音速气体雾化制粉和快凝铝合金研究的单位之一，成功研制出了LH2耐损伤铝合金粉末、FMS系列高温铝合金、LJ5系列阻尼铝合金、高强/耐蚀铝合金粉末、Al-Li合金粉末，所制备的高弹性模量耐疲劳铝合金锻件已在我国主力战机上广泛使用。

7xxx无缝挤压型材